智能传感器检测技术及应用

主　编：郝敏钗　齐素慈
副主编：杨静芬　乔振民
陈旭凤　胡雪花
王菲菲　李伟克（企业）
主　审：张金红　崔义忠

北京理工大学出版社
BEIJING INSTITUTE OF TECHNOLOGY PRESS

内容简介

本教材从实用教学的角度出发，以实际任务为载体，主要介绍目前常用传感器的工作原理、基本结构、工作特性、信号处理电路及其基本应用，以任务实施的形式对相应传感器的内容进行延伸，扩大学生的知识面，提高学生的双创能力。

本教材共分为7个模块21项任务。每个任务分为任务描述、知识链接、任务实施、技能训练工单、考核评价、拓展知识和任务习题云7个部分。

本教材主要适用于职业本科、高等职业院校机电一体化技术、电气自动化技术、无人机应用技术及工业机器人技术等专业，也可作为相近专业的教学用书，还可作为工程检测技术人员和相关培训人员学习的参考用书。

图书在版编目（CIP）数据

智能传感器检测技术及应用／郝敏钗，齐素慈主编．
北京：北京理工大学出版社，2024．11．
ISBN 978－7－5763－3588－0

Ⅰ．TP212．6

中国国家版本馆CIP数据核字第20251BB873号

责任编辑：陈莉华　　**文案编辑**：李海燕
责任校对：周瑞红　　**责任印制**：施胜娟

出版发行／北京理工大学出版社有限责任公司
社　　址／北京市丰台区四合庄路6号
邮　　编／100070
电　　话／（010）68914026（教材售后服务热线）
（010）63726648（课件资源服务热线）
网　　址／http://www.bitpress.com.cn

版 印 次／2024年11月第1版第1次印刷
印　　刷／三河市天利华印刷装订有限公司
开　　本／787 mm×1092 mm　1/16
印　　张／21
字　　数／487千字
定　　价／88.00元

前言

党的二十大报告中指出，加快建设国家战略人才力量，努力培养造就更多大师、战略人才、一流科技领军人才和创新团队、青年科技人才、大国工匠、高技能人才。作为高等职业教育本科院校，加强对青年科技人才的培养是我们义不容辞的责任。本教材是高等职业教育本科教材，具有丰富的教材配套资源，教材内容强化课程思政、实践技能提升和深度学习模式的一本特色教材，主要针对新时期智能传感器与检测技术系统性领域知识构建、素质提升和能力发展的现实需求，详细介绍了多种传感器的信息采集基本原理、信息处理电路和传感器的工程典型应用和技术发展。本教材分 7 个模块 21 项任务，内容包括传感器概述、检测技术概述、基本特性、力和压力的检测、温度和环境量的检测、光信号的检测、位移和转速的检测、其他量的检测、信号的处理、误差理论与数据处理基础。本教材体系合理，内容新颖，重点突出，工程应用性强，资源丰富；思政融入深入，任务引领贯穿教学全过程，注重经典知识与前沿技术的结合，理论与实践有机融合，注重知识的应用，提升学生动手能力。

数字化转型需要依赖与数字化相关的基础产业，如数据信息采集、传输、处理相关的基础产业，同时也是计算机、通信、传感器等信息技术基础产业的支撑。由此可见，以大数据中心、5G、传感器、人工智能等为代表的信息数字化基础设施是“新基建”发展的核心，传感器的感知技术无疑是大数据中心、人工智能、工业互联网所具有的关键共性技术。本教材紧跟企业需求发展，为培养仪器仪表使用，电子线路设计，信息系统处理等岗位需要的大批高素质创新型技术技能人才奠定基础；注重“依托企业案例资源，优化知识体系，提升技能水平，培根铸魂，创新意识引领”；培养学生学习发展能力，精益求精精神，适应智能传感技术工程关键能力是本教材编写的依据。

本教材充分体现“以学生”为中心，加强理论学习和提升技能水平为目标，探索学习实践深度融入吃苦耐劳、安全意识、精益求精、团队协作等的思政元素，实践引领知识融合，任务驱动项目实施，习题云实现学生水平自我检验，微课资源助力学生自主学习，在线课程资源提供学生线上线下学习平台。

本教材可作为高等院校机械类、电子信息类、工业自动化、自动控制、仪器仪表、智能感知工程、机器人工程、智能电网信息工程、物联网工程等专业的本科教材，也可供从事传感器及检测技术相关领域的应用和技术开发人员参考。

本教材的编审主要由高校和企业的人员共同编著，河北工业职业技术大学郝敏钗、齐素慈担任主编，负责本书的整体设计、审阅和模块一、模块二、模块三的编写工作，杨静芬、乔振民、陈旭凤、胡雪花、王菲菲担任副主编，分别负责模块四、五、六、七的编写和案例的汇总，石家庄科林电气股份有限公司李伟克负责企业案例的收集整理、传感器检测新技术的提供等；张金红、崔义忠担任主审，负责本书的审阅工作，刘媛媛、乔煜哲、卢嘉怡、陈一伯、陈亮、郝娜为参编，负责本书的动画制作和材料的整理等，企业一线的师傅给予了很多热情的帮助，提供了宝贵而丰富的参考资料，才能够在总结现有成果的基础上，汲取各家之长，不断凝练提升，最终形成这本适合于本科职业教育的新版活页式和新形态融合的教材。

本教材编写特点：

(1) 拓展学习思政融入教材，培根铸魂，创新意识引领，培养学生学习发展能力，精益求精精神，适应智能传感技术工程关键能力是本教材编写的依据。

(2) 校企合作开发引入企业真实案例，构建了丰富的企业案例资源，优质的案例资源有效的实现知识与岗位的对接。

(3) 企业传感器领域的新技术、新规范引入教材等，采用任务引领开展知识学习，知识链接采用循序渐进，难点分散、重点、难点突出并利用案例详细讲解的方式进行编写，任务实施提升学生技能水平。

(4) 任务工单+微课视频融为一体的新型教材，呈现以学生为中心的学习模式。

传感器与检测技术内容丰富，应用广泛，发展快速，本教材体现了传感器在该应用领域的新技术，新规范，教材中融入了“创新之举，锤炼精品，共享教育”的情怀。限于自身水平和学识，书中难免有疏漏，望读者不惜赐教，让更多的读者受益。

编　者

目录

Contents

模块一　传感器概述

模块导入

现今世界开始进入信息时代。在利用信息的过程中，首先要解决的就是如何获取准确可靠的信息，而传感器是获取自然和生产领域中信息的主要途径与手段。在现代工业生产尤其是自动化生产过程中，要用各种传感器来监视和控制生产过程中的各个参数，使设备工作在正常状态或最佳状态，并使产品达到更好的质量。因此可以说，没有众多的、优良的传感器，现代化生产也就失去了基础。

课程介绍

教学目标	
素养目标	1. 培养严谨认真的学习态度； 2. 培养安全用电的规范意识； 3. 培养学生产品设计的创新意识
知识目标	1. 掌握传感器的定义、组成和分类； 2. 了解传感器的发展趋势； 3. 学会非电量和电量的区分； 4. 掌握传感器的静态动态特性； 5. 掌握检测系统的构成、误差的消除等
能力目标	1. 能解释传感器的概念； 2. 能比较不同类型的传感器； 3. 会结合生活实际案例说明传感器的应用； 4. 能复述传感器的发展； 5. 能进行传感器静态特性的校准； 6. 能进行误差分析

教学重难点	
教学重点	教学难点
传感器的定义、组成及分类；传感器的静态特性和动态特性	传感器的动态特性及传感器的选型

任务 1.1　认识传感器与检测技术

【任务描述】

在工业生产中，采用先进的传感技术和检测技术对生产全过程进行数据检测采集、处理，对确保安全生产，保证产品质量，提高产品合格率是必不可少的。仔细观察你的生活、工作周围，都用到了哪些传感器？如何识别这些传感器？不同的传感器用来测量哪些量？

【知识链接】

1.1.1　传感器的定义和组成

认识传感器

随着社会的进步、科技的发展，特别是近 20 年来，电子技术日新月异，计算机的普及和应用把人类带入信息时代，各种电气设备遍及人们生产和生活的各个领域，相当大一部分电气设备都用到了传感器件，传感器技术是现代信息技术的主要技术之一，在国民经济建设中占有极其重要的地位。

人们为了从外界获取信息，必须借助于感觉器官。而单靠人们自身的感觉器官，在研究自然现象和规律以及生产活动中远远不够。为适应这种情况，就需要传感器。因此可以说，传感器是人类五官的延长，又称之为“电五官”。传感器是获取自然和生产领域中信息的主要途径与手段。

传感器早已渗透到诸如工业生产、宇宙探索、海洋探测、环境保护、资源调查、医学诊断、生物工程甚至文物保护等极其广泛的领域。毫不夸张地说，从茫茫的太空，到浩瀚的海洋，以至各种复杂的工程系统，几乎每一个现代化项目，都离不开各种各样的传感器。世界各国都十分重视这一领域的发展。

随着现代科学技术的发展，传感器更具有突出的地位，例如在宏观上要观察上千光年的茫茫宇宙，微观上要观察小到微米的粒子世界，在时间跨度上要观察长达数十万年的天体演化，短到毫秒的瞬间反应。此外，还出现了对深化物质认识，开拓新能源、新材料等具有重要作用的各种极端技术研究，如超高温、超低温、超高压、超高真空、超强磁场、超弱磁场等。显然，要获取大量人类感官无法直接获取的信息，没有相适应的传感器是不可能的。许多基础科学研究的障碍，首先就在于对象信息的获取存在困难，而一些新机理和高灵敏度的检测传感器的出现，往往会导致该领域内的突破。一些传感器的发展，往往是一些边缘学科开发的先驱。

一般来说，传感器是对自然界的感知，转换为计算机或设备可识别的信号，经过计算、转换、存储等过程成了具有一定意义的数据，数据反映着自然界一定变化规律的信息。随着电子技术的发展应用，越来越多的物质被信息化，并为计算机或网络所用，为人们提供了基于数据分析的判断和决策。

例如我们日常生活中的电饭煲（见图 1 – 1），用它来烧饭，饭熟后开关会自动断开，而用它来烧水时却不能自动断开，这是为什么呢？

电饭煲中温度测量的元件是什么呢？电饭煲的内部结构如图 1 – 2 所示，在电饭煲的内

部有一个感温磁体，该温度设定的居里温度（居里温度是指材料可以在铁磁体和顺磁体之间改变的温度，低于居里温度时该物质成为铁磁体；高于居里温度时该物质成为顺磁体）为 103 ℃，当温度达到后开关按钮会自动断开，而用电饭煲烧水，水的沸点温度为 100 ℃，所以电饭煲煮饭可以自动断开，而烧水却不能。电饭煲中的感温磁体就是用到了测量温度的传感器器件。

图 1－1　电饭煲

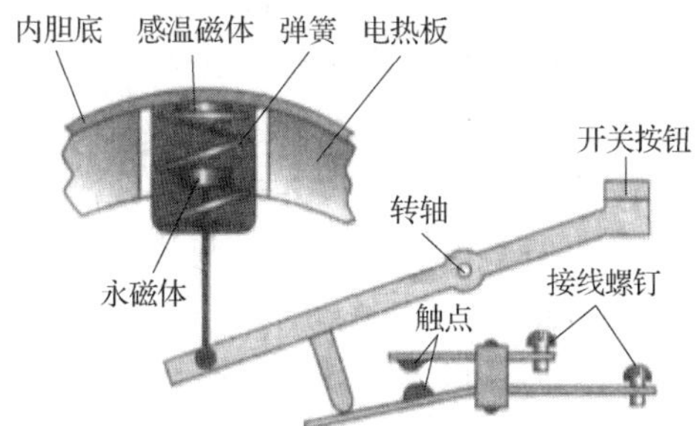

图 1－2　电饭煲的内部结构

1. 传感器定义

根据国标 GB/T 7665—2005《传感器通用术语》中的定义，传感器（Transducer/Sensor）是能感受被测量并按照一定的规律转换成可用输出信号的器件或装置，即能把非电量输入信息转换成电信号输出的器件或装置，传感器又叫变换器、换能器或探测器。通常由敏感元件和转换元件组成。

人通过五官（视、听、嗅、味、触）接收外界的信息，经过大脑的思维（信息处理），作出相应的动作。而用计算机控制的自动化装置来代替人的劳动，则可以说电子计算机相当于人的大脑，而传感器则相当于人的五官部分（“电五官”）。传感器是获取自然领域中信息的主要途径与手段。“没有传感器就没有现代科学技术”的观点已被全世界所公认。以传感器为核心的检测系统就像神经和感官一样，源源不断地向人类提供宏观与微观世界的种种信息，成为人们认识自然、改造自然的有利工具。

2. 传感器的组成

传感器是一种能把非电输入信息转换成电信号输出的器件或装置。传感器一般是由物理、化学和生物等学科的某些效应或原理按照一定的制造工艺研制出来的，它能“感知”被控量或被测量的大小不等与变化并进行处理。

传感器由敏感元件、传感元件、信号调节电路、辅助电路和其他辅助元件组成，如图 1－3 所示。

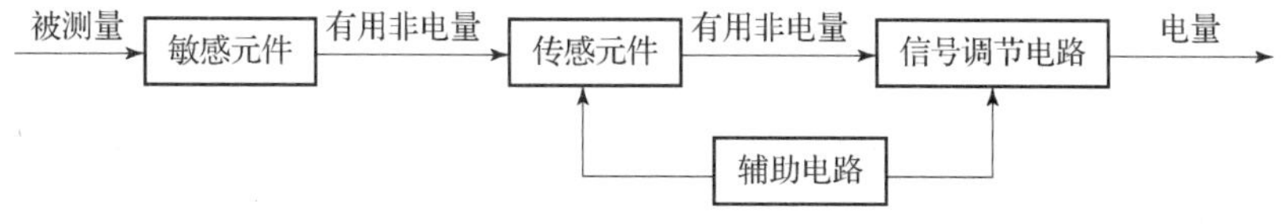

图 1－3　传感器的组成原理框图

敏感元件是直接感受非电量，并按一定规律转换成与被测量有确定关系的其他量（一般仍为非电量），例如应变式压力传感器的弹性膜片就是敏感元件，它的作用是将压力转换成膜片的变形。

一般情况下，传感元件不直接感受被测量，而是将敏感元件输出的量转换成电量输出。例如应力式压力传感器的应变片，它的作用是将弹性膜片的变形转换成电阻值的变化，电阻应变片就是传感元件。

信号调节电路是把传感元件输出的电信号转换为便于实现、记录、处理和控制的电信号的电路。常用的电路有弱信号放大器、电桥、振荡器、阻抗变换器等。

辅助电路通常指电源电路（交、直流）及其外围电路。

根据传感器的转换原理和复杂程度，敏感元件和传感元件有时会合二为一，如光电池传感器、热电偶测温传感器，它们可以将感受的被测量直接转换为电信号输出，没有中间转换环节；而有些传感器则是由敏感元件和传感元件组成，甚至传感元件不止一个且需要若干次转换，如发光二极管、光敏晶体管组成的位移传感器。

在实际应用中，传感器的具体构成因被测对象、转换原理、使用环境及性能要求等具体情况的不同而有很大差异。

【交流思考】

根据国标GB/T 7665—2005对传感器的定义，传感器是用来采集信息的器件和装置，而现在随着工业化和信息化的快速发展，可编程传感器的应用也在一些非常重要的领域得以应用，那么你认为传感器应该如何定义呢？

1.1.2 传感器的分类及命名

传感器虽种类繁多，但都是根据物理学、化学、生物学等学科的规律、特性和效应设计而成的。一种被测量对象可以用不同的传感器来测量，而同一原理的传感器通常又可测量多种非电量，因此分类方法各不相同。一般常用的分类方法有以下几种。

1. 传感器的分类

（1）按被测物理量分类

传感器的被测非电量大致可分为热工量、机械量、物性和成分量以及状态量四大类。具体分类如表1－1所示。

表1－1 被测非电量的分类

被测非电量	测量参数
热工量	温度、热量、比热容、热流、热分布、压力、压差、真空度、流量、流速、风速、物位、液位、界面
机械量	位移（角位移）、长度（尺寸、厚度、角度等）、力、应力、力矩、质量、流速、线速度、角速度、振动、加速度、噪声
物性和成分量	气体化学成分、液体化学成分、酸碱度、盐度、浓度、黏度、湿度、密度
状态量	颜色、透明度、颗粒度、硬度、磨损度、裂纹、缺陷、泄漏、表面质量

(2) 按传感器工作原理分类

传感器工作原理指传感器工作时所依据的物理效应、化学效应和生物效应等机理，有电阻式、电容式、电感式、压电式、电磁式、磁阻式、光电式、压阻式、热电式、核辐射式、半导体式传感器等。

如根据变电阻原理，相应的有电位器式、应变片式、压阻式等传感器；如根据电磁感应原理，相应的有电感式、差压式、电涡流式、电磁式、磁阻式等传感器；如根据半导体有关理论，相应的有半导体力敏、热敏、光敏、气敏、磁敏等固态传感器。

这种分类方法的优点是便于传感器专业工作者从原理与设计上作归纳性的分析研究，避免了传感器的名目过于繁多，用户选用传感器时不够方便，故最常采用。

有时也常把用途和原理结合起来命名，如电感式位移传感器、压电式力传感器等，以避免传感器名目过于繁多。

(3) 按能量关系分类

按能量来源来分，可将传感器分为有源传感器和无源传感器。

有源传感器将非电量转换为电量，称之为能量转换型传感器，也叫换能器，如压电式、热电式、电磁式等。通常和测量电路、放大电路配合使用，如热电偶温度计、压电式加速度计。

无源传感器又称为能量控制型传感器。它本身不是一个换能器，被测非电量仅对传感器的能量起控制或调节作用，所以必须具有辅助电源。此类传感器有电阻式、电容式和电感式等，常用于电桥和谐振电路的测量，如电阻应变片。

(4) 按输出信号的性质分类

①模拟式传感器：将被测非电量转换成连续变化的电压或电流，如要求配合数字显示器或数字计算机，需要配备模/数（A/D）转换装置。

②数字式传感器：能直接将非电量转换为数字量，可以直接用于数字显示和计算，可直接配合计算机，具有抗干扰能力强、适宜远距离传输等优点。

目前这类传感器可分为脉冲、频率和数码输出三类，如光栅传感器等。

(5) 按照传感器与被测对象的关联方式（是否接触）分类

①接触式：电位差计式、应变式、电容式、电感式等。接触式传感器与被测对象视为一体，传感器的标定无须在使用现场进行。

②非接触式：接触式传感器与被测对象接触会对被测对象的状态或特性不可避免地产生或多或少的影响，非接触式则没有这种影响。

非接触式测量可以消除因传感器介入而使被测量受到的影响，提高测量的准确性，同时，可使传感器的使用寿命增加。但是非接触式传感器的输出会受到被测对象与传感器之间介质或环境的影响，因此传感器标定必须在使用现场进行。

2. 传感器的命名及代号

中华人民共和国国家标准《传感器命名法及代码》（GB/T 7666—2005）规定了传感器的命名方法及图形符号，并将其作为统一传感器命名及图形符号的依据。该标准适用于传感器的生产、科学研究、教学及其他相关领域。

传感器
命名方法

根据 GB/T 7666—2005 的规定，传感器的全称应由“主题词 + 四级修饰语”组成。

①主题词——传感器；

②第一级修饰语——被测量，包括修饰被测量的定语；

③第二级修饰语——转换原理，一般可后续以“式”字；

④第三级修饰语——特征描述，指必须强调的传感器结构、性能、材料特征、敏感元件及其他必要的性能特征，一般可后续以“型”字；

⑤第四级修饰语——主要技术指标（量程、精确度、灵敏度等）。

根据 GB/T 7666—2005 的规定，传感器的代号命名应包括以下四部分：主称、被测量、转换原理和序号。后三部分代号之间需用连字符“ - ”连接，如图 1 - 4 所示。

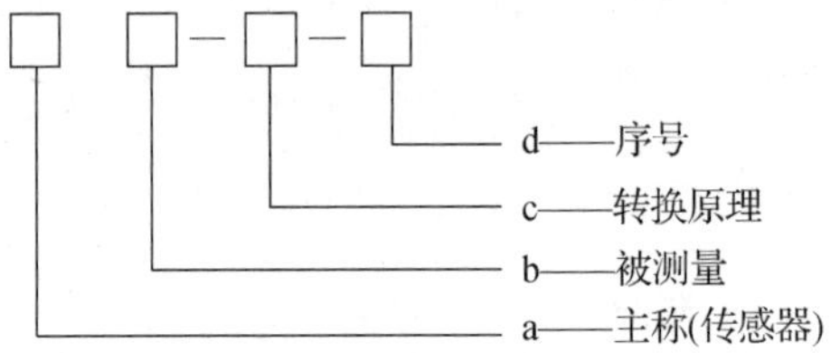

图 1 - 4　传感器的命名方式

例如，电阻应变式位移检测传感器的代号命名方式如图 1 - 5 所示。

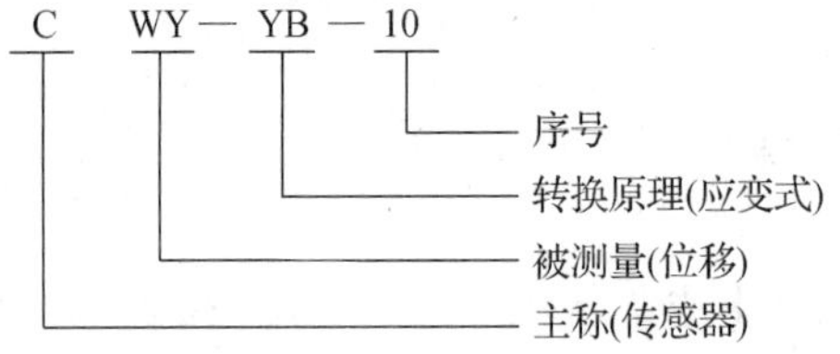

图 1 - 5　电阻应变式位移检测传感器命名

【拓展阅读】

工匠精神

党的二十大报告中指出，加快建设国家战略人才力量，努力培养造就更多大师、战略科学家、一流科技领军人才和创新团队、青年科技人才、卓越工程师、大国工匠、高技能人才。我们应该学习陈行行同志的敢于创新、敢想敢干、苦干实干、能干巧干的优秀品质。陈行行，1989 年 10 月出生，中国工程物理研究院机械制造工艺研究所工人，先后获得全国五一劳动奖章、全国技术能手、四川工匠等荣誉称号。一个从微山湖畔小乡村走出来的农家孩子，10 年时间破茧成蝶，在投身我国核武器研制的宏伟事业中，成长为数控机械加工领域的能工巧匠。用陈行行自己的话说就是：“人生只有一次，不拼不精彩，我要凭着实力和勇气，大声说出‘我行’。”

1.1.3　传感器的发展趋势

伴随着信息技术的融合化、智能化发展，位于现代信息技术之首的传感器技术在科学研究、工农业生产、日常生活等方面发挥着越来越重要的作用，给人们的思想观念和生活方式都带来了巨大的冲击和变化，同时随着传感技术、数字技术、互联网技术和现场总线技术的

快速发展，采用新材料、新机理、新技术的传感器日趋广泛，它实现了高灵敏度、高适应性、高可靠性，并向嵌入式、微型化、模块化、智能化、集成化、网络化方向发展。

1. 传感器的智能化

随着科学的进步，技术的成熟，各种产品也在向智能化方向发展。例如，智能温湿度传感器的出现，让传感器的功能被更好地发挥出来。近年来随着微处理器技术的迅猛发展以及测控系统自动化、智能化的发展，传统的传感器已与各种微处理器相结合，并连入网络，形成了带有信息检测、信号处理、逻辑思维等一系列功能的智能传感器。

智能传感器是具有信息处理功能的传感器，拥有感知、信息处理和通信等多种功能，能够以数字量方式传播信息，同时具有自诊断、自校正等功能，目前正在逐渐向网络化、集成化方向发展。智能传感器属于物联网的神经末梢，成为人类感知自然最核心的元件，各类智能传感器的大规模部署和应用是构成物联网不可或缺的基本条件，其覆盖范围包括智能制造、智慧城市、智能安保、智能医疗等。

与传统传感器相比，智能传感器的智能化主要表现在，可以实现在使用过程中应对各类环境干扰和变化的自动补偿功能，工作状态下的数据采集及自主分析、数据处理等逻辑功能，数据采集后的上传及系统指令的决策处理功能，特别是应对无人值守环境及大数据分析数据采集产品中的自主学习功能等，如感知和控制的智控机器人，如图 1－6 所示，这些都是传感器智能化的主要表现方式。在智能制造的发展过程中，智能传感器不仅要担任感知外部环境信息的自主输入装置，还要兼顾监控、测量、分析评估等一系列工作，对智能装备的应用起着技术牵引和场景升级的关键作用。

图 1－6　智控机器人

2. 传感器的虚拟化

传感器的虚拟化是将计算机的各种资源，如服务器、网络、内存及存储等，抽象化、规范化并呈现出来，打破实体结构间不可切割的障碍，使用户能以更好的方式来使用这些资源。这些虚拟资源不受现有资源的地域、物理组态和部署方式的限制。一般所指的虚拟化资源包括计算能力和数据存储能力。通常所说的虚拟计算，是以虚拟化、网络、云计算等技术的融合为核心的一种计算平台、存储平台和应用系统的共享管理技术。虚拟化已成为企业 IT 部署不可或缺的组成部分。一般来看，虚拟化技术主要包括服务器虚拟化、内存虚拟化、存储虚拟化、网络虚拟化、应用虚拟化及桌面虚拟化。

在实际生产环境中，虚拟化技术主要用来解决高性能的物理硬件产能过剩和老的旧的硬件产能过低的问题，透明化底层物理硬件，从而最大限度地利用物理硬件。由于实际物理部署的资源由专业的技术团队集中管理，虚拟计算可以带来更低的运维成本，同时，虚拟计算的消费者可以获得更加专业的信息管理服务。虚拟计算应用于互联网上，是云计算的基础，也是云计算应用的一个主要表现，这已经是当今和未来信息系统架构的主要模式。

未来的传感器虚拟化（Virtual Smart Sensor AI）是一款让设备和组件供应商不用增加其他硬件而为其产品提供增强功能的软件模块。通过使用机器学习将来自多个传感器的数据进行融合，AI 虚拟智能传感器平台可用来设计优于传统硬件传感器的软件模块。

传感器的虚拟化主要表现在传感器的软件算法占有很大比例，虚拟仪器设备越来越广泛，可节约成本，减少损坏，而在互联网、大数据背景下的纯软件设计，突破了传感器的硬件装置及器件的定义，没有了实际的采集器件，可依托信息处理平台对数据进行采集和处理。

3. 传感器的微型化

现代控制仪器设备的功能越来越多，很多精密仪器或设备，体积本身就小，而且还需要接上各种传感器进行感知和控制，这也对传感器微型化提出了非常高的要求。传感器本身体积也是越小越好，这就要求发展新的材料和加工技术，现在利用硅材料制作的传感器体积已经很小。传统的加速度传感器是由重力块以及弹簧等制成的，体积较大，稳定性差，寿命也短，然而利用激光等各种新型加工技术制成的硅加速度传感器体积非常小，互换性、可靠性都较好。微型传感器可以不受空间大小制约而安放在狭小位置上，而且有对被测对象的状态干扰小、时间快与成本低等优点。过去制作传感器一边用眼看一边用手加工，就是机械加工也受到机械能力的限制。以集成技术为基础的新型加工技术则不然，能把电路加工到光波数量级，而且可批量生产，价格便宜。

集成电路加工技术由三大技术组成：平面电子工艺技术、有选择的化学腐蚀技术和微机电系统。这三项技术都能进行三维加工。

（1）平面电子工艺技术

平面电子工艺技术就是把在硅表面生成的氧化膜作为一种掩膜，在具有掩膜的硅单晶上进行具有空间选择的扩散与腐蚀加工。所以平面电子工艺技术包括照相制版技术、杂质扩散技术、离子注入技术和化学气相沉积技术等。

（2）有选择的化学腐蚀技术

利用有选择的化学腐蚀技术能对由平面电子工艺技术制作而成的氧化物掩膜与已扩散了杂质的半导体物体空间进行有选择的化学腐蚀加工。利用这种技术可以在特定方向上把硅体腐蚀掉，并进行三维加工。这种微加工技术可以把物体加工成极微细的可动部件，如应力杆状物、开关甚至马达等。

美国斯坦福大学已把过去相当大的、连搬运都困难的气相色谱仪集成在直径 5 cm 的硅片上，制成超小型气相色谱仪。现在的传感器均是以微型、集成化和智能化为特征的微系统。该微系统除具有自测试、自校准和数字补偿的微处理器之外，还具有微执行器。现代的微细加工技术已把微传感器、微处理器与微执行器集成在一块硅片上构成微系统，如微型拉力传感器，如图 1－7

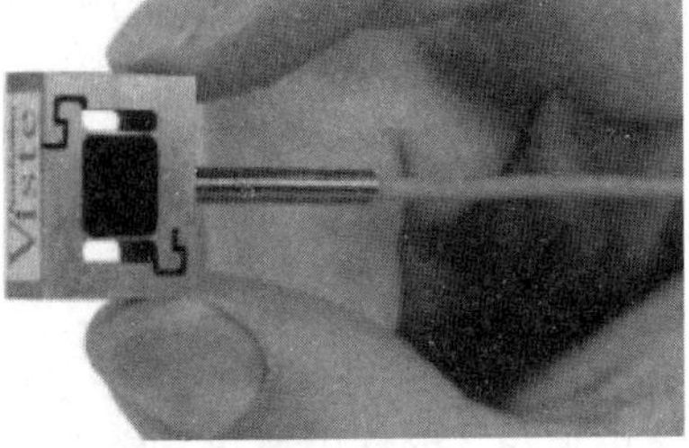

图 1－7　微型拉力传感器

所示。此款测力感应器尺寸小、精度高，适用于小空间压力测量、拉力测量及拉压双向测力。微型测力传感器 FSSQ 有 50 N/100 N/200 N 三种量程可选，两端采用 M2 内螺纹设计，可用于安装螺杆、吊环、吊钩等工装以满足不同使用要求。小型测力传感器 FSSQ 可外接传感器信号变送器以输出 -5～5 V，0～10 V，4～20 mA 标准模拟量信号。

（3）微机电系统（Micro - Electro - Mechanical System，MEMS）

技术的发展使微型传感器提高到了一个新的水平，利用微电子机械加工技术将微米级的敏感元件、信号处理器、数据处理装置封装在同一芯片上，它就具有体积小、价格便宜、可靠性高等特点。MEMS 微型执行器如图 1 -8 所示，并且可以明显提高系统测试精度。MEMS 技术是随着半导体集成电路微细加工技术和超精密机械加工技术的发展而发展起来的。就是借助 MEMS 技术的发展，传感器技术将朝着微型化、智能化、多功能化的方向发展，这也正适合自动化及工业控制对传感器性能的需求。现在采用 MEMS 技术可以制作检测力学量、磁学量、热学量、化学量和生物量的微型传感器。因为 MEMS 微型传感器在降低汽车电子系统成本及提高其性能方面的优势，已开始逐步取代基于传统机电技术的传感器。MEMS 传感器也会成为世界汽车电子的重要构成部分。

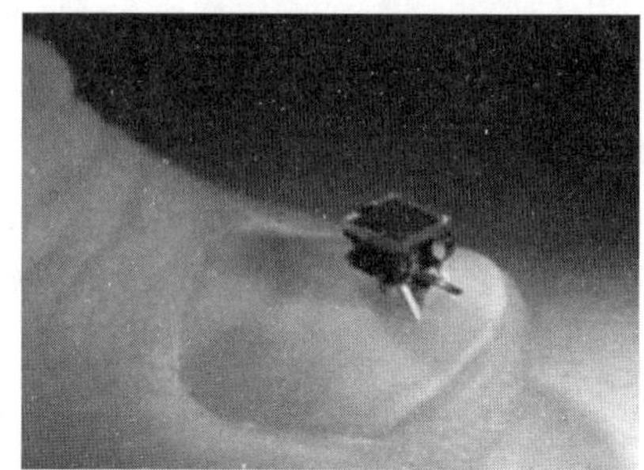
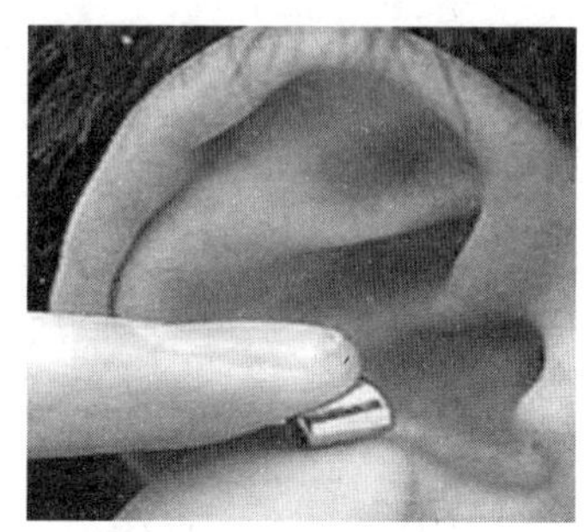

图 1 -8　MEMS 微型执行器

1.1.4　检测技术系统构成及发展

在人类的各项生产活动和科学实验中，为了了解和掌握整个过程的进展及其最后结果，经常需要对各种基本参数或物理量进行检查和测量，从而获得必要的信息，作为分析判断和决策的依据，可以认为检测技术就是人们为了对被测对象所包含的信息进行定性了解和定量掌握所采取的一系列技术措施。随着人类社会进入信息时代，以信息的获取、转换、显示和处理为主要内容的检测技术已经发展成为一门完整的技术学科，在促进生产发展和科技进步的广阔领域内发挥着重要作用。其主要应用如下。

检测技术是产品检验和质量控制的重要阶段。传统的检测方法只能将产品区分为合格品和废品，起到产品验收和废品剔除的作用。这种被动检测方法，对废品的出现并没有预先防止的能力。在传统检测技术基础上发展起来的主动检测技术或称之为在线检测技术使检测和生产加工同时进行，及时地用检测结果对生产过程主动进行控制，使之适应生产条件的变化或自动地调整到最佳状态。这样检测的作用已经不只是单纯地检查产品的最终结果，而且要过问和干预造成这些结果的原因，从而进入质量控制的领域。

检测技术在大型设备安全经济运行监测中得到广泛应用。电力、石油、化工、机械等行业的一些大型设备通常在高温、高压、高速和大功率状态下运行，保证这些关键设备安全运

行在国民经济中具有重大意义。为此，通常设置故障监测系统以对温度、压力、流量、转速、振动和噪声等多种参数进行长期动态监测，以便及时发现异常情况，加强故障预防，达到早期诊断的目的。随着计算机技术的发展，这类监测系统已经发展到故障自诊断系统。可以采用计算机来处理检测信息，进行分析、判断，及时诊断出设备故障并自动报警或采取相应的对策。

检测技术和装置是自动化系统中不可缺少的组成部分。人们为了有目的地进行控制，首先必须通过检测获取有关信息，然后才能进行分析判断以便实现自动控制。所谓自动化，就是用各种技术工具与方法代替人来完成检测、分析、判断和控制工作。一个自动化系统通常由多个环节组成，分别完成信息获取、信息转换、信息处理、信息传送及信息执行等功能。在实现自动化的过程中，信息的获取与转换是极其重要的组成环节，只有精确及时地将被控对象的各项参数检测出来并转换成易于传送和处理的信号，整个系统才能正常地工作。

检测技术的完善和发展推动着现代科学技术的进步。人们在自然科学各个领域内从事的研究工作，一般是利用已知的规律对观测、试验的结果进行概括、推理，从而对所研究的对象取得定量的概念并发现它的规律性，然后上升到理论。因此，现代化检测手段所达到的水平在很大程度上决定了科学研究的深度和广度。检测技术达到的水平越高，提供的信息越丰富、越可靠，科学研究取得突破性进展的可能性就越大。此外，理论研究的一些成果，也必须通过实验或观测来加以验证，这同样离不开必要的检测手段。

从另一方面看，现代化生产和科学技术的发展也不断地对检测技术提出新的要求和课题，成为促进检测技术向前发展的动力。科学技术的新发现和新成果不断应用于检测技术中，也有力地促进了检测技术自身的现代化。

检测技术与现代化生产和科学技术的密切关系，使它成为一门十分活跃的技术学科，几乎渗透到人类的一切活动领域，发挥着越来越大的作用。

【拓展阅读】

精益求精

精准是检测的核心。准是精确、准确的意思，在自动化检测系统中，传感器的精准检测是构成检测系统的核心，精准就需要有良好的设备，具备准确的检测技术。

1. 检测系统的组成

一个完整的检测系统或检测装置通常是由传感器、测量电路和显示记录装置等部分组成，分别完成信息获取、转换、显示和处理等功能。当然其中还包括电源和传输通道等不可缺少的部分。如图 1 –9 所示为检测系统的组成框图。

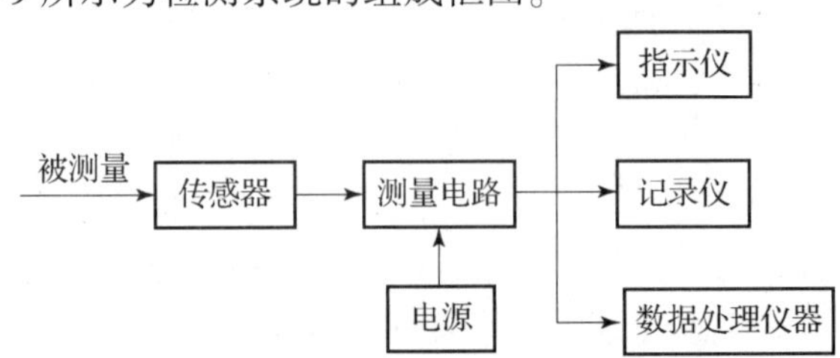

图 1 –9　检测系统的组成框图

检测系统主要由以上几部分组成，各部分作用如下：

（1）传感器

传感器是把被测量（如物理量、化学量等）转换成电学量的装置，显然，传感器是检测系统与被测对象直接发生联系的部件，是检测系统最重要的环节，检测系统获取信息的质量往往是由传感器的性能确定的，而检测系统的其他环节无法增加新的检测信息并且不易消除传感器所引入的误差。因此在整个检测系统中传感器的作用尤为重要。

检测技术中使用的传感器种类繁多，分类的方法也各不相同，从传感器应用角度，可以按被测量的性质将传感器分为：机械量传感器，如位移传感器、力传感器、速度传感器、加速度传感器等；热工量传感器，如温度传感器、压力传感器、流量传感器等；化学量传感器；生物量传感器等。从传感器研究角度，依据变换过程的特征可以将传感器按输出量的性质分为：参量型传感器，相应的有电阻式传感器、电感式传感器、电容式传感器等，它的输出是电阻、电感、电容等无源电参量；发电型传感器，相应的有热电偶传感器、光电传感器、磁电传感器、压电传感器等，它的输出是电压或电流。

（2）测量电路

测量电路的作用是将传感器的输出信号转换成易于测量的电压或电流信号。通常传感器输出信号是微弱的，需要由测量电路对信号进行放大，以满足显示记录装置的要求。测量电路的设计根据实际应用还可以进行阻抗匹配、微分、积分、线性化补偿等信号处理工作。测量电路的种类和构成是由传感器的类型决定的，不同的传感器所要求配用的测量电路是不同的。

（3）显示记录处理装置

显示记录处理装置是检测人员和检测系统联系的主要环节，主要作用是使人们了解检测数值的大小或变化过程，目前常用的有模拟显示、数字显示和图像显示三种。

模拟显示是利用指针对标尺的相对位置进行显示，表示被测量数值的大小，如各种指针式电气测量仪表。其特点是读数方便、直观、结构简单、价格低廉，在检测系统中一直被大量应用，但这种显示方式的精度受标尺最小分度限制，而且读数时易引入主观误差。

数字显示则直接以十进制数字形式来显示读数，实际上是专用的数字电压表，它可以附加打印机，打印记录测量数值，并且易于和计算机进行连接，使数据处理更加方便，这种方式有利于消除读数的主观误差。

图像显示是指如果被测量处于动态变化之中，用显示仪表读数就十分困难，这时可以将输出信号送至记录仪，从而描绘出被测量随时间变化的曲线，作为检测结果，供分析使用。常用的自动记录仪器有笔式记录仪、光线示波器、磁带记录仪等。检测系统构成中各组成部分常用变换量和电路如图 1－10 所示。

2. 检测技术的发展趋势

随着世界各国现代化步伐的加快，对检测技术的要求越来越高。而科学技术，尤其是大规模集成电路技术、微型计算机技术、机电一体化技术、微机械和新材料技术的不断进步，则大大促进了现代检测技术的发展。同时也为检测技术的现代化创造了条件，主要表现在以下两个方面。

①人们研究新原理、新材料和新工艺所取得的成果将产生更多品质优良的新型传感器，如光纤传感器、液晶传感器、以高分子有机材料为敏感元件的压敏传感器、微生物传感器等。

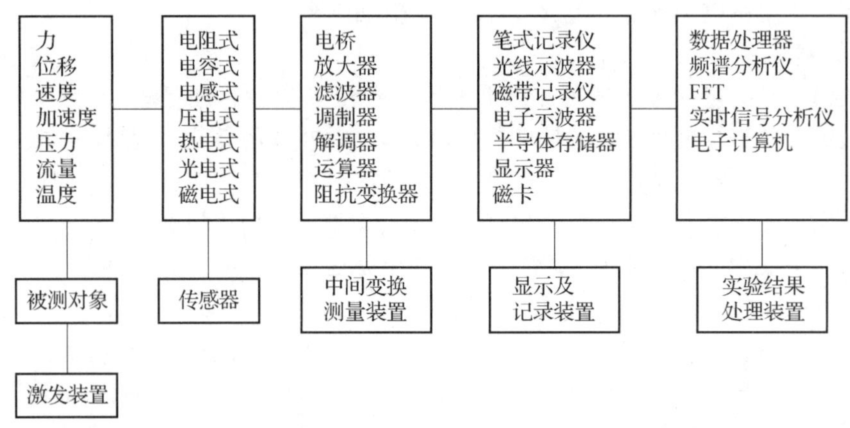

图 1－10　检测系统构成中各组成部分常用变换量和电路

②代替视觉、嗅觉、味觉和听觉的各种仿生传感器和检测超高温、超高压、超低温和超高真空等极端参数的新型传感器，这些都是今后传感器技术研究和发展的重要方向。新型传感器技术除了采用新原理、新材料和新工艺之外，还向着高精度、小型化和集成化的方向发展。传感器集成化的一个方向是具有同样功能的传感器集成化，从而使对一个点的测量变成对一个平面和空间的测量。例如利用电荷耦合器件形成的固体图像传感器来进行的文字和图形识别即如此。

传感器集成化的另一个方向是不同功能的传感器集成化，从而使一个传感器可以同时测量不同种类的多个参数，如测量血液中各种成分的多功能传感器。

除了传感器自身的集成化之外，还可以把传感器和后续电路集成化。传感器和测量电路的集成化可以减少干扰、提高灵敏度、方便使用，如果将传感器和数据处理电路集成在一起，则可以方便地实现实时数据处理。

检测系统或检测装置目前正迅速由模拟式、数字式向智能化方向发展。带有微处理机的各种智能化仪表已经出现，这类仪表选用微处理机做控制单元，利用计算机可编程的特点，使仪表内的各个环节自动地协调工作，并且具有数据处理和故障诊断功能，成为一代崭新仪表，把检测技术自动化推进到一个新水平。

检测技术在工业生产领域的应用也不断向着在线检测、在线控制等方向改进，如在线检测零件尺寸、产品缺陷、装配定位、过程控制等，如图 1－11 所示。

（a）　　　　（b）

图 1－11　在线检测技术

（a）检测轴承滚珠是否遗漏；（b）检测容器内的液位

【拓展阅读】

增强品质意识，强化安全观念

责任是什么？责任是一种生命的重量，负责是一种应尽的本分，责任是一种前行的动力，负责是一种内在的品质。作为一名检测人员，我们有责任对所采集数据负责，有责任进行严谨认真的数据处理，对生产安全负责，才能保证生产质量。

【任务实施】

根据图 1－12 给出的不同类型的传感器应用选择类型和测量的信息，填写表 1－2（按照图中（a）～(g）的顺序）。

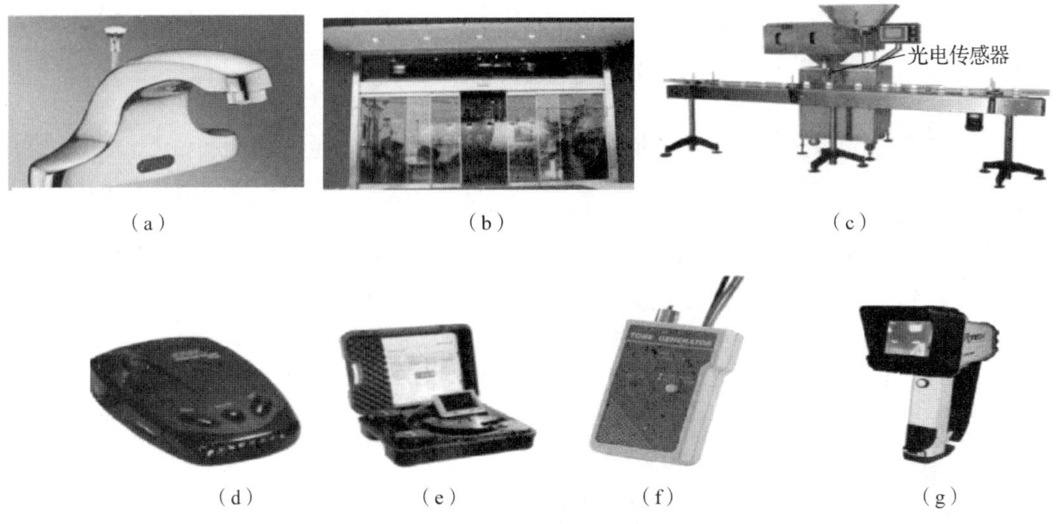

图 1－12 不同类型的传感器应用

（a）水龙头；(b）自动门；(c）自动线；(d）鼠标；

（e）救援便携旋转搜救仪；(f）网络测试仪；(g）红外热像仪

表 1－2 传感器应用

传感器名称	测量哪些量	该传感器的其他应用
红外传感器（例）	距离、高度	自动扶梯、银行自动门等
红外传感器		
光电传感器		
雷达波探测器		
视频探测		
音频探测		
红外热成像		

【技能训练工单】

<table>
<tr><td>姓名</td><td></td><td>班级</td><td></td><td>组号</td><td></td></tr>
<tr><td>名称</td><td colspan="5">任务 1.1　认识传感器与检测技术</td></tr>
<tr><td>任务提出</td><td colspan="5">本次实验目的是了解传感器各个领域的应用，学会仿真软件的使用方法。</td></tr>
<tr><td>问题导入</td><td colspan="5">1）什么是传感器？
2）传感器分为哪些类型？
3）传感器有哪些应用领域？</td></tr>
<tr><td>技能要求</td><td colspan="5">1）了解传感器的应用；
2）掌握传感器可以检测的被测量；
3）学会传感器仿真软件的使用方法。</td></tr>
<tr><td>传感器仿真软件使用说明</td><td colspan="5">传感器虚拟仿真软件是开放式传感器虚拟实验室软件，采用浏览器/服务器模式（B/S）架构，为传感器实验教学构建了一个全新的实验环境。在该环境下，用户可以自主选择逻辑器件或者形象器件两种形式来搭建实验。
平台设计以易用和实用为原则，综合运用了最新的设计思想和多种关键技术，将互动的可视化操作贯穿于整个实验过程，充分激发个人的创作灵感，大家可以根据各自的创意去构思、验证各种个性化的设计方案，自主完成实验的全过程。
平台提供了各类不同的电子元件库、传感器库、虚拟仪表、参数修正、仿真验证等。大家可以根据自行设计的电路在该开放平台进行实验。本平台支持 Windows 系列、Mac OS 操作系统。</td></tr>
<tr><td>任务制作</td><td colspan="5">实训步骤：
1）打开软件了解软件的整体架构，如图 1－13 所示，学习各版块功能。
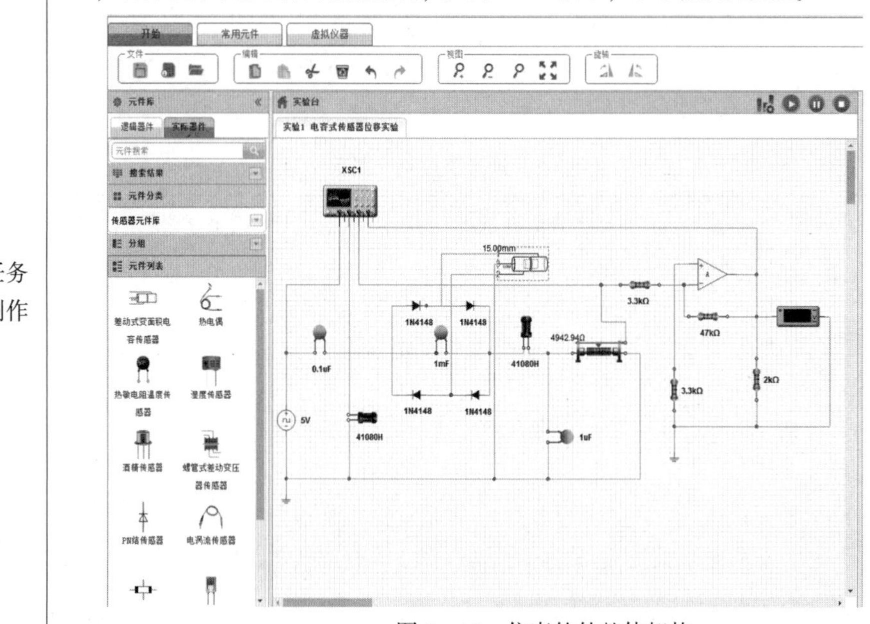

图 1－13　仿真软件整体架构</td></tr>
</table>

续表

<table>
<tr><td>姓名</td><td></td><td>班级</td><td></td><td>组号</td><td></td></tr>
<tr><td>名称</td><td colspan="5">任务 1.1　认识传感器与检测技术</td></tr>
<tr><td>任务制作</td><td colspan="5">2）了解仿真软件的虚拟仪器，如图 1－14 所示，根据视频学习使用方法。
直流电压表　交流电流表　频率计　胜利万用表　四通道示波器　波特图分析仪　频谱分析仪　泰克示波器　固纬函数信号发生器
图 1－14　虚拟仪器
3）了解元件分类，如图 1－15 所示，能对元件进行编辑。
该实验仿真台提供了六大库 159 个实验元件。其中，传感器元件库包括湿度传感器、热敏电阻温度传感器、螺管式差动变压器传感器、光纤传感器等 11 个传感器。
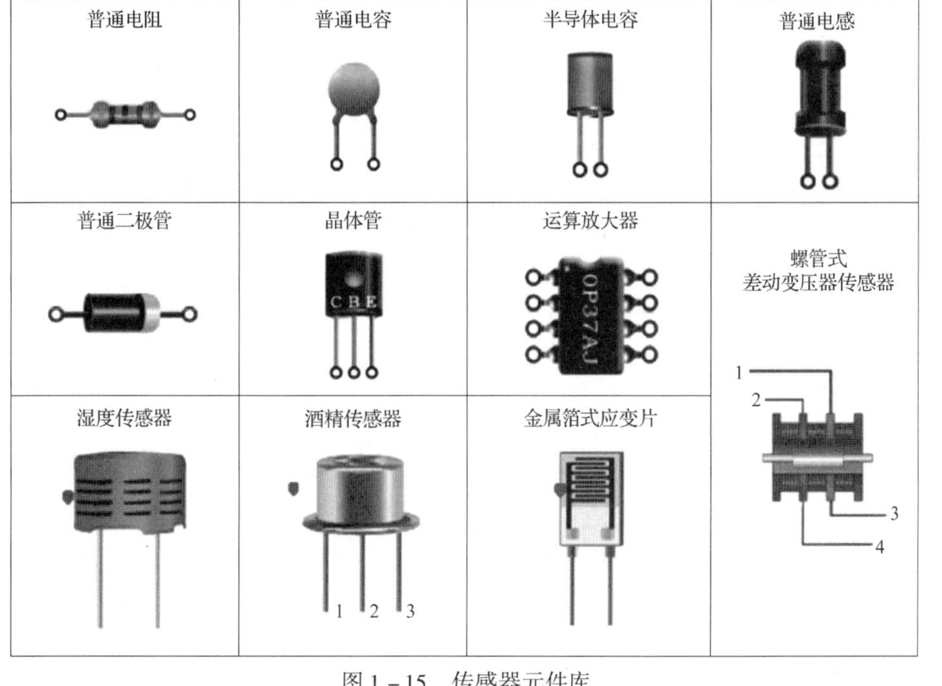

图 1－15　传感器元件库</td></tr>
</table>

续表

姓名		班级		组号	
名称	任务 1.1　认识传感器与检测技术				
任务制作	4）利用该平台设计电路实现简单的开关控制二极管控制电路，并能调试出现象：开关闭合点亮二极管，断开熄灭。				
总结					

【考核评价】

项目	配分	考核要求	评分细则	得分	扣分
正确使用软件	40 分	能使用仿真软件的各个板块功能	1）不能进行元件的选择、性能参数改变，扣 5 分； 2）未能正确使用仪表，每处扣 2 分		
电路设计及调试	50 分	能正确进行设计并仿真	1）设计不正确、连接方法不正确，每处扣 5 分； 2）软件使用不正确，每次扣 5 分		
安全文明操作	10 分	1）安全用电，无人为损坏仪器、元件和设备； 2）保持环境整洁，秩序井然，操作习惯良好； 3）小组成员协作和谐，态度正确； 4）不迟到、早退、旷课	1）违反操作规程，每次扣 5 分； 2）工作场地不整洁，扣 5 分		
总分					

【拓展知识】

智能传感器

传感器作为智能感知时代下最基础的硬件，随着智能化过程不断加速，任何相连接的智能终端节点都离不开传感器。随着传感器应用的领域不断拓展，传感器市场将保持高速增长，特别是可穿戴设备、汽车电子、医疗、物联网等将成为传感器的主要增长点，智能传感器常见类型主要有以下几种。

1. 无线传感器

近年来无线传感器发展非常迅速，无线传感器应用在健身追踪器中，已变成一种更加流

行的可穿戴科技产品。不过加州大学伯克利分校的工程师们将这个概念更推进了一步，开发出了极小的无线传感器用以检测人体内的健康状况。据悉，这些设备已被缩小至 1 mm^3，大约只有一粒灰尘大小，被称作“神经灰尘”。这些传感器可被植入人的体内，它们将在那里对组织、肌肉及神经进行实时检测。

2. 生物发光传感器

生物发光传感器其实是一种新型的研究手段，由美国范德堡大学的一组科学家通过对荧光素酶这种生物酶进行基因改造而发明出来。据研究人员介绍，这一新型传感器可用来追踪大脑中大型神经网络的内部互动情况。

3. 人造毛发传感器

对于人类来说，皮肤不仅是保护我们免受微尘和细菌侵袭的屏障，也是我们感受外界环境变化的介质。随着研究人员研发机器人技术的进一步深入，也正在努力寻求为机器人打造像真实皮肤一样的功能。中国哈尔滨工业大学材料科学教授何晓东及其同事在这方面进行了创新，他们研发的新技术能够模仿人体表面的细微毛发，将感觉信息传递给机器人。研究人员采用 30 μm 的细线代替毛发，并在硅脂橡胶中嵌入一排细微电线，而这排电线的作用就是给人造皮肤带来外界信息。该研究成果能够用于传感假肢或是相应的医疗保健设备。

4. 促睡眠“Sense”传感器

据报道，英国伦敦的詹姆斯发明了一款叫做“Sense”的睡眠传感器。据了解，“Sense”传感器能根据主人的调控，自动调节灯光，控制暖气，甚至还能播放舒缓的音乐促进人类睡眠，在睡眠期间也能将环境调节到最舒适的状况。还可监测声音、灯光、温度、湿度和空气质量，对用户每晚的睡眠状况进行评分。

【任务习题云】

1. 传感器是能够感受________并按照一定规律转换成________的器件或装置。
2. 传感器由________、________、________信号电路、辅助电路和________组成。
3. 传感器按被测物理量分类，传感器的输入非电量大致可分为________、________、________和成分量以及状态量四大类。
4. 简述传感器技术的发展趋势。
5. 传感器是如何命名的？其代号包括哪几部分？

任务 1.2 测量误差及误差处理办法

【任务描述】

现有两种温度计来测量温度，用一体温计测量 37 ℃的体温，再用高温计测量 560 ℃的蒸汽温度，两者都有 1 ℃的测量误差，应用哪些方法可以准确地对比哪个温度计测得的数据更准确？测量的数据为何与理论数据有差别？是什么原因引起的？应该如何避免或减少这种差别？

【知识链接】

1.2.1 测量及测量方法

1. 测量

测量是指人们用实验的方法，借助一定的仪器或设备，将被测量与同性质的单位标准量进行比较，并确定被测量对标准量的倍数，从而获得关于被测量的定量信息。测量过程中使用的标准量应该是国际或国内公认的性能稳定的量，称为测量单位。

测量结果包括数值大小和测量单位两部分。数值的大小可以用数字表示，也可以是曲线或者图形。无论表现形式如何，在测量结果中必须注明单位，否则测量结果是没有意义的。

检测技术比上述测量定义有更加广泛的含义。它是指下述的全过程：按照被测量的特点，选用合适的检测装置与实验方法，通过测量和数据处理及误差分析，准确得到被测量的数值，并为进一步提高测量精度、改进实验方法及测量装置性能提供可靠的依据。一切测量过程都包括比较、示差、平衡和读数四个步骤。例如，用钢卷尺测量杆件长度时，首先将卷尺拉出与杆件紧靠在一起，进行“比较”；然后找出卷尺与杆件的长度差别，即“示差”；进而调整卷尺长度使二者长度相等，达到“平衡”；最后从卷尺刻度上读出杆件的长度，即“读数”。测量过程的核心是比较，但被测量能直接与标准量比较的场合并不多，大多数情况下，是将被测量和标准量变换成双方易于比较的某个中间变量来进行的。例如，用弹簧秤称重，被测质量通过弹簧按比例伸长，转换为指针位移，而标准质量转换成标尺刻度。这样，被测量和标准量都转换成位移这一中间变量，就可以进行直接比较。

此外，为了提高测量精度，并且能够对变化快、持续时间短的动态量进行测量，通常将被测量转换为电压或电流信号，利用电子装置完成比较、示差、平衡和读数的测量过程。因此，转换是实现测量的必要手段，也是非电量测量的核心。

2. 测量方法

测量方法是实现测量过程所采用的具体方法，应当根据被测量的性质、特点和测量任务的要求来选择适当的测量方法。按照测量手段不同，可以将测量方法分为直接测量和间接测量。按照获得测量值的方式，可以分为偏差式测量、零位式测量和微差式测量。此外，根据传感器是否与被测对象直接接触，可分为接触式测量和非接触式测量。而根据被测对象的变化特点又可分为静态测量和动态测量等。

（1）直接测量与间接测量

①直接测量。用事先分度或标定好的测量仪表，直接读取被测量测量结果的方法称为直接测量。例如，用温度计测量温度、用电压表测量电压等。

直接测量是工程技术中大量采用的方法，其优点是直观、简便、迅速，但不易达到很高的测量精度。

②间接测量。首先对和被测量有确定函数关系的几个量进行测量，然后再将测量值代入函数关系式，经过计算得到所需结果。这种测量方法属于间接测量。例如测量直流电功率时，根据 $P=UI$ 的关系，分别对 I、U 进行直接测量，再计算出功率 P。在间接测量中测量

结果 y 和直接测量值 x_i（$i=1$，$2\cdots$）之间的关系式可用下式表示：

$$y=f(x_1\ x_2\cdots) \tag{1-1}$$

间接测量手续多，花费时间长，当被测量不便于直接测量或没有相应直接测量的仪表时才采用。

（2）偏差式测量、零位式测量和微差式测量

①偏差式测量。在测量过程中利用测量仪表指针相对于刻度初始点的位移（即偏差）来决定被测量的测量方法，称为偏差式测量。在使用这种测量方法测量时，仪表刻度事先用标准器具标定。测量时，利用仪表指针在标尺上的示值，读取被测量的数值。它以间接方式实现被测量和标准量的比较。

偏差式测量仪表在进行测量时，一般利用被测量产生的力或力矩，使仪表的弹性元件变形，从而产生一个相反的作用，并一直增大到与被测量所产生的力或力矩相平衡时，弹性元件的变形就停止了，此变形即可通过一定的机构转变成仪表指针相对标尺起点的位移，指针所指示的标尺刻度值就表示了被测量的数值。偏差式测量简单、迅速，但精度不高，这种测量方法广泛应用于工程测量中。

②零位式测量。用已知的标准量去平衡或抵消被测量的作用，并用指零式仪表指示，从而判定被测量值等于已知标准量的方法称作零位式测量。用天平测量物体的质量就是零位式测量的一个简单例子。用电位差计测量未知电压也属于零位式测量，如图 1－16 所示的电路是电位差计的原理示意图。

图 1－16 中，E 为工作电动势，在测量前先调节 R_{P_1}，校准工作电流使其达到标准值，接通仪表测量被测电压 U_x后，调整电位器 R_P 的活动触点，改变标准电压的数值，使检流计 P 回零，达到 A、D 两点等电位，此时标准电压 $U_k=U_x$，从电位差计读取的 U_k的数值就表示了被测未知电压 U_x。

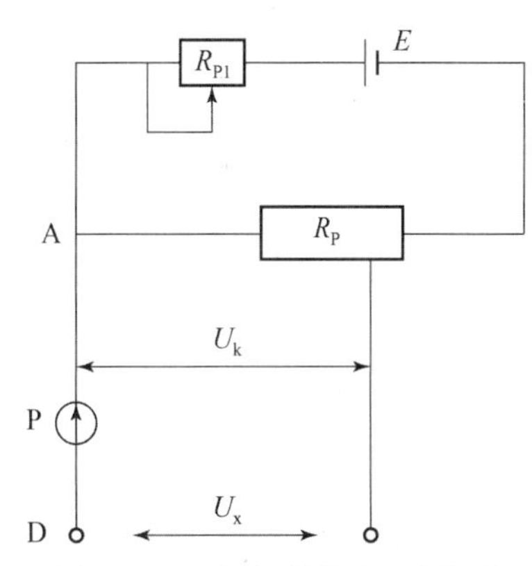

图 1－16　电位差计原理示意图

在零位式测量中，标准量具处于测量系统中，它提供一个可调节的标准量，被测量能够直接与标准量相比较，测量误差主要取决于标准量具的误差。因此，可获得比较高的测量精度。另外，示零机构越灵敏，平衡的判断越准确，越有利于提高测量精度。但是这种方法需要平衡操作，测量过程较复杂，花费时间长，即使采用自动平衡操作，反应速度也受到限制，因此只能适用于变化缓慢的被测量，而不适于变化较快的被测量。

③微差式测量。这是综合零位式测量和偏差式测量的优点而提出的一种测量方法，基本思路是将被测量 x 的大部分作用先与已知标准量 n 的作用相抵消，剩余部分即两者差值 $\Delta=x-n$，这个差值再用偏差法测量。微差式测量中，总是设法使差值 Δ 很小，因此可选用高灵敏度的偏差式仪表测量。即使差值的测量精度不高，但最终结果仍可达到较高的精度。

例如，测定稳压电源输出电压随负载电阻变化的情况时，输出电压 U_o可表示 $U_o=U+\Delta U$，其中 ΔU 是负载电阻变化所引起的输出电压变化量，相对 U 来讲为一小量。如果采用偏差法测量，仪表必须有较大量程以满足 U_o的要求，因此对 ΔU 这个小量造成的 U_o

的变化就很难测准。当然可以改用零位式测量，但最好的方法是如图 1－17 所示的微差式测量。

图 1－17 中使用了高灵敏度电压表－毫伏表和电位差计，R_r和 E 分别表示稳压电源的内阻和电动势，R_L表示负载电阻，E_1、R_1和 R_w表示电位差计的参数。在测量前调整 R_1使电位差计工作电流 I_1为标准值。然后，使稳压电源负载电阻 R_1为额定值。调整 R_P 的活动触点，使毫伏表指示为零，这相当于事先用零位式测量出额定输出电压 U。正式测量开始后，只需增加或减小负载电阻 R_L的值，负载变动所引起的稳压电源输出电压 U_o的微小波动值 ΔU，即可由毫伏表指示出来。根据 $U_o = U + \Delta U$，稳压电源输出电压在各种负载下的值都可以准确地测量出来。微差式测量法的优点是反应速度快、测量精度高，特别适合在线控制参数的测量。

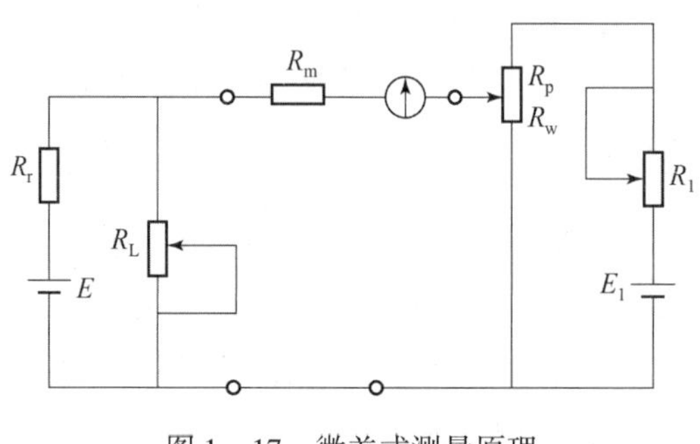

图 1－17　微差式测量原理

【交流思考】

你认为零差、偏差和微差这三种测量方式有何不同？在实际测量中如何选择合适的测量方法呢？

1.2.2　测量误差及处理方法

1. 测量误差

在检测过程中，被测对象、检测系统、检测方法和检测人员都会受到各种变动因素的影响。而且对被测量的转换，有时也会改变被测对象原有的状态。这就造成了检测结果和被测量的客观真值之间存在一定的差别。这个差值称为测量误差。误差公理告诉我们：任何实验结果都是有误差的，误差自始至终存在于一切科学实验和测量之中，被测量的真值是永远难以得到的。尽管如此，我们仍然可以设法改进检测工具和实验手段，并通过对检测数据的误差分析和处理，使测量误差处在允许的范围之内。或者说，达到一定的测量精度。这样的测量结果就被认为是合理的，可信的。

测量误差的主要来源可以概括为工具误差、环境误差、方法误差和人员误差等。在分析测量误差时，人们采用的被测量真值是指在确定的时间、地点和状态下，被测量所表现出来的实际大小。一般来说，真值是未知的，所以误差也是未知的。但有些值可以作为真值来使用。例如理论真值，它是理论设计和理论公式的表达值。还有计量学约定真值，它是由国际计量学大会确定的长度、质量、时间等基本单位。另外，考虑到多级计量网中计量标准的传

递，高一级标准器的量值也可以作为相对真值。

为了便于对误差进行分析和处理，人们通常把测量误差从不同角度进行分类。按照误差的表示方法，可以分为绝对误差和相对误差；按照误差出现的规律，可以分为系统误差、随机误差和粗大误差；按照被测量与时间的关系，可以分为静态误差和动态误差等。

（1）绝对误差与相对误差

①绝对误差。绝对误差是仪表的指示值 x 与被测量的真值 x_0 之间的差值，记作 δ。

$$\delta = x - x_0 \tag{1-2}$$

绝对误差有符号和单位，它的单位与被测量相同。引入绝对误差后，被测量真值可以表示为

$$x_0 = x - \delta = x + c \tag{1-3}$$

式中，$c = -\delta$，称为修正值或校正量，它与绝对误差的数值相等，但符号相反。

含有误差的指示值加上修正值之后，可以消除误差的影响，在计量工作中，通常采用加修正值的方法来保证测量值的准确可靠，仪表送上级计量部门检定，其主要目的就是获得一个准确的修正值。例如，得到一个指示值修正表或修正曲线。

在检定工作中，常用高一等级准确度的标准作为真值而获得绝对误差。

例如，用一等活塞压力计校准二等活塞压力计，一等活塞压力计示值为 100.5 N/cm^2，二等活塞压力计示值为 100.2 N/cm^2，则二等活塞压力计的测量误差为 -0.3 N/cm^2。

绝对误差越小，说明指示值越接近真值，测量精度越高。但这一结论只适用于被测量值相同的情况，而不能说明不同值的测量精度。例如，某测量长度的仪器，测量 10 mm 的长度，绝对误差为 0.001 mm。另一仪器测量 200 mm 长度，误差为 0.01 mm。这就很难按绝对误差的大小来判断测量精度高低了，这是因为后者的绝对误差虽然比前者大，但它相对于被测量的值却显得较小。

②相对误差。相对误差是仪表指示值的绝对误差 δ 与被测量真值 x_0 的比值，常用百分数表示，即

$$r = \frac{\delta}{x_0} \times 100\% = \frac{x - x_0}{x_0} \times 100\% \tag{1-4}$$

相对误差比绝对误差能更好地说明测量的精确程度。在上面的例子中显然，后一种长度测量仪表更精确。

$$\begin{aligned} r_1 &= \frac{0.001}{10} \times 100\% = 0.01\% \\ r_2 &= \frac{0.01}{200} \times 100\% = 0.005\% \end{aligned} \tag{1-5}$$

在实际测量中，由于被测量真值是未知的，而指示值又很接近真值。因此，可以用指示值 x 代替真值 x_0 来计算相对误差。

使用相对误差来评定测量精度，有一定局限性。它只能说明不同测量结果的准确程度，但不适用于衡量测量仪表本身的质量。因为同一台仪表在整个测量范围内的相对误差不是定值。随着被测量的减小，相对误差变大，为了更合理地评价仪表质量，常采用引用误差进行评定。

（2）引用误差

引用误差是绝对误差 δ 与仪表量程 L 的比值，通常以百分数表示。引用误差用 r_0 表示：

$$r_0 = \frac{\delta}{L} \times 100\% \tag{1-6}$$

式中，δ 为绝对误差；

L 为仪表量程。

如果以测量仪表为满量程值，可能出现的绝对误差最大值 δ_m 代替 δ，则可得到最大引用误差 r_{0m}。

$$r_{0m} = \frac{\delta_m}{L} \times 100\% \tag{1-7}$$

对一台确定的仪表或一个检测系统，最大引用误差就是一个定值。测量仪表一般采用最大引用误差不能超过的允许值作为划分精度等级的尺度。工业仪表常见的精度等级有 0.1 级、0.2 级、0.5 级、1.0 级、1.5 级、2.0 级、2.5 级、5.0 级。精度密度和精确度等级为 1.0 的仪表，在使用时它的最大引用误差不超过 ±1.0%，也就是说，在整个量程内它的绝对误差最大值不会超过其量程的 ±1%。

在具体测量某个量值时，相对误差可以根据精度等级所确定的最大绝对误差和仪表指示值进行计算。显然，精度等级已知的测量仪表只有在被测量值接近满量程时，才能发挥它的测量精度。因此，使用测量仪表时，应当根据被测量的大小和测量精度要求，合理地选择仪表量程和精度等级，只有这样才能提高测量精度。

（3）系统误差、随机误差和粗大误差

①系统误差。能够保持恒定不变或按照一定规律变化的测量误差，称为系统误差。系统误差主要是由于测量设备、测量方法的不完善和测量条件的不稳定而引起的。由于系统误差表示了测量结果偏离其真实值的程度，即反映了测量结果的准确度，所以在误差理论中，经常用准确度来表示系统误差的大小。系统误差越小，测量结果的准确度就越高。

系统误差的特点是可以通过实验或分析的方法，查明其变化规律和产生原因，通过对测量值的修正，或者采取一定的预防措施，就能够消除或减少它对测量结果的影响。系统误差的大小表明测量结果的正确度，它说明测量结果相对真值有一恒定误差，或者存在着按确定规律变化的误差。系统误差越小，则测量结果的正确度越高。

②随机误差。偶然误差又称随机误差，是一种大小和符号都不确定的误差，即在同一条件下对同一被测量重复测量时，各次测量结果服从某种统计分布，这种误差的处理依据概率统计方法。产生偶然误差的原因很多，一方面如温度、磁场、电源频率等的偶然变化等都可能引起这种误差；另一方面观测者本身感官分辨能力的限制，也是偶然误差的一个来源。偶然误差反映了测量的精密度，偶然误差越小，精密度就越高，反之则精密度越低。系统误差和偶然误差是两类性质完全不同的误差。系统误差反映在一定条件下误差出现的必然性，而偶然误差则反映在一定条件下误差出现的可能性。

随机误差的大小表明测量结果重复一致的程度，即测量结果的分散性。通常用精密度表示随机误差的大小。随机误差大，测量结果分散，精密度低；反之，测量结果的重复性好，精密度高。

精确度是测量的正确度和精密度的综合反映。精确度高意味着系统误差和随机误差都很小。精确度有时简称为精度。图 1－18 形象地说明了系统误差、随机误差对测量结果的影响，也说明了正确度、精密度和精确度的含义。

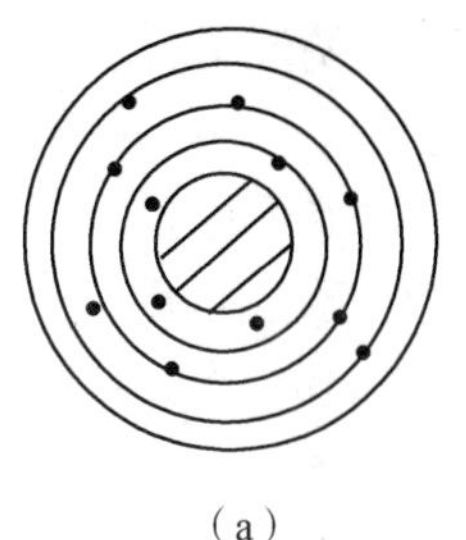

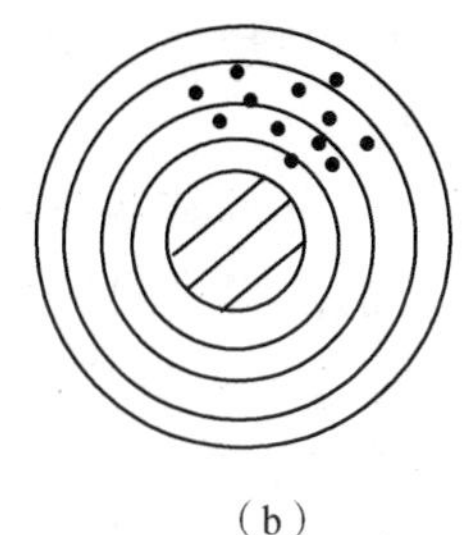

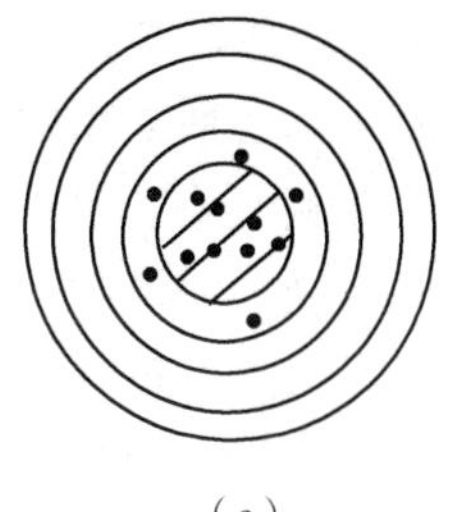

（a）　　（b）　　（c）

图1－18　正确度、精密度和精确度示意图

图1－18（a）的系统误差较小，正确度较高，但随机误差较大，精密度低。

图1－18（b）的系统误差大，正确度较差，但随机误差小，精密度较高。

图1－18（c）的系统误差和随机误差都较小，即正确度和精密度都较高，因此精确度高。显然，一切测量都应当力求精密而又正确。

③粗大误差。明显歪曲测量结果的误差称作粗大误差，又称过失误差。粗大误差主要是人为因素造成的。例如，测量人员工作时疏忽大意，出现了读数错误、记录错误、计算错误或操作不当等。另外，测量方法不恰当，测量条件意外地突然变化，也可能造成粗大误差。含有粗大误差的测量值称为坏值或异常值，坏值或异常值应从测量结果中剔除。

在实际测量工作中，由于粗大误差的误差数值特别大，容易从测量结果中发现，一经发现有粗大误差，可以认为该次测量无效，测量数据应剔除，从而消除它对测量结果的影响。

坏值剔除后，正确的测量结果中不包含粗大误差，因此要分析处理的误差只有系统误差和随机误差两种。

【拓展阅读】

牢记安全　严谨细致

用电测量无小事，安全意识牢记心中，严谨细致，就是对测量要有认真、负责的态度，一丝不苟、精益求精，于细微之处见精神，于细微之处见境界，于细微之处见水平；就是把做好每件事情的着力点放在每一个环节、每一个步骤上，不心浮气躁，不好高骛远；就是从小点测量到系统测量，做精做细，做得出彩，做出成绩。

2. 误差的消除方法

(1) 系统误差的消除方法

在测量结果中，一般含有系统误差、随机误差和粗大误差。对于系统误差，尽管它的取值固定或按一定规律变化，但往往不易从测量结果中发现它的存在和找到它的规律，也不可能像对待随机误差那样，用统计分析的方法确定它的存在和影响，而只能针对具体情况采取不同的处理措施，对此没有普遍适用的处理方法。总之，系统误差虽然是有规律的，但实际处理起来往往比无规则的随机误差困难得多。对系统误差的处理是否得当，很大程度上取决于测量者的知识水平、工作经验和实验技巧。

为了尽力减小或消除系统误差对测量结果的影响，可以从两个方面入手。首先，在测量之前，尽可能预见一切可能产生系统误差的来源，并设法消除它们或尽量减弱其影响。例如，测量前对仪器本身性能进行检查，必要时送计量部门检定，取得修正曲线或表格，使仪器的环境条件和安装位置符合技术要求的规定，对仪器在使用前进行正确的调整，严格检查和分析测量方法是否正确，其次，在实际测量中，采用一些有效的测量方法，来消除或减小系统误差。下面介绍几种常用的方法。

①交换法。在测量中，将引起系统误差的某些条件（如被测量的位置等）相互交换，而保持其他条件不变，使产生系统误差的因素对测量结果起相反的作用，从而抵消系统误差。例如，以等臂天平称量时，由于天平左右两臂长的微小差别，会引起称量的恒值系统误差。如果被称物与砝码在天平左右称盘交换，称量两次，取两次测量平均值作为被称物的质量，这时测量结果中就含有因天平不等臂引起的系统误差。

②抵消法。改变测量中的某些条件（如测量方向），使前后两次测量结果的误差符号相反，取其平均值以消除系统误差。

例如，千分卡有空行程，即螺旋旋转时，刻度变化，量杆不动，在检定部位产生系统误差。为此，可从正反两个旋转方向（即顺时针和逆时针旋转）对线，顺时针对准标志线读数为 d，不含系统误差时值为 a，空行程引起系统误差为 ε，则有 $d=a+\varepsilon$；第二次逆时针旋转对准标志线，读数为 d，则有 $d=a-\varepsilon$，则正确值 $a=(d+d)/2$，正确值 a 中不再含有系统误差。

③代替法。这种方法是在测量条件不变的情况下，用已知量替换被测量，达到消除系统误差的目的。仍以天平为例，如图 1－19 所示。先使平衡物 T 与被测物 X 相平衡，则 $X=(L_1/L_2)T$；然后取下被测物 X，用砝码 P 与 T 达到平衡，得到 $P=(L_1/L_2)T$，取砝码数值作为测量结果。由此得到的测量结果中，同样不存在因 L_1、L_2 不等而带来的系统误差。

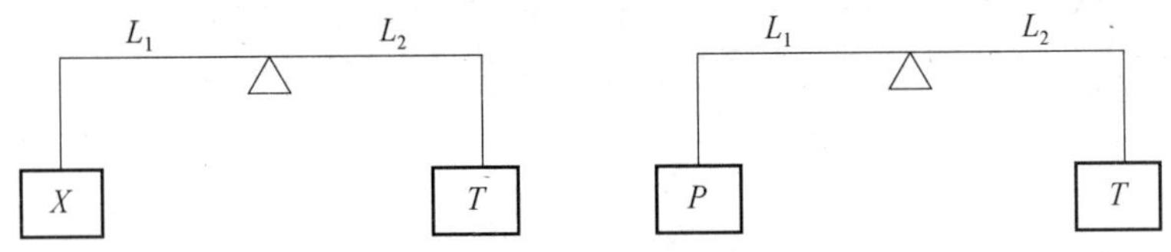

图 1－19　代替法消除系统误差示意图

④补偿法。在测量过程中，由于某个条件的变化或仪器某个环节的非线性特性都可能引入变值系统误差。此时，可在测量系统中采取补偿措施，自动消除系统误差。例如，热电偶测温时，冷端温度的变化会引起变值系统误差。在测量系统中采用补偿电桥，就可以起到自动补偿作用。

（2）随机误差的消除方法

消除随机误差可采用在同一条件下，对被测量进行多次的重复测量，取其平均值作为测量结果的方法。根据统计学原理可知，在足够多次的重复测量中，正误差和负误差出现的可能性几乎相同，因此偶然误差的平均值几乎为零。所以，在测量仪器仪表选定后，足够多的测量次数是保证测量精密度的前提。

【任务实施】

1. 误差分析

分别用体温计测 37 ℃体温和高温计测 560 ℃蒸汽温度，都有 1 ℃的绝对测量误差，要想判断哪一个更准确，相对误差更能说明指示值的准确程度。而绝对误差越小，说明指示值越接近真值，测量精度越高。但这一结论只适用于被测量值相同的情况，而不能说明不同值的测量精度。

2. 比较计算

由于两者绝对误差相同，则体温计相对误差为

$$r_{体温计} = \frac{1}{37} \times 100\% \tag{1-8}$$

高温计相对误差为

$$r_{高温计} = \frac{1}{560} \times 100\% \tag{1-9}$$

比较可知，高温计相对误差更小。

【技能训练工单】

<table>
<tr><td>姓名</td><td></td><td>班级</td><td></td><td>组号</td><td></td></tr>
<tr><td>名称</td><td colspan="5">任务 1.2　测量误差及误差处理办法</td></tr>
<tr><td>任务提出</td><td colspan="5">本次实验目的是掌握误差的检测方法和排除方法。</td></tr>
<tr><td>问题导入</td><td colspan="5">1）用一块普通万用表测量同一电压，重复测量 20 次后所得结果的误差是________误差；
2）观测者抄写记录时错写了数据造成的误差是________误差；
3）在流量测量中，流体温度、压力偏离设计值造成的流量误差属于________误差。</td></tr>
<tr><td>技能要求</td><td colspan="5">1）了解误差类型及能够判断误差；
2）能够用仪表进行检测并分析。</td></tr>
<tr><td>任务实训</td><td colspan="5">实训步骤：
1）用数字万用表或模拟万用表测量电阻并记录在表 1-3 中。
表 1-3　记录测量的电阻
<table>
<tr><td>量程</td><td>75 Ω</td><td>1 kΩ</td><td>10 kΩ</td><td>2.2 kΩ</td><td>200 Ω</td></tr>
<tr><td>数字万用表</td><td></td><td></td><td></td><td></td><td></td></tr>
<tr><td>模拟万用表</td><td></td><td></td><td></td><td></td><td></td></tr>
</table>
总结测得结果误差产生的原因：
2）电压表内阻对测量结果的影响研究。
按图 1-20 连线，分析测量两电阻上的电压，数据记录在表 1-4 中。测量值与理论值比较，并分析误差原因，得出结论。
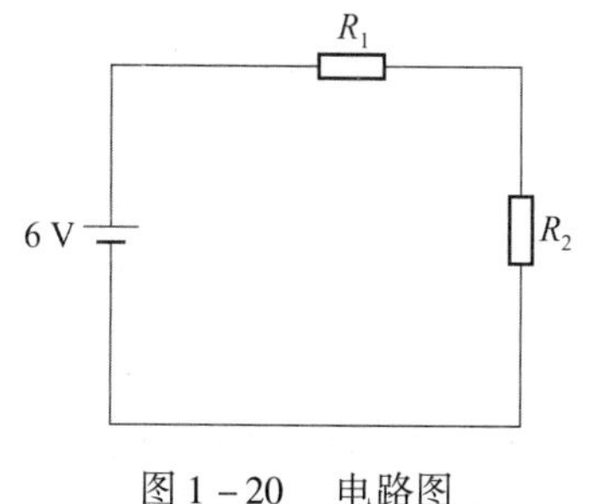

图 1-20　电路图</td></tr>
</table>

<table>
<tr><td>姓名</td><td></td><td>班级</td><td></td><td>组号</td><td></td></tr>
<tr><td>名称</td><td colspan="5">任务 1.2　测量误差及误差处理办法</td></tr>
<tr><td>任务实训</td><td colspan="5">3）测试数据并记录
表 1－4　数据记录表
<table>
<tr><td rowspan="2">项目</td><td rowspan="2">表量程</td><td>R_1 =75 kΩ</td><td>R_1 =75 kΩ</td><td>I</td></tr>
<tr><td>U</td><td>U</td><td>nA</td></tr>
<tr><td>理论值</td><td></td><td></td><td></td><td></td></tr>
<tr><td>数字万用表</td><td>20 V</td><td></td><td></td><td></td></tr>
</table>
</td></tr>
<tr><td>总结</td><td colspan="5"></td></tr>
</table>

【考核评价】

项目	配分	考核要求	评分细则	得分	扣分
正确使用万用表测量电阻值	40 分	能用万用表测量电阻电压值	1）不能正确测量一个扣 5 分； 2）未能正确使用仪表，每处扣 2 分		
能够分析误差原因	50 分	能根据所学知识分析误差产生的原因并能写出解决办法	1）分析不正确，每处扣 5 分； 2）没有策略，每次扣 5 分		
安全文明操作	10 分	1）安全用电，无人为损坏仪器、元件和设备； 2）保持环境整洁，秩序井然，操作习惯良好； 3）小组成员协作和谐，态度正确； 4）不迟到、早退、旷课	1）违反操作规程，每次扣 5 分； 2）工作场地不整洁，扣 5 分		
总分					

【拓展知识】

非电量电测法

非电量就是非电气量，如温度、压力、速度、位移、应变、流量、液位等。非电量电测

法就是将各种非电量变换为电量，而后进行测量的方法。

非电量的电测仪器，主要由下列几个部分组成。

①传感器：将被测非电量变换为与其成一定比例关系的电量。

②测量电路：对传感器输出的电信号进行处理，使之适合显示、记录及便于与微型计算机连接。

③测录装置：各种电工测量仪表、示波器、自动记录仪、数据处理器及控制电机等。

从检测系统的组成可以看出，对各种被测量的测量通常的做法是：通过传感器将其转换为电量，从而能够使用丰富、成熟的电子测量手段对传感器输出的电信号进行各种处理和显示记录。因此这种非电量电测法构成了检测技术中最重要的内容，利用这种方法可以测量各种非电量参数。因此，电子技术的发展和在检测中的应用大大促进了检测技术的发展，为电子计算机技术进入检测领域创造了条件。

非电量电测法的主要优点如下：

①能够连续、自动地对被测量进行测量和记录。

②电子装置精度高、频率响应好，不仅适用于静态测量，选用适当的传感器和记录装置还可以进行动态测量甚至瞬态测量。

③电信号可以远距离传输，便于实现远距离测量和集中控制。

④电子测量装置能方便地改变量程，因此测量的范围广。

⑤可以方便地与计算机相连，进行数据的自动运算、分析和处理。

【任务习题云】

1. 在检测系统中常用的测量方法有哪些？
2. 什么是测量误差？研究测量误差的意义是什么？
3. 什么是系统误差和随机误差？它们有何区别与联系？

任务 1.3　认识传感器的基本特性

【任务描述】

利用同一压力传感器一次测量 0 MPa、0.02 MPa、0.04 MPa、0.06 MPa、0.08 MPa、0.10 MPa 压力，分别按照压力由小到大和由大到小的方式，三次重复测量，并记录每次测量不同压力时压力传感器的输出电压值。将两种方式下记录的输入、输出数值绘制成曲线，并依据测试数据分析线性度、迟滞等静态特性。

【知识链接】

1.3.1　传感器的静态数学模型

在生产过程和科学实验中，要对各种各样的参数进行检测和控制，就要求传感器能感受被测非电量的变化并将其不失真地变换成相应的电量，这取决于传感器的基本特性，即输出－输入关系特性。

传感器的静态数学模型是指在静态信号作用下（即输入量对时间 t 的各阶导数等于零）得到的数学模型。若在不考虑滞后、蠕变（在应力作用下固体材料缓慢且永久的变形）的条件下，或者传感器虽然有迟滞及蠕变等但仅考虑其理想的平均特性时，传感器的静态模型的一般式在数学理论上可用 n 次方代数方程式来表示，即传感器所测量的物理量基本上有两种形式：

$$y(x)=a_0+a_1x+a_2x^2+\cdots+a_nx^n \tag{1-10}$$

或

$$y(-x)=a_0-a_1x+a_2x^2-a_3x^3+a_4x^4-\cdots \tag{1-11}$$

式中，x 为传感器的输入量，即被测量；y 为传感器的输出量，即测量值；a_0 为零位输出；a_1 为传感器线性灵敏度；a_2，a_3，…，a_n 为非线性项的待定常数；a_0，a_1，a_2，a_3，…，a_n 决定了特性曲线的形状和位置，一般通过传感器的校准实验数据经曲线拟合求出，它们可正可负。

传感器可以检测静态量和动态量，静态量是输入信号为常量或变化缓慢的量；动态量是输入信号为周期变化、瞬态变化或随机变化的量，依据输入信号的不同，传感器表现出来的关系和特性也不尽相同，将传感器的数学模型分为动态和静态两种。

传感器作为感受被测量信息的器件，希望它按照一定的规律输出有用信号，因此需要传感器的数学模型来表示其输入－输出关系及特性，以便用理论指导其设计、制造、校准与使用。

在静态条件下，若不考虑迟滞及蠕变，则传感器的输出量 y 与输入量 x 的关系可由式（1－10）表示，称为传感器的静态数学模型，式中设 $a_0=0$，即不考虑零位输出，则静态特性曲线过原点。一般可分为以下几种典型情况。

1. 理想的线性特性

当 $a_2=a_3=\cdots=a_n=0$ 时，静态特性曲线是一条直线，其传感器的静态特性如图 1－21 所示。

传感器特性

2. 无奇次非线性特性

当 $a_3=a_5=\cdots=0$ 时，静态特性为不对称的线性，如图 1－22 所示。

$$y=a_1x+a_2x^2+a_4x^4+\cdots \tag{1-12}$$

因不具有对称性，线性范围较窄，所以传感器在设计时一般很少采用这种特性。

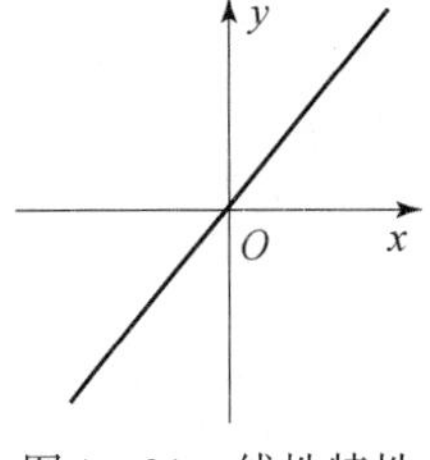

图 1－21　线性特性

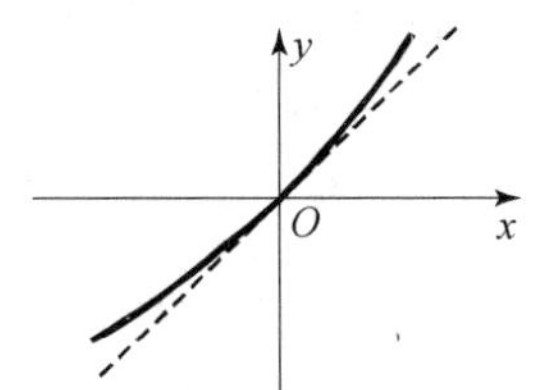

图 1－22　无奇次非线性特性

3. 一般情况

特性曲线过原点，但不对称，则

$$y(x)-y(-x)=2(a_1x+a_3x^3+a_5x^5+\cdots) \tag{1-13}$$

这就是将两个传感器接成差动形式可拓宽线性范围的理论根据。

借助实验方法确定传感器静态特性的过程称为静态校准。当满足静态标准条件的要求，且使用的仪器设备具有足够高的精度时，测得的校准特性即传感器的静态特性。由校准数据可绘制成特性曲线，通过对校准数据或特性曲线的处理，可得到数学表达式形式的特性，以及描述传感器静态特性的主要指标。

1.3.2　传感器的静态特性

传感器的静态特性是指对静态的输入信号，传感器的输入量与输出量之间的关系。描述传感器的静态特性指标主要有线性度、灵敏度、迟滞现象、重复性、其他指标等。

1. 线性度

传感器的校准曲线与选定的拟合直线的偏离程度称为传感器的线性度，如图 1－23 所示，又称非线性误差。

$$e_L = \pm \Delta y_{max} / y_{F.S.} \times 100\% \qquad (1-14)$$

式中，$y_{F.S.}$ 为传感器的满量程输出值［F.S. 是 Full Scale（满量程）的缩写］；Δy_{max} 为校准曲线与拟合直线的最大偏差。

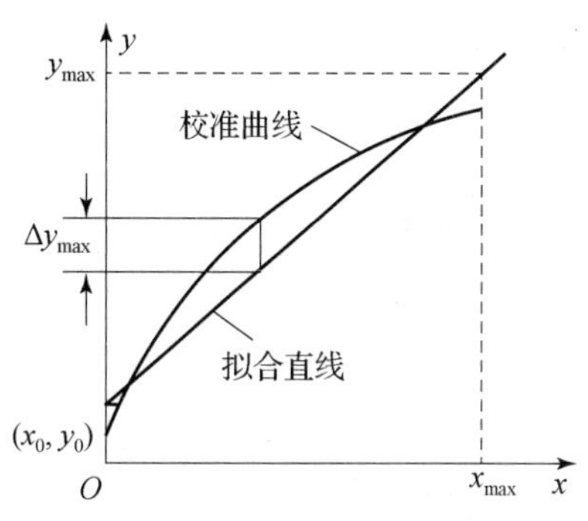

图 1－23　线性度示意图

非线性偏差的大小是以一定的拟合直线为基准直线而得出来的。拟合直线不同，非线性误差也不同。所以，选择拟合直线的主要出发点应是获得最小的非线性误差。另外，还应考虑使用是否方便，计算选择拟合直线是否简便的方法主要有：

（1）端点直线法

对应的线性度称端点线性度，如图 1－24 所示。该方法简单直观，拟合精度较低，最大正、负偏差不相等。

（2）端点平移直线法

对应的线性度称独立线性度。最大正、负偏差相等，如图 1－25 所示。与端点直线平行，截距为校准曲线与端点直线的偏差的极大值和极小值之和的一半的直线。

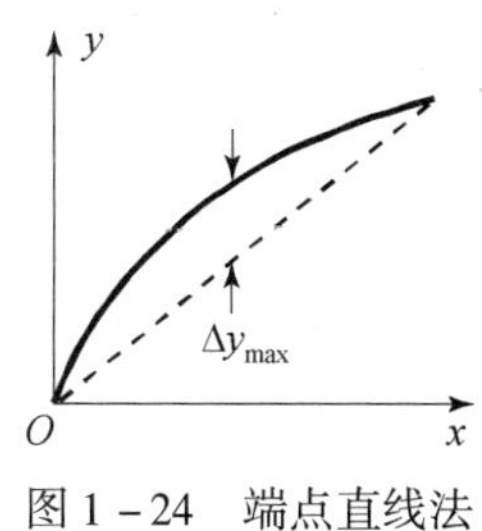

图 1－24　端点直线法

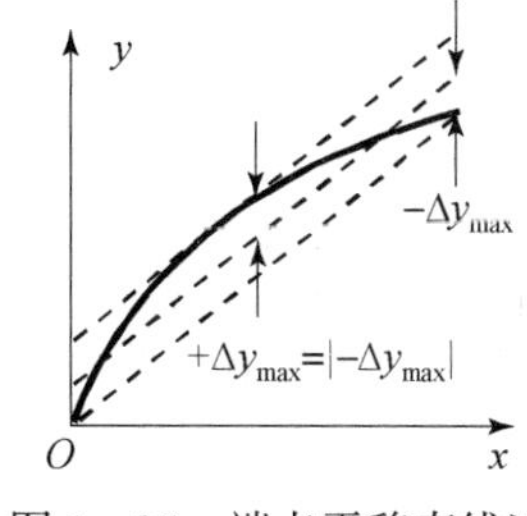

图 1－25　端点平移直线法

（3）最小二乘拟合直线法

设拟合直线方程为 $y = b + kx$。若实际校准测试点有 n 个，则第 i 个校准数据与拟合直线上响应值之间的残差为

$$\Delta_i = y_i - (kx_i + b) \qquad (1-15)$$

式中，Δ_i 为残差；y_i 为第 i 个校准测试点数据；k 为拟合直线斜率；x_i 为第 i 个校准测试点的横坐标。

最小二乘法拟合直线的原理就是使 $\sum \Delta_i^2$ 为最小值，即

$$\sum_{i=1}^{n} \Delta_i^2 = \sum_{i=1}^{n} [y_i - (kx_i + b)] = \min \tag{1-16}$$

$\sum \Delta_i^2$ 对 k 和 b 一阶偏导数等于零，求出 b 和 k 的表达式：

$$\begin{aligned} \frac{\partial}{\partial k} \sum \Delta_i^2 &= 2 \sum (y_i - kx_i - b)(-x_i) = 0 \\ \frac{\partial}{\partial k} \sum \Delta_i^2 &= 2 \sum (y_i - kx_i - b)(-1) = 0 \end{aligned} \tag{1-17}$$

即得到 k 和 b 的表达式：

$$k = \frac{n \sum x_i y_i - \sum x_i \sum y_i}{n \sum x_i^2 - (\sum x_i)^2} \tag{1-18}$$

$$b = \frac{n \sum x_i^2 \sum y_i - \sum x_i \sum x_i y_i}{n \sum x_i^2 - (\sum x_i)^2} \tag{1-19}$$

将 k 和 b 代入拟合直线方程，即可得到拟合直线，然后求出残差的最大值 L_{max} 即非线性误差。这种方法拟合精度很高。

2. 灵敏度

灵敏度是指传感器输出的变化量 Δy 与引起该变化量的输入变化量 Δx 之比，即 $S = \Delta y / \Delta x$，如图 1－26 所示。一般希望测试系统的灵敏度在满量程范围内恒定，这样才便于读数。也希望灵敏度较高，因为 S 越大，同样的输入对应的输出越大。

3. 迟滞现象（回程误差）

测试装置在输入量由小增大和由大减小的测试过程中，对于同一个输入量所得到的两个数值不同的输出量之间差值最大者为 H_{max}，则定义回程误差如图 1－27 所示。

$$\text{回程误差} = (H_{max}/y_{max}) \times 100\% \tag{1-20}$$

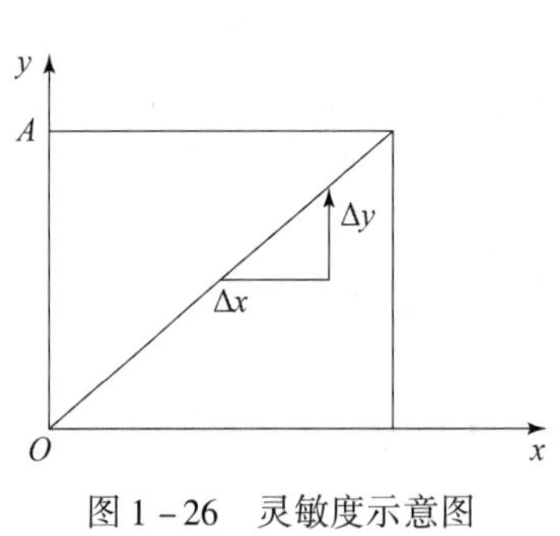

图 1－26　灵敏度示意图

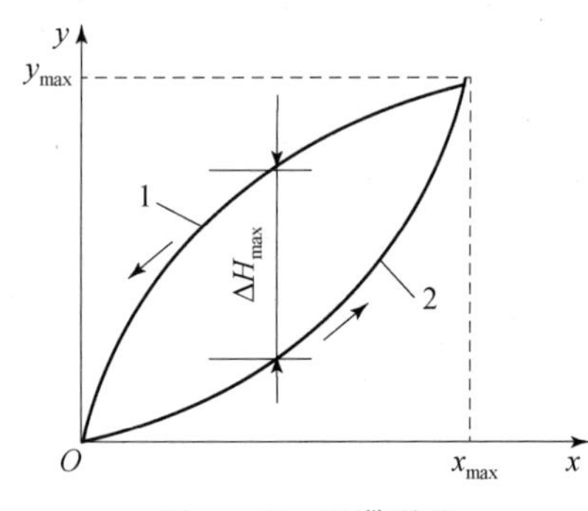

图 1－27　迟滞误差

4. 重复性

重复性是指传感器在检测同一物理量时每次测量的不一致程度，也叫稳定性。重复性的高低与许多随机因素有关，也与产生迟滞的原因相似，它可用实验的方法来测定。

5. 其他指标

精度主要有三个指标：精密度、准确度、精确度。

精密度就是测量相同对象，每次测量得到不同的测量值，即离散偏差；准确度就是测量值对于真值的偏离程度；精确度是指被测量的测得值之间的一致程度以及与其“真值”的接近程度，即精密度和正确度的综合。精密度、准确度、精确度用打靶图表示如图 1－28 所示。

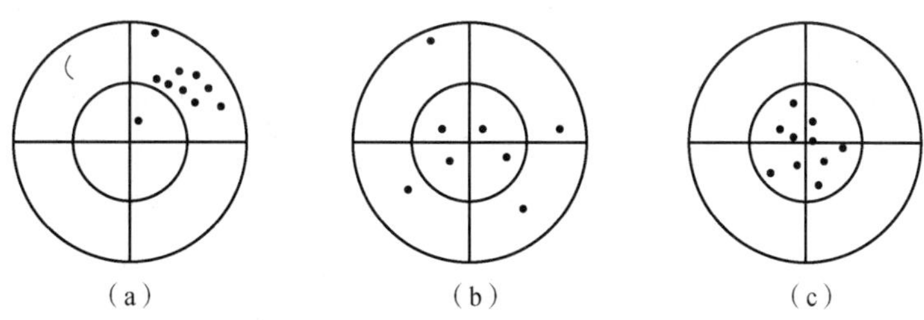

图 1－28　打靶图表示的精度指标

(a) 准确度低而精密度高；(b) 准确度高而精密度低；(c) 精确度高

1.3.3　传感器的动态特性

传感器的动态响应即传感器对输入的动态信号（周期信号、瞬变信号、随机信号）所产生的输出，因此传感器的动态响应与输入类型有关。对系统响应测试时，常采用正弦和阶跃两种输入信号。这是由于任何周期函数都可以用傅里叶级数分解为各次谐波分量，并把它近似地表示为这些正弦量之和。而阶跃信号则是最基本的瞬变信号。通常描述传感器动态特性指标的方法是给传感器输入一个阶跃信号，并给定初始条件，求出传感器微分方程的特解，以此作为动态特性指标的描述和表示法。

下面分析传感器在阶跃输入下的响应情况。

单位阶跃输入

$$\begin{cases} x=0, & t<0 \\ x=1, & t\geqslant 0 \end{cases} \tag{1-21}$$

1. 零阶传感器的响应

零阶传感器的频率响应：

$$\text{传递函数为 } H(S)=\frac{Y(S)}{X(S)}=K \tag{1-22}$$

式中，Y（S）为输出；X（S）为输入；H（S）为输出与输入的比值，即传递函数。

频率特性为

$$H(j\omega)=K \tag{1-23}$$

式中，ω 为角频率，与频率关系为 $\omega=2\pi f$。

可以看出，零阶传感器的输出和输入成正比，并且与信号频率无关，因此无幅值和相位失真问题，具有理想的动态特性。其特性图如图 1－29 所示。在实际应用中，许多高阶系统在变化缓慢、频率不高时，都可以近似地当作零阶系统来处理。

2. 一阶传感器的响应

$$Y(t)=1-\mathrm{e}^{-t/\tau} \tag{1-24}$$

式（1－24）所对应的曲线如图1－30所示，可知随着时间的推移，$Y(t)$越来越接近1。当$t=\tau$时，$Y(t)=0.63$，时间常数τ是决定一阶传感器响应速度的重要参数。

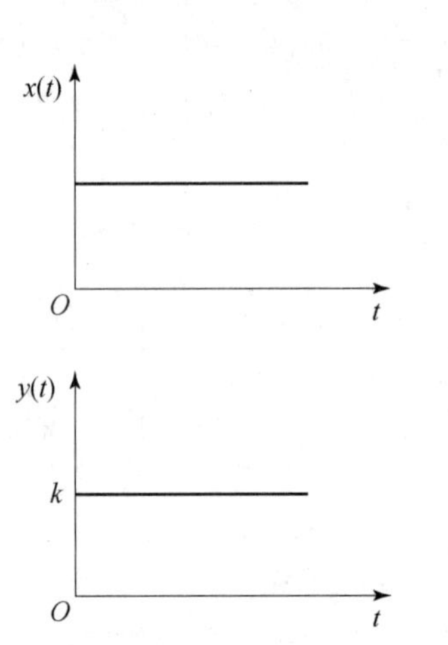

图1－29　零阶传感器的单位阶跃响应（特性图）

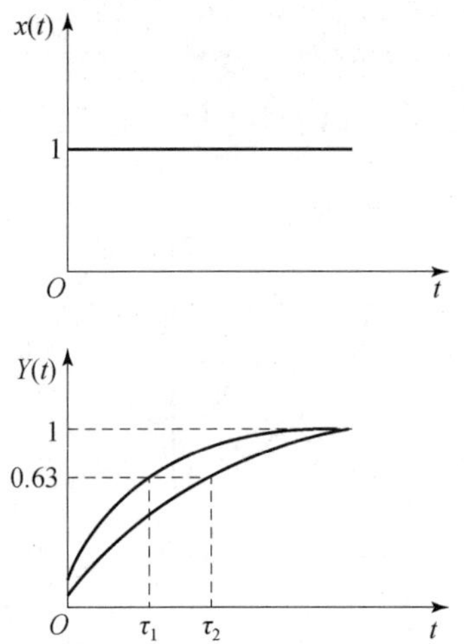

图1－30　一阶传感器的阶跃响应

3. 二阶传感器的响应

二阶传感器的动态特性主要取决于传感器的固有频率和阻尼系数，当$e=1$时，临界阻尼，响应时间最短。

二阶传感器是具有简单能量变换的传感器，如多数物性型传感器，其动态性能可以用二阶微分方程来描述。如图1－31所示为二阶传感器的单位阶跃响应。

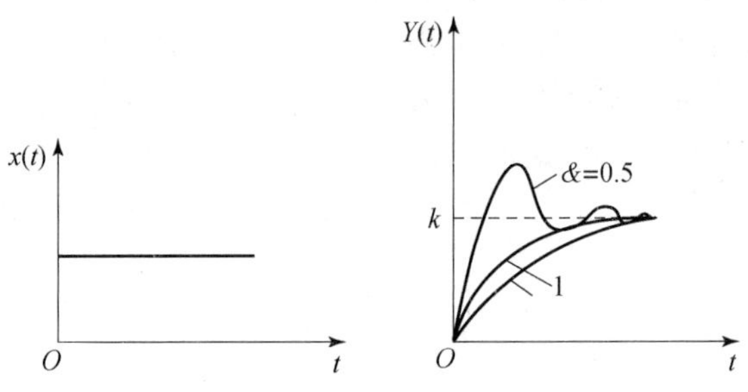

图1－31　二阶传感器的单位阶跃响应

按阻尼比ξ不同，阶跃响应可分为三种情况：

①欠阻尼，$\xi<1$。

$$Y(t)=-\frac{e^{-\xi\omega_0 t}}{\sqrt{1-\xi^2}}K\sin\left(\sqrt{1-\xi^2}\omega_0 t+\varphi\right)+K \tag{1－25}$$

式中，$\varphi=\arcsin\sqrt{1-\xi^2}$；$K$为传感器的灵敏度；$\omega_0$为传感器的固有频率。

②过阻尼，$\xi>1$。

$$Y(t)=-\frac{\xi+\sqrt{\xi^2-1}}{2\sqrt{\xi^2-1}}Ke^{(-\xi+\sqrt{\xi^2})\omega_0 t}+\frac{\xi-\sqrt{\xi^2-1}}{2\sqrt{\xi^2-1}}Ke^{(-\xi-\sqrt{\xi^2-1})\omega_0 t}+K \tag{1－26}$$

③临界阻尼，$\xi=1$。

$$Y(t) = -(1+\omega_0 t)Ke^{-\omega_0 t} + K \tag{1-27}$$

以上两种阶跃响应曲线示意图如图1－32所示。由图可知，只有$\xi<1$时，阶跃响应才出现过冲，即超过了稳态值。由上式表明，欠阻尼情况下的振荡频率为ω_d，ω_d为存在阻尼时的固有频率。在实际应用中，为了兼顾有短的上升时间和小的过冲量，阻尼比ξ一般取0.7左右。二阶传感器阶跃响应的典型性能指标可由图1－32表示。上升时间t_r：输出由稳态值的10%变化到稳态值的90%所有的时间。二阶传感器系统中，当$\xi=0.7$时，$t_r=\frac{2}{\omega_0}$。

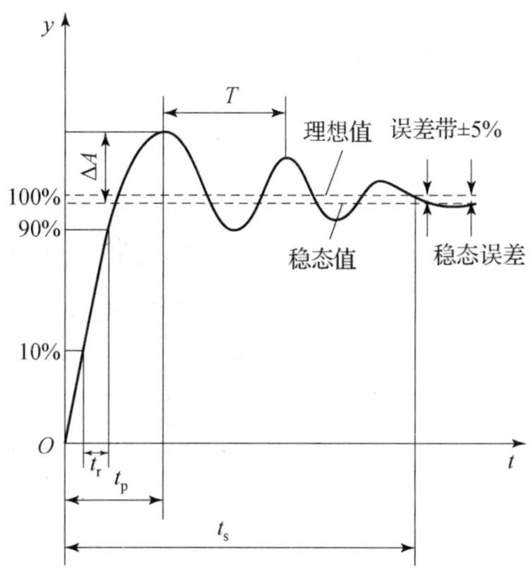

图1－32　二阶传感器表示动态性能指标的阶跃响应曲线

稳定时间t_s：系统从阶跃输入开始到系统稳态在稳态值的始定百分比时所需的最小时间。对稳态值给定百分比为±5%的二阶传感器系统，在$\varepsilon=0.7$时，t_0最小（$=3/\omega_0$）。

t_r和t_0都是反映系统响应速度的参数。峰值时间t_p：阶跃响应曲线达到第一个峰值所需时间。超调量$\sigma\%$：通常用过渡过程中超过稳态值的最大值ΔA（过冲）与稳态值之比的百分数表示。它与ξ有关，ξ越大，$\sigma\%$越小，其关系可用下式表示：

$$\xi = \frac{1}{\sqrt{\left(\dfrac{\pi}{\ln\dfrac{\sigma}{100}}\right)^2+1}} \tag{1-28}$$

通常二阶传感器的动态参数由实验方法测定，即输入阶跃信号，记录传感器的响应曲线，由此测过冲量ΔA。利用式（1－28）可算出传感器阻尼比ξ，测出衰减振荡周期T，即可由$T_0=T\sqrt{1-\xi^2}$算出传感器的固有周期或固有频率，上升时间t_r、稳定时间t_s及峰值时间t_p均可在相应曲线上求得。

由上可知，频域分析和时域分析均可以描述传感器的动态特性。实际上，它们之间有一定内在联系。实践和理论分析表明，传感器的频率上限f_n和上升时间t_r的乘积是一个常数。$f_n\cdot t_r=0.35\sim0.45$。当超调量$\sigma\%<5\%$时，$f_n\cdot t_r$用0.35计算比较准确，当$\sigma\%>5\%$时用0.45比较合适。

传感器还具有很多静态特性和动态特性，它们被广泛应用到各个领域，特别是现在刚开始研究的物联网，将大量地、广泛地使用各类传感器。在以后学习和工作中，我们会更加深入细致的研究。

【拓展阅读】

爱岗敬业

传感器作为检测系统中的一个基本部件，主要实现的是信息的检测和转换功能，它实际上就像我们多数人一样平凡，但不可缺少，只要我们兢兢业业，立足岗位，就像一颗小小的螺丝钉一样，同样发光发热，体现自己的人生价值。一滴水虽小，千千万万滴水就会汇聚成江河；一粒沙虽轻，千千万万颗沙就会变成沙漠。

【任务实施】

1. 压力表测试正反行程三次记录电压值

某同学利用传感器进行压力检测，记录压力传感器的校准数据如表 1－5 所示。

表 1－5　压力传感器校准数据

输入压力/MPa	输出电压/mV					
	第一循环		第二循环		第三循环	
	正行程	反行程	正行程	反行程	正行程	反行程
0	－2.73	－2.71	－2.71	－2.68	－2.68	－2.69
0.02	0.56	0.66	0.61	0.68	0.64	0.69
0.04	3.96	4.06	3.99	4.09	4.03	4.11
0.06	7.40	7.49	7.43	7.53	7.45	7.52
0.08	10.88	10.95	10.89	10.93	10.94	10.99
0.10	14.42	14.42	14.47	14.47	14.46	14.46

2. 分析线性度

端点平移法线性度

①端点直线拟合。求出各个校准点正、反行程 6 个输出电压的算术平均值。如图 1－33 所示端点直线拟合曲线，由两个端点的数据，可知端点直线的截距为 $b=-2.70$ mV，斜率为

$$k=\frac{\Delta y}{\Delta x}=\frac{14.45+2.70}{0.1-0}=171.5\times10^{-6}(\mathrm{mV/Pa}) \qquad (1-29)$$

按照端点直线 $y=171.5x-2.7$（$y=kx+b$），求各个校准点输出电压的理论值 y_{t_i}，填入表 1－6 中。根据表中的数据可知，考虑符号时，实际输出电压平均值与理论值的最小误差：$\Delta y_{\min}=-0.12$ mV；最大误差 $\Delta y_{\max}=0$。

②端点平移直线拟合。如图 1－34 所示，端点平移直线拟合是将端点直线平移，让平移后的最大正误差与最大负误差的绝对值相等，即让截距改变为

$$b'=b+\frac{\Delta y_{\min}+\Delta y_{\max}}{2}=-2.70+\frac{-0.12+0}{2}=-2.76(\mathrm{mV}) \qquad (1-30)$$

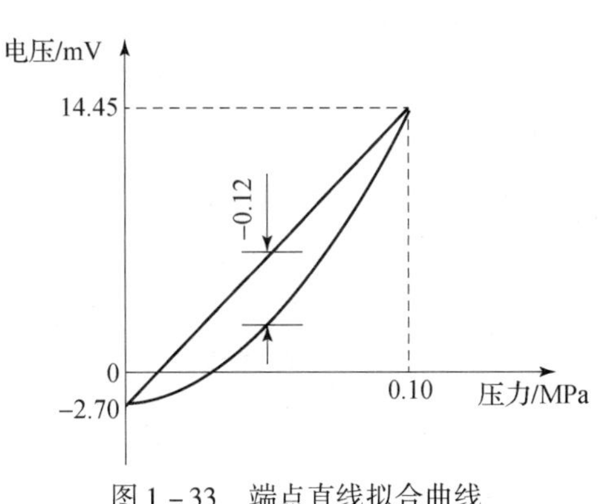

图 1－33　端点直线拟合曲线

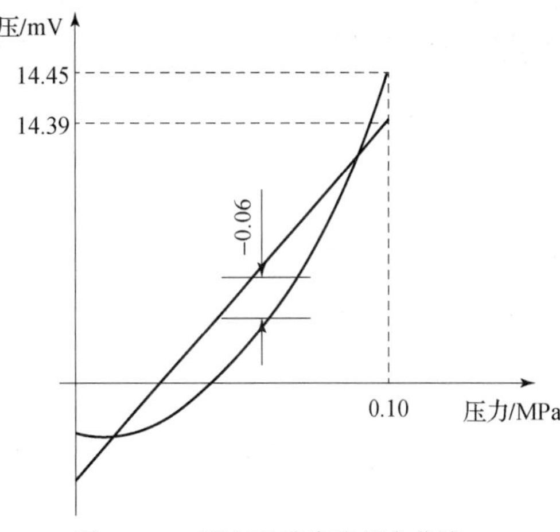

图 1－34　端点平移直线拟合曲线

端点平移直线方程为：$y = kx + b'$。

按照端点平移直线方程重新求实际输出电压平均值与理论值的误差，有

$$\Delta y_i' = \Delta y_i + b - b' = \Delta y_i + \Delta b \tag{1-31}$$

则：$\Delta b = b - b' = 0.06$ mV，结果填入表 1－5 中。

此时，端点平移直线法线性度（非线性误差）为

$$\gamma_{\mathrm{L}} = \frac{\Delta y'_{\max}}{y_{\mathrm{F \cdot S}}} \times 100\% = \frac{0.06}{14.45} \times 100\% = 0.42\% \tag{1-32}$$

根据以上分析将在不同输入压力的情况下，填写表 1－6 中对应的输出电压和误差值。

表 1－6　求线性度数据

输入压力 x_i/MPa	0	0.02	0.04	0.06	0.08	0.10
输出电压平均值 y_i/mV$\left(\sum y_i/6\right)$						
端点直线法输出电压理论值 y_{t_i}/mV						
端点直线法误差 Δy_i/mV						
端点平移直线法误差 $\Delta y_i'$/mV						

3. 分析迟滞性

传感器的迟滞特性是指传感器在相同的工作条件下，传感器的正行程特性与反行程特性的不一致程度。根据测量的正反行程数据求出各校准点正行程和反行程输出电压平均值，以及各校准点正行程和反行程输出电压平均值的差值，填入表 1－7。

表 1－7　求迟滞数据

正行程输出电压平均值 $\bar{y}_{Fi}$/mV						
反行程输出电压平均值 $\bar{y}_{Bi}$/mV						
$(\bar{y}_{Bi} - \bar{y}_{Fi})$/mV						

【技能训练工单】

姓名		班级		组号	
名称	任务 1.3　传感器的静态特性				
任务提出	本次实验目的是掌握传感器静态特性指标的检测方法和分析方法。				
问题导入	1）什么是传感器的静态特性？它有哪些性能指标？分别说明这些性能指标的含义。 2）什么是传感器的动态特性？它有哪几种分析方法？它们各有哪些性能指标？				
技能要求	1）了解静态特性指标的含义并能分析； 2）能够分析传感器动态特性。				

任务实训

实训步骤：

1）根据表 1－8 中的位移量对应地转动千分尺，利用电压表进行三次测量记录输出电压值，并根据测量数据求其平均值记录于表 1－8 中，根据给出的拟合方程求其输出值、理论值和误差值。

表 1－8　数据记录表

项目 位移 x/mm		－10	－8	－6	－4	－2	0	2	4	10
输出 y_i/mV	第一次									
	第二次									
	第三次									
	平均值									
拟合方程 $y_i' = a + bx_i$										
理论值 y_i'										
非线性误差值 $\Delta y_i = y_i - y_i'$										
非线性误差/%										

2）画出以上传感器的 $y-x$ 曲线。

总结	

【考核评价】

项目	配分	考核要求	评分细则	得分	扣分
正确测量位移量值	50 分	能用万用表测量输出电压值	1）不能正确测量，一个扣 2 分； 2）未能正确使用仪表，每处扣 2 分		
能够绘制特性曲线	40 分	能根据所学知识分析误差产生的原因并能写出解决办法	1）分析不正确，每处扣 5 分； 2）没有策略，每次扣 5 分		
安全文明操作	10 分	1）安全用电，无人为损坏仪器、元件和设备； 2）保持环境整洁，秩序井然，操作习惯良好； 3）小组成员协作和谐，态度正确； 4）不迟到、早退、旷课	1）违反操作规程，每次扣 5 分； 2）工作场地不整洁，扣 5 分		
总分					

【拓展知识】

传感器的标定

任何一种传感器在装配完成后都必须按设计指标进行全面严格的性能鉴定。使用一段时间后（中国计量法规定一般为一年）或经过修理，也必须对主要技术指标进行校准试验，以便确保传感器的各项性能达到使用要求。

传感器标定常用设备

传感器的标定，就是通过实验确立传感器的输出量和输入量之间的对应关系，同时也确定不同使用条件下的误差关系。

传感器的标定有两层含义：确定传感器的性能指标；明确这些性能指标所适用的工作环境。

传感器标定的基本方法是将已知的被测量（亦即标准量）输入给待标定的传感器，同时得到传感器的输出量，对所获得的传感器输入量和输出量进行处理和比较，从而得到一系列表征两者对应关系的标定曲线，进而得到传感器性能指标的实测结果。传感器标定时，所用测量设备的精度通常要比待标定传感器的精度高一个数量级（至少要高 1/3）。

为了保证各种被测量值的一致性和准确性，很多国家都建立了一系列计量器具（包括传感器）检定的组织和规程、管理办法。我国由国家市场监督管理总局计量司、中国计量科学研究院和部、省、市计量部门以及一些大企业的计量站进行制定和实施。1985 年 9 月，国家计量局（现为国家市场监督管理总局计量司）公布了《中华人民共和国计量法》，2018 年 10 月经过第五次修订，其中规定：计量检定必须按照国家计量检定系统表进行。计量检定系统表是建立计量标准、制定检定规程、开展检定工作、组织量值传递的重要依据。工程测量中传感器的标定，应在与其使用条件相似的环境下进行。为获得高的标定精度，应将传感器及其配用的电缆（尤其像电容式、压电式传感器等）、放大器等测试系统一起标定。

【任务习题云】

1. 什么是测量？常用的测量方法有哪些？
2. 什么是计量基准？检定和校准的意义是什么？
3. 什么是直接测量？在何种情况下采用间接测量？
4. 下列论述中正确的是（　　）。

A. 准确度高，一定需要精密度高

B. 精密度高，准确度一定高

C. 精密度高，系统误差一定小

5. 在分析过程中，通过（　　）可以减少偶然误差对分析结果的影响。

A. 增加平行测定次数　　B. 做空白试验

C. 对照试验　　D. 校准仪器

6. 非电量的电测法有哪些优点？
7. 测量稳压电源输出电压随负载变化的情况时，应当采用何种测量方法？如何进行？
8. 传感器的静态特性指标有哪些？
9. 什么是传感器的动态特性？
10. 某线性位移测量仪，当被测位移由4.5 mm变到5.0 mm时，位移测量仪的输出电压由3.5 V减至2.5 V，求该仪器的灵敏度。

【模块小结】

传感器是将对自然界的感知经过计算、转换、存储等过程转换为计算机或设备可识别的信号。其早已渗透到诸如工业生产、宇宙开发、海洋探测、环境保护、资源调查、医学诊断、生物工程、文物保护等领域。

一个完整的检测系统或检测装置通常是由传感器、测量电路和显示记录装置等部分组成的，分别完成信息获取、转换、显示和处理等功能。

测量方法是实现测量过程所采用的具体方法，按照测量手续可以将测量方法分为直接测量和间接测量，按照获得测量值的方式可以分为偏差式测量、零位式测量和微差式测量。此外，根据传感器是否与被测对象直接接触，可区分为接触式测量和非接触式测量。而根据被测对象的变化特点又可分为静态测量和动态测量等。

在检测过程中，被测对象、检测系统、检测方法和检测人员都会受到各种变动因素的影响，即测量误差。按照误差的表示方法，可以分为绝对误差和相对误差；按照误差出现的规律，可以分为系统误差、随机误差和粗大误差；按照被测量与时间的关系，可以分为静态误差和动态误差等。

传感器的静态特性指输入量为常量或变化极慢时，即被测量各个值处于稳定状态时的输入输出关系。主要指标有线性度、灵敏度、迟滞现象、重复性、其他指标等。

传感器的动态响应即传感器对输入的动态信号（周期信号、瞬变信号、随机信号）所产生的输出。

【收获与反思】

收获与反思空间（**将你学到的知识技能要点构建思维导图并进行自我目标达成度的评价**）

模块二　力和压力的检测

模块导入

力和压力的检测、调节与控制在生产生活中的应用非常广泛。例如家用高压锅、液化气罐体上的减压阀等都是大家熟悉的压力调节装置。在实际应用中，如锅炉蒸汽和水的压力监控；炼油厂减压蒸馏需要的低于大气的真空压力检测；在航空发动机试验研究中，为了研究发动机性能，必须测量过渡态的压力变化；电力系统中油路压力的测量和控制等。对压力监控是保证工艺要求、生产设备和人身安全，实现经济运行所必需的。本项目主要介绍力和压力传感器的测量原理、测量电路及具体应用。

<table>
<tr><th colspan="2">教学目标</th></tr>
<tr><td>素养目标</td><td>1. 培养学生设计电路的创新意识；
2. 培养学生团队协作精神；
3. 培养学生对标准的规范意识</td></tr>
<tr><td>知识目标</td><td>1. 学会电阻应变式传感器的测量原理、测量电路；
2. 学会电位器式、电容式传感器的测量原理、测量电路；
3. 学会压电式传感器的测量原理、测量电路；
4. 学会测力和压力传感器的选型；
5. 学会力和压力传感器的检测方法</td></tr>
<tr><td>能力目标</td><td>1. 能选用合适的传感器进行力和压力的检测；
2. 能正确对力的传感器的信号输出进行检测；
3. 能应用测力传感器进行电路的设计；
4. 能进行传感器的性能比对</td></tr>
<tr><th colspan="2">教学重难点</th></tr>
<tr><th>教学重点</th><th>教学难点</th></tr>
<tr><td>电阻应变式传感器的测量原理、压电式传感器的测量原理及应用</td><td>测力和压力传感器技术的实际应用</td></tr>
</table>

任务 2.1　电子秤的设计与制作

【任务描述】

生活中电子秤随处可见，如体重秤、汽车衡、电子天平等，如图 2－1 所示为超市、家用的电子秤，它是如何进行物体重量测量的呢？能否利用电阻应变式传感器制作一个测量范围为 2 kg，分辨力为 1 g，测量精度为 0.5% RD ± 1 g，并能够利用数码管显示屏显示测量值的电子秤呢？

图 2－1　电子秤

【知识链接】

2.1.1　电阻应变式传感器的结构及分类

电阻应变式传感器是利用一定的方式将被测量的变化转化为敏感元件电阻值的变化，进而通过电路变成电压或电流信号输出的一类传感器。它可用于各种机械量和热工量的检测，结构简单、性能稳定、成本低廉，在许多行业得到广泛的应用。

目前，常用的电阻应变式传感器主要有电阻应变片、热电阻、光敏电阻、气敏电阻和湿敏电阻等几大类。

1. 电阻应变片的结构

电阻应变片是电阻应变式传感器的核心部件，电阻应变片（简称应变片或应变计）种类繁多，可以根据需要，设计成各种形式、各种类型的电阻应变片，但其基本结构都大体相同，结构如图 2－2 所示。

电阻应变片的结构与分类

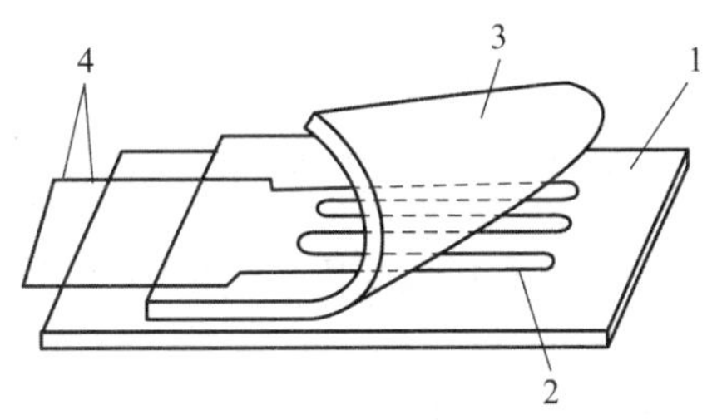

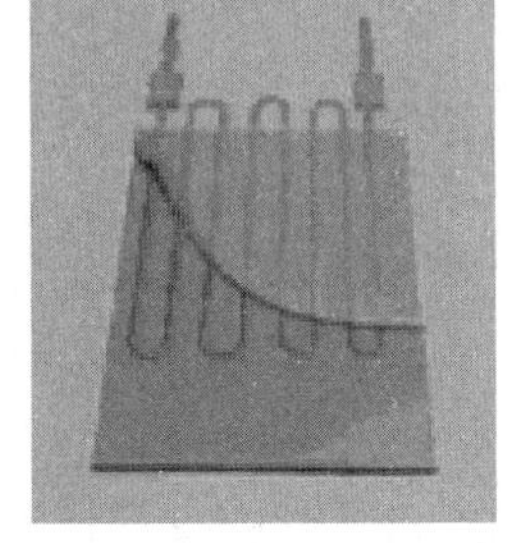

图 2－2　电阻应变片的基本结构

1—基底；2—电阻丝；3—覆盖面；4—引线

图 2－2 所示为丝绕式应变片的构造示意图。它以直径为 0.025 mm 左右的高电阻率的合金电阻丝 2 绕成形如栅栏的敏感栅。敏感栅为应变片的敏感元件，它的作用是感应应变片变化的大小。敏感栅粘接在基底 1 上，基底除能固定敏感栅外，还有绝缘作用；敏感栅上面粘贴有覆盖面 3，敏感栅电阻丝两端焊接引线 4 用以和外接导线相连。

（1）敏感栅

由合金电阻细丝绕成栅形，电阻应变片的电阻值为 60 Ω、120 Ω、200 Ω 等多种规格，以 120 Ω 最为常用。无论哪种形式的金属应变片，对敏感栅的金属材料都有以下基本要求：

①灵敏系数要大，且在所测应变范围内保持不变。

②电阻率 ρ 要大而稳定，以便缩短敏感栅长度。

③抗氧化、耐腐蚀性好，具有良好的焊接性能。

④电阻温度系数要小。

⑤机械强度高，具有优良的机械加工性能。

（2）基底和覆盖面

基底用于保持敏感栅、引线的几何形状和相对位置。覆盖面既能保持敏感栅和引线的形状和相对位置，还可以保护敏感栅。

（3）引线

引线是从应变片的敏感栅中引出的细金属线。对引线材料的性能要求：电阻率低、电阻温度系数小、抗氧化性能好、易于焊接。大多数敏感栅材料都可制作引线。

2. 电阻应变片的分类

①按照制作材料的不同，通常将电阻应变片分为两类：金属式体型——丝式、箔式、薄膜型；半导体式体型——薄膜型、扩散型、外延型、PN 结型。

②按结构分：单片、双片、特殊形状。

③按使用环境分：高温、低温、高压、磁场、水下。

2.1.2 电阻应变式传感器的工作原理

电阻应变式传感器是利用电阻应变效应原理制成的将被测量的力，通过它产生的金属弹性形变转换成电阻的变化的传感器，由电阻应变片和测量线路两部分组成。

1. 电阻的应变效应

根据电阻定律，金属丝的电阻随着它所受的机械变形（拉伸或压缩）的大小而发生相应的变化，这种现象称为金属的电阻应变效应。电阻应变片的工作原理就是基于金属的应变效应设计而制成的。

金属丝的电阻会随应变而发生变化是因为金属丝的电阻($R=\rho L/A$)与材料的电阻率（ρ）及其几何尺寸（长度 L 和截面积 A）有关，而金属丝在承受机械变形的过程中，这三个因素都要发生变化，因而引起金属丝的电阻变化。

取一根金属丝，其受力变形情况如图 2－3 所示，其初始的电阻为

$$R=\rho\frac{L}{A} \qquad (2-1)$$

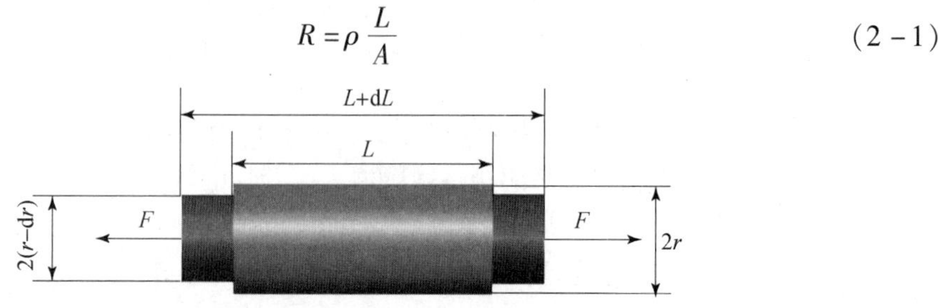

图 2－3　金属导线受力变形情况

式中，R 为金属丝的电阻（Ω）；ρ 为金属丝的电阻率（Ωm）；L 为金属丝的长度（m）；A 为金属丝的截面积（m^2）。

当金属丝受拉而伸长 dL 时，其截面积将相应减小 dA，电阻率则因金属晶格发生变形等因素的影响也将改变 dρ，这些量的变化必然引起金属丝电阻改变 dR。

$$\mathrm{d}R=\frac{\rho}{A}\mathrm{d}L-\frac{pL}{A^2}\mathrm{d}A+\frac{L}{A}\mathrm{d}\rho \tag{2-2}$$

电阻的相对变化量为

$$\frac{\mathrm{d}R}{R}=\frac{\mathrm{d}L}{L}-\frac{\mathrm{d}A}{A}+\frac{\mathrm{d}\rho}{\rho} \tag{2-3}$$

若电阻丝为圆形，则 $A=\pi r^2$，r 为金属丝的半径，则

$$\frac{\mathrm{d}A}{A}=2\ \frac{\mathrm{d}r}{r} \tag{2-4}$$

令金属丝的轴向应变 $\varepsilon_x=\mathrm{d}L/L$，金属丝的径向应变 $\varepsilon_y=\mathrm{d}r/r$。金属丝受拉时，沿轴向伸长，而沿径向缩短，则二者之间的关系为

$$\varepsilon_y=-\mu\varepsilon_x \tag{2-5}$$

式中，μ 为金属丝材料的泊松系数。

将式（2-4）、式（2-5）代入式（2-3）中得

$$\frac{\mathrm{d}R}{R}=(1+2\mu)\varepsilon_x+\frac{\mathrm{d}\rho}{\rho} \tag{2-6}$$

或

$$\frac{\mathrm{d}R/R}{\varepsilon_x}=(1+2\mu)+\frac{\mathrm{d}\rho/\rho}{\varepsilon_x} \tag{2-7}$$

令

$$K_S=\frac{\mathrm{d}R/R}{\varepsilon_x}=(1+2\mu)+\frac{\mathrm{d}\rho/\rho}{\varepsilon_x} \tag{2-8}$$

K_S是金属丝的灵敏系数，表示金属丝产生单位变形时，电阻相对变化的大小。显然，K_S越大，单位变形引起的电阻相对变化越大，则越灵敏。

从式（2-8）中可以看出，金属丝的灵敏系数 K_S受两个因数影响：

①$1+2\mu$，它是由于金属丝受拉伸后，材料的几何尺寸发生变化而引起的。

②$\frac{\mathrm{d}\rho/\rho}{\varepsilon_x}$，它是由于材料发生形变时，其自由电子的活动能力和数量均发生了变化，此值可能是正值，也可能为负值，但作为应变片材料都选为正值，否则会降低灵敏度。

实验表明，应变片的 $\Delta R/R$ 与 ε_x 的关系在很大范围内仍然有很好的线性关系，即

$$\frac{\Delta R}{R}=K_S\varepsilon_x \quad 或 \quad K_S=\frac{\Delta R/R}{\varepsilon_x} \tag{2-9}$$

2. 电阻应变式传感器的工作原理

用应变片测量应变或应力时，是将应变片粘贴于对象上。在外力作用下，被测对象表面产生微小机械变形，粘贴在其表面上的应变片亦随其发生相同的变化，因此应变片的电阻也发生相应的变化。如果应用仪器测出应变片的电阻值变化 ΔR，则根据式（2-9），可以得到被测量对象的应变值 ε_x，而根据应力、应变的关系，

电阻应变式传感器测量原理

$$\sigma=E\varepsilon \tag{2-10}$$

式中，σ 为试件的应力；ε 为试件的应变。

【交流思考】

电阻应变式传感器可以测量多大的力呢？对被测力有什么要求？

2.1.3 电阻应变式传感器测量电路

电阻应变式传感器测量电路

电阻应变式传感器可以把应变的变化转换为电阻的变化，通常为显示与记录应变的大小，还要把电阻的变化再转换为电压或电流的变化，完成上述作用的电路称为电阻应变式传感器的测量电路，最常用的测量电路主要有直流电桥电路和交流电桥电路。

1. 直流电桥电路

直流电桥电路的特点是信号不会受各元件和导线的分布电感和电容的影响，抗干扰能力强，但因机械应变的输出信号小，要求用高增益和高稳定性的放大器放大。如图 2－4 所示为直流电桥电路。

由分压原理得

$$U_o = U_{AB} - U_{AD} = I_1R_1 - I_2R_4 \tag{2-11}$$

$$= \frac{UR_1}{R_1+R_2} - \frac{UR_4}{R_3+R_4} \tag{2-12}$$

$$U_o = U\left(\frac{R_1}{R_1+R_2} - \frac{R_2}{R_3+R_4}\right) = U\frac{R_1R_3 - R_2R_4}{(R_1+R_2)(R_3+R_4)} \tag{2-13}$$

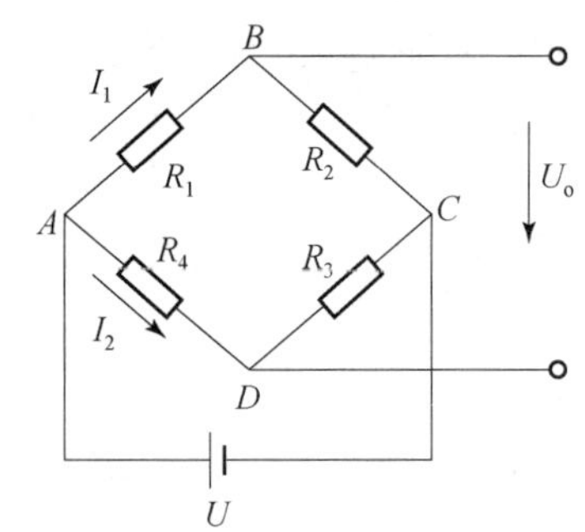

图 2－4 直流电桥电路

根据电桥平衡条件，相邻桥臂电阻的比值应相等或相对桥臂电阻的乘积相等，则有当电桥平衡时，$U_o=0$，即

$$\frac{R_1}{R_2} = \frac{R_4}{R_3} \quad \text{或} \quad R_1R_3 = R_2R_4 \tag{2-14}$$

2. 直流电桥的工作方式

在实际应用中为提高输出的灵敏度，常将多片应变片接入电桥，根据接入电桥应变片的不同将直流电桥的工作方式分为半桥单臂工作方式（见图 2－5（a））、半桥双臂工作方式（见图 2－5（b）），以及全桥四臂工作方式（见图 2－5（c））。

半桥单臂工作方式是电桥中只有一个臂接入被测量，其他三个臂采用固定电阻；半桥双臂工作方式是电桥两个臂接入被测量，另两个为固定电阻，称为双臂工作电桥，又称为半桥形式；全桥四臂工作方式指 4 个桥臂都接入被测量，称为全桥四臂形式。

当电桥输出端接有放大器时，由于放大器的输入阻抗很高，所以可以认为电桥的负载电阻为无穷大，这时电桥以电压的形式输出。输出电压即电桥输出端的开路电压，其表达式如式（2－12）所示。

设电桥为单臂工作状态，即 R_1 为应变片，其余桥臂均为固定电阻。当 R_1 感受被测量产生电阻增量 ΔR_1 时，则电桥由于 ΔR_1 产生不平衡引起的输出电压为

$$U_o = \frac{R_2}{(R_1+R_2)^2}\Delta R_1 U_i = \frac{R_1R_2}{(R_1+R_2)^2}\left(\frac{\Delta R_1}{R_1}\right)U_i \tag{2-15}$$

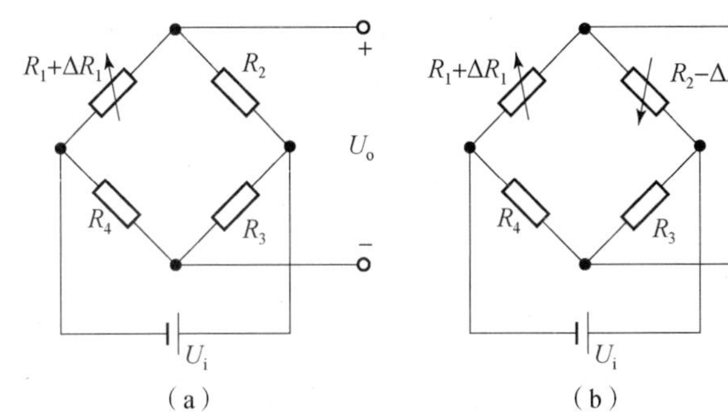

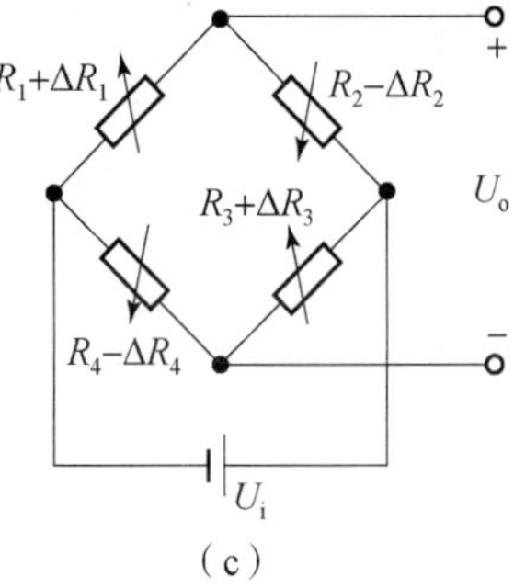

图 2－5　直流电桥工作方式

（a）半桥单臂；（b）半桥双臂；（c）全桥四臂

对于输出对称电桥，此时 $R_1=R_2=R$，$R_3=R_4=R'$，当 R_1 臂的电阻产生变化 $\Delta R_1=\Delta R$，根据式（2－15）可得到输出电压为

$$U_o=U_i\frac{RR}{(R+R)^2}\left(\frac{\Delta R}{R}\right)=\frac{U_i}{4}\left(\frac{\Delta R}{R}\right) \tag{2-16}$$

对于电源对称电桥，$R_1=R_4=R$，$R_2=R_3=R'$。当 R_1 臂产生电阻增量 $\Delta R_1=\Delta R$ 时，由式（2－15）得

$$U_o=U_i\frac{RR'}{(R+R')^2}\left(\frac{\Delta R}{R}\right) \tag{2-17}$$

对于等臂电桥 $R_1=R_2=R_3=R_4=R$，当 R_1 的电阻增量 $\Delta R_1=\Delta R$ 时，由式（2－15）可得输出电压为

$$U_o=U_i\frac{RR}{(R+R)^2}\left(\frac{\Delta R}{R}\right)=\frac{U_i}{4}\left(\frac{\Delta R}{R}\right) \tag{2-18}$$

由上面三种结果可以看出，当桥臂应变片的电阻发生变化时，电桥的输出电压也随之变化。当 $\Delta R<<R$ 时，电桥的输出电压与应变成线性关系。还可以看出在桥臂电阻产生相同变化的情况下，等臂电桥以及输出对称电桥的输出电压要比电源对称电桥的输出电压大，即它们的灵敏度要高。因此在使用中多采用等臂电桥或输出对称电桥。

3. 交流电桥电路

交流电桥是利用电桥输出电流或电压与电桥各参数间的关系进行工作的。此时在电桥的输出端接入检流计或放大器。在输出电流时，为了使电桥有最大的电流灵敏度，希望电桥的输出电阻应尽量和指示器内阻相等。

实际上电桥输出后连接的放大器的输入阻抗都很高，比电桥的输出电阻大得多，此时必须要求电桥具有较高的电压灵敏度，当有小的 $\Delta R/R$ 变化时，能产生较大的 ΔU 值。

交流电桥电路如图 2－6 所示，是由交流电压 U 供电的交流电桥电路，第一臂是应变片，其他三臂为固定电阻。应变片未承受应变，此时阻值为 R_1，电桥处于平衡状态，电桥输出电压为 0。当承受应变时，产生 ΔR 的变化，电桥变化不平衡电压输出 U_o。

根据交流电桥电路可知，产生的不平衡电压为

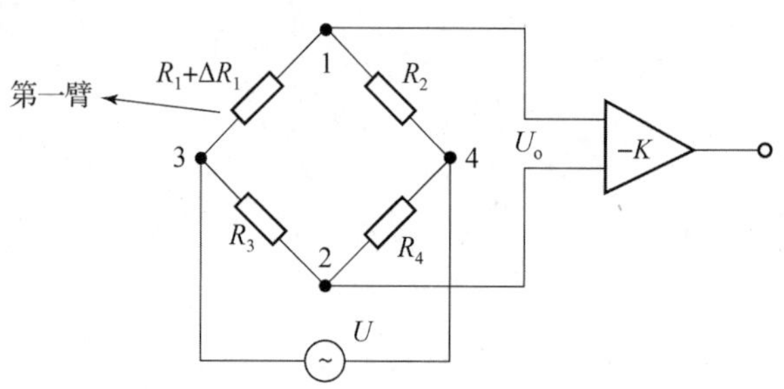

图 2-6　交流电桥电路

$$U_o=U_1-U_2=\frac{R_1+\Delta R_1}{R_1+\Delta R_1+R_2}U-\frac{R_3}{R_3+R_4}U=\frac{\Delta R_1 R_4}{(R_1+\Delta R_1+R_2)(R_3+R_4)}U$$

$$=\frac{\frac{R_4}{R_3}\cdot\frac{\Delta R_1}{R_1}}{\left(1+\frac{\Delta R_1}{R_1}+\frac{R_2}{R_1}\right)\left(1+\frac{R_4}{R_3}\right)}U \tag{2-19}$$

设 $n=R_2/R_1$，并考虑电桥初始平衡条件 $R_2/R_1=R_4/R_3$，以及将式（2-19）进行变换得

$$U_o\approx U\frac{n}{(1+n)^2}\frac{\Delta R_1}{R_1} \tag{2-20}$$

电桥电压灵敏度为

$$S_0=\frac{U_o}{\frac{\Delta R_1}{R_1}}\approx U\frac{n}{(1+n)^2} \tag{2-21}$$

由式（2-21）可发现，电桥的电压灵敏度正比于电桥供电电压，电桥电压越高，电压灵敏度越高。但是电桥电压的提高受两方面的限制，一是应变片的允许升温，二是应变电桥电阻的温度误差，所以一般供桥电压为 1~3 V。

2.1.4　电桥的线路补偿

电阻应变式传感器补偿

1. 零点补偿

在实际应用中电桥的 4 个桥臂电阻值相同是不可能的，往往由于外界的因素变化会使电桥不能满足初始平衡条件（即 $U_o\neq0$）。因此为了解决这一问题，可以在一对桥臂电阻乘积较小的任一桥臂中串联一个可调电阻进行调节补偿。如图 2-7 所示的零点补偿电路，调节可调电阻使得电桥平衡。

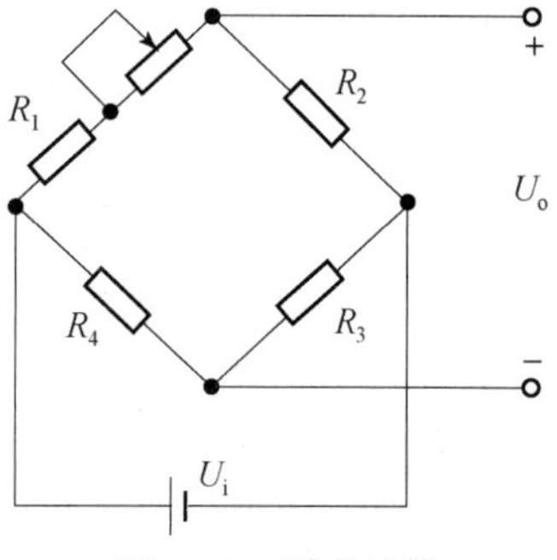

图 2-7　零点补偿

2. 温度补偿

环境温度的变化也会引起电桥电阻的变化，导致电桥的零点漂移，这种因温度变化产生的误差称为温度误差。产生的原因有：电阻应变片的电阻温度系数不一致；应变片材料与被测试件材料的线膨胀系数不同，使应变片产生附加应

变。因此要进行温度补偿，以减少或消除由此而产生的测量误差。电阻应变片的温度补偿方法通常有线路补偿法和应变片自补偿法两大类。

（1）线路补偿法

线路补偿法也称补偿片法，应变片通常是作为平衡电桥的一个臂测量应变，如图2－8所示为线路补偿方法，图2－8（a）中R_1为工作片，R_2为补偿片。工作片R_1粘贴在试件上需要测量应变的地方，补偿片R_2粘贴在一块不受力的与试件相同材料上，这块材料自由地放在试件上或附近（见图2－8（b））。当温度发生变化时，工作片R_1和补偿片R_2的电阻都发生变化，而它们的温度变化相同，R_1和R_2为同类应变片，又贴在相同的材料上，因此R_1和R_2分别接入电桥的相邻两桥臂，则因温度变化引起的电阻变化ΔR_1和ΔR_2的作用相互抵消，这样就起到温度补偿的作用。

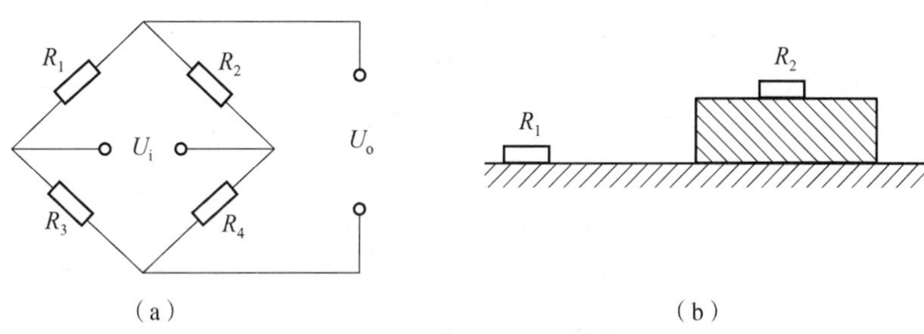

图2－8　线路补偿法

线路补偿法的优点是方法简单、方便，在常温下补偿效果较好，其缺点是在温度变化梯度较大的条件下，很难做到工作片与补偿片处于温度完全一致的情况，因而影响补偿效果。

（2）应变片自补偿法

粘贴在被测部位上的是一种特殊应变片，当温度变化时，产生的附加应变为零或相互抵消，这种方法称为应变片自补偿法。例如双金属敏感栅自补偿应变片（组合式自补偿应变片），它是利用两种电阻丝材料电阻温度系数不同（一个为正，一个为负）的特性，将二者串联绕制成敏感栅，如图2－9所示为双金属丝栅法。

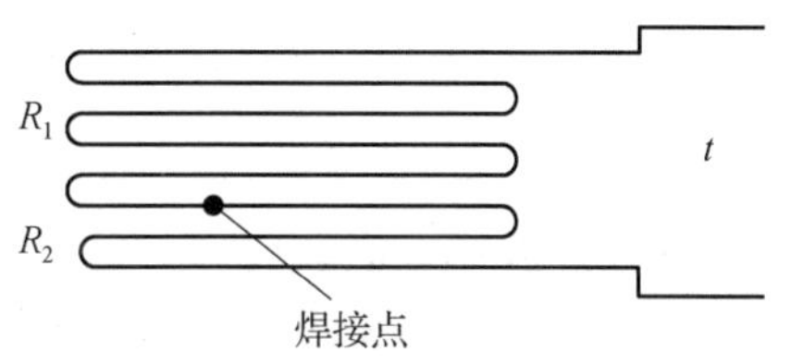

图2－9　双金属丝栅法

若两段敏感栅R_1和R_2由于温度变化而产生的电阻变化为ΔR_{1T}和ΔR_{2T}，两者大小相等而符号相反，就可以实现温度补偿，电阻R_1和R_2的比值关系可由下式决定：

$$\frac{R_1}{R_2}=\frac{\Delta R_{2T}/R_2}{\Delta R_{1T}/R_1} \tag{2-22}$$

其中，$\Delta R_{1T}=-\Delta R_{2T}$。这种补偿效果较前者好，在工作温度范围内可达±0.14 $\mu\varepsilon/℃$。

【拓展阅读】

电阻应变式传感器测力

小小身体，大大能量

电阻应变式传感器测力时，选择合适的弹性元件，将小小的电阻应变片贴在弹性体上即可实现吨级质量的测量，这一小小的器件发挥了巨大的作用。每个人在社会中就如机器上的一颗螺丝钉，机器有许多的螺丝钉的连接和固定，才组成了一个坚实的整体，才能够运转自如，发挥它巨大的工作能量。螺丝钉虽小，其作用是不可估量的。作为社会一员，我们不仅要做一颗螺丝钉，更要做一颗发光发热、有价值的螺丝钉。

2.1.5 电阻应变式传感器应用

电阻应变式传感器的应用

1. 应变式加速度传感器

应变式加速度传感器的结构如图 2－10 所示，测量加速度时，将传感器壳体和被测对象刚性连接，当有加速度作用在壳体上时，由于梁的刚度很大，惯性质量也以同样的加速度运动。其产生的惯性力正比于加速度 a 的大小，惯性力作用在梁的端部使梁产生变形，限位块 5 是保护传感器在过载时不被破坏。这种传感器在低频振动测量中得到广泛的应用。

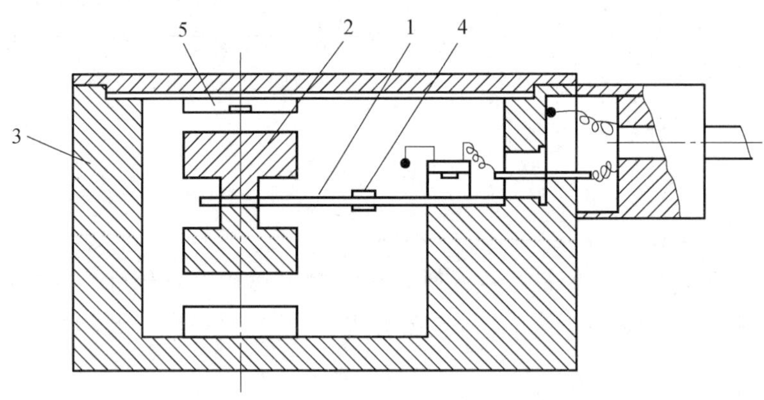

图 2－10 应变式加速度传感器的结构

1—等强度梁；2—质量块；3—壳体；4—电阻应变敏感元件；5—限位块

2. 应变式位移传感器

应变式位移传感器是把被测位移量转变成弹性元件的变形和应变，然后通过应变计和应变电桥，输出正比于被测位移的电量。它可用来近测或远测静态与动态的位移量。因此，既要求弹性元件刚度小，对被测对象的影响反力小，又要求系统的固有频率高，动态频响特性好。

如图 2－11（a）所示为国产 YW 系列应变式位移传感器的结构。这种传感器由于采用了悬臂梁－螺旋弹簧串联的组合结构，因此它适用于较大位移（量程 >10～100 mm）的测量。其工作原理如图 2－11（b）所示。

3. 电阻应变计的型号及选用

电阻应变计型号的编排规则如下：类别、基底材料种类、标准电阻、敏感栅长度、敏感栅结构形式、极限工作温度、自补偿代号（温度和蠕变补偿）及接线方式。例如 BF350—3AA80（23）N6—X 的含义是：

①B：表示应变计类别（B：箔式；T：特殊用途；Z：专用（特指卡玛箔））。

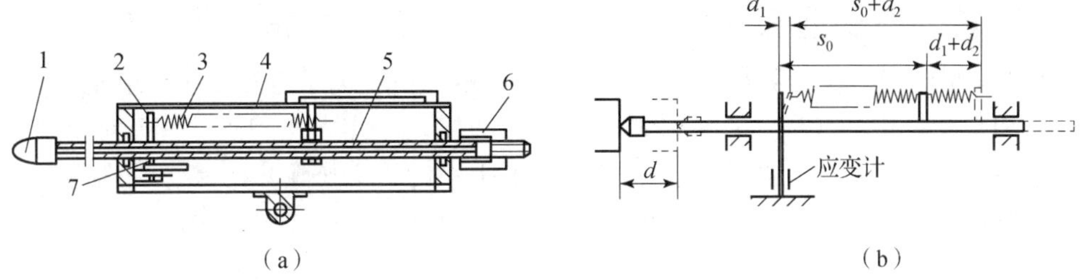

图 2－11　应变式位移传感器结构

1—测量头；2，弹性元件；3—弹簧；4—外壳；5—测量杆；6—调整螺母；7—应变计

②F：表示基底材料种类（B：玻璃纤维增强合成树脂；F：改性酚醛；A：聚酰亚胺；E：酚醛－缩醛；Q：纸浸胶；J：聚氨酯）。

③350：表示应变计标准电阻。

④3：表示敏感栅长度（mm）。

⑤AA：表示敏感栅结构形式。

⑥80：表示极限工作温度（℃）。

⑦23：表示温度自补偿或弹性模量自补偿代号（9：用于钛合金；M23：用于铝合金；11：用于合金钢、马氏体不锈钢和沉淀硬化型不锈钢；16：用于奥氏体不锈钢和铜基材料；23：用于铝合金；27：用于镁合金）。

⑧N6：表示蠕变自补偿标号（蠕变标号：T8，T6，T4，T2，T0，T1，T3，T5，N2，N4，N6，N8，N0，N1，N3，N5，N7，N9）。

⑨X：表示接线方式（X：标准引线焊接方式；D：点焊点；C：焊端敞开式；U：完全敞开式，焊引线；F：完全敞开式，不焊引线；X **：特殊要求焊圆引线，** 表示引线长度；BX **：特殊要求焊扁引线，** 表示引线长度；Q **：焊接漆包线，** 表示引线长度；G **：焊接高温引线，** 表示引线长度）。

【任务实施】

1. 电子秤的整体设计框架及原理图

用电阻应变式传感器设计的电子秤的整体设计原理图，如图 2－12 所示。

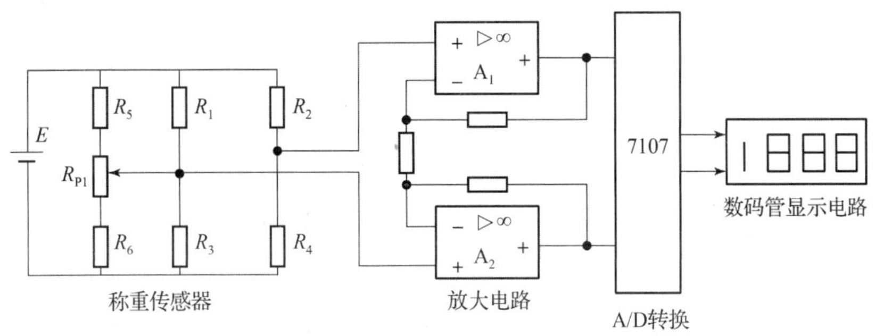

图 2－12　电子秤的整体设计原理图

2. 各部分电路设计

（1）电阻应变式传感器的测量电路

常用的电阻应变式桥式测量电路如图 2－13 所示。桥式测量电路有 4 个电阻（R_1、R_2、R_3、R_4）和平衡电位器（R_{P1}）。电桥的一个对角线接入工作电压 E，另一个对角线为输出电压 U_o。其特点是：当4 个桥臂电阻达到相应的关系时，电桥输出为零，否则就有电压输出，可利用灵敏检流计来测量，所以电桥能够精确地测量微小的电阻变化。

（2）放大电路

典型的差动放大电路如图 2－14 所示，只需高精度 LM358（双运算放大器）和几只电阻器，即可构成性能优越的仪表用放大器。它广泛应用于工业自动控制、仪器仪表、电气测量等数字采集的系统中。

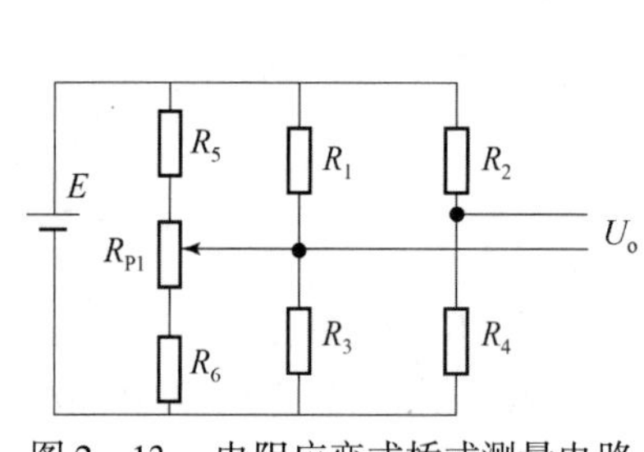

图 2－13　电阻应变式桥式测量电路

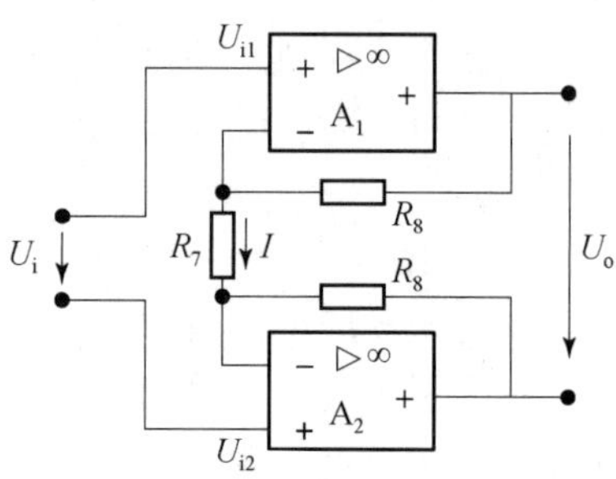

图 2－14　差动放大电路

（3）A/D 转换电路

A/D 转换电路如图 2－15 所示。其中，V＋引脚为电源正极；IN＋、IN－为模拟量输入端；V_{ref}＋、V_{ref}－为基准电压输入端，V_{ref}＋为参考电压；COM 为公共端。A/D 转换器的工作原理是把输入的模拟信号按规定的时间间隔采样，并与一系列标准的数字信号相比较，数字信号逐次收敛，直至两种信号相等为止。然后显示出代表此信号的二进制数。

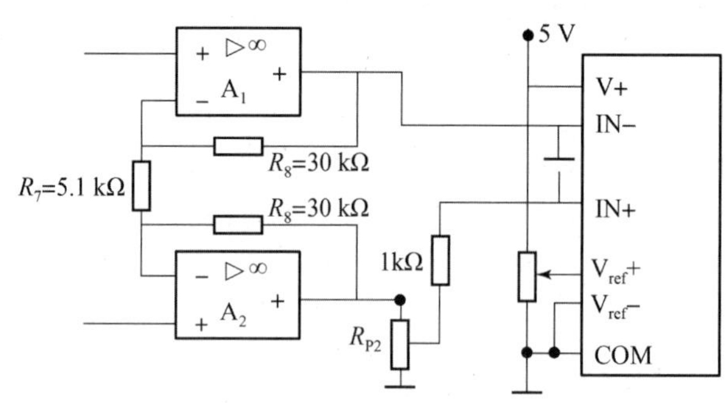

图 2－15　A/D 转换电路

（4）显示电路

显示电路设计如图 2－16 所示。ICL7107 是一块直流电压表，该电路输入电压为 0～200 mV 的交流信号，输出为 0～200 mV 的直流信号，从信号幅度看，不需要对电路进行放大，正是因为电路本身具有放大作用，才保证了几乎无损失地进行 AC/DC 的信号转换，因此这里用的是低功耗高输入阻抗输入运算放大器，能够对测量数据进行显示。

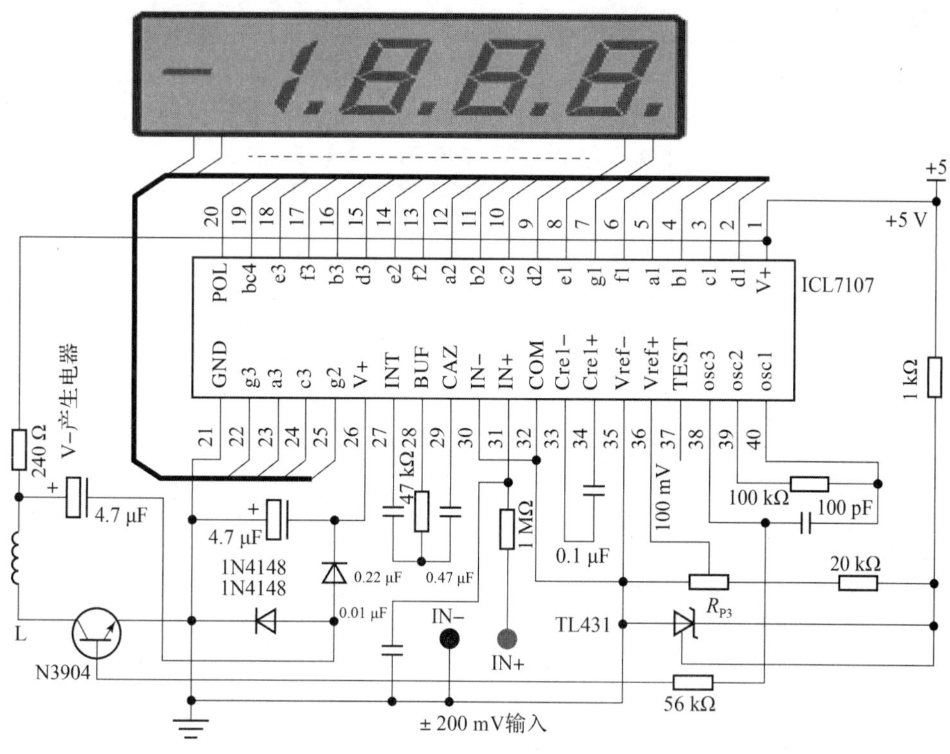

图 2 – 16　显示电路设计

3. 电路制作与调试

①根据电路原理图在面包板上进行焊接。

②在秤体自然下垂已无负载时调整 R_{P1}，使显示器准确显示零。

③调整 R_{P2}，使秤体承担满量程质量（本电路选满量程为 2 kg）时显示满量程值。（调节 R_{P2} 衰减比）

④在秤钩下悬挂 1kg 的标准砝码，观察显示器是否显示 1.000，如有偏差，可调整 R_{P3} 值，使之准确显示 1.000。

⑤重新进行②、③步骤，使之均满足要求为止。

⑥测量 R_{P2}、R_{P3} 电阻值，并用固定精密电阻予以代替。R_{P1} 可引出表外调整。测量前先调整 R_{P1}，使显示器回零。

【拓展阅读】

实践出真知

工程实践是为了更好地运用理论知识，但往往忽略了应用场景下的某些次要因素，因此理论分析的结果在工程实践中会有偏差，需要通过实践进一步完善，验证可行性。正所谓“实践是检验真理的唯一标准”。

【技能训练工单】

<table>
<tr><td>姓名</td><td></td><td>班级</td><td></td><td>组号</td><td></td></tr>
<tr><td>名称</td><td colspan="5">任务 1　金属箔式应变片——单臂电桥性能实验</td></tr>
<tr><td>任务提出</td><td colspan="5">单臂电桥性能试验</td></tr>
<tr><td>问题导入</td><td colspan="5">1）什么是弹性敏感元件？
2）电阻应变式传感器是基于电阻的________制成的。
3）电阻应变片的基本结构主要由________、________、________、________等部分组成。
4）应变片主要有________、________两类。
5）金属丝应变片有________、________、________三种。
6）电阻应变式传感器常见的测量电路主要有________、________。
7）电桥的线路补偿主要有________、________。</td></tr>
<tr><td>技能要求</td><td colspan="5">1）了解金属箔式应变片的应变效应；
2）了解单臂电桥的工作原理和性能；
3）掌握差分放大电路的搭建及调试方法；
4）掌握反相放大电路的搭建及调试方法；
5）掌握模块化调试电路方法和整体联调方法。</td></tr>
<tr><td>原理说明</td><td colspan="5">实际中应变片的安装使用如图 2－17 所示，应变式传感器安装到应变传感器模块上。传感器中各电阻应变片已接入“THVZ－1 型传感器实验箱”上，从左到右依次为 R_1、R_2、R_3、R_4。可用万用表进行测量，$R_1=R_2=R_3=R_4=350\ \Omega$。
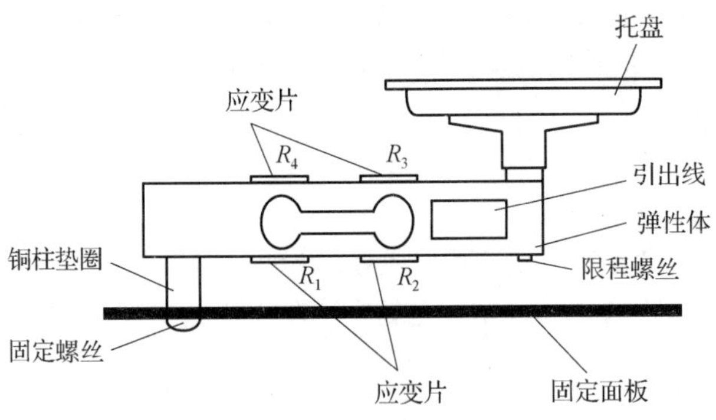

图 2－17　应变式传感器安装示意图
用应变片测量受力时，将应变片粘贴于被测对象表面上。在外力作用下，被测对象表面产生微小机械变形时，应变片敏感栅也随同变形，其电阻值发生相应变化。通过调理转换电路转换为相应的电压或电流的变化，根据应变效应表达式 $\Delta R/R=\Delta L(1+2\mu)/L+\Delta\rho/\rho=[1+2\mu+(\Delta\rho/\rho)/(\Delta L/L)]\Delta L/L=K_0\Delta L/L$ 可以得到被测对象的应变值 ε，而根据应力应变关系 $\sigma=E\varepsilon$，可以测得应力值 σ。
金属箔式应变片就是通过光刻、腐蚀等工艺制成的应变敏感元件，通过它转换被测部位受力状态变化，电桥的作用是完成电阻到电压的比例变化，电桥的输出电压反映了相应的受力状态。</td></tr>
</table>

续表

<table>
<tr><td>姓名</td><td></td><td>班级</td><td></td><td>组号</td><td></td></tr>
<tr><td>名称</td><td colspan="5">任务 1　金属箔式应变片——单臂电桥性能实验</td></tr>
<tr><td>任务制作</td><td colspan="5">

实验所需器件及附件：THVZ－1 型传感器实验箱、运算放大器 UA741CD、泰克示波器 TBS1102、直流电压源等。

实验步骤：

1）搭建差动放大电路与反相放大电路，测试放大电路可放大的范围；

2）将应变式传感器的其中一个应变片 R_{11} 接入电桥作为一个桥臂与 R_{10}、R_{12}、R_{13} 接成直流电桥，如图 2－18 所示。

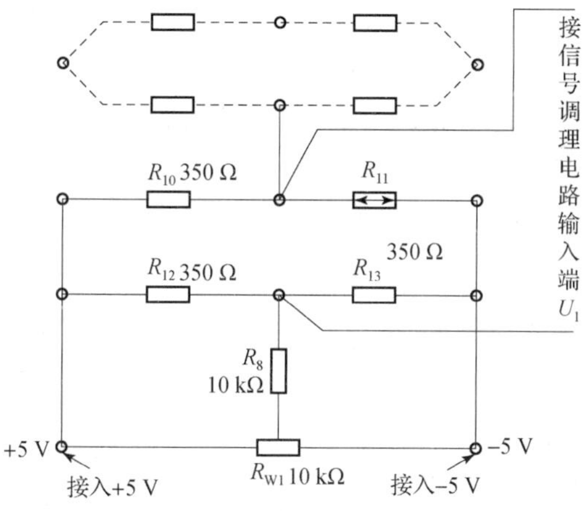

图 2－18　应变式传感器单臂电桥实验接线图

3）接好电桥调零电位器 R_{W1}，接上桥路电源 ±5 V，如图 2－19 所示金属箔式应变片传感器实验电路。调节 R_{W1}，使电桥输出端电压为 0，即差分放大电路的输入端电压 U_1 为 0。调节 R_{W1}，记下输出电压数值，并将实验结果填入表 2－1 中。

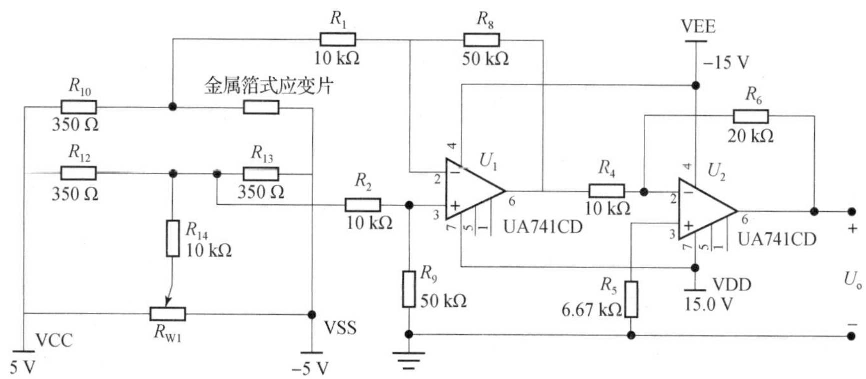

图 2－19　金属箔式应变片传感器实验电路图

</td></tr>
</table>

续表

<table>
<tr><td>姓名</td><td></td><td>班级</td><td></td><td>组号</td><td></td></tr>
<tr><td>名称</td><td colspan="5">任务 1　金属箔式应变片——单臂电桥性能实验</td></tr>
<tr><td>任务制作</td><td colspan="5">表 2－1　单臂电桥输出电压与所加负载质量值
<table><tr><td>质量值/kg</td><td></td><td></td><td></td><td></td><td></td><td></td></tr><tr><td>电压/V</td><td></td><td></td><td></td><td></td><td></td><td></td></tr></table>
4）根据表 2－1 计算系统灵敏度 $S=\Delta U/\Delta W$（ΔU 为输出电压的变化量，ΔW 为质量变化量）。</td></tr>
<tr><td>总结</td><td colspan="5">总结在测试过程中遇到的问题及解决方法。</td></tr>
</table>

【考核评价】

项目	配分	考核要求	评分细则	得分	扣分
正确连接电路	20 分	能使用实训箱正确连接电路图 2－18	1）线路连接正确，但布线不整齐扣 5 分； 2）未能正确连接电路，每处扣 2 分		
电路搭建	40 分	能正确搭建差动放大电路与反相放大电路，并测试出放大范围	1）电路搭建不正确，每处扣 5 分； 2）放大范围测试错误，扣 10 分		
实现功能并能正确记录实训数据	30 分	功能实现并能正确记录相关数据并对结果进行分析	1）不能实现功能扣 10 分； 2）不能进行相关数据的分析扣 10 分； 3）不能正确记录相关数据，每次扣 5 分		
安全文明操作	10 分	1）安全用电，无人为损坏仪器、元件和设备； 2）保持环境整洁，秩序井然，操作习惯良好； 3）小组成员协作和谐，态度端正； 4）不迟到、早退、旷课	1）违反操作规程，每次扣 5 分； 2）工作场地不整洁，扣 5 分		
总分					

【拓展知识】

应变片的粘贴技术及常用的弹性敏感元件

一、黏合剂和应变片的粘贴技术

1. 黏合剂

电阻应变片工作时，总是被粘贴到试件上或传感器的弹性元件上。在测试被测量时，黏合剂所形成的胶层起着非常重要的作用，它应准确无误地将试件或弹性元件的应变传递到应变片的敏感栅上去。所以黏合剂和粘贴技术对于测量结果有直接影响，不能忽视它们的作用。

因此对黏合剂有如下要求：

①有一定的黏合强度；

②能准确传递应变；

③蠕变小；

④机械滞后小；

⑤耐疲劳性能好，韧性好；

⑥长期稳定性好；

⑦具有足够的稳定性能；

⑧对弹性元件和应变片不产生化学腐蚀作用；

⑨有适当的储存期；

⑩有较大的使用温度范围。

2. 应变计粘贴工艺

质量优良的电阻应变片和黏合剂，只有在正确的粘贴工艺基础上才能得到良好的测试结果，因此正确的粘贴工艺对保证粘贴质量、提高测试精度有很大关系。

（1）应变片检测

根据测试要求而选用的应变片，要做外观和电阻值的检查，对黏度要求较高的测试还应测试应变片的灵敏度系数和横向灵敏度。

①外观检查。线栅或箔栅的排列是否整齐均匀，是否有造成短路、断路的部位或有锈蚀斑痕；引出线焊接是否牢固；上下基底是否有破损部位。

②电阻值检查。对经过外观检查合格的应变片，要逐个进行电阻值测量，其值要求准确到 0.05 Ω 配对，电桥桥臂用的应变片电阻值应尽量相同。

（2）修整应变片

①对没有标出中心线标记的应变片，应在基底上标出中心线。

②如有需要应对应变片的长度和宽度进行修整，但修整后的应变片尺寸不可小于规定的最小长度和宽度。

③对基底较光滑的胶底应变片，可用细纱布将基底轻轻地稍许打磨，并用溶剂洗净。

3. 试件表面处理

为了使应变片牢固地粘贴在试件表面上，必须保证贴应变片的试件表面部分平整光洁，无油漆、锈斑、氧化层、油污和灰尘等。

(1) 画粘贴应变片的定位线

为了保证应变片粘贴位置的准确，可用画笔在试件表面画出定位线。粘贴时应使应变片的中心线与定位线对准。

(2) 粘贴应变片

在处理好的粘贴位置和应变片基底上，各涂抹一层薄薄的黏合剂，稍待一段时间（视黏合剂种类而定），然后将应变片粘贴到预定位置。在应变片上面放一层玻璃纸或一层透明的塑料薄膜，然后用手滚压挤出多余的黏合剂，黏合剂层的厚度尽量减薄。

(3) 黏合剂的固化处理

对粘贴好的应变片，放黏合剂固化处理。

4. 应变片黏合质量的检查

(1) 外观检查

最好用放大镜观察黏合剂层是否有气泡，整个应变片是否全部粘贴牢固，有无造成短路、断路等危险的部位，还要观察应变片的位置是否正确。

(2) 电阻值检查

应变片的电阻值在粘贴前后不应有较大的变化。

(3) 绝缘电阻检查

应变片电阻丝与试件之间的绝缘电阻一般应大于200 MΩ。用于绝缘电阻的兆欧表，其电压一般不应高于250 V，而且检查通电时间不宜过长，以防应变片击穿。

二、常见的弹性敏感元件

弹性敏感元件

1. 弹性元件

具有弹性应变特性的物体称为弹性元件。

物体因外力作用而改变原来的尺寸或形状称为变形，如果外力去掉后能恢复原来的尺寸和形状，那么这种变形称为弹性变形，具有这类特性的物体称为弹性元件，在传感器中用于测量的弹性元件称为弹性敏感元件。

弹性敏感元件的作用是把力或压力转换成应变或位移，然后再由传感器将应变或位移转换成电信号。

2. 常见的变换力的弹性敏感元件

(1) 弹性圆柱

圆柱式力传感器的弹性元件分为实心圆柱式弹性敏感元件（见图2-20（a））和空心圆柱式弹性敏感元件（见图2-20（b））两种。

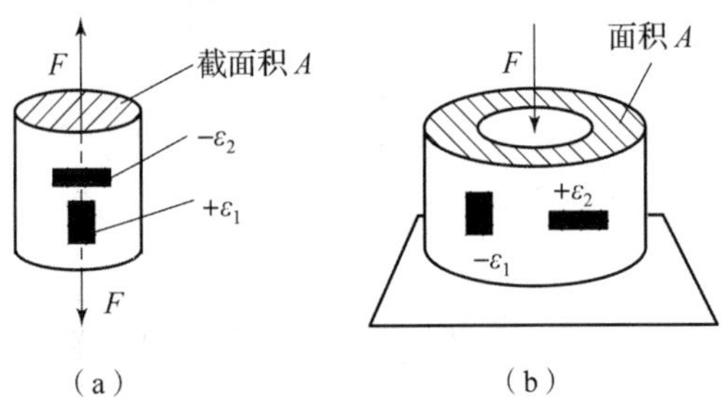

图2-20 圆柱式弹性敏感元件

在轴向布置一个或几个应变片，在圆周方向布置同样数目的应变片，后者取符号相反的横向应变，从而构成了差动对。由于应变片沿圆周方向分布，所以非轴向载荷分量被补偿，在与轴线任意夹角的 α 方向，其应变为

$$\varepsilon_\alpha = \frac{\varepsilon_1}{2}[(1-\mu)+(1+\mu)\cos 2(\alpha)] \tag{2-23}$$

式中，ε_1为沿轴向的应变；ε_2为沿横向的应变；μ 为弹性元件的泊松比。

当 $\alpha=0$ 时，

$$\varepsilon_\alpha = \varepsilon_1 = \frac{F}{AE} \tag{2-24}$$

当 $\alpha=90°$时

$$\varepsilon_\alpha = \varepsilon_2 = -\mu\varepsilon_1 = -\mu\frac{F}{AE} \tag{2-25}$$

式中，E 为弹性元件的杨氏模量。

对于实心和空心截面的圆柱式弹性敏感元件，上述表达式都是适用的，并且空心截面的弹性元件在某些方面优于实心元件。因为在同样的截面积情况下，圆柱的直径可以增大。因此圆柱的抗弯能力大大提高，以及由于温度变化而引起的曲率半径相对变化量大大减小。但是空心圆柱的壁太薄时，受压力作用后将产生较明显的桶形变形而影响精度。所以，一般空心截面的圆柱测量小量程力，而实心截面的圆柱测量大量程力。

（2）悬臂梁

①等截面梁。等截面悬臂梁即一端固定，一端自由，如图 2－21 所示，厚度为 h，宽度为 b，长度为 L_0，自由端力 F 的作用点到应变片的距离为 L，该点的应力为

$$\sigma=\frac{6FL}{bh^2},\quad \varepsilon=\frac{\sigma}{E}=\frac{6FL}{Ebh^2}$$
$$\varepsilon=\frac{6FL}{EhA},\quad A=bh\quad（截面积） \tag{2-26}$$

此位置上下两侧分别粘有 4 只应变片，R_1、R_4同侧，R_3、R_2同侧，这两侧的应变方向刚好相反，且大小相等，可构成全差动电桥。

②等应力（等强）梁式或变截面梁。变截面悬臂梁如图 2－22 所示，通常采用厚度 h 不变，宽度 b 改变来满足

$$\frac{L}{b}=常数 \tag{2-27}$$

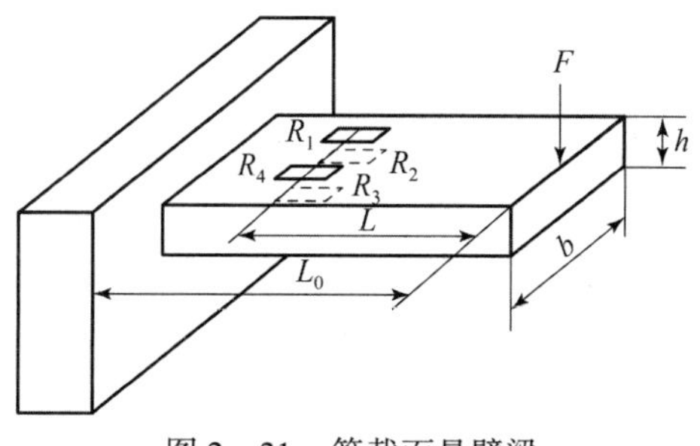

图 2－21　等截面悬臂梁

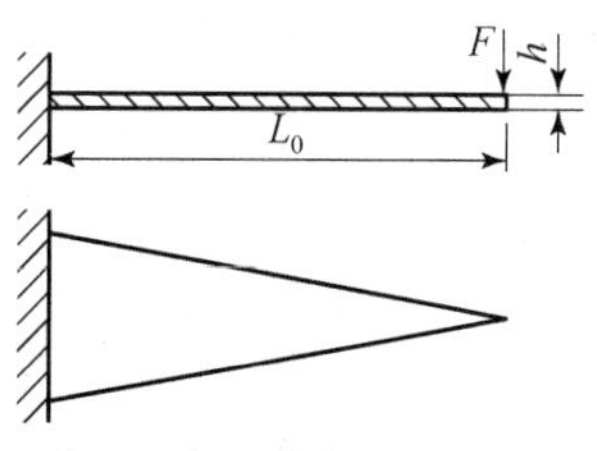

图 2－22　变截面悬臂梁

其他讨论与等截面梁式荷重传感器相同。

（3）变换压力的弹性敏感元件

①圆形膜片。当流体的压强作用在薄板上，薄板就会产生形变（应变），贴在另一侧的应变片随之形变（应变）。

②应变分析。对于半径为 r_0 沿圆周固定的膜片，片内任意半径 r 处在压强 P 的作用下的应变（膜厚为 h）如图 2－23 所示。

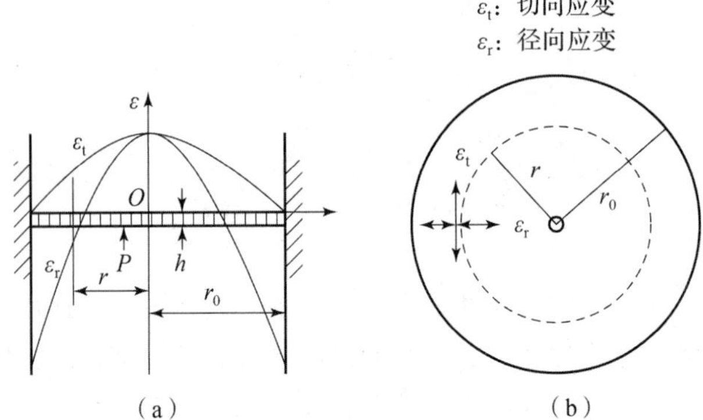

图 2－23　薄圆板应变

（a）薄圆板受均匀压力后的应变分布；（b）薄圆板受均匀压力后的应变方向

切向应变（与半径垂直）

$$\varepsilon_{\mathrm{t}}=\frac{3}{8h^2E}[(1-\mu^2)(r_0^2-r^2)]P \tag{2-28}$$

只有拉伸；径向应变（指向圆心）

$$\varepsilon_{\mathrm{r}}=\frac{3}{8h^2E}[(1-\mu^2)(r_0^2-3r^2)]P \tag{2-29}$$

可拉可压（可正可负）。

3. 弹性敏感材料的弹性特性

作用在弹性敏感元件上的外力与由该外力所引起的相应变形（应变、位移或转角）之间的关系称为弹性元件的弹性特性。

（1）刚度

刚度是弹性敏感元件在外力作用下抵抗变形的能力。

（2）灵敏度

灵敏度就是弹性敏感元件在单位力作用下产生变形的大小，它是刚度的倒数。即与刚度相似，如果元件弹性特性是线性的，则灵敏度为常数；若弹性特性是非线性的，则灵敏度为变数。

（3）弹性滞后

实际的弹性元件在加载、卸载的正、反行程中变形曲线是不重合的，如图 2－24 所示，这种现象称为弹性滞后现象。曲线 1 是加载曲线，曲线 2 是卸载曲线，曲线 1、2 所包围的范围称为滞环。产生弹性滞后的原因主要是弹性敏感元件在工作过程中分子

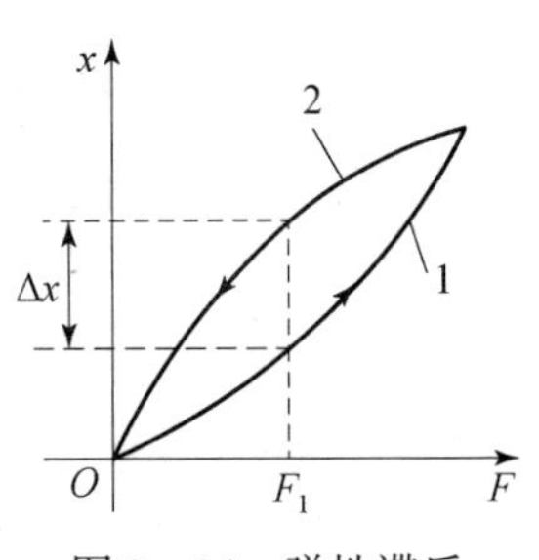

图 2－24　弹性滞后

间存在内摩擦，并造成零点附近的不灵敏区。

（4）弹性后效

弹性敏感元件所施加的载荷改变后，不是立即完成相应的变形，而是在一定时间间隔中逐渐完成变形的现象称为弹性后效现象。由于弹性后效存在，弹性敏感元件的变形不能迅速地随作用力的改变而改变。

（5）固有振动频率

弹性敏感元件的动态特性与它的固有振动频率 f_0 有很大关系，固有振动频率通常由实验测得。传感器的工作频率应避开弹性敏感元件的固有振动频率。

4. 弹性敏感元件材料的基本要求

①具有良好的机械特性（强度高、抗冲击、韧性好、疲劳强度高等）和良好的机械加工及热处理性能。

②良好的弹性特性（弹性极限高、弹性滞后和弹性后效小等）。

③弹性模量的温度系数小且稳定，材料的线膨胀系数小且稳定。

④抗氧化性和抗腐蚀性等化学性能良好。

【拓展阅读】

做有进取意识的“学习者”

大数据、人工智能及与之相伴相生的物联网已经成为现代社会的运行方式，信息技术的急速发展和数据量爆炸式增长，改变了整个社会传统的运行方式。人类与信息技术的关系也发生了诸多的变化。作为数字时代的原居民，首先要做有进取意识的“学习者”，未来比拼的是一个人的综合能力、跨界能力、知识的融合能力，拓展能力边界，通过多个领域知识的结合，不断提升自我的数字化转型能力。

【任务习题云】

1. 常用的电阻应变片分为两大类：________和________。
2. 金属电阻的________是金属电阻应变片工作的物理基础。
3. 金属电阻应变片有________、________及________等结构形式。
4. 弹性元件在传感器中起什么作用？
5. 试列举金属丝电阻应变片与半导体应变片的相同点和不同点。
6. 绘图说明如何利用电阻应变片测量未知的力。
7. 全桥差动电路的电压灵敏度是单臂工作时的（　　）。

A. 不变　　B. 2 倍　　C. 4 倍　　D. 6 倍

8. 电阻应变片配用的测量电路中，为了克服分布电容的影响，多采用（　　）。

A. 直流平衡电桥　　B. 直流不平衡电桥

C. 交流平衡电桥　　D. 交流不平衡电桥

9. 通常用应变式传感器测量（　　）。

A. 温度　　B. 密度　　C. 加速度　　D. 电阻

10. 影响金属导电材料应变灵敏系数 K 的主要因素是（　　）。

A. 导电材料电阻率的变化　　B. 导电材料几何尺寸的变化

C. 导电材料物理性质的变化　　D. 导电材料化学性质的变化

11. 产生应变片温度误差的主要原因有（　　）。

A. 电阻丝有温度系数　　B. 试件与电阻丝的线膨胀系数相同

C. 电阻丝承受应力方向不同　　D. 电阻丝与试件材料不同

12. 电阻应变片的线路温度补偿方法有（　　）。

A. 差动电桥补偿法　　B. 补偿块粘贴补偿应变片电桥补偿法

C. 补偿线圈补偿法　　D. 恒流源温度补偿电路法

13. 当应变片的主轴线方向与试件轴线方向一致，且试件轴线上受一维应力作用时，应变片灵敏系数 K 的定义是（　　）。

A. 应变片电阻变化率与试件主应力之比

B. 应变片电阻与试件主应力方向的应变之比

C. 应变片电阻变化率与试件主应力方向的应变之比

D. 应变片电阻变化率与试件作用力之比

14. 制作应变片敏感栅的材料中，用得最多的金属材料是（　　）。

A. 铜　　B. 铂　　C. 康铜　　D. 镍铬合金

15. 利用相邻双臂桥检测的应变式传感器，为使其灵敏度高、非线性误差小，则（　　）。

A. 两个桥臂都应当用大电阻值工作应变片

B. 两个桥臂都应当用两个工作应变片串联

C. 两个桥臂应当分别用应变量变化相反的工作应变片

D. 两个桥臂应当分别用应变量变化相同的工作应变片

16. 在金属箔式应变片单臂单桥测力实验中不需要的实验设备是（　　）。

A. 直流稳压电源　　B. 低通滤波器

C. 差动放大器　　D. 电压表

17. 关于电阻应变片，下列说法中正确的是（　　）。

A. 应变片的轴向应变小于径向应变

B. 金属电阻应变片以压阻效应为主

C. 半导体应变片以应变效应为主

D. 金属应变片的灵敏度主要取决于受力后材料几何尺寸的变化

18. 金属丝的电阻随着它所受机械变形（拉伸或压缩）的大小而发生相应的变化的现象称为金属的（　　）。

A. 电阻形变效应　　B. 电阻应变效应　　C. 压电效应　　D. 压阻效应

19. 电阻应变片阻值为 120 Ω，灵敏系数 $K=2$，沿纵向粘贴于直径为 0.05 m 的圆形钢柱表面，钢材的 $E=2\times10^{11}$ N/m^2，$\mu=0.3$。求钢柱受 10 t 拉力作用时，应变片的相对变化量。又若应变片沿钢柱圆周方向粘贴、受同样拉力作用时，应变片电阻的相对变化量为多少？

20. 拟在等截面的悬臂梁上粘贴 4 个完全相同的电阻应变片组成差动全桥电路，试问：

①四个应变片应怎样粘贴在悬臂梁上？

②画出相应的电桥电路图。

③在半导体应变片电桥电路中，其一桥臂为半导体应变片，其余均为固定电阻，该桥路

受到 $\varepsilon = 4\ 300\mu$ 应变作用。若该电桥测量应变时的非线性误差为 1%，$n = R_2/R_1 = 1$，则该应变片的灵敏系数为多少？

任务 2.2　汽车燃油表显示电路设计与制作

【任务描述】

汽车仪表盘、摩托车仪表盘等可以实时显示运行速度、油箱油量等，那你知道它们是如何显示出来的吗？油箱油量的多少、油箱缺油报警是如何设置的呢？这就离不开我们的传感器——电位器式传感器。在油箱油量的测量中电位器式传感器是如何工作的呢？能否利用电位器式传感器进行电路设计，并利用发光二极管显示油量的刻度，同时具有缺油警示功能和语音提示？

【知识链接】

电位器是一种常用的机电元件，广泛应用于各种电器和电子设备中。它是一种把机械的线位移或角位移输入量转换为与它成一定函数关系的电阻或电压输出的传感元件，主要用于测量压力、高度、加速度、航面角等各种参数。

电位器式传感器具有一系列优点，如结构简单、尺寸小、质量轻、精度高、输出信号大、性能稳定并容易实现。其缺点是要求输入能量大、电刷与电阻元件之间容易磨损。

2.2.1　电位器式传感器的结构及分类

电位器式
传感器测量原理

1. 电位器式传感器的结构

电位器式传感器通过滑动触点把位移转换为电阻丝的长度变化，从而改变电阻值大小，进而再将这种变化值转换成电压或电流的变化值。如图 2－25 所示为常见电位器式传感器的结构类型。

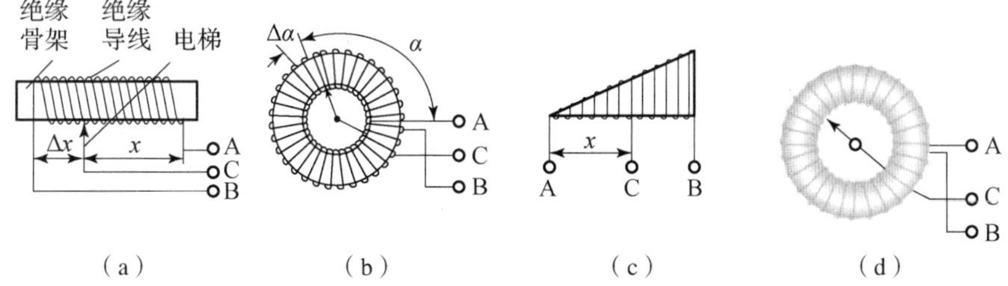

图 2－25　常见电位器式传感器的结构类型

(a) 直线位移型；(b) 角位移型；(c) 非线性型；(d) 电位器结构

不管是哪种类型的电位器式传感器，都由线圈、骨架和滑动电刷等组成。线圈绕于骨架上，电刷可在绕线上滑动，当滑动电刷在绕线上的位置改变时，即实现了将位移变化转换为电阻变化来实现测量。

2. 电位器式传感器的分类

(1) 线绕电位器

线绕电位器电阻元件由康铜丝、铂铱合金及卡玛丝等电阻丝绕制而成，其额定功率范围一般为0.25～50 W，阻值范围为100 Ω～100 kΩ。当接触电刷从这一匝移到另一匝时，阻值的变化呈阶梯式。

(2) 非线绕电位器

①合成膜电位器。其优点是分辨率较高，阻值范围很宽（100 Ω～4.7 MΩ），耐磨性较好，工艺简单，成本低，线性度好等；主要缺点是接触电阻大，功率不够大，容易吸潮，噪声较大等。

②金属膜电位器。金属膜电位器具有无限分辨力，接触电阻很小，耐热性好，满负荷达70 ℃。与线绕电位器相比，它的分布电容和分布电感很小，特别适合在高频条件下使用。它的噪声仅高于线绕电位器。金属膜电位器的缺点是耐磨性较差，阻值范围窄，一般在10～100 Ω之间。这些缺点限制了它的使用范围。

③导电塑料电位器。导电塑料电位器又称实心电位器，耐磨性很好，使用寿命较长，允许电刷的接触压力很大，在振动、冲击等恶劣环境下仍能可靠地工作。此外它的分辨率较高，线性度较好，阻值范围大，能承受较大的功率。导电塑料电位器的缺点是阻值易受湿度影响，故精度不易做得很高。导电塑料电位器的标准阻值有1 kΩ、2 kΩ、5 kΩ和10 kΩ，线性度为0.1%和0.2%。

④导电玻璃釉电位器。导电玻璃釉电位器又称金属陶瓷电位器，它的耐高温性和耐磨性好，有较宽的阻值范围，电阻湿度系数小且抗湿性强。导电玻璃釉电位器的缺点是接触电阻变化大，噪声大，不易保证测量的高精度。

2.2.2 电位器式传感器的测量电路

电位器式传感器的测量电路通常采用电阻分压电路，如图2－26所示。其中放大器是为了消除负载电阻的干扰影响。

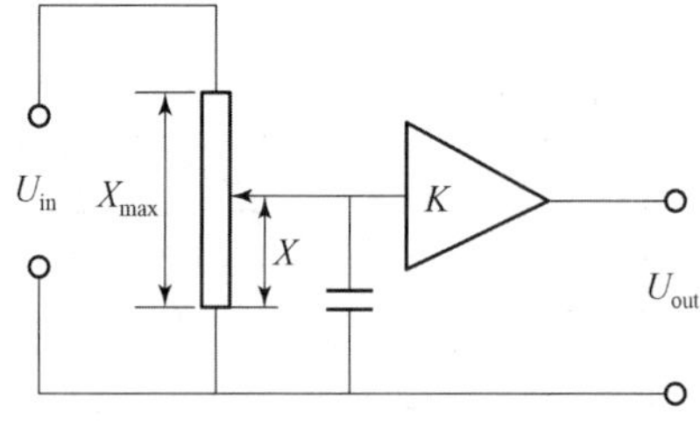

图2－26　电位器式传感器测量电路

对于线性电位器，电刷的相对行程 X 与电阻的相对变化成比例，即

$$\frac{X}{X_{max}}=\frac{R_X}{R_{max}} \tag{2-30}$$

若放大器的增益 $K=1$，则

$$U_{out}=\frac{R_X}{R_{max}}U_{in}=\frac{X}{X_{max}}U_{in} \tag{2-31}$$

【交流思考】

电位器式传感器与可变电阻器有什么样的区别呢？在应用上又有哪些不同？

2.2.3　电位器式传感器的应用

（1）弹性压力计

弹性压力计信号多采用电远传方式，即把弹性元件的变形或位移转换为电信号输出。在弹性元件的自由端处安装滑线电位器，滑线电位器的滑动触点与自由端连接并随之移动，自由端的位移就转换为电位器的电信号输出，如图 2－27 所示。

当被测压力 P 增大时，弹簧管撑直，通过齿条带动齿轮转动，从而带动电位器的电刷产生角位移。

（2）摩托车汽油油位传感器

如图 2－28 所示为摩托车汽油油位传感器，它由随液位升降的浮球经过曲杆带动电刷位移，将液位变成电阻变化。

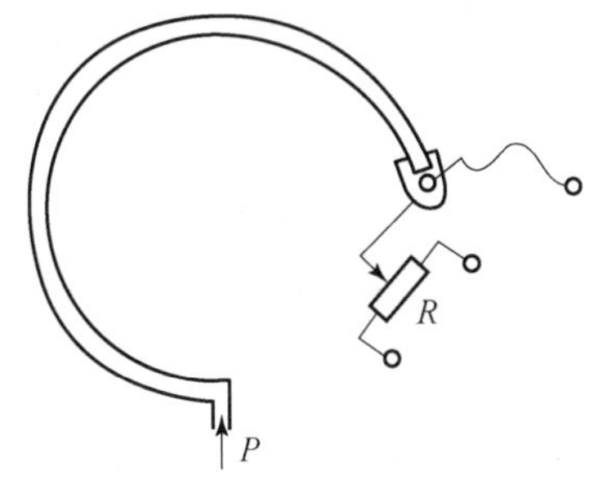

图 2－27　弹性压力计

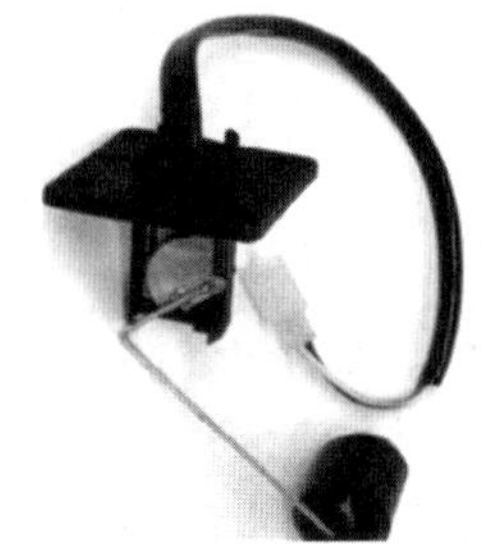

图 2－28　摩托车汽油油位传感器

【任务实施】

1. 电路的设计

利用声光进行汽车油箱中油量的显示，其电路主要由油位检测电路、油位显示电路和缺油报警电路三部分组成。其中，发光管 LED_7 为油位最高位，LED_2 在油位最低端，LED_3～LED_7 为正常油位，LED_2 提示即将缺油，LED_1 缺油报警。其设计电路如图 2－29 所示。

2. 油位显示原理

油位监测电路由汽车油箱内浮筒式电位器式传感器 R_{P2} 来完成。当油位降低时，R_{P2} 的电阻值会滑向最大值，VT_2 的发射结电位降低。当该电压降低到 0.7 V 以下时，LED_2 熄灭，同时也使二极管 VD_3 截止，经 VT_1 使由 IC_2（555）时基集成电路及其外围器件构成的自激多谐振荡器缺油报警电路工作。当 IC_2 ④脚（复位端）电平被拉至高于 0.8 V 时，IC_2 就开始共作，其振荡频率约为 10 Hz，③脚间断输出高电平。该信号分为两路：一路经电阻 R_2 加至 LED_1 发光二极管的正极，使该管间断导通，从而闪烁发光；另一路经电容 C_9 耦合加到喇叭 BL 上，驱动该喇叭发出报警声，从而以声光方式提醒驾驶员及时加油。

3. 制作与调试注意事项

①电路制作时需注意二极管、三极管的极性和方向。

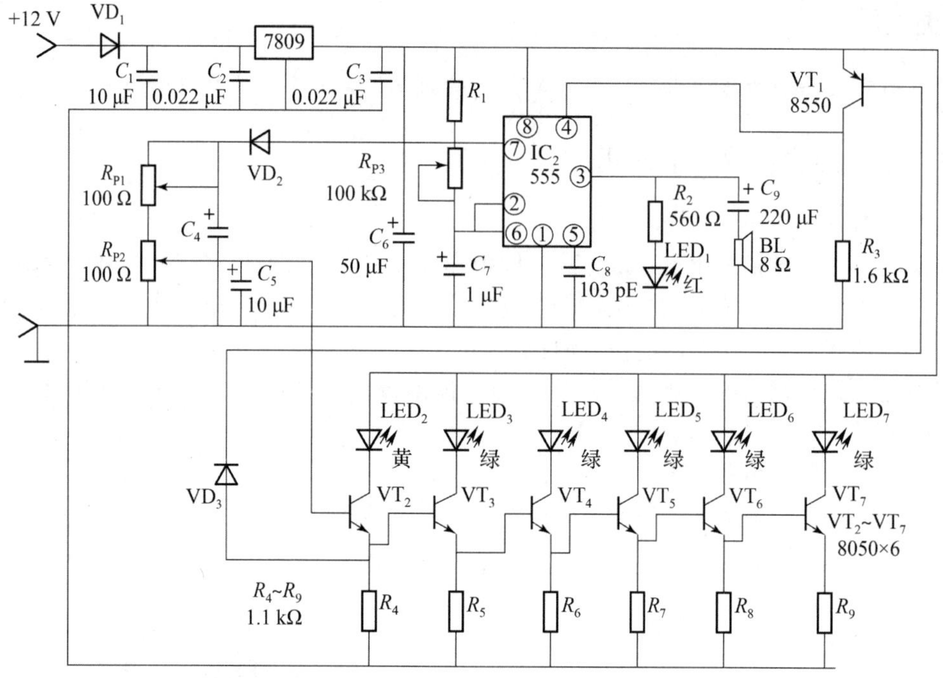

图 2－29　浮筒式电位器式传感器构成的燃油表电路

②注意 555 构成的多谐振荡电路的接法。

③焊接时注意电容的极性和方向。

④通电前，先检查本箱的电气性能，并注意是否有短路或漏电现象。

⑤通电后根据原理依次测试各输出点的电压，调试电位器式传感器 R_{P2}，记录输出电压值。

【技能训练工单】

姓名		班级		组号	
名称	任务 2　电位器式加速度传感器实验				
任务提出	利用电位器式加速度传感器测量受力大小				
问题导入	1）电位器式传感器的分类有哪几种？ 2）电位器式传感器的测量原理是什么？				
技能要求	1）了解电位器式传感器的结构及其分类； 2）掌握电位器式传感器的工作原理； 3）掌握电位器式传感器的测量电路。				

续表

<table>
<tr><td>姓名</td><td></td><td>班级</td><td></td><td>组号</td><td></td></tr>
<tr><td>名称</td><td colspan="5">任务 2　电位器式加速度传感器实验</td></tr>
<tr><td>电位器式传感器使用要求</td><td colspan="5">惯性质量块在被测加速度的作用下，片状弹簧产生正比于被测加速度的位移，弹簧产生的弹力与质量块受到的力达到平衡就不会再产生位移，从而引起电刷在电位器的电阻元件上滑动，输出一个与加速度成正比的电压信号。本次设计测量加速度的范围 0 ~ 10 g，允许的线性误差为 1% ~ 2%，输入电压为 ±5 V、所能响应的频率范围 0 ~ 100 Hz。如图 2 - 30 所示为电位器式传感器的结构。

图 2 - 30　电位器式传感器的结构</td></tr>
<tr><td>任务制作</td><td colspan="5">实验所需器件及附件：直滑式电位器、电压跟随器等。
实验步骤：
1）搭建如图 2 - 31 所示实验电路。图中 R_{P_1} 为电位器传感器，R_{P_1} 滑动端输出电压经 IC_{1A} 构成的电压跟随器送到由 IC_{1B} 和 IC_{1C} 组成的电压比较器，分别输出行程上限和行程下限控制信号。

图 2 - 31　电位器式加速度传感器控制原理
2）R_{P_1} 滑动端输出电压为 0 ~ 5 V，调节滑动端，对于 IC_{1C} 来说，实际行程输出电压的范围为多少？
3）R_{P_1} 滑动端输出电压为 0 ~ 5 V，调节滑动端，对于 IC_{1B} 来说，实际行程输出电压的范围为多少？</td></tr>
<tr><td>总结</td><td colspan="5">总结调试过程中遇到的问题。</td></tr>
</table>

【考核评价】

项目	配分	考核要求	评分细则	得分	扣分
正确连接电路	20 分	能使用实训箱正确连接电路图 2-18	1）线路连接正确，但布线不整齐扣 5 分； 2）未能正确连接电路，每处扣 2 分		
电路搭建	40 分	能正确搭建带电位器式加速度传感器控制原理图，并测试 IC_{1A} 的输出电压范围	1）电路搭建不正确，每处扣 10 分； 2）输出电压范围测试错误，扣 10 分		
实现功能并能正确记录实训数据	30 分	功能实现，能正确记录相关数据并对结果进行分析	1）不能实现功能，扣 10 分； 2）不能进行相关数据的分析，扣 10 分； 3）不能正确记录相关数据，每次扣 5 分		
安全文明操作	10 分	1）安全用电，无人为损坏仪器、元件和设备； 2）保持环境整洁，秩序井然，操作习惯良好； 3）小组成员协作和谐，态度正确； 4）不迟到、早退、旷课	1）违反操作规程，每次扣 5 分； 2）工作场地不整洁，扣 5 分		
总分					

【拓展知识】

压阻式传感器

压阻式传感器是利用固体的压阻效应制成的，主要用于测量压力、加速度和载荷等参数。压阻式传感器有两种类型，一种是利用半导体材料的电阻做成粘贴式的应变片，另一种是在半导体的基片上用集成电路工艺制成扩散型压敏电阻，用它作为传感元件制成的传感器，称为固态压阻式传感器，也叫扩散型压阻式传感器。

1. 半导体的压阻效应

任何材料发生变形时电阻的变化率由下式决定：

$$\frac{\Delta R}{R}=\frac{\Delta L}{L}-\frac{\Delta S}{S}+\frac{\Delta\rho}{\rho} \tag{2-32}$$

对于半导体材料而言，$\Delta R/R=(1+2\mu)\varepsilon+\Delta\rho/\rho=(1+2\mu)\varepsilon+\varepsilon E\pi$，它由两部分组成：前一部分 $(1+2\mu)\varepsilon$ 表示由尺寸变化所致，后一部分 $\varepsilon E\pi$ 表示由半导体材料的压阻效应所致。

实验表明，$E\pi>>1+2\mu$，也即半导体材料的电阻值变化主要是由电阻率变化引起的。因此可有

$$\frac{\Delta R}{R}\approx\frac{\Delta\rho}{\rho}=\pi E\varepsilon=\pi\sigma \tag{2-33}$$

式中：π 为压阻系数。

半导体电阻率随应变所引起的变化称为半导体的压阻效应。

2. 压阻式传感器的结构

常见的硅压阻式传感器由外壳、硅膜片和引线组成，其结构原理如图 2-32 所示。

其核心部分做成杯状的硅膜片，通常叫做硅杯，外壳则因不同用途而异。在硅膜片上，用半导体工艺中的扩散掺杂法做 4 个相等的电阻，经蒸镀铝电极及连线，接成惠斯登电桥，再用压焊法与外引线相连。膜片的一侧是和被测系统相连接的高压腔，另一侧是低压腔，通常和大气相通，也有做成真空的。

3. 压阻式传感器的温度补偿原理与方法

由于半导体材料对温度比较敏感，压阻式传感器的电阻值及灵敏度系数随温度变化而改变，将引起零点温度漂移和灵敏度漂移，因此必须采取温度补偿措施。

(1) 零点温度补偿

零点温度漂移是由于扩散电阻的阻值及其温度系数不一致造成的。一般用串、并联电阻法补偿，如图 2-33 所示为零点补偿原理电路图。

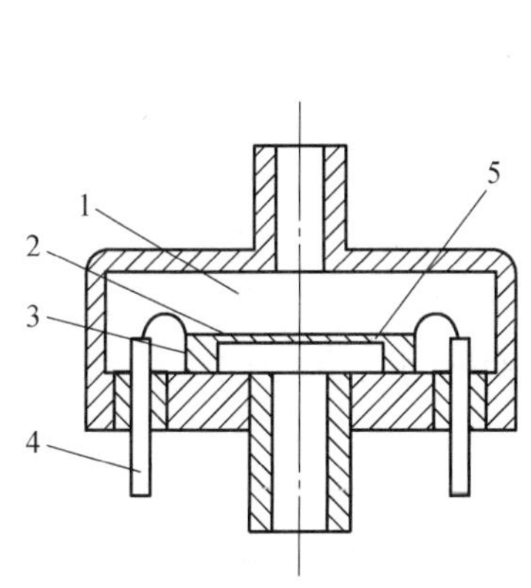

图 2-32　压阻式传感器的结构

1—低压腔；2—高压腔；3—硅环；4—引线；5—硅膜片

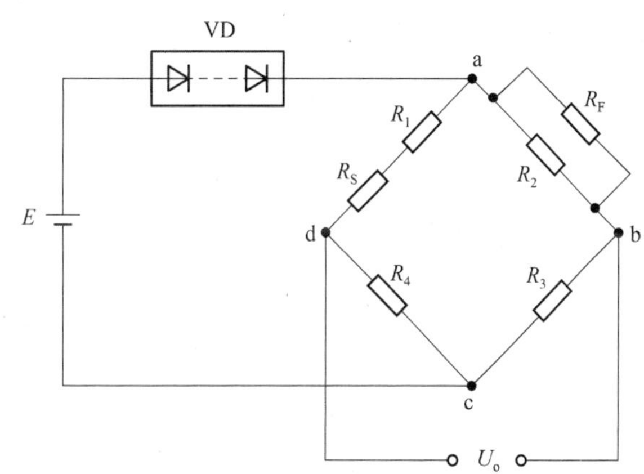

图 2-33　零点补偿原理电路图

(2) 灵敏度温度补偿

温度漂移是由于压阻系数随温度变化而引起的。温度升高时，压阻系数变小，温度降低时，压阻系数变大，说明传感器的灵敏度系数为负值。温度升高时，若提高电桥的电源电压，使电桥的输出适当增大；反之，温度降低时，若使电源电压降低，电桥的输出适当减小，便可以实现对传感器灵敏度的温度补偿。如图 2-33 所示，在电源回路中串联二极管进

行温度补偿，电源采用恒压源，当温度升高时，二极管的正向压降减小，于是电桥的桥压增加，使其输出增大。

【任务习题云】

1）试述压阻式传感器的工作原理。

2）常见的电位器式传感器的类型有哪几类？

3）试述压阻式传感器的结构及与电位器式传感器的区别。

任务 2.3　电子血压计的设计与制作

【任务描述】

血压是人体的重要生理参数，是人们了解人体生理状况的重要指标。测量血压的仪器称为血压计，血压计对血压进行测量的核心是传感器——电容式传感器。电容式传感器是如何进行压力测量的呢？能否选用专用电容式传感器实现准确的信息采集，并设计一款电子血压计使其能够准确地将收缩压和舒张压的值在 LED 上显示出来？

【知识链接】

电容传感器测量原理

2.3.1　电容式传感器的工作原理及结构形式

电容式传感器是将被测量的变化转换为电容量变化的一种装置，它本身就是一种可变电容器。由于这种传感器具有结构简单、体积小、动态响应好、灵敏度高、分辨率高、能实现非接触测量等特点，因而被广泛应用于位移、加速度、振动、压力、压差、液位、等分含量等检测领域。

其最常用的是由两个平行电极板组成，极间以空气为介质的电容式传感器。若忽略边缘效应，平行极板电容器的电容为 $C_0=\varepsilon A/d$，式中 ε 为极间介质的介电常数，A 为两电极互相覆盖的有效面积，d 为两电极之间的距离。d、A、ε 三个参数中任一个变化都将引起电容量变化，并可用于测量。因此电容式传感器可分为极距变化型、面积变化型、介质变化型三类。

1. 变极距式电容传感器

如图 2-34 所示为平行极板电容器，设两个相同极板的长为 b，宽为 a，极板间距离为 d_0，在忽略板极边缘影响的条件下，平行极板电容器的电容量为

$$C_0=\varepsilon A/d_0 \tag{2-34}$$

若动极板与被测量相连，d 从 d_0 移动至 $d_0-\Delta d$，电容量 $C_0\to C_0+\Delta C$，则有

$$\frac{\Delta C}{C_0}=\frac{\dfrac{\Delta d}{d_0}}{1-\dfrac{\Delta d}{d_0}} \tag{2-35}$$

$$\Delta C=\frac{\varepsilon A}{d_0-\Delta d}-\frac{\varepsilon A}{d_0}=\frac{\varepsilon A}{d_0\left(\frac{1}{1-\frac{\Delta d}{d_0}}-1\right)} \tag{2-36}$$

当 $\Delta d/d_0<<1$ 时，变极距式电容传感器有近似线性关系，此时灵敏度

$$K=\frac{\Delta C}{C}/\Delta d=\frac{1}{\Delta d} \tag{2-37}$$

通常为了获得高灵敏度，一般 d_0 较小，但 d_0 过小易引起电容器击穿或短路，可放置高介电常数材料如云母片，如图 2-35 所示。

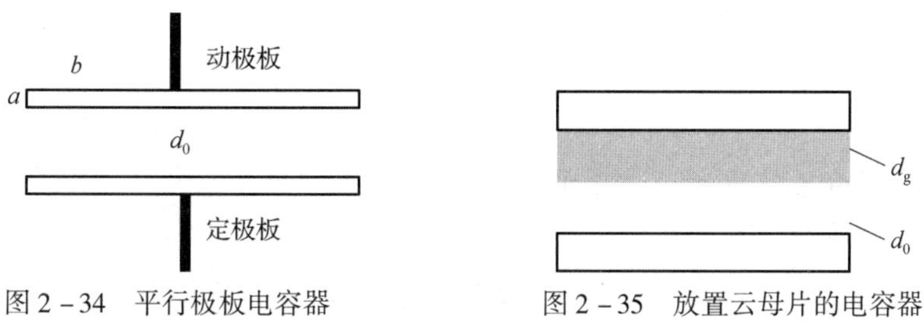

图 2-34 平行极板电容器　　图 2-35 放置云母片的电容器

一般变极距式电容传感器的起始电容在 20～100 pF 之间，极板间距离在 25～200 μm的范围内，最大位移应小于间距的 1/10，故在微位移测量中应用最广。

2. 变面积式电容传感器

如图 2-36 所示为变面积式电容传感器，其极板移动 Δx 后，覆盖面积就发生变化，电容量也随之改变，其值为

$$C=\varepsilon b(a-\Delta x)/d=C_0-\varepsilon b\Delta x/d \tag{2-38}$$

电容因位移而产生的变化量为

$$\Delta C=C-C_0=-\frac{\varepsilon b}{d}\Delta x=-C_0\frac{\Delta x}{a} \tag{2-39}$$

其灵敏度为

$$K=\frac{\Delta C}{\Delta x}=-\frac{\varepsilon b}{d} \tag{2-40}$$

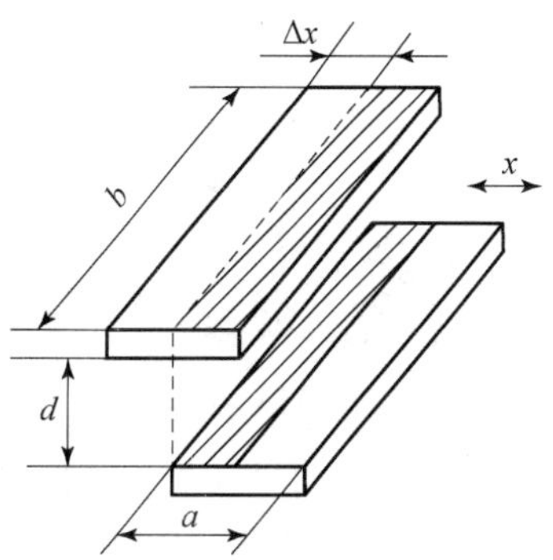

图 2-36 变面积式电容传感器

可见，增加 b 或减小 d 均可提高传感器的灵敏度。

另外我们经常用到如图 2-37 所示的角位移型变面积式电容传感器。当动极板有一角位移 θ 时，两极板间覆盖面积就发生变化，从而导致电容量的变化，此时电容值为

$$C=\frac{\varepsilon A\left(1-\frac{\theta}{\pi}\right)}{\mathrm{d}}=C_0\left(1-\frac{\theta}{\pi}\right) \tag{2-41}$$

由上面的分析可得出结论，变面积式电容传感器的灵敏度为常数，即输出与输入呈线性关系。

3. 变介电常数式电容传感器

如图 2-38 所示是一种变极板间介质（改变介电常数）的电容式传感器用于测量液位高低的原理。

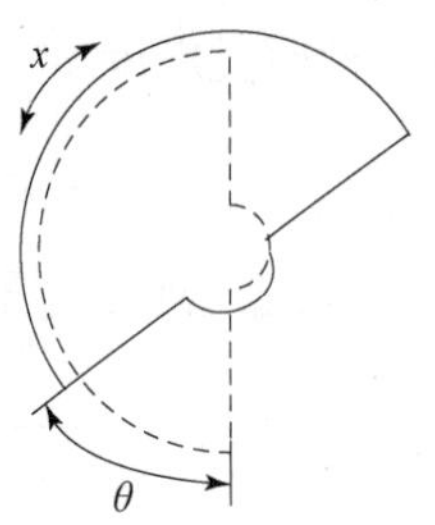

图 2-37　角位移型变面积式电容传感器

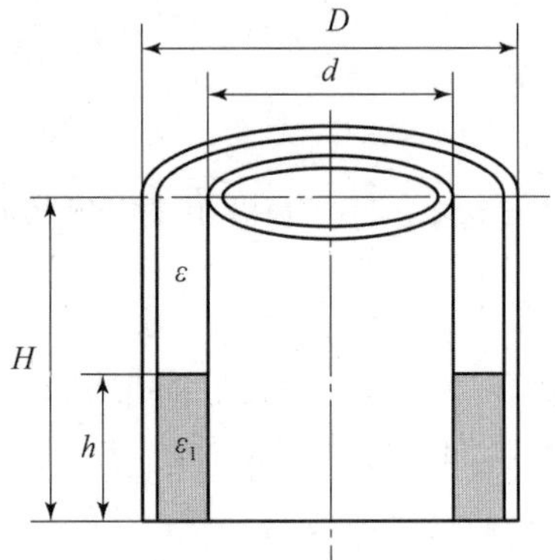

图 2-38　变介电常数式电容传感器液位测量原理

设被测介质的介电常数为 ε_1，液面高度为 h，变换器总高度为 H，内筒外径为 d，外筒外径为 D，则此时变换器电容值为

$$
\begin{aligned}
C &= \frac{2\pi\varepsilon_1 h}{\ln\dfrac{D}{d}} + \frac{2\pi\varepsilon(H-h)}{\ln\dfrac{D}{d}} \\
&= \frac{2\pi\varepsilon_1 H}{\ln\dfrac{D}{d}} + \frac{2\pi h(\varepsilon_1-\varepsilon)}{\ln\dfrac{D}{d}} \\
&= C_0 + \frac{2\pi h(\varepsilon_1-\varepsilon)}{\ln\dfrac{D}{d}}
\end{aligned} \tag{2-42}
$$

式中：ε 为空气介电常数；C_0 为由变换器的基本尺寸决定的初始电容值。

可见，此变换器的电容增量正比于被测液位高度 h。

变介电常数式电容传感器有较多的结构型式，还可以用来测量纸张、绝缘薄膜等的厚度，也可用来测量粮食、纺织品、木材或煤等非导电固体介质的湿度等。如图 2-39 所示为一种常用的结构型式。

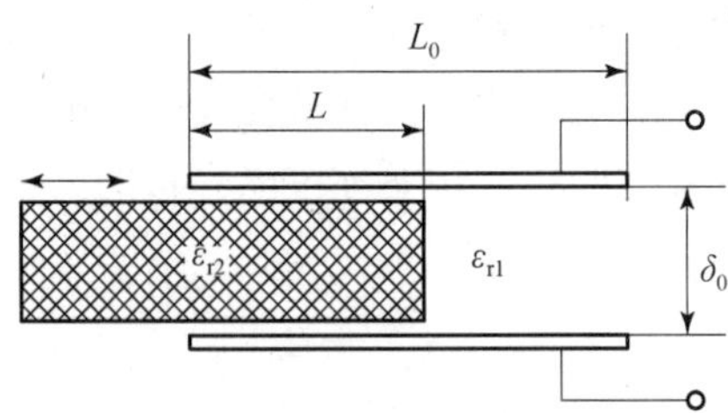

图 2-39　变介电常数式电容传感器的常用结构型式

图中两平行电极固定不动，极距为 δ_0，相对介电常数为 ε_{r2} 的电介质以不同深度插入电容器中，从而改变两种介质的极板覆盖面积。传感器总电容量 C 为

$$
C = C_1 + C_2 = \varepsilon_0 b_0 \frac{\varepsilon_{r1}(L_0-L)}{d_0} \tag{2-43}
$$

式中：L_0，b_0 为极板长度和宽度；L 为第二种介质进入极板间的长度。

若电介质 $\varepsilon_{r1}=1$，当 $L=0$ 时，传感器初始电容 $C_0=\varepsilon_0\varepsilon_{r1}L_0b_0/d_0$。当介质 ε_{r2} 进入极间 L 后，引起电容的相对变化为

$$\frac{\Delta C}{C_0}=\frac{C-C_0}{C_0}=\frac{(\varepsilon_{r2}-1)L}{L_0} \tag{2-44}$$

可见，电容的变化与电介质 ε_{r2} 的移动量 L 呈线性关系。

【交流思考】

电容式传感器的非线性会使传感器的灵敏度降低，为实现更好地测量，你有什么办法吗？

2.3.2　电容式传感器的测量电路

电容式传感器测量电路

由于电容式传感器的电容值变化量十分微小，必须经过相应的测量电路转换成与之成正比的电压、电流或频率，这样才可以方便实现传输、显示及记录。因此，电容式传感器常见的测量电路如下。

1. 运算放大器式电路

这种电路的最大特点是能够克服变极距式电容传感器的非线性而使其输出电压与输入位移（间距变化）有线性关系。

运算放大器的输入阻抗很高，因此可认为它是一个理想运算放大器电路，如图 2－40 所示。

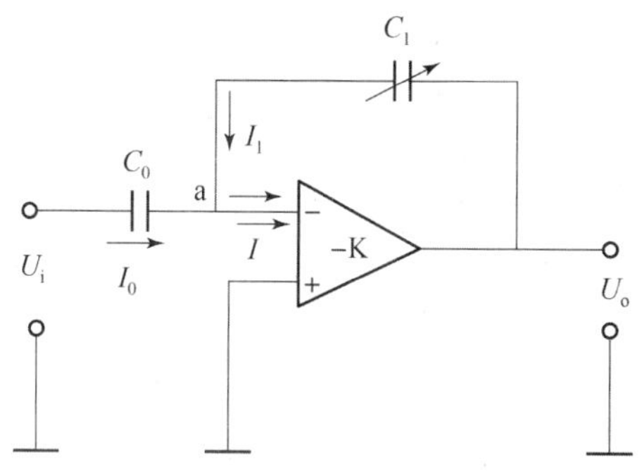

图 2－40　运算放大器电路

其输出电压为

$$U_o=-U_i(C_0/C_1) \tag{2-45}$$

将 $C_1=\varepsilon A/d$ 代入上式，则有

$$U_o=-U_i(C_0/(\varepsilon A))d \tag{2-46}$$

式中，U_o 为运算放大器输出电压；U_i 为信号源电压；C_1 为传感器容量；C_0 为固定电容器。

可以看出，输出电压 U_o 与动极板机械位移 d 呈线性关系。这就从原理上解决了变极距式电容传感器特性的非线性问题。

2. 交流电桥

将电容式传感器的两个电容作为交流电桥的两个桥臂，通过电桥把电容的变化转换成电桥输出电压的变化。电桥通常采用由电阻－电容、电感－电容组成的交流电桥，如图 2－41 所示为电感－电容组成的交流电桥电路。

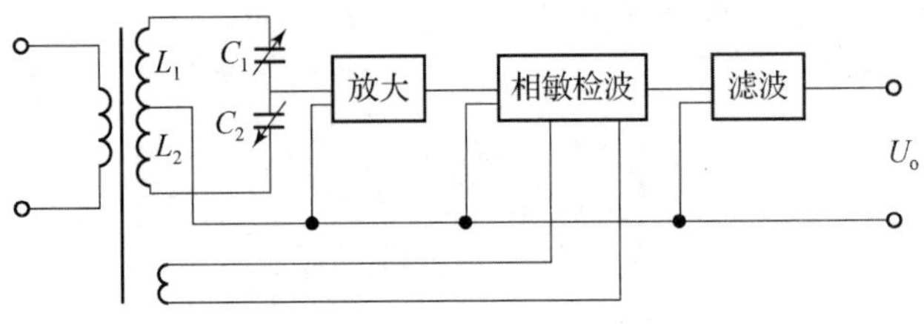

图 2-41　交流电桥电路

变压器的两个二次绕组 L_1、L_2 与差动电容式传感器的两个电容 C_1、C_2 作为电桥的 4 个桥臂，由高频稳幅的交流电源为电桥供电。电桥的输出为一调幅值，经放大、相敏检波、滤波后，获得与被测量变化相对应的输出，最后为仪表显示记录。

3. 调频电路

电容式传感器作为振荡器谐振回路的一部分，当把传感器接入调频振荡器的 LC 谐振网络中时，被测量的变化引起传感器电容的变化，继而导致振荡器的振动频率发生变化，频率的变化经过鉴频器转换成电压的变化，经过放大器放大后输出，进而通过仪表指示或用记录仪表记录下来，电路方框图如图 2-42 所示。

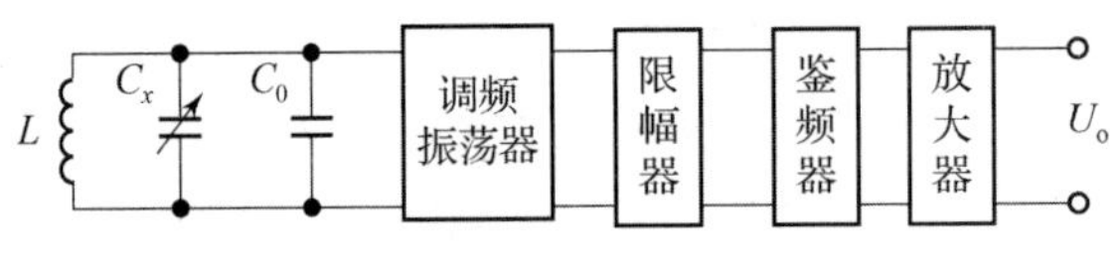

图 2-42　调频电路方框图

调频电路的特点是测量电路的灵敏度很高，可测 0.01 μm 的位移变化量，抗干扰能力强（加入混频器后更强），缺点是电缆电容、温度变化的影响很大，输出电压与被测量之间的非线性一般要靠电路加以校正，因此电路比较复杂。

4. 脉冲调制电路

如图 2-43 所示为差动脉冲宽度调制电路。这种电路根据差动电容式传感器电容 C_1 和 C_2 的大小控制直流电压的通断，所得方波与 C_1 和 C_2 有确定的函数关系。线路的输出端就是双稳态触发器的两个输出端。

当双稳态触发器的 Q 端输出高电平时，则通过 R_1 对 C_1 充电。直到 M 点的电位等于参考电压 U_r 时，比较器 N_1 产生一个脉冲，使双稳态触发器翻转，Q 端（A）为低电平，Q 端（B）为高电平。这时二极管 VD_1 导通，C_1 放电至零，而同时 Q 端通过 R_2 为 C_2 充电。当 N 点电位等于参考电压 U_r 时，比较器 N_2 产生一个脉冲，使双稳态触发器又翻转一次。这时 Q 端为高电平，C_1 处于充电状态，同时二极管 VD_2 导通，电容 C_2 放电至零。以上过程周而复始，在双稳态触发器的两个输出端产生一宽度受 C_1、C_2 调制的脉冲方波。如图 2-44 所示为电路上各点的波形。

由图 2-44 看出，当 $C_1 = C_2$ 时，两个电容充电时间常数相等，两个输出脉冲宽度相等，输出电压的平均值为零。当差动电容式传感器处于工作状态，即 $C_1 \neq C_2$ 时，两个电容的充电时间常数发生变化，T_1 正比于 C_1，而 T_2 正比于 C_2，这时输出电压的平均值不等于零。输出电压为

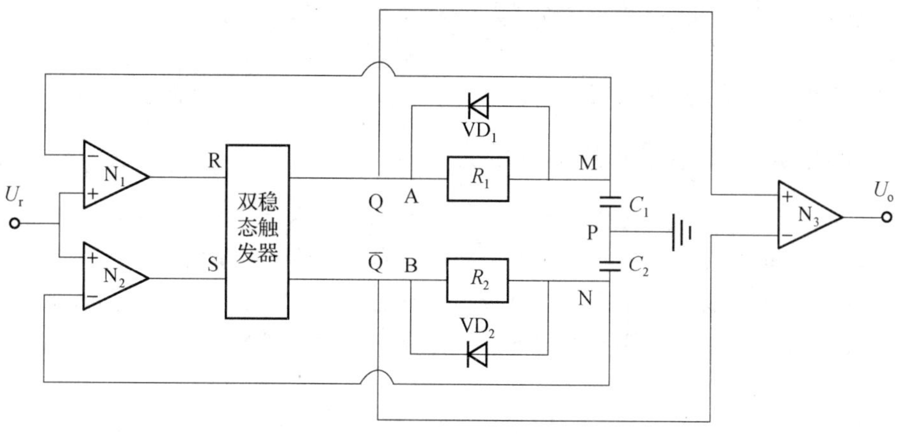

图 2-43　差动脉冲宽度调制电路

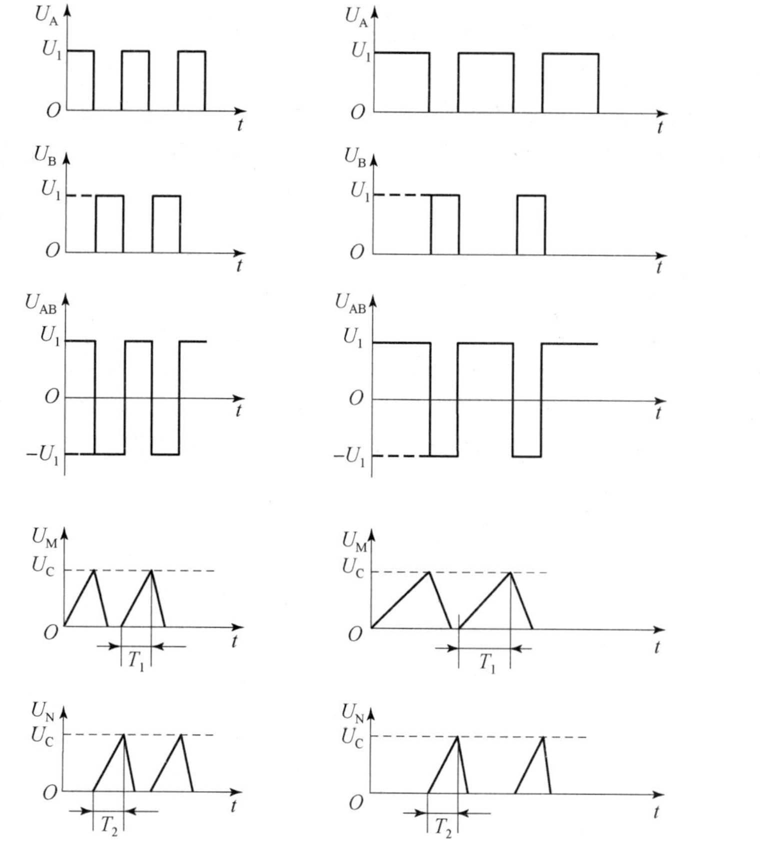

图 2-44　电压波形图

$$U_o = \frac{T_1}{T_1 + T_2}U_r - \frac{T_2}{T_1 + T_2}U_r = \frac{T_1 - T_2}{T_1 + T_2}U_r \tag{2-47}$$

当电阻 $R_1 = R_2 = R$ 时，则有

$$U_o = \frac{C_1 - C_2}{C_1 + C_2} U_r \tag{2-48}$$

可见，输出电压与电容变化成线性关系。

2.3.3 消除电容式传感器寄生电容的方法

所谓寄生电容，是指除极板外导致并接于电容式传感器上的其他附加电容，如仪器之间构成的电容、引线的分布电容等。它不仅改变了电容式传感器的电容量，而且由于传感器自身电容量很小，寄生电容极不稳定，从而导致传感器不能正常工作。因此，消除和减小寄生电容的影响是电容式传感器实用性的关键。下面介绍几种常用的方法。

1. 增加初始电容值

采用增加初始电容值的方法可以使寄生电容相对电容式传感器的电容量减小。也可采用减小极片或极筒间的间距，如平板式间距可减小为 0.2 mm，圆筒式间距可减小为 0.15 mm，增加工作面积或工作长度来增加原始电容值，但这种方法要受到加工和装配工艺、精度、示值范围、击穿电压等限制，一般电容变化值在 $10^{-3} \sim 10^3$ pF。

2. 集成法

将传感器与电子线路的前置级装在一个壳体内，省去传感器至前置级的电缆，这样寄生电容大为减小而且固定不变，使仪器工作稳定。但这种做法因电子元器件的存在而不能在高温或环境恶劣的地方使用。也可利用集成工艺，把传感器和调理电路集成于同一芯片，构成集成电容式传感器。

3. 采用“驱动电缆”技术

如图 2－45 所示，在电容式传感器和放大器之间采用双层屏蔽电缆，并接入增益为 1 的驱动放大器，这种接法使内屏蔽与芯线等电位，消除了芯线对内屏蔽的容性漏电，克服了寄生电容的影响，而内外层之间的电容变成了驱动放大器的负载，因此驱动放大器是一个输入阻抗很高，具有容性负载，放大倍数为 1 的同相放大器。该方法的难点在于，要在很宽的频带上实现放大倍数等于 1，且输入输出的相移为零。

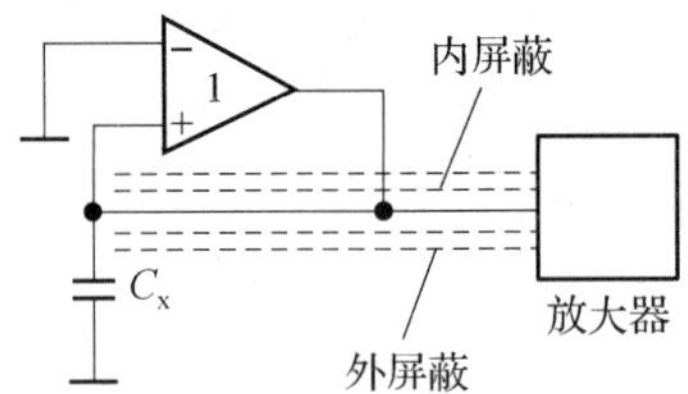

图 2－45　驱动电缆消除寄生电容原理示意图

【拓展阅读】

融合转化，灵活运用

根据采集信号的不同，传感器的处理电路不同，电路原理的设计也有所不同，但对于信号的处理，有相同和类似之处，也有融合之处，学会不同电路的转化，能够进行灵活运用。所谓“转换法”，主要是指在保证效果相同的前提下，将不可见、不易见的现象转换成可见、易见的现象；将陌生、复杂的问题转换成熟悉、简单的问题；将难以测量或不易测准的

物理量转换为能够测量或测准的物理量的方法。电容式传感器测量位移量是将距离转化为位移量实现测量的。

2.3.4　电容式传感器的应用

电容式传感器不但应用于位移、振动、角度、加速度及荷重等机械量的精密测量，还广泛应用于压力、差压力、液位、料位、湿度、成分含量等参数的测量。

1. 电容式加速度传感器

电容式
传感器的应用

一般采用惯性式传感器测量绝对加速度。在这类传感器中，可应用电容式传感器进行加速度测量。一种差动式电容加速度传感器的原理结构如图 2－46 所示中。这里有两个固定极板，极板中间有一用弹簧支撑的质量块，此质量块的两个端面经过磨平抛光后作为动极板。当传感器测量垂直方向上的直线加速度时，质量块在绝对空间中相对静止，而两个固定电极将相对质量块产生位移，此位移大小正比于被测加速度，使 C_1、C_2 中一个增大，一个减小。

使用电容式加速度传感器可以在汽车发生碰撞时，经控制系统使气囊迅速充气。电容式加速度传感器安装在轿车上，可以作为碰撞传感器。当测得的加速度值超过设定值时，微处理器据此判断发生了碰撞，于是就启动轿车前部的折叠式安全气囊迅速充气而膨胀，托住驾驶员及前排乘员的胸部和头部。

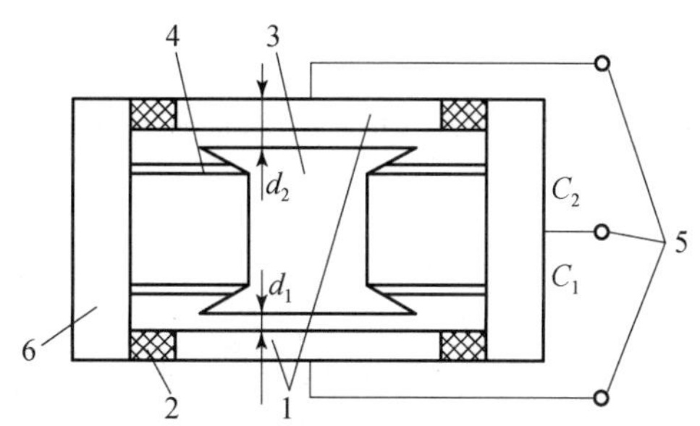

图 2－46　差动式电容加速度传感器

1—固定电极；2—绝缘垫；3—质量块；4—弹簧；5—输出端；6—壳体

2. 电容式厚度传感器

电容带材厚度检测是用来测量金属带材在轧制过程中的厚度的。它的变化器就是电容式厚度传感器，其工作原理如图 2－47 所示。在被测带材的上下两边各放置一块面积相等，与带材距离相同的极板，这种极板与带材就形成两个电容器（带材也作为一个极板）。把两块极板用导线连接起来，就成为一个极板，而带材是电容器的另一极板，其总电容 $C = C_1 + C_2$。

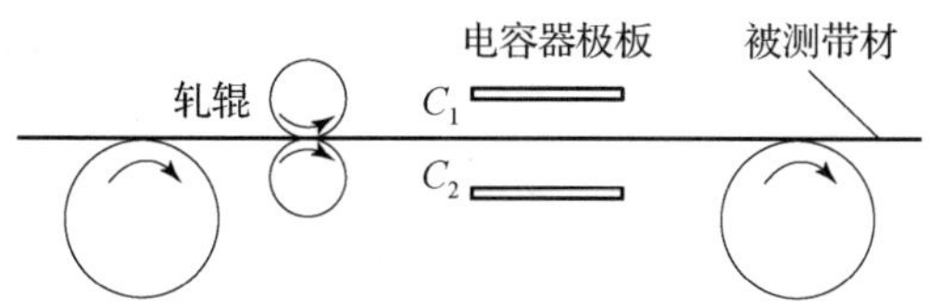

图 2－47　电容式厚度传感器工作原理

金属带材在轧制过程中不断向前送进，如果带材厚度发生变化，将引起它与上、下两个极板间距变化，即引起电容量的变化，如果总电容量 C 作为交流电桥的一个臂，电容的变化量 ΔC 引起电桥不平衡输出，经过放大、检波、滤波，最后在仪表上显示出带材的厚度。这种测厚仪的优点是带材的振动不影响测量精度。

3. 电容式荷重传感器

电容式荷重传感器如图 2－48 所示，是采用一块特种钢（要求韧性好，弹性极限高），在同一高度上并排平行打圆孔，在孔的内壁以特殊的黏结剂固定两个截面为 T 形的绝缘体，保持其平行并留有一定间隙，在相对面上粘贴铜箔，从而形成一排平板电容。当圆孔受荷重变形时，电容值将改变，在电路上各电容并联，因此总电容增量将正比于被测平均荷重 F。这种传感器误差较小，接触面影响小，测量电路可安装在孔中。

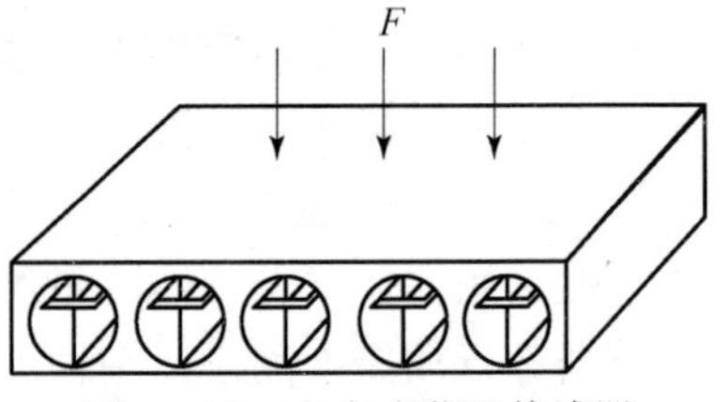

图 2－48　电容式荷重传感器

4. 电容式压力传感器

如图 2－49 所示为差动电容式压力传感器的结构，图中所示为一个膜片动电极和两个在凹形玻璃上电镀成的固定电极组成的差动电容器。

当被测压力或压力差作用于膜片并使之产生位移时，形成的两个电容器的电容量，一个增大，一个减小。该电容值的变化经测量电路转换成与压力或压力差相对应的电流或电压的变化。

5. 电容式料位传感器

电容式料位传感器测定电极安装在罐的顶部，这样在罐壁和测定电极之间就形成一个电容器。其结构示意图如图 2－50 所示。

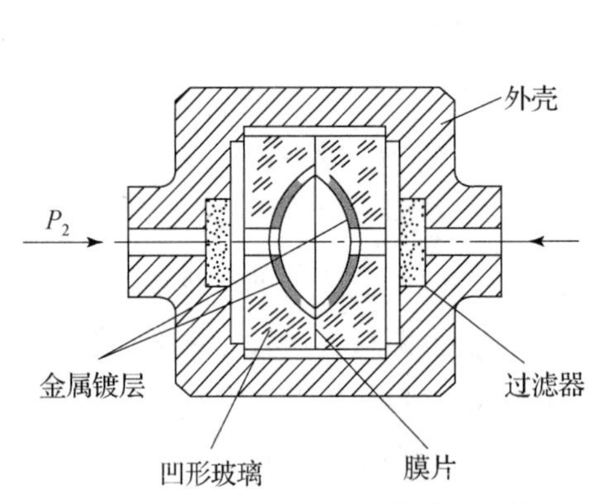

图 2－49　差动电容式压力传感器的结构

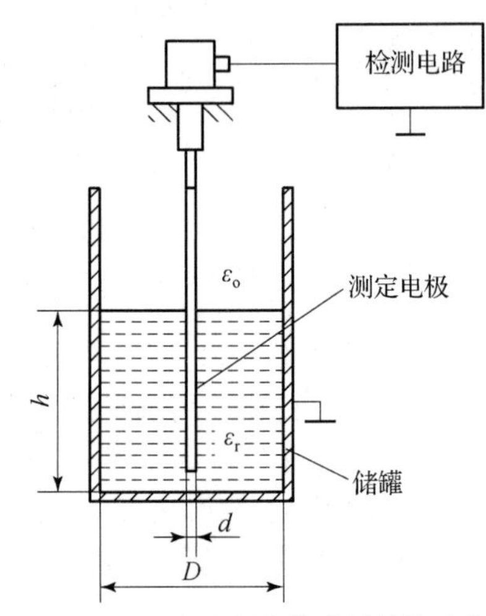

图 2－50　电容式料位传感器结构示意图

传感器的静态电容可表示为

$$c=\frac{k(\varepsilon_s-\varepsilon_0)h}{\ln\frac{D}{d}} \tag{2-49}$$

式中，k 为比例常数；ε_s 为被测物料的相对介电常数；ε_0 为空气的相对介电常数。

当罐内放入被测物料时，由于被测物料介电常数的影响，传感器的电容量将发生变化，电容量变化的大小与被测物料在罐内的高度有关，且成比例变化。检测出这种电容量的变化就可测定物料在罐内的高度。

6. 电容式传感器设计时注意事项

电容式传感器具有高灵敏度、高精度等优点，这与其正确设计、选材以及精细的加工工艺是分不开的。在设计传感器的过程中，在所要求的量程、温度和压力等范围内，应尽量使它具有低成本、高精度、高分辨率、稳定可靠和高的频率响应等。对于电容式传感器，设计时可以从下面几个方面予以考虑：

（1）减小环境温湿度等变化所产生的影响，保证绝缘材料的绝缘性能

电容式传感器的金属电极材料以选用温度系数低的铁镍合金为好，但较难加工。也可采用在陶瓷或石英上喷镀金或银的工艺，这样电极可以做得极薄，对减小边缘效应极为有利。

传感器内电极表面不便经常清洗，应加以密封，用以防尘、防潮。若在电极表面镀以极薄的惰性金属（如铑等）层，则可代替密封件起保护作用，可防尘、防湿、防腐蚀，并在高温下可减少表面损耗，降低温度系数，但成本较高。

在可能的情况下，传感器内尽量采用差动对称结构，再通过某些类型的测量电路（如电桥）来减小温度等误差。可以用数学关系式来表达温度等变化所产生的误差，作为设计依据，但比较烦琐。尽量选用高的电源频率，一般为 50 kHz 至几 MHz，以降低对传感器绝缘部分的绝缘要求。

传感器内所有的零件应先进行清洗、烘干后再装配。传感器要密封以防止水分侵入内部而引起电容值变化和绝缘性能下降。传感器的壳体刚性要好，以免安装时变形。

（2）减小和消除寄生电容的影响

寄生电容与传感器电容并联影响传感器的灵敏度，而它的变化则为虚假信号，影响传感器的精度。为减小和消除它，可采用如下方法：

①增加传感器原始电容值。采用减小极片或极筒间的间距（平板式间距为 0.2 ~ 0.5 mm，圆筒式间距为 0.15 mm），增加工作面积或工作长度来增加原始电容值，但受加工及装配工艺、精度、示值范围、击穿电压、结构等限制，一般电容值变化在 $10^{-3} \sim 10^{3}$ pF 范围内。

②注意传感器的接地和屏蔽。如图 2－51 所示为采用接地屏蔽的圆筒形电容式传感器。图中可动极筒与连杆固定在一起随被测量移动，并与传感器的屏蔽壳（良导体）同为地。因此当可动极筒移动时，它与屏蔽壳之间的电容值将保持不变，从而消除了由此产生的虚假信号。

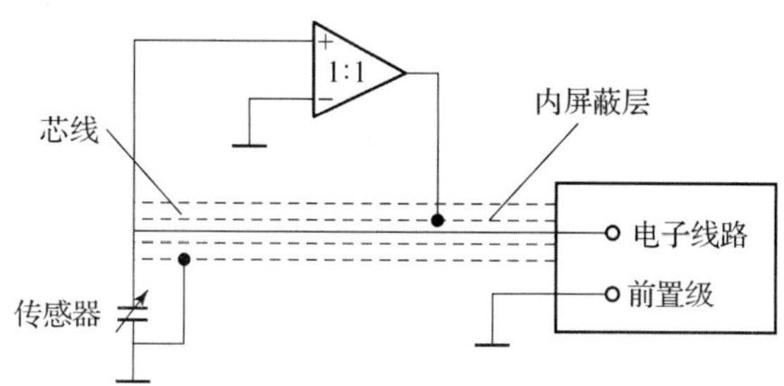

图 2－51　采用接地屏蔽的圆筒形电容式传感器

引线电缆也必须屏蔽在传感器屏蔽壳内。为减小电缆电容的影响，应尽可能使用短的电缆线，缩短传感器至后续电路前置级的距离。

③集成化。将传感器与测量电路本身或其前置级装在一个壳体内，这样寄生电容大为减小，变化也小，使传感器工作稳定。

④采用“驱动电缆”技术。当电容式传感器的电容值很小，而因某些原因（如环境温度较高），测量电路只能与传感器分开时，可采用“驱动电缆”技术，如图 2－45 所示。传感器与测量电路前置级间的引线为双屏蔽层电缆，其内屏蔽层与信号传输线（即电缆芯线）通过 1∶1 放大器而为等电位，从而消除了芯线与内屏蔽层之间的电容。由于屏蔽线上有随传感器输出信号变化而变化的电压，因此称为“驱动电缆”。采用这种技术可使电缆线长达 10 m 之远也不影响传感器的性能。外屏蔽层接大地（或接传感器地），用来防止外界电场的干扰。内外屏蔽层之间的电容是 1∶1 放大器的负载。1∶1 放大器是一个输入阻抗要求很高、具有容性负载、放大倍数为 1（准确度要求达 1/1 000）的同相（要求相移为零）放大器。因此“驱动电缆”技术对 1∶1 放大器要求很高，电路复杂，但能保证电容式传感器的电容值小于 1 pF 时，也能正常工作。

【交流思考】

对比变面积式电容传感器、变极距式电容传感器、变介电常数式电容传感器，它们在对同一个被测量进行测量时，区别是什么？哪些需要补偿？

【任务实施】

1. 电子血压计设计框图

电子血压计主要由电容式压力传感器、四运放 LM324、滤波器、气泵、单片机 ATmega16 和 LED 显示器构成的。这个设计的核心部分是专用电容式压力传感器和信号处理芯片 ATmega16。前者将袖带内的压力信号转换成电压信号，后者控制整个电路的工作，利用 ATmega16 中的 A/D 转换器对采样信号进行处理，把最终的结果通过 LED 显示出来。电子血压计系统设计框图如图 2－52 所示。

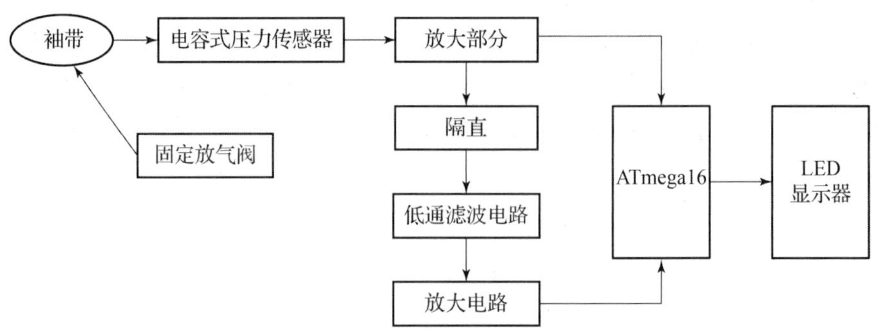

图 2－52　电子血压计系统设计框图

2. 血压计的测量原理

临床上血压测量技术一般分为直接法和间接法。前者的优点是测量值准确，并能连续监

测，但它必须将导管置入血管内，是一种有创测量方法；后者是利用脉管内压力与血液阻断开通时刻所表现的血流变化间的关系，从体表测出相应的压力值。间接测量又分为听诊法和示波法。

我们的血压计采用示波法，示波法的测量原理与柯氏法类似，采用充气袖套来阻断上臂动脉血流。由于心搏的血液动力作用，在气袖压力上将重叠与心搏同步的压力波动，即脉搏波。当袖套压力远高于收缩压时，脉搏波消失。随着袖套压力下降，脉搏开始出现。当袖套压力从高于收缩压降到低于收缩压时，脉搏波会突然增大。到平均压时振幅达到最大值。然后又随袖套压力下降而衰减，当小于舒张压后，动脉管壁的舒张期已充分扩张，管壁刚性增强，而波幅维持比较小的水平。示波法血压测量就是根据脉搏波振幅与气袖压力之间的关系来估计血压的。与脉搏波最大值对应的是平均压，收缩压和舒张压分别根据脉搏波最大振幅的比例来确定。提取的收缩压和舒张压的脉搏波信号如图 2－53 所示。

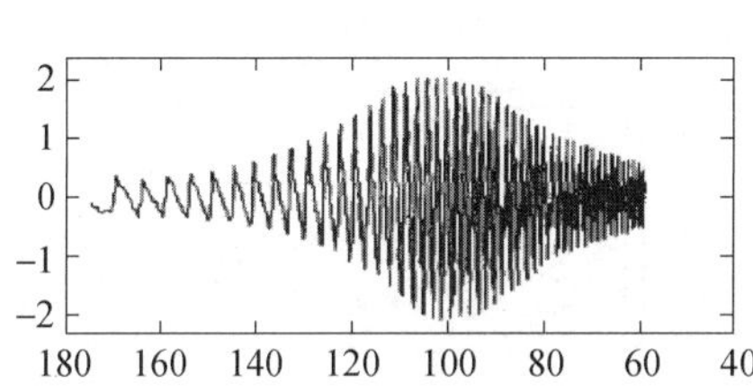

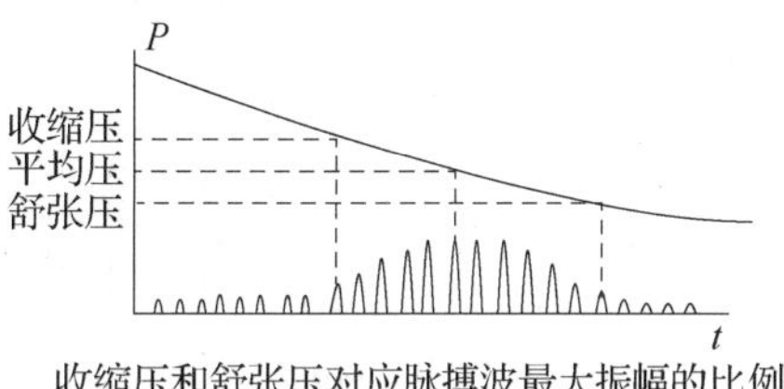

收缩压和舒张压对应脉搏波最大振幅的比例

图 2－53　提取的收缩压和舒张压的脉搏波信号

3. 制作与调试注意事项

①电路制作时需注意运放焊接后芯片的放置方向。

②通电前，先检查本箱的电气性能，并注意是否有短路或漏电现象。

③通电后根据原理依次检测 LED 上的显示。

电容式测位移实验

【技能训练工单】

姓名		班级		组号	
名称	任务 2.3　电容式传感器位移实验				
任务提出	利用电容式传感器测量位移				
问题导入	1）变极距式电容传感器如何改变非线性？ 2）变面积式电容传感器的特点是什么？ 3）电容式传感器可以测量哪些量？				
技能要求	1）了解电容式传感器的结构及其特点； 2）掌握电容式传感器的工作原理； 3）掌握电容式传感器位移特性及其测量方法。				

续表

<table>
<tr><td>姓名</td><td></td><td>班级</td><td></td><td>组号</td><td></td></tr>
<tr><td>名称</td><td colspan="5">任务 2.3　电容式传感器位移实验</td></tr>
<tr><td>电容式传感器使用要求</td><td colspan="5">电容式传感器是以各种类型的电容器为传感元件，将被测物理量转换成电容量的变化来实现测量的。电容式传感器的输出是电容的变化量。电容 $C=\varepsilon A/d$，通过相应的结构和测量电路，在 ε、A、d 三个参数中，保持两个不变，只改变另外一个参数，则可以制作成测谷物干燥度（ε 变）、测位移（d 变）和测量液位（A 变）等多种电容式传感器。电容式传感器极板形状分成平板、圆板和圆柱（圆筒）形，球面形和锯齿形等其他的形状一般很少采用。本实验采用圆柱形变面积差动结构的电容式位移传感器，差动式一般优于单组（单边）式的传感器，它灵敏度高、线性范围宽、稳定性高。实验电容式传感器结构如图 2-54 所示，它由两个圆筒和一个圆柱组成，其中 C_1、C_2 是差动连接，其电容量由式 $C_0=\frac{2\pi\varepsilon L}{\ln(R/r)}$ 计算得出。

图 2-54　实验电容式传感器结构</td></tr>
<tr><td>任务制作</td><td colspan="5">实验所需器件及附件：差动式变面积电容传感器、开关二极管 1N4148 等。
实验步骤：
1）搭建如图 2-55 所示实验电路。

图 2-55　电容式传感器位移实验接线图</td></tr>
</table>

续表

<table>
<tr><td>姓名</td><td></td><td>班级</td><td></td><td>组号</td><td></td></tr>
<tr><td>名称</td><td colspan="5">任务 2.3　电容式传感器位移实验</td></tr>
<tr><td>任务制作</td><td colspan="5">2）设置输入信号源 U_i 为时钟电压源，设置其频率为 200 kHz，其余参数采用默认值，采用直流电压表测量输出信号 U_o 端的输出电压值；
3）运行实验，调节 R_W 到大概中间位置，改变电容式传感器动极板的位置（备注：实验中可通过调节差动式变面积电容传感器的圆柱位置来模拟动极板位置的改变），每隔 0.2 mm 记下位移 X 与输出电压值，填入表 2－2。
表 2－2　电容式传感器位移与输出电压值
<table>
<tr><td>X/mm</td><td>0</td><td>0.05</td><td>0.10</td><td>0.16</td><td>0.22</td><td>0.34</td><td>0.46</td><td>0.63</td><td>0.74</td></tr>
<tr><td>U_o/V</td><td></td><td></td><td></td><td></td><td></td><td></td><td></td><td></td><td></td></tr>
<tr><td>X/mm</td><td>1.05</td><td>1.22</td><td>1.62</td><td>2.20</td><td>2.78</td><td>3.93</td><td>5.09</td><td>6.25</td><td>7.99</td></tr>
<tr><td>U_o/V</td><td></td><td></td><td></td><td></td><td></td><td></td><td></td><td></td><td></td></tr>
</table>
4）根据表 2－2 的数据计算电容式传感器的系统灵敏度 K_g 和非线性误差 δ_f。</td></tr>
<tr><td>总结</td><td colspan="5">总结电容式传感器的灵敏度与非线性误差与哪些因素有关。</td></tr>
</table>

【考核评价】

项目	配分	考核要求	评分细则	得分	扣分
正确连接电路	20 分	能使用实训箱正确连接电路图	1）线路连接正确，但布线不整齐扣 5 分； 2）未能正确连接电路，每处扣 2 分		
输出电压测量	20 分	能准确设置参数并用直流电压表测量输出信号 U_o 端的输出电压值	1）参数设置不正确，扣 10 分； 2）读数不正确，扣 10 分		
输出电压测量	40 分	改变电容式传感器动极板的位置，能正确进行输出电压测量，并能正确计算灵敏度和非现象误差	1）改变电容式传感器动极板的位置，无电压数值变化，扣 30 分； 2）不能正确计算灵敏度和非现象误差，扣 10 分		

续表

项目	配分	考核要求	评分细则	得分	扣分
能正确记录实训数据	10分	能正确记录相关数据并对结果进行分析	1）不能进行相关数据的分析，扣10分； 2）不能正确记录相关数据，每次扣5分		
安全文明操作	10分	1）安全用电，无人为损坏仪器、元件和设备； 2）保持环境整洁，秩序井然，操作习惯良好； 3）小组成员协作和谐，态度正确； 4）不迟到、早退、旷课	1）违反操作规程，每次扣5分； 2）工作场地不整洁，扣5分		
总分					

【拓展知识】

电容式传声器

1. 电容式传声器的结构

电容式传声器是一种依靠电容量变化而起换能作用的传声器，也是目前运用最广、性能较好的传声器之一。

电容式传声器主要由极头、前置放大器、极化电源和电缆等部分组成，其原理结构如图2-56所示。

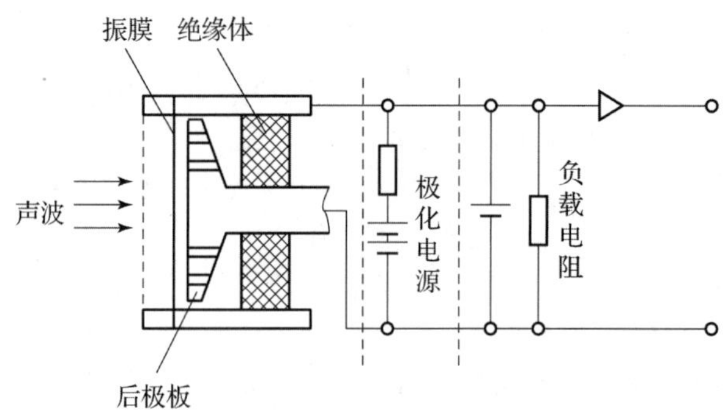

图2-56　电容式传声器的结构

电容式传声器的极头实际上是一只电容器，只不过是电容器的两个电极，其中一个固定，另一个可动而已，通常两电极相隔很近（一般只有几十微米）。可动电极实际上是一片极薄的振膜（25~30 μm）。固定电极是一片具有一定厚度的极板，板上开孔或槽，控制孔或槽的开口大小以及极板与振膜的间距，以改变共振时的阻尼而获得均匀的频率响应。

2. 电容式传声器的工作原理

电容式传声器的工作原理是：当振膜在声波作用下产生振动而引起电容量变化时，电路中的电流也随之相应变化。这时负载电阻上就有相应的电压输出，从而完成了声电转换。

极头串接到直流极化电源和负载电阻的电路中。由于电容量发生变化时，充电电荷来不及释放或继续充入，所以电压的变化与电容量的变化是成反比的。

由于电容式传声器的电容小（50～100 μF），负载电阻大（10～15 MΩ），所以其极头都需要连接一个阻抗变换用的前置放大器，将高阻抗转换为低阻抗。前置放大器早期多采用小型电子管阴极输出器，目前都已改用中频段具有极低内部噪声电压的场效应晶体管射随器，也有采用固体电路的。

极化电源有两组供电，一组供给预放大器，一组供给极头振膜的极化电压。极化电压一般为 150～200 V，采用外接电源时，一般为 28 V。极化电源部分，有时还附有低频指向特性换能器。

3. 电容式传声器的特点

电容式传声器具有一系列突出的特点，如灵敏度高（>0.8 mV/μbar①）、动态范围宽（12 dB）、频率响应宽而平直（从 10 Hz～20 kHz）以及优越的瞬态响应和稳定性、极低的机械振动灵敏度、音质良好等，但其制造工艺较复杂，成本也较高。所以广泛应用于电视、广播、电影及剧院中高保真录音的场合，或用于科研上精密声学测量的场合，甚至因其灵敏度极其稳定且可绝对校准，而将其精确标定电压，用作声学基准。

【任务习题云】

1. 电容式传感器的工作原理是什么？
2. 电容式传感器根据工作原理的不同分为哪几种？特点是什么？
3. 电容式传感器都可以进行哪些非电量的测量？
4. 电容式传感器的测量转换电路主要有哪些？

任务 2.4　振动报警电路的设计与制作

【任务描述】

发生火灾、汽车振动等都会发出振动报警信号提示。那我们应用的振动报警电路是如何发出警报的呢？能否利用压电振动传感器设计振动报警电路，要求当受到振动后该电路能发出可持续时间为 1 min 左右的报警声响？

【知识链接】

2.4.1　压电效应及压电材料

压电式传感器从词义理解是受压产生电信号的一类传感器。它属于一种物性型传感器，

① 1 bar = 10^5 Pa。

利用一种特殊材料的固态物理特性及效应实现非电量的转换。

压电式传感器是一种典型的有源器件，无须外界供电，自己能够产生电，也叫自发式传感器。它具有体积小、质量轻、工作频带宽等特点，用于各种动态力、机械冲击与振动的测量，并在声学、医学、力学、宇航等方面得到了非常广泛的应用。

压电式传感器的原理就是基于某些介质材料的压电效应制成的。

1. 压电效应

压电式传感器测量原理

某些电介质沿着一定方向对其施力而使它变形时，其内部就产生极化现象，同时在它的两个表面上便产生符号相反的电荷，当外力去掉后，其又重新恢复到不带电状态，这种现象称为压电效应。

当作用力方向改变时，电荷极性也随之改变。相反，在电介质的极化方向施加电场，这些电介质也会产生变形，这种现象称为逆压电效应（电致伸缩效应）。

（1）石英晶体的压电效应

石英晶体之所以具有压电效应，是与它的内部结构分不开的。组成石英晶体的硅离子 Si^{4+} 和氧离子 O^{2-} 在平面投影，如图 2－57（a）所示。为讨论方便，将这些硅、氧离子等效为图 2－57（b）中的六边形排列，图中“⊕”代表 Si^{4+}，“⊖”代表 $2O^{2-}$。

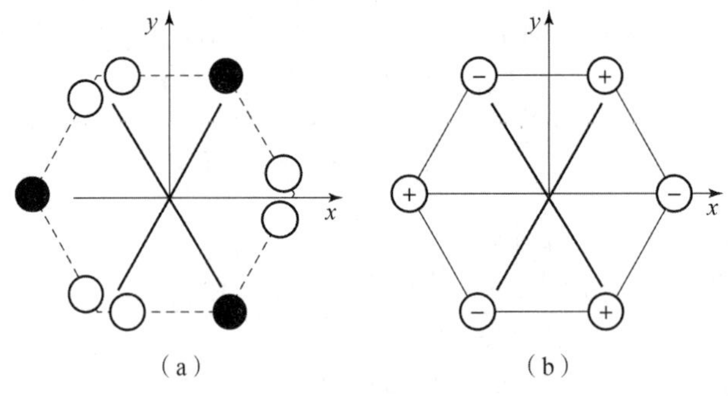

图 2－57　石英晶体的内部结构

石英晶体是一个正六面体，在晶体学中它可以用三根互相垂直的轴来表示。其中纵向轴 $z-z$ 称为光轴；经过正六面体棱线，并垂直于光轴的 $x-x$ 方向的力作用下产生电荷的压电效应称为“纵向压电效应”，而把沿机械轴 $y-y$ 方向的力作用下产生电荷的压电效应称为“横向压电效应”，沿光轴 $z-z$ 方向受力则不产生压电效应。如图 2－58 所示为石英晶体的外形。

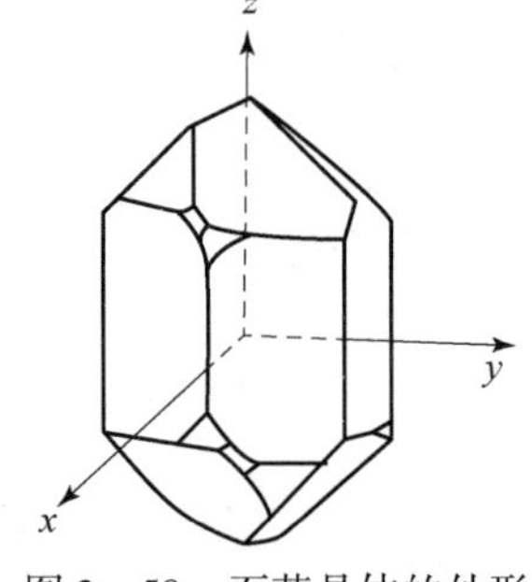

图 2－58　石英晶体的外形

①纵向压电效应。当沿电轴方向施力 F_x，在垂直于电轴的平面上产生电荷。在晶体的线性弹性范围内，电荷量与力成正比，可表示为

$$Q_{xx} = d_{xx}F_x \tag{2-50}$$

式中，Q_{xx} 为垂直于 x 轴平面上的电荷，d_{xx} 为压电系数，下标的意义为产生电荷的面的轴向及施加作用力的轴向；F_x 为沿晶轴 x 方向施加的压力。

因此，当晶片受到 x 方向的压力作用时，Q_{xx} 与作用力 F_x 成正比，

而与晶片的几何尺寸无关。

②横向压电效应。当沿 y 轴施力为 F_y 时，电荷仍出现在与 x 轴垂直的平面上，其横向压电效应产生的电荷为

$$Q_{xy}=d_{xy}\frac{a}{b}F_y \tag{2-51}$$

式中，Q_{xy} 为 y 轴向施加压力，在垂直于 x 轴平面上的电荷；d_{xy} 为压电系数，即 y 轴向施加压力，在垂直于 x 轴平面上产生电荷时的压电系数；F_y 为沿晶轴 y 方向施加的压力。

根据石英晶体的对称条件 $d_{xy}=d_{xx}$，有

$$Q_{xy}=-d_{xx}\frac{a}{b}F_y \tag{2-52}$$

因此可以看出，沿机械轴方向向晶片施加压力时，产生的电荷与几何尺寸有关，式中的负号表示沿 y 轴的压力产生的电荷与沿 x 轴施加压力所产生的电荷极性是相反的。

当石英晶片沿 x 轴受压力或拉力时，电荷产生的极性变化如图 2-59（a）、（b）所示，当石英晶体沿 y 轴作用于压力或拉力时，电荷产生的极性如图 2-59（c）、（d）所示。

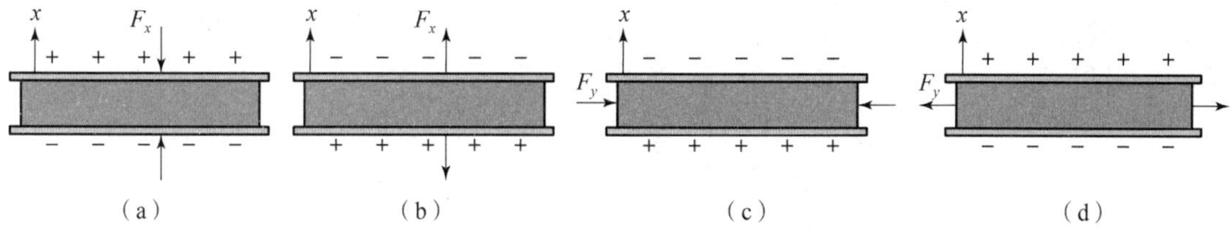

图 2-59　晶片受力方向与产生电荷极性图

2. 压电陶瓷的压电效应

压电陶瓷是一种经极化处理的人工多晶铁电体。材料内部的晶粒由许多自发极化的电畴组成，每个电畴具有一定的极化方向，从而存在电场。在无外电场作用时，电畴在晶体中杂乱分布，如图 2-60（a）所示，它们各自的极化效应被相互抵消，压电陶瓷内极化强度为零。因此原始的压电陶瓷呈中性，不具有压电性质。在外力电场的作用下，电畴的极化方向发生转动，趋向于按外力电场的方向排列，从而使材料得到极化，如图 2-60（b）所示。极化处理后陶瓷内部仍有很强的剩余极化强度，如图 2-60（c）所示。为了简单起见，图中把极化后的晶粒画成单畴（实际上极化后的晶粒往往不是单畴）。

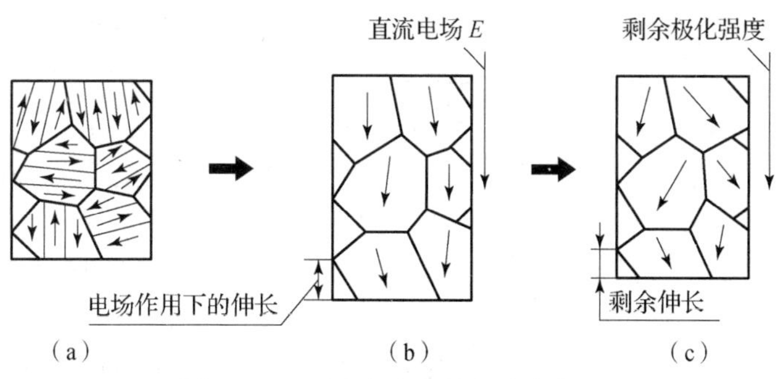

图 2-60　压电陶瓷中的电畴变化图

（a）极化处理前；（b）极化处理过程中；（c）极化处理后

因此对于压电陶瓷，通常取它的极化方向为 z 轴。当压电陶瓷在沿极化方向受力时，则在垂直于 z 轴的表面上将会出现电荷，如图 2-61 所示，其电荷量 Q 与作用力 F 成正比，即

$$Q = d_{zz}F \tag{2-53}$$

式中：d_{zz} 为纵向压电系数。

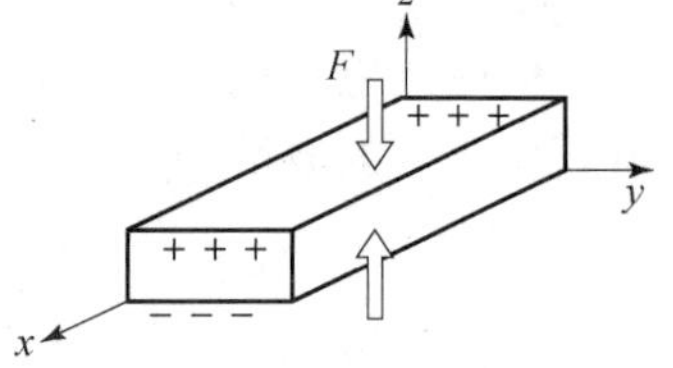

图 2-61　压电陶瓷的压电原理

3. 压电材料

在自然界中，大多数晶体具有压电效应，但十分微弱。随着对材料的深入研究，发现石英晶体、钛酸钡、锆钛酸铅等材料是性能优良的压电材料。因此，常见的压电材料主要有压电晶体、压电陶瓷和一些高分子材料。

选用合适的压电材料是设计高性能传感器的关键。一般应考虑以下几个方面：

①转换性能：具有较高的耦合系数或具有较大的压电常数。

②机械性能：压电元件作为受力元件，希望它的机械强度高，机械刚度大，以期获得宽的线性范围和高的固有振动频率。

③电性能：希望具有高的电阻率和大的介电常数，以期减弱外部分布电容的影响并获得良好的低频特性。

④温度和湿度稳定性要好：具有较高的居里点，以期得到宽的工作温度范围。

⑤时间稳定性：压电特性不随时间蜕变。

(1) 高分子压电材料（PVDF）

随着科技的发展，不断出现一些新型的压电材料。20 世纪 70 年代出现了半导体压电材料，如硫化锌（ZnS）、锑化铬（CdTe）等，因其既具有压电特性，又具有半导体特性，故其既可用于压电传感器，又可用于制作电子器件，从而研制成新型集成压电传感器测试系统；近年来研制成功的有机高分子化合物，因其质轻柔软、抗拉强度较高、蠕变小、耐冲击等特点可制成大面积压电元件。为提高其压电性能，还可以掺入压电陶瓷粉末，制成混合复合材料（PVF2-PZT）。

典型的高分子压电材料有聚偏二氟乙烯（PVF2 或 PVDF）、聚氟乙烯（PVF）、改性聚氯乙烯（PVC）等。它是一种柔软的压电材料，可根据需要制成薄膜或电缆套管等形状。它不易破碎，具有防水性，可以大量连续拉制，制成较大面积或较长的尺度，价格便宜，频率响应范围较宽。

PVDF 有很强的压电特性，同时还具有类似铁电晶体的迟滞特性和热释电特性，因此广泛应用于压力、加速度、温度、声和无损检测等。

PVDF 有很好的柔性和加工性能，可制成不同厚度和形状各异的大面积有挠性的膜，适于做大面积的传感阵列器件。这种元件耐冲击，不易破碎，稳定性好，频带宽。

(2) 压电材料的主要特性参数

①压电常数：压电常数是衡量材料压电效应强弱的参数，它直接关系到压电输出的灵敏度。

②弹性常数：压电材料的弹性常数、刚度决定着压电器件的固有频率和动态特性。

③介电常数：对于一定形状、尺寸的压电元件，其固有电容与介电常数有关，而固有电容又影响着压电传感器的频率下限。

④机械耦合系数：在压电效应中，其值等于转换输出能量（如电能）与输入的能量（如机械能）之比的平方根，它是衡量压电材料机电能量转换效率的一个重要参数。

⑤电阻：压电材料的绝缘电阻将减少电荷泄漏，从而改善压电传感器的低频特性。

⑥居里点：压电材料开始丧失压电特性的温度称为居里点。

常用压电材料性能如表 2－3 所示。

表 2－3　常用压电材料性能

性能＼压电材料	石英	钛酸钡	锆钛酸铅 PZT－4	锆钛酸铅 PZT－5	锆钛酸铅 PZT－8
压电系数/(pC・N^{-1})	$d_{11}=2.31$ $d_{14}=0.73$	$d_{15}=260$ $d_{31}=-78$ $d_{33}=190$	$d_{15}\approx410$ $d_{31}=-100$ $d_{33}=230$	$d_{15}\approx670$ $d_{31}=-185$ $d_{33}=600$	$d_{15}\approx330$ $d_{31}=-90$ $d_{33}=200$
相对介电常数 ε_r	4.5	1 200	1 050	2 100	1 000
居里点温度/℃	573	115	310	260	300
密度/(10^3 kg・m^{-3})	2.65	5.5	7.45	7.5	7.45
弹性模量/(10^3 N・m^{-2})	80	110	83.3	117	123
机械品质因数	$10^5\sim10^6$		≥500	80	≥800
最大安全应力/(10^3 N・m^{-2})	95～100	81	76	16	83
体积电阻率/（Ω・m）	$>10^{12}$	10^{10}（25 ℃）	$>10^{10}$	10^{11}（25 ℃）	
最高允许温度/℃	5S0	80	250	250	
最高允许湿度/%	100	100	100		

【交流思考】

如何判断压电材料是否具有压电效应呢？

2.4.2　压电式传感器的测量电路

压电式传感器测量电路

1. 压电元件的等效电路

当压电式传感器中的压电晶体承受被测机械应力的作用时，在它的两个极面上出现等值极性相反的电荷。可把压电式传感器看成一个两极板上聚集异性电荷，中间为绝缘体的电容器，当两极板聚集一定电荷时，两极板就呈现一定的电压。因此，压电元件可等效为一个电荷源 Q 和一个电容 C_a 的并联电路，如图 2－62（a）所示；也可等效为一个电压源 U_a 和一个电容 C_a 的串联电路，如图 2－62（b）所示。

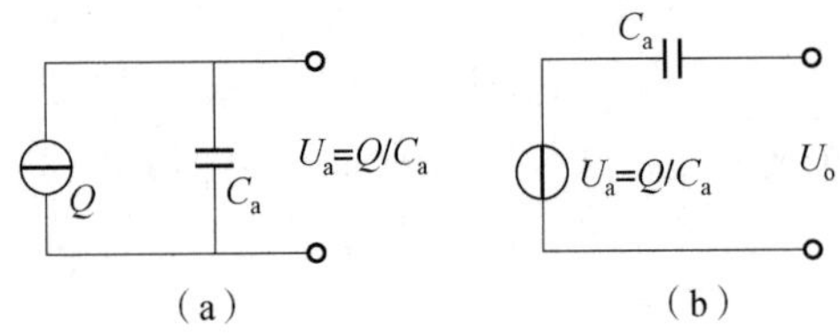

（a）　　（b）

图 2－62　压电传感器的等效电路

（a）电荷源和电容的并联电路；（b）电压源和电容的串联电路

传感器内部信号电荷无“漏损”，外电路负载无穷大时，压电式传感器受力后产生的电压或电荷才能长期保存，否则电路将以某时间常数按指数规律放电。这对于静态标定以及低频准静态测量极为不利，必然带来误差。事实上，传感器内部不可能没有泄漏，外电路负载也不可能无穷大，只有外力以较高的频率不断作用，传感器的电荷才能得以补充，因此，压电晶体不适合于静态测量。

如果用导线将压电传感器和测量仪器连接时，则应考虑连线的等效电容，还必须考虑电缆电容 C_c，放大器的输入电阻 R_i 和输入电容 C_i 以及传感器的泄漏电阻 R_a。其等效电荷源如图 2－63（a）所示，等效电压源如图 2－63（b）所示。

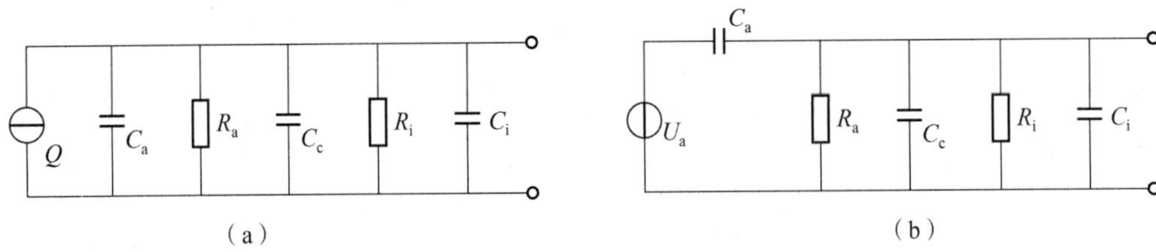

（a）　　（b）

图 2－63　等效电路

（a）等效电荷源；（b）等效电压源

2. 压电式传感器的测量电路

压电式传感器本身的内阻抗很高，而输出能量较小，因此它的测量电路通常需要接入一个高输入阻抗的前置放大器，其作用为：一是把它的高输出阻抗变换为低输出阻抗；二是放大传感器输出的微弱信号。压电式传感器的输出可以是电压信号，也可以是电荷信号，因此前置放大器也有两种形式：电压放大器和电荷放大器。

（1）电压放大器

电压放大器的作用是将压电式传感器的高输出阻抗经放大器变换为低输出阻抗，并将微弱的电压信号进行适当放大。因此，也把这种测量电路称为阻抗变换器，如图 2－64 所示。

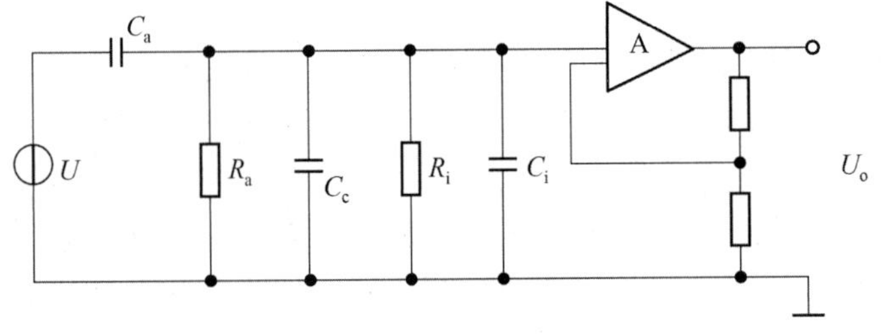

图 2－64　电压放大器

串联输出型压电元件可以等效为电压源，但由于压电效应引起的电容量很小，因而其电压源等效内阻很大，在接成电压输出型测量电路时，要求前置放大器不仅有足够的放大倍数，而且应具有很高的输入阻抗。

（2）电荷放大器

电荷放大器是另一种专用的前置放大器，是一个具有深度负反馈的高增益放大器，其等效电路如图2－65（a）所示。由于放大器的输入阻抗极高，放大器输入端几乎没有电流，故可略去R_a、R_i并联电阻的影响，等效电路如图2－65（b）所示。

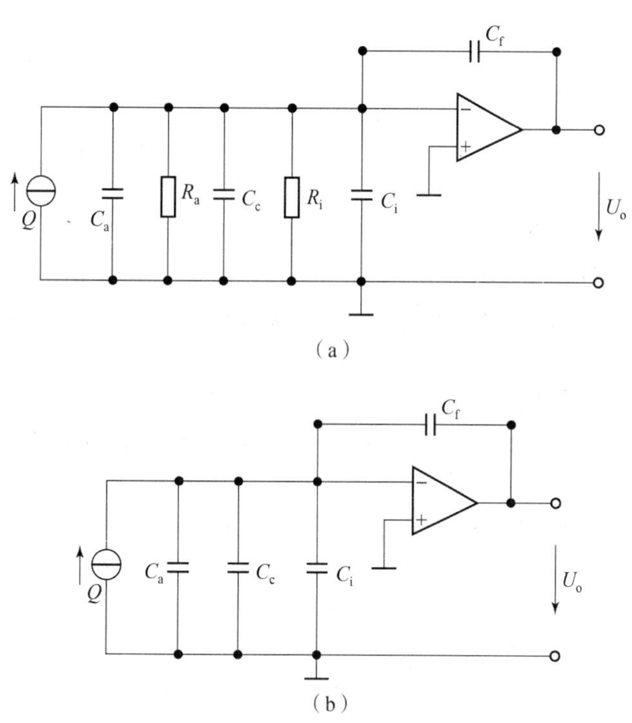

图2－65　电荷放大器电路图

在实际应用中由于电压放大器使所配接的压电式传感器的电压灵敏度随电缆分布电容及传感器自身电容的变化而变化，而且电缆的更换引起重新标定的麻烦，因此对于电荷放大器它既便于远距离测量，又是目前已被公认的一种较好的冲击测量放大器。

在实际应用中，单片压电元件产生的电荷量甚微，为了提高压电式传感器的输出灵敏度，在实际应用中常采用两片（或两片以上）同型号的压电元件粘接在一起。

从作用力来看，元件是串接的，因而每片受到的作用力相同，产生的变形和电荷数量大小都与单片时相同。因此，压电片常见的连接方式主要有并联和串联连接两种。连接方式如图2－66（a）所示，从电路上看，这是并联接法，类似两个电容的并联。所以，外力作用下正负电极上的电荷量$q'=2q$增加了1倍，$c'=2c$电容量也增加了1倍，输出电压与单片时相同，即$U'=U$。而图2－66（b）从电路上看是串联的，两压电片中间粘接处正负电荷中和，上、下极板的电荷量$q'=q$与单片时相同，总电容量$c'=c/2$为单片的一半，输出电压$U'=2U$增大了1倍。

比较两种接法，并联接法输出电荷大，时间常数大，宜用于测量缓变信号，并且适用于以电荷作为输出量的场合。而串联接法，输出电压大，本身电容小，适用于以电压作为输出信号，且测量电路输入阻抗很高的场合。

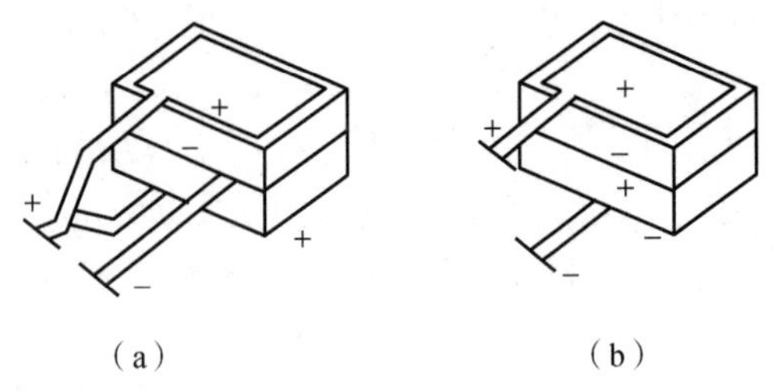

图 2－66　压电片的连接方式

(a) 并联连接；(b) 串联连接

2.4.3　压电式传感器的应用

压电式传感器可以广泛应用于力及可以转换为力的物理量的测量，如可以制成测力传感器、加速度传感器、金属切削力测量传感器等，也可制成玻璃破碎报警器，广泛用于文物保管、贵重商品保管等场合。

1. 压电式单向测力传感器

单向测力传感器主要由石英晶片、绝缘套、电极、上盖及基座等组成，如图 2－67 所示。传感器上盖为传力元件，它的外缘壁厚为 0.1～0.5 mm，当外力作用时，它将产生弹性变形，将力传递到石英晶片上。石英晶片采用 xy 切型，利用其纵向压电效应，通过 d_{11} 实现力－电转换。石英晶片的尺寸为 $\phi 8 \times 1$ mm。该传感器的测力范围为 0～50 N，最小分辨力为 0.01 N，固有频率为 50～60 kHz，整个传感器重 10 g。

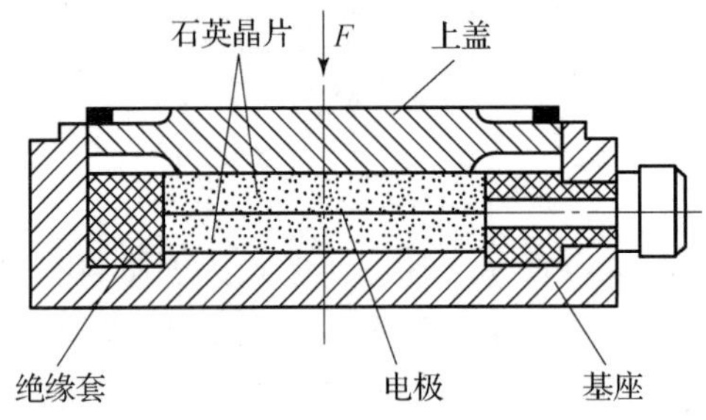

图 2－67　压电式传感器单向测力传感器结构

2. 压电式加速度传感器

压电式加速度传感器结构如图 2－68 所示。它主要由弹簧、壳体、质量块、压电片、基座等组成。当加速度传感器和被测物一起受到冲击振动时，压电元件受质量块惯性力的作用，根据牛顿第二定律，此惯性力是加速度的函数，即

$$F = ma \tag{2-54}$$

测量时，将基座与试件刚性固定在一起，使传感器感受与试件相同频率的振动，质量块就有一正比于加速度的交变力作用在压电片上，由于压电效应，在压电片的两个表面就有电荷产生，经转换电路处理，则可以测得加速度大小。

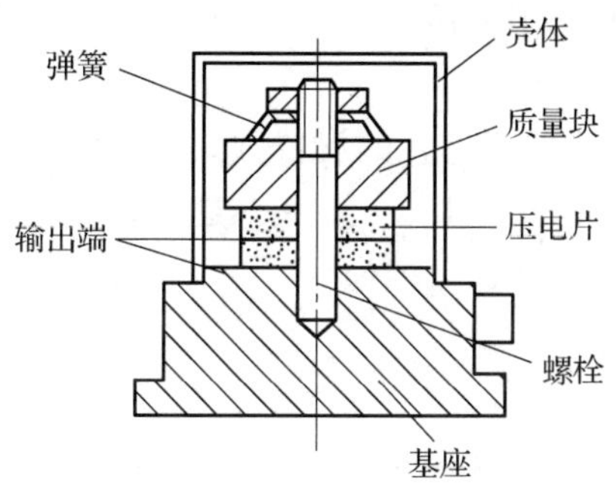

图 2-68　压电式加速度传感器结构

【交流思考】

智能手机微信中微信运动的走步计数测量是如何实现的？你了解压电式传感器在汽车中的应用吗？

【任务实施】

1. 电路组成

电路主要由压电陶瓷片 X_1 传感器和陶瓷蜂鸣器 X_2 及少数的电阻、电容等电子元件构成。其中 IC_1 是一个内含两只 555 时基电路和双时基电路。

2. 电路的设计

电路的设计原理如图 2-69 所示。

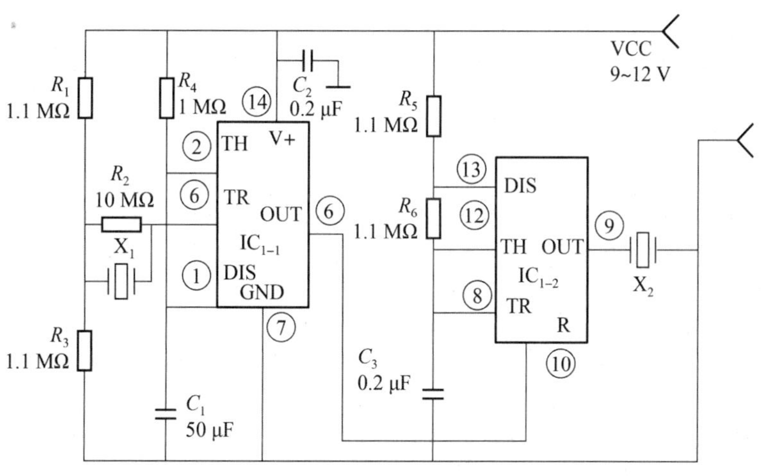

图 2-69　振动报警器电路的设计原理

3. 电路原理分析

当压电陶瓷片 X_1 传感器受到外界的振动而产生形变或当受力时，就会在 IC_{1-1} 的六脚外接的 10 MΩ 的电阻上产生电压信号，并触发时基电路，使压电片 X_2（陶瓷蜂鸣器）发出报警声。

IC_{1-2}集成电路与外围元器件共同构成的是一个多谐振荡器，产生约 5 Hz 的低频调制信号，该信号驱动 X_2 发出经调制的报警声。

4. 制作与调试注意事项

压电式传感器振动实验

①电路制作时需注意运放焊接后芯片的放置方向。

②通电前，先检查实训箱的电气性能，并注意是否有短路或漏电现象。

③通电后根据原理依次检测 LED 上的显示。

【技能训练工单】

<table>
<tr><td>姓名</td><td></td><td>班级</td><td></td><td>组号</td><td></td></tr>
<tr><td>名称</td><td colspan="5">任务 2.4　压电式传感器测振动实验</td></tr>
<tr><td>任务提出</td><td colspan="5">利用压电式传感器进行振动的测量</td></tr>
<tr><td>问题导入</td><td colspan="5">1）压电式传感器是一种典型的________器件。
2）何为压电效应？
3）常见的压电材料有________、________、________。
4）压电式传感器的测量电路有________、________。
5）压电式传感器只能适用于________力的测量。
6）简述压电式传感器的测量原理。</td></tr>
<tr><td>技能要求</td><td colspan="5">1）了解压电式传感器的结构特点；
2）熟悉压电式传感器的工作原理；
3）掌握压电式传感器进行振动测量的方法。</td></tr>
<tr><td>压电式传感器测量原理</td><td colspan="5">压电式传感器是一种典型的发电式传感器，其传感元件是压电材料，它以压电材料的压电效应为转换机理实现力到电量的转换。压电式传感器可以对各种动态力、机械冲击和振动进行测量，在声学、医学、力学、导航等方面都得到广泛的应用。
1. 压电效应
具有压电效应的材料称为压电材料，常见的压电材料有两类压电单晶体，如石英、酒石酸钾钠等；人工多晶体压电陶瓷，如钛酸钡、锆钛酸铅等。
压电材料受到外力作用时，在发生变形的同时内部产生极化现象，它表面会产生符号相反的电荷。当外力去掉时，又重新恢复到原不带电状态，当作用力的方向改变后电荷的极性也随之改变，这种现象称为压电效应。
2. 压电式加速度传感器
如图 2－70 所示为压电式加速度传感器的结构。图中，M 是惯性质量块，K 是压电晶片。压电式加速度传感器实质上是一个惯性力传感器。在压电晶片 K 上，放有惯性质量块 M。当壳体随被测振动体一起振动时，作用在压电晶体上的力 $F=ma$。当质量 m 一定时，压电晶体上产生的电荷与加速度 a 成正比。</td></tr>
</table>

续表

姓名		班级		组号	
名称	任务 2.4　压电式传感器测振动实验				
压电式传感器测量原理	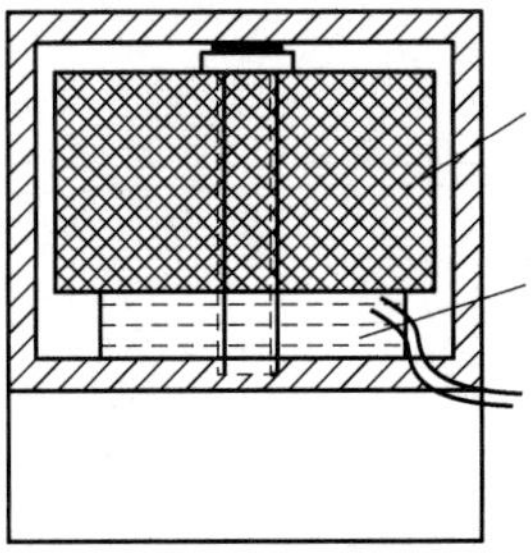 图 2-70　压电式加速度传感器的结构 3. 压电式加速度传感器实验原理 压电式加速度传感器实验原理框图和电荷放大器原理如图 2-71（a）、（b）所示。 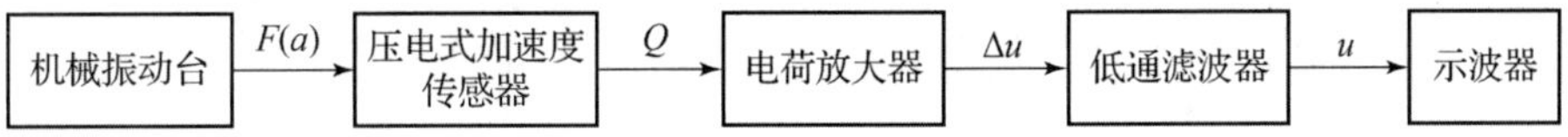 （a） 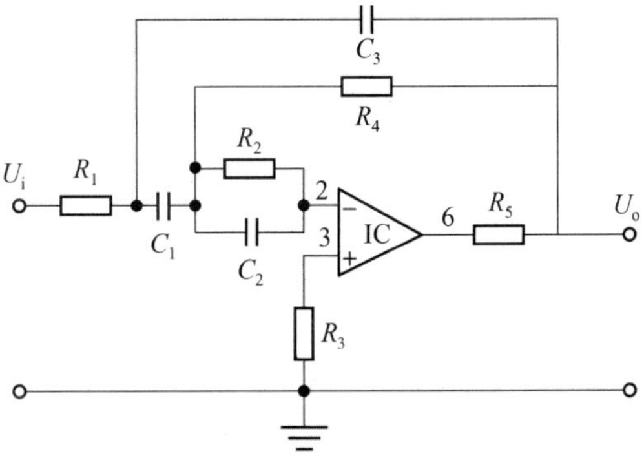 （b） 图 2-71　压电式加速度传感器 （a）压电式加速度传感器实验原理框图；（b）电荷放大器原理				
任务制作	实验所需器件及附件：±15 V 直流稳压电源、低频振荡器；压电式传感器、压电式传感器实验模板、移相器/相敏检波器/滤波器模板；振动源、双踪示波器等。 实验步骤： 1）按图 2-72 所示将压电式传感器安装在振动台面上（与振动台面中心的磁钢吸合），振动源的低频输入接主机箱中的低频振荡器，其他连线按图示意接线。				

续表

<table>
<tr><td>姓名</td><td></td><td>班级</td><td></td><td>组号</td><td></td></tr>
<tr><td>名称</td><td colspan="5">任务 2.4　压电式传感器测振动实验</td></tr>
<tr><td>任务制作</td><td colspan="5">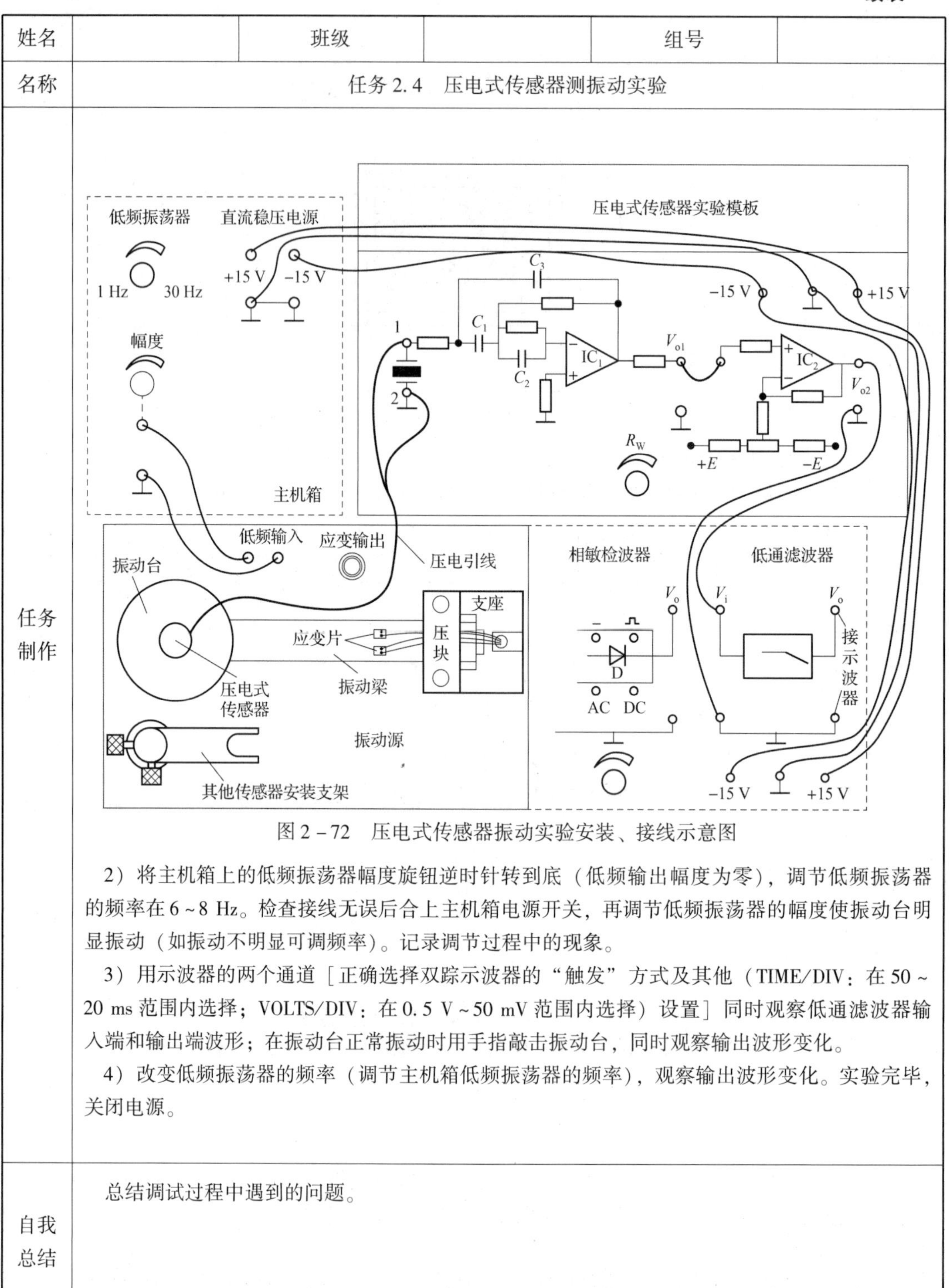
图 2－72　压电式传感器振动实验安装、接线示意图

2）将主机箱上的低频振荡器幅度旋钮逆时针转到底（低频输出幅度为零），调节低频振荡器的频率在 6～8 Hz。检查接线无误后合上主机箱电源开关，再调节低频振荡器的幅度使振动台明显振动（如振动不明显可调频率）。记录调节过程中的现象。
3）用示波器的两个通道［正确选择双踪示波器的“触发”方式及其他（TIME/DIV：在 50～20 ms 范围内选择；VOLTS/DIV：在 0.5 V～50 mV 范围内选择）设置］同时观察低通滤波器输入端和输出端波形；在振动台正常振动时用手指敲击振动台，同时观察输出波形变化。
4）改变低频振荡器的频率（调节主机箱低频振荡器的频率），观察输出波形变化。实验完毕，关闭电源。</td></tr>
<tr><td>自我总结</td><td colspan="5">总结调试过程中遇到的问题。</td></tr>
</table>

【考核评价】

项目	配分	考核要求	评分细则	得分	扣分
正确连接电路	20分	能使用实训箱正确连接电路	1）线路连接正确，但布线不整齐，扣5分； 2）未能正确连接电路，每处扣2分		
低频振荡器调节	20分	能正确按照操作步骤调节低频振荡器，并能够看到明显的振荡	1）操作不正确，扣10分； 2）没有明显振荡，扣10分		
低通滤波器输入端和输出端波形	40分	调节示波器参数，观察输入和输出波形；用手指敲击振动台，同时观察输出波形变化	1）调节示波器参数，不能观察到低通滤波器输入和输出正确波形，扣10分； 2）用手指敲击振动台，波形显示不正确或没有，扣20分		
改变低通滤波器频率	10分	改变低频振荡器的频率（调节主机箱低频振荡器的频率），能观察输出波形变化	改变低频振荡器的频率（调节主机箱低频振荡器的频率），不能正确观察输出波形变化或者无波形，扣10分		
安全文明操作	10分	1）安全用电，无人为损坏仪器、元件和设备； 2）保持环境整洁，秩序井然，操作习惯良好； 3）小组成员协作和谐，态度正确； 4）不迟到、早退、旷课	1）违反操作规程，每次扣5分； 2）工作场地不整洁，扣5分		
总分					

【拓展知识】

HZ－9508 型测振表

1. 压电式传感器应用特点

①灵敏度和分辨力高，线性范围大，结构简单、牢固，可靠性好，寿命长。

②体积小，质量轻，刚度强度、承载能力和测量范围大，频带宽，动态误差小。

③易于大量生产，便于选用、使用和校准方便，并适用于近测、遥测。

2. HZ－9508 型测振表

HZ－9508 型测振表是用于旋转机械进行振动测量、简易故障诊断的一种便携式数字显示测振表，用 YD 型压电式加速度传感器作为表头。它除了可测量一般机械振动产生的加速度、速度、位移等参数外，还具有测量因齿轮、轴承故障产生的高频加速度值的功能，并具有低电压监测功能。其外形示意图如图 2－73 所示，主要参数如下：

①测量范围。

位移：1～1 999 μm（峰－峰值）；

速度：0.1～199.9 mm/s（有效值）；

加速度：0.1～199.9 m/s^2（峰值）；

高频加速度：0.1～199.9 m/s^2（峰值）；

精度：测量值的 ±5%（允许 ±2 误差）。

图 2－73　HZ－9508 型测振表外形示意图

②频率范围。

位移：10～1 000 Hz；

速度：10～1 000 Hz；

加速度：10～1 000 Hz；

高频加速度：1～15 kHz。

③显示：三位半液晶显示。

④保持功能：当按住保持键时，显示振动值停止变动。

⑤输出信号：满量程为 2 V AC（峰值）信号。

⑥工作环境条件：温度为 0～50 ℃；湿度在 95% PH 以下。

⑦外形尺寸：130 mm×70 mm×25 mm。

【任务习题云】

1）什么压电效应？常见的压电材料有哪些？

2）常见的压电式传感器的测量电路有哪些？

3）为什么说压电式传感器只适用于动态测量而不能用于静态测量？

4）压电式传感器测量电路的作用是什么？其核心是解决什么问题？

【模块小结】

力是需要检测的重要参数之一，它直接影响产品的质量，是生产过程中的重要安全指标之一。

电阻应变式传感器是目前用于测量力、力矩、加速度、质量等参数广泛使用的传感器。它是利用电阻应变效应原理，用导体或半导体材料制成的。最常用的测量电路主要有直流电桥电路和交流电桥电路，电阻应变片在实际使用时会产生温度误差，需要采用零点补偿法、线路补偿法或自补偿法来消除。

电位器式传感器是通过滑动触点把位移转换为电阻丝的长度变化，从而改变电阻值的大小，进而再将这种变化值转换成电压或电流的变化值。其测量电路通常采用电阻分压电路。

电容式传感器是将被测量的变化转换为电容量变化的一种装置，它本身就是一种可变电容器。电容式传感器可分为面积变化式、极距变化式、介质变化式三类，常用的测量电路有运算放大器式电路、交流电桥、调频电路、脉冲调制电路等。但在使用中要注意边缘效应和寄生电容的影响。

压电式传感器是一种典型的自发式传感器，它具有体积小、质量轻、工作频带宽等特点，工作原理基于压电效应。常见的压电材料为压电晶体、压电陶瓷和高分子压电材料。压电式传感器常用的测量电路中有电荷放大器。

【收获与反思】

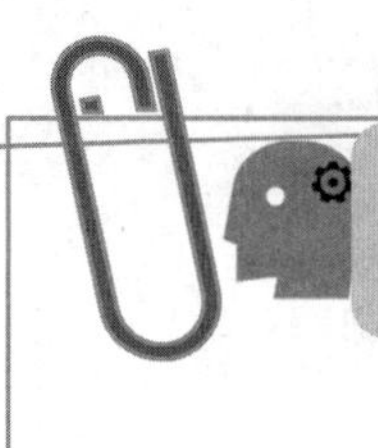

收获与反思空间（将你学到的知识技能要点构建思维导图并进行自我目标达成度的评价）

模块三　温度和环境量的检测

模块导入

在生产生活中，温度和湿度的检测与控制在工业、农业、气象、医疗以及日常生活中的地位越来越重要，同时也是产品质量、生产效率等的重大指标之一，是安全生产的重要保证。

例如大家所熟知的饮水机、电热水器、冰箱等制冷、制热产品都需要对温度进行测量进而实现温度的控制；油箱、水箱的温度控制，冶炼厂、发电厂锅炉温度的控制，蔬菜大棚温湿度的检测与控制，储物仓库的湿度检测与控制等。本项目主要介绍温度和湿度传感器的测温原理、测量电路及具体应用。

<table>
<tr><th colspan="2">教学目标</th></tr>
<tr><td>素质目标</td><td>1. 培养高温测量的安全用电常识；
2. 培养严谨认真的学习态度；
3. 培养学生知识的搜集和学习能力</td></tr>
<tr><td>知识目标</td><td>1. 掌握热电阻、热电偶、集成温度传感器的测温原理；
2. 掌握热电偶温度测量电路及温度补偿方法；
3. 掌握热电阻的温度测量电路；
4. 掌握查阅温度传感器的分度表的方法；
5. 掌握不同温度传感器的测量电路；
6. 掌握气敏、湿敏传感器的测量原理及测量电路</td></tr>
<tr><td>能力目标</td><td>1. 能比较不同温度传感器的特点并能根据场合进行选用；
2. 能分析温度传感器构建的电路；
3. 能采用温度传感器进行电路的设计；
4. 能进行气敏传感器的检测；
5. 能分析气敏、湿敏传感器构建的电路及进行简单电路设计
6. 能应用温度、气敏、湿敏传感器</td></tr>
<tr><th colspan="2">教学重难点</th></tr>
<tr><td>教学重点</td><td>教学难点</td></tr>
<tr><td>温度、气敏、湿敏传感器的测量原理及测量电路，温度传感器的冷端补偿</td><td>温度传感器的冷端补偿及处理办法；
气敏、湿敏传感器的应用</td></tr>
</table>

任务 3.1　电热鼓风干燥箱控制电路分析

【任务描述】

制作并调试电热鼓风干燥箱控制电路，要求能够实现温度检测、加热、保温功能，温度检测范围在 0～50 ℃变化时，经放大后的输出电压在 0～5 V 变化，当干燥箱内温度未达到设定值时，加热指示灯点亮开始加热，电动机工作，当温度达到设定的温度值时，加热停止，鼓风机停止工作，指示灯熄灭，设备进入保温状态。

【知识链接】

温度传感器（Temperature Transducer）是指能感受温度并转换成可用输出信号的传感器，是实现温度检测和控制的重要器件。温度传感器是温度测量仪表的核心部分，品种繁多，下面先来介绍最常用的温度传感器——热电偶温度传感器（简称热电偶传感器）。

3.1.1　温度与温标

温度是表示物体冷热程度的物理量。从微观的角度来看，温度标志着物体内部大量分子无规则运动的剧烈程度。温度越高，表示物体内部分子热运动越剧烈。

温标是温度的数值表示方法。它规定了温度读数的起点（即零点）以及温度的单位。各类温度计的刻度均由温标确定。国际上规定的温标有摄氏温标、华氏温标、热力学温标等。

1. 摄氏温标

摄氏温标是根据液体（水）受热后体积膨胀的性质建立的。摄氏温标的规定是：在标准大气压（101.325 kPa）下，冰水混合物的温度为 0 ℃，水的沸点为 100 ℃，中间划分为 100 等份，每一等份为 1 ℃，单位符号为℃，温度变量记作 t。

2. 华氏温标

华氏温标也是根据液体（水银）受热后体积膨胀的性质建立的。华氏温标的规定是：在标准大气压（101.325 kPa）下，冰水混合物的温度为 32 ℃，水的沸点为 212 ℃，中间划分为 180 等份，每一等份为 1 ℉（华氏度），单位符号为℉，温度变量记作 t_F。摄氏温标和华氏温标有如下关系：

$$t_F = \frac{9}{5}t + 32 \tag{3-1}$$

$$t = \frac{5}{9}(t_F - 32) \tag{3-2}$$

以上两种温标都属于人为规定的，称为经验温标，它们都依赖物体的物理性质。利用上述两种温标测得的温度数值，与所选用物体的物理性质（如水银的纯度）及玻璃管材料等因素有关，不能严格保证世界各国所采用的基本测温单位完全一致。因此，必须找到一种不

取决于物质的、更理想的温标来统一各国的基本温度单位。

3. 热力学温标

1848 年，英国物理学家开尔文在总结前人温度测量的实践基础上，从理论上提出了热力学温标，热力学温标是建立在热力学第二定律基础上的一种理想温标，又称开氏温标，它与物体的性质无关。它的符号是 T，单位是开尔文（K）。温度变量记作 T。

热力学温标规定分子停止运动时的温度为绝对零度，水的三相点（气、液、固三态同时存在且进入平衡状态时的温度）为 273.16 K，把从绝对零度到水的三相点之间的温度均匀地分为 273.16 等份，每一份为 1 K。

热力学温标 T 和摄氏温标 t 的关系为

$$t = T - 273.15 \tag{3-3}$$

3.1.2　热电偶传感器测温的工作原理

热电偶传感器是一种能将温度转换成电动势的装置，热电偶是其核心测温元件，其在温度的测量中应用十分广泛。它构造简单、使用方便、测温范围宽，并且有较高的精确度和稳定性。目前在工业生产和科学研究中已得到广泛的应用，并且已经可以选用标准的显示仪表和记录仪表来进行显示和记录。热电偶的测温原理就是基于热电效应。

1. 热电效应

如图 3－1 所示，两种不同材料的导体（或半导体）组成一个闭合回路，当两接点温度 T 和 T_0 不同时，则在该回路中就会产生电势，这种现象称为热电效应。其中，A 和 B 组成的闭合回路称为热电偶，A、B 称为热电极，两电极的连接点称为接点。测温时置于被测温度场 T 的接点称为热端或测量端，另一端称为冷端或自由端。热电偶产生的热电动势是由两种导体的接触电动势和单一导体的温差电动势组成的。

热电偶的热电动势

（1）接触电动势

接触电动势是由于两种不同导体的自由电子密度不同而在接触面处形成的电动势。当两种不同的金属 A 和 B 接触到一起，如图 3－2 所示，在金属 A、B 的接触面处将会发生电子扩散，设 A、B 中的自由电子密度分别为 n_A 和 n_B，并且 $n_A > n_B$，在单位时间内金属 A 扩散到 B 的电子数要比金属 B 扩散到 A 的电子数多。这样，金属 A 因失去电子而带正电，金属 B 因得到电子而带负电，于是在接触面处便形成电位差，即接触电动势。在接触面处形成的接触电动势将阻碍电子的进一步扩散，当电子的扩散作用和上述电场的阻碍扩散作用相等时，接触处的自由电子扩散便达到动态平衡。

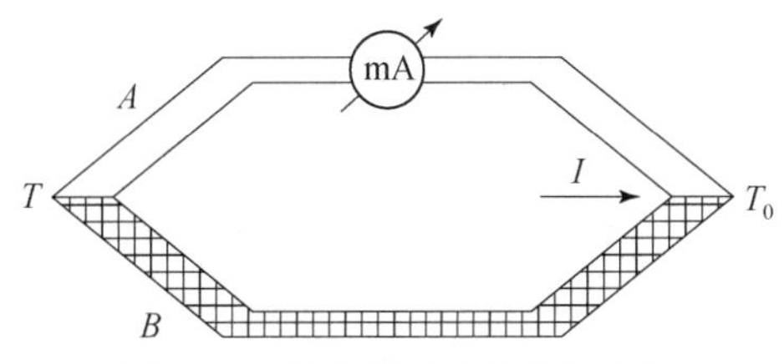

图 3－1　热电偶回路的热电动势

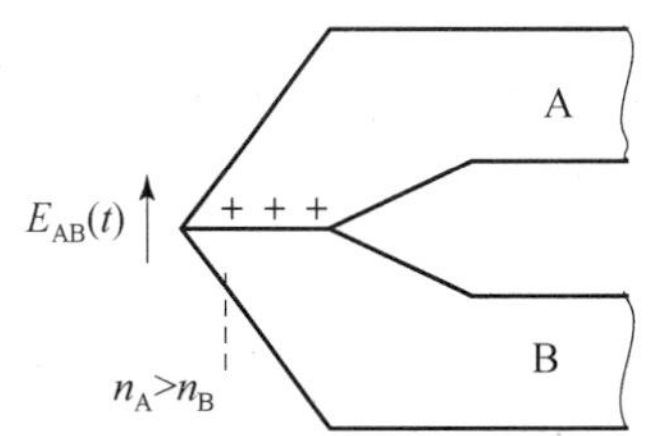

图 3－2　热电偶的接触电动势

接触电动势的数值大小取决于两种不同导体的材料特性和接触点的温度，即

$$E_{AB}(t)=\frac{kt}{e}\ln\frac{n_A(t)}{n_B(t)} \tag{3-4}$$

$$E_{AB}(t_0)=\frac{kt_0}{e}\ln\frac{n_A(t_0)}{n_B(t_0)} \tag{3-5}$$

式中，$E_{AB}(t)$为A、B两种材料在温度t时的接触电动势；$E_{AB}(t_0)$为A、B两种材料在温度t_0时的接触电动势；k为玻尔兹曼常数；t、t_0为两接触处的绝缘温度；$n_A(t)$、$n_B(t)$、$n_A(t_0)$、$n_B(t_0)$为材料A、B分别在温度t、t_0下的自由电子密度；e为电子的电荷量，$e=1.6\times10^{-19}$ C。

（2）温差电动势

温差电动势是同一导体的两端因其温度不同而产生的一种电动势。同一导体高温端的电子能量要比低温端的电子能量大，从高温端跑到低温端的电子数比从低温端跑到高温端的电子数要多，结果高温端因失去电子而带正电，低温端因获得多余的电子而带负电，在导体两端便形成一个电位差，即温差电动势。温差电动势的大小取决于导体材料特性和两端温度，表示为

$$E_A(t,t_0)=\frac{k}{e}\int_{t_0}^{t}\frac{1}{n_A(t)}\mathrm{d}[n_A(t)t] \tag{3-6}$$

$$E_B(t,t_0)=\frac{k}{e}\int_{t_0}^{t}\frac{1}{n_B(t)}\mathrm{d}[n_B(t)t] \tag{3-7}$$

式中，$E_A(t,t_0)$为导体A在两端温度为t、t_0时形成的温差电动势；$E_B(t,t_0)$为导体B在两端温度为t、t_0时形成的温差电动势。

2. 热电偶回路的总热电动势

根据分析，热电偶回路中共有4个电动势，其中接触电动势两个、温差电动势两个。实践证明，热电偶回路中所产生的热电动势主要是由接触电动势引起的，温差电动势所占比例极小，可忽略不计。$E_{AB}(t)$和$E_{AB}(t_0)$的极性相反，假设导体A的电子密度大于导体B的电子密度，A为正极，B为负极，回路中的总热电动势为

$$\begin{aligned}E_{AB}(t,t_0)&=E_{AB}(t)-E_A(t,t_0)-E_{AB}(t_0)+E_B(t,t_0)\\&\approx E_{AB}(t)-E_{AB}(t_0)\\&=\frac{kt}{e}\ln\frac{n_A(t)}{n_B(t)}-\frac{kt_0}{e}\ln\frac{n_A(t_0)}{n_B(t_0)}\end{aligned} \tag{3-8}$$

由式（3-8）可知，热电偶的总电动势与两种材料的电子密度以及两接点的温度有关，可得如下结论：

①如果热电偶两电极材料相同，则无论两接点温度如何，总热电动势为零。

②如果热电偶两接点温度相同，尽管A、B材料不同，回路中总热电动势为零。

③当热电极A、B确定后，热电动势的大小只和材料和接点温度有关，当冷端温度保持不变时，热电动势为热端温度的单值函数。

对于不同金属组成的热电偶，温度与热电动势之间有不同的函数关系，一般通过实验方法来确定，并将不同温度下所测得的结果列成表格，编制出针对各种热电偶的热电动势与温度的对照表，称为分度表，见附录A，表中的温度是按照10 ℃分档，其中间值可按内插法

计算，即

$$t_M = t_L + \frac{E_M - E_L}{E_H - E_L} \cdot (t_H - t_L) \tag{3-9}$$

式中，t_M为被测温度值，t_H为较高温度值，t_L为较低温度值，E_M、E_H、E_L分别为t_M、t_H和t_L对应的热电动势。

【交流思考】

经常使用的标准热电偶，测温时需要与被测物体接触，为保证量值准确可靠，应根据使用情况进行哪些必要的处理？

3.1.3　热电偶传感器的种类和结构形式

1. 热电偶的材料

热电偶的分类

为了提高测量的准确度，对组成热电偶的材料有严格的选择条件，在实际使用中，用作热电偶的材料一般具备以下条件：

①热电动势及热电动势率要大，保证足够的灵敏度。

②热电特性最好是线性或近似线性的单值函数关系。

③能在较宽的温度范围内使用，物理、化学性质要稳定。

④要有高的电导率、小的电阻温度系数及小的导热系数。

⑤复制性要好，即用同一种材料制成的热电偶其热电特性要一致，这样便于制作统一的分度表。

⑥材料组织要均匀，具有良好的韧性，焊接性能好，以便热电偶的制作。

⑦资源要丰富，价格低廉。

2. 热电偶的种类

常用热电偶可分为标准热电偶和非标准热电偶两大类。所谓标准热电偶，是指国家标准规定了其热电动势与温度的关系、允许误差，并有统一的标准分度表的热电偶，它有与其配套的显示仪表可供选用。非标准热电偶在使用范围或数量级上均不及标准热电偶，一般也没有统一的分度表，主要用于某些特殊场合的测量。

分度号是用来反映温度传感器在测量温度范围内温度变化对应传感器电压或者阻值变化的标准数列。如表3－1所示是我国采用的符合IEC国际标准的6种热电偶的主要性能和特点。S、B、E、K、J、T6种标准热电偶为我国统一设计型热电偶，S、B属于贵金属热电偶，N、K、E、J、T属于廉金属热电偶。

表3－1　标准化热电偶的主要特点

热电偶名称	正热电极	负热电极	分度号	测温范围	特点
铂铑$_{30}$－铂铑$_6$	铂铑$_{30}$	铂铑$_6$	B	0～1 700 ℃（超高温）	适用于氧化性气氛中测温，测温上限高，稳定性好。在冶金、钢水等高温领域得到广泛应用

续表

热电偶名称	正热电极	负热电极	分度号	测温范围	特点
铂铑$_{10}$－铂	铂铑$_{10}$	纯铂	S	0～1 600 ℃（超高温）	适用于氧化性、惰性气氛中测温，热电性能稳定，抗氧化性强，精度高，但价格贵，热电动势较小。常用作标准热电偶或用于高温测量
镍铬－镍硅	镍铬合金	镍硅	K	－200～1 200 ℃（高温）	适用于氧化和中性气氛中测温，测温范围很宽，热电动势与温度关系近似线性，热电动势大，价格低。稳定性不如 B、S 型热电偶，但是非贵金属热电偶中性能最稳定的一种
镍铬－康铜	镍铬合金	铜镍合金	E	－200～900 ℃（中温）	适用于还原性或惰性气氛中测温，热电动势较其他热电偶大，稳定性好，灵敏度高，价格低
铁－康铜	铁	铜镍合金	J	－200～750 ℃（中温）	适用于还原性气氛中测温，价格低，热电动势较大，仅次于 E 型热电偶。缺点是铁极易氧化
铜－康铜	铜	铜镍合金	T	－200～350 ℃（低温）	适用于还原性气氛中测温，精度高，价格低。在－200～0 ℃可制成标准热电偶。缺点是铜极易氧化

目前，我国工业上常用的有 4 种标准化热电偶，分别是 B 型（铂铑$_{30}$－铂铑$_{6}$）、S 型（铂铑$_{10}$－铂）、K 型（镍铬－镍硅）、E 型（镍铬－铜镍），它们的分度表见附录 A。

3. 热电偶传感器的结构形式

为了保证热电偶传感器可靠、稳定地工作，对它的结构要求如下：组成热电偶的两个热电极的焊接必须牢固；两个热电极彼此之间应很好地绝缘，以防短路；补偿导线与热电偶自由端的连接要方便可靠；保护套管应能保证热电极与有害介质充分隔离。目前，热电偶传感器的结构形式有普通型热电偶、铠装型热电偶、薄膜型热电偶等。

（1）普通型热电偶

普通型热电偶一般由热电极、绝缘管、保护管和接线盒等几个部分组成，在工业上使用最广泛。其外形和结构如图 3－3 所示。

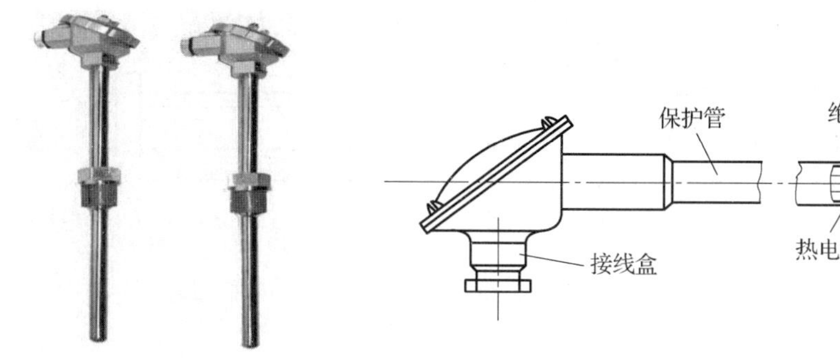

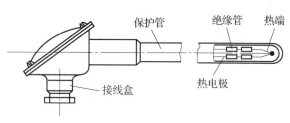

图 3 – 3　普通型热电偶的外形及结构

①热电极是热电偶的基本组成部分，使用时有正负极之分。热电极的长度取决于应用需要和安装条件，通常为 300 ~ 2 000 mm，常用长度是 350 mm。

②绝缘管位于热电极之间以及热电极和保护套管之间，进行绝缘保护，防止两根热电极短路，其形状一般为圆形或椭圆形，中间开有两个或四个孔，热电极穿孔而过。要求室温下绝缘管的绝缘电阻应该在 5 MΩ 以上，常用材料为氧化铝管和耐火陶瓷。

③保护管是用来隔离热电偶和被测介质，使热电偶感温元件免受被测介质腐蚀和机械损伤。保护管应具备耐高温、耐腐蚀的特性，具备良好的导热性和气密性。常用材料有金属和非金属两类。

④接线盒用来连接热电偶和补偿导线，根据被测对象和现场环境，分为普通式和密封式两类。

热电偶的结构类型

（2）铠装型热电偶

铠装型热电偶是由热电极、绝缘材料和金属保护套管一起拉制加工而成的坚实缆状组合体，其外形及结构如图 3 – 4 所示。它可以做得细长，使用中随需要任意弯曲。其优点是测温端热容量小，动态响应快；机械强度高，挠性好，可安装在结构复杂的装置上。

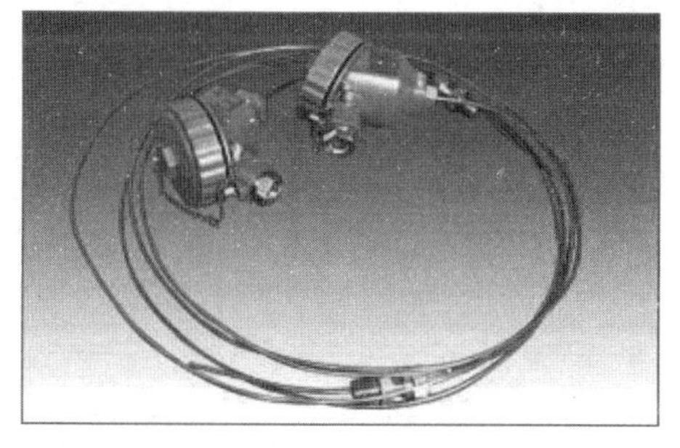

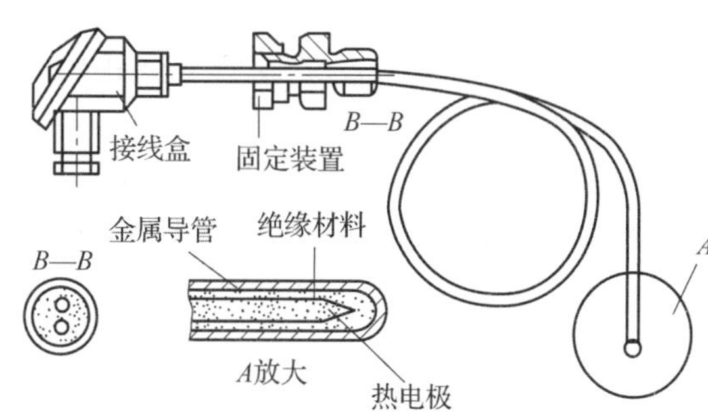

图 3 – 4　铠装型热电偶外形及结构

（3）薄膜型热电偶

薄膜型热电偶是将两种薄膜热电极材料用真空蒸镀的方法蒸镀到绝缘基板上而制成的一种特殊热电偶。它的热接点可以做得很小（μm），具有热容量小、反应速度快（μs）等特点，适用于微小面积上的表面温度以及快速变化的动态温度测量。其外形和结构如图 3 – 5 所示。

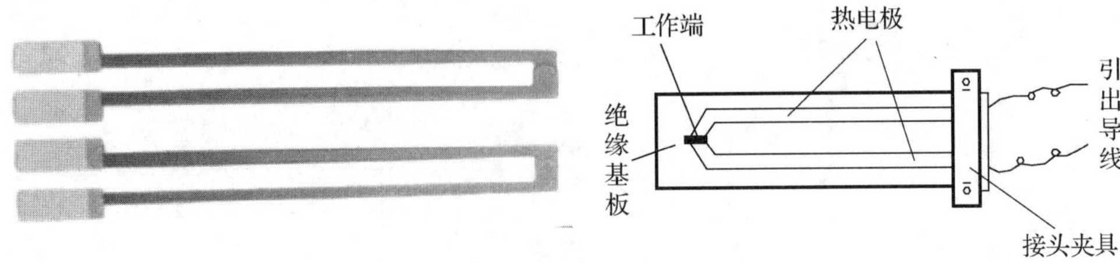

图 3－5　薄膜型热电偶外形及结构

3.1.4　热电偶传感器的测温电路及冷端补偿

热电偶三大定律

1. 热电偶传感器的基本定律

（1）中间导体定律

中间导体定律指在热电偶回路中接入第三种导体，只要第三种导体的两接点温度相同，则回路中总的热电动势不变。

如图 3－6 所示，在热电偶回路中接入第三种导体 C，设导体 A 与 B 接点处的温度为 t，A 与 C、B 与 C 两接点处的温度为 t_0，则回路中的总热电动势为

$$E_{ABC}(t,t_0)=E_{AB}(t)+E_{BC}(t_0)+E_{CA}(t_0) \tag{3-10}$$

图 3－6　热电偶中接入第三种导体

如果回路中三接点的温度相同，即 $t=t_0$，则回路总热电动势必为零，即

$$E_{AB}(t_0)+E_{BC}(t_0)+E_{CA}(t_0)=0 \tag{3-11}$$

或者

$$E_{AB}(t_0)+E_{BC}(t_0)=-E_{CA}(t_0) \tag{3-12}$$

将式（3－12）代入式（3－10），可得

$$E_{ABC}(t,t_0)=E_{AB}(t)-E_{AB}(t_0) \tag{3-13}$$

可以用同样的方法证明，断开热电偶的任何一个极，用第三种导体引入测量仪表，其总热电动势也是不变的。

热电偶的这种性质在实际应用上有着重要的意义，它使我们可以方便地在回路中直接接入各种类型的显示仪表或调节器，也可以将热电偶的两端不焊接而直接插入液态金属中或直接焊在金属表面进行温度测量。

（2）标准电极定律

如果两种导体分别与第三种导体组成热电偶，并且热电动势已知，则由这两种导体组成的热电偶所产生的热电动势也就已知。

如图 3－7 所示，导体 A、B 分别与标准电极 C 组成热电偶，若它们所产生的热电动势为已知，即

$$E_{AC}(t,t_0)=E_{AC}(t)-E_{AC}(t_0) \tag{3-14}$$

$$E_{BC}(t,t_0)=E_{BC}(t)-E_{BC}(t_0) \tag{3-15}$$

那么，导体 A 与 B 组成的热电偶，其热电动势可由下式求得：

$$E_{AB}(t,t_0)=E_{AC}(t,t_0)-E_{BC}(t,t_0) \tag{3-16}$$

标准电极定律是一个极为实用的定律。可以想象，纯金属的种类很多，而合金类型更多。因此，要得出这些金属之间组合而成的热电偶的总热电动势，其工作量是极大的。由于铂的物理、化学性质稳定，熔点高，易提纯，所以，我们通常选用高纯铂丝作为标准电极，只要测得各种金属与纯铂组成的热电偶的热电动势，则各种金属之间相互组合而成的热电偶的热电动势可根据式（3－16）直接计算出来。

【交流思考】

热电偶回路产生的热电动势与热电偶材料和尺寸有关系吗？

【案例3－1】热端为100 ℃，冷端为0 ℃时，镍铬合金与纯铂组成的热电偶的热电动势为2.95 mV，而考铜与纯铂组成的热电偶的热电动势为－4.0 mV，则镍铬合金和考铜组合而成的热电偶所产生的热电动势应为

$$2.95\ \text{mV}-(-4.0\ \text{mV})=6.95\ \text{mV}$$

【案例3－2】

用K分度热电偶测温，热端温度为 t ℃时测得热电动势 $E(t,t_0)=16.395$ mV，同时测得冷端环境温度为50 ℃，求热端的实际温度。

（3）中间温度定律

热电偶在两接点温度 t、t_0 时的热电动势等于该热电偶在接点温度为 t、t_n 和 t_n、t_0 时的相应热电动势的代数和，如图3－8所示。

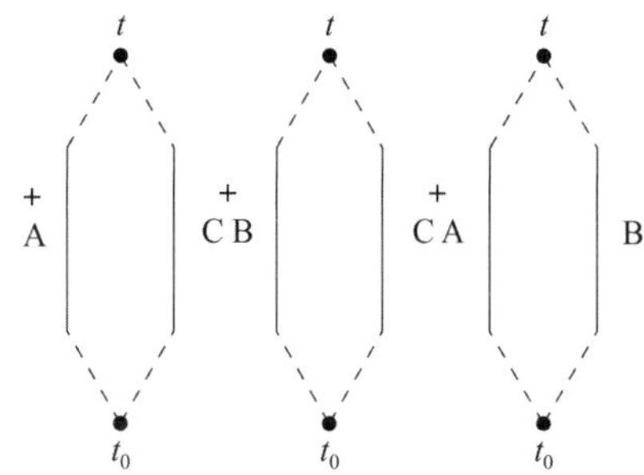

图3－7　三种导体分别组成热电偶

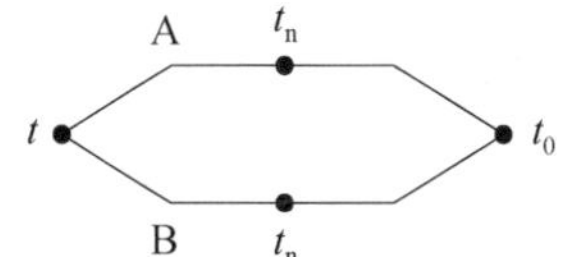

图3－8　热电偶中间温度定律

中间温度定律可以用下式表示：

$$E_{AB}(t,t_0)=E_{AB}(t,t_n)+E_{AB}(t_n,t_0) \tag{3-17}$$

中间温度定律表明：若热电偶的热电极被导体延长，只要接入的导体组成热电偶的热电特性与被延长的热电偶的热电特性相同，且它们之间连接的两点温度相同，则总回路的热电动势与连接点温度无关，只与延长以后的热电偶两端的温度有关。

中间温度定律为在热电偶回路中应用补偿导线提供了理论依据，也为制定和使用热电偶分度表奠定了基础。

热电动势 $E_{AB}(t,t_0)$ 是两个接点温度的函数。但是，通常要求测量的是一个热源的温度，或者两个热源的温度差，为此必须固定其中一个接点的温度。对于任何一种实际的热电偶来说，并不是由精确的关系式来表示其特性，而是用特性分度表来表示。

为了便于统一，分度表上所提供的热电偶特性是在保持热电偶冷端温度 0 ℃的条件下，给出热电动势与热端温度的数值对照。因此当使用热电偶测量温度时，如果冷端温度保持 0 ℃，则只要正确地测得电动势，通过对应分度表，即可查得所测温度。

2. 热电偶传感器的补偿办法

热电偶的冷端补偿

实际测量中，热电偶冷端温度将受环境温度或热源温度的影响，并不为 0 ℃，为了使用特性分度表，对热电偶进行标定，实现对温度的准确测量，需要对热电偶冷端温度进行补偿，补偿方法主要有以下几种。

（1）冷端恒温法

在实验室及精密测量中，通常把冷端放入 0 ℃恒温器或装满冰水混合物的容器中，以便冷端温度保持 0 ℃，为了避免冰水导电，必须把连接点分别置于两个玻璃试管中，浸入到同一个冰点槽。这是一种理想的补偿方法，但在工业中使用极为不便，仅限于科学研究中。如图 3－9 所示为冰点槽冷端恒温法。

（2）计算校正法

如果热电偶冷端温度不是 0 ℃，但稳定在某一温度上，可以根据中间温度定律，对测得的热电动势进行计算修正。

$$E(t,0)=E(t,t_0)+E(t_0,0) \qquad (3-18)$$

式中：t 是热端温度；t_0 是冷端实际温度，0 ℃是冷端的标准温度；$E(t,t_0)$ 是热电偶工作在 t 和 t_0 时仪表测出的热电动势；$E(t,0)$ 和 $E(t_0,0)$ 是冷端温度为 0 ℃时，热端温度为 t 和 t_0 时的热电动势，可以从热电偶分度表中查得。

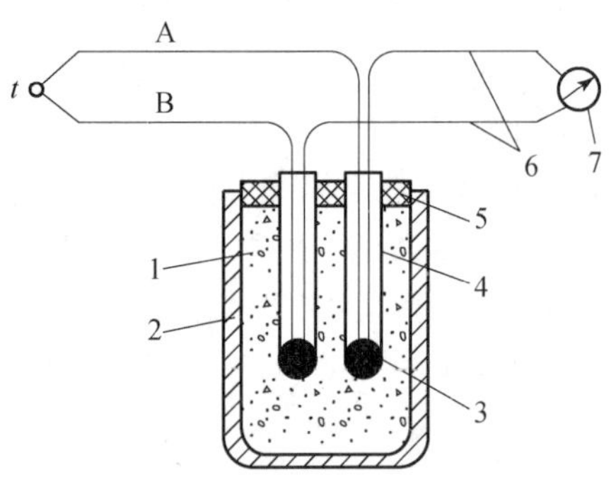

图 3－9　冰点槽冷端恒温法

1—冰水溶液；2—冰点槽；3—热电偶冷端；4—试管；5—冰点槽密封盖；6—铜导线；7—毫伏表

【案例 3－3】 用分度号为 S 的铂铑$_{10}$－铂热电偶测炉温，其冷端温度为 30 ℃，而直流电位差计测得的热电动势为 9.481 mV，试求被测温度。

解　查铂铑$_{10}$－铂热电偶分度表，得 $E(30,0)=0.173$ mV，根据中间温度定律得

$$E(t,0)=E(t,30)+E(30,0)=9.654 \text{ mV}$$

再查该分度表得被测温度 $t=1\ 006.5$ ℃。若不进行校正，则所测 9.481 mV 对应的温度为 991 ℃，误差为 －15.5 ℃。

计算校正法适用于热电偶冷端较恒定的情况。在智能仪表中，查表和计算均由计算机完成。

（3）补偿导线法

在 100 ℃以下的温度范围内，热电特性与所配热电偶相同且价格便宜的导线，称为补偿导线。热电偶的长度一般只有 1 m 左右，实际使用中，由于热电偶冷端离热端较近，冷端温度受热端温度的影响，在很大范围内变化，直接采用冷端温度补偿法将很困难。因此，应先采用补偿导线将冷端移到温度变化比较平缓的环境中，再进行冷端温度补偿。

补偿导线的作用就是延长热电极，如图 3－10 所示，即将热电偶的冷端延伸到温度相对稳定的区域。补偿导线的类型分为两类，一类是延伸型补偿导线，用于廉价金属热电偶，采用直接延长原电极的方法延长热电偶；另一类是补偿型补偿导线，用于贵金属热电偶和某些

非标准热电偶，采用和原电极热电特性相同的材料来延长热电偶。常见的补偿导线如表3－2所示。

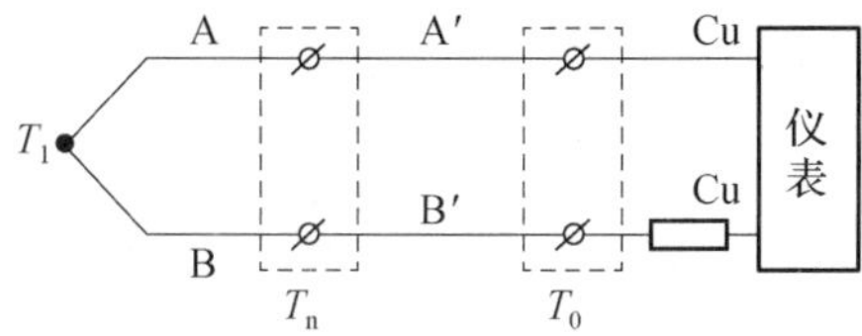

图3－10　补偿导线连接图

表3－2　补偿导线的类型

热电偶类型	补偿导线类型	补偿导线	
		正极	负极
铂铑$_{10}$－铂	铜－铜镍合金	铜	铜镍合金（镍的质量分数为0.6%）
镍铬－镍硅	Ⅰ型：镍铬－镍硅	镍铬	镍硅
镍铬－镍硅	Ⅱ型：铜－康铜	铜	康铜
镍铬－康铜	镍铬－康铜	镍铬	康铜
铁－康铜	铁－康铜	铁	康铜
铜－康铜	铜－康铜	铜	康铜

【案例3－4】 用镍铬－镍硅热电偶（K）测量某一实际为1 000 ℃的对象温度。所配用仪表在温度为20 ℃的控制室里，设热电偶冷端温度为50 ℃。当热电偶与仪表之间用补偿导线或普通铜导线连接时，测得温度各为多少？又与实际温度相差多少？

解： 查K型热电偶分度表，得$E(1\,000,0)=41.269$ mV，$E(50,0)=2.022$ mV，$E(20,0)=0.798$ mV。

若用补偿导线，仪表测得热电动势值为

$$E(1\,000,20)=E(1\,000,0)-E(20,0)=40.471\ \text{mV}$$

查分度表得对应的温度为979.6 ℃。

若用铜导线，仪表测得热电动势值为

$$E(1\,000,50)=E(1\,000,0)-E(50,0)=39.247\ \text{mV}$$

查分度表得对应的温度为948.4 ℃。

两种方法测得的温度相差31.2 ℃，测量误差分别为－20.4 ℃和－51.6 ℃。

（4）电桥补偿法

电桥补偿法是利用不平衡电桥产生的电动势来补偿热电偶冷端温度变化而引起的热电动势变化。如图3－11所示，不平衡电桥（即补偿电桥）由电阻R_1、R_2、R_3（锰铜丝绕制，电阻温度系数很小）、R_{Cu}（铜丝绕制，其阻值随温度升高而增大）4个桥臂和桥路稳压电源所组成，串联在热电偶测温回路中。热电偶冷端与电阻R_{Cu}感受相同的温度。

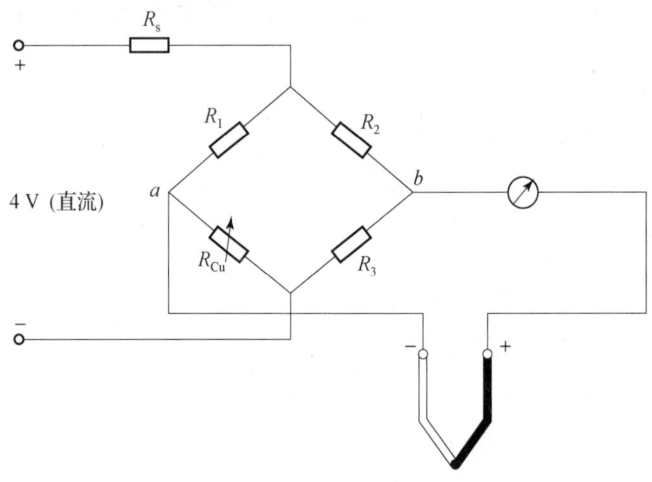

图 3－11　补偿电桥

设计使电桥在 20 ℃（或 0 ℃）处于平衡状态，则电桥输出为 0($U_{ab}=0$)，此时补偿电桥对热电偶回路的热电动势没有影响。当环境温度变化时，冷端温度随之变化，这将导致热电动势发生变化，但此时阻值 R_{Cu} 也随温度变化而变化，电桥平衡被破坏，电桥输出不平衡电压 U_{ab}，适当选择桥臂电阻和电压，可使 U_{ab} 正好补偿由于热电偶冷端温度变化而引起的热电动势的变化。

【拓展阅读】

创新策略　攻坚克难

热电偶测温过程需要对测试数据不断地校准，并采用不同的方法策略进行补偿修正才能实现数据的准确测量，同学们要大胆创新实践，不断尝试，才能实现数据的精准测量。

3. 热电偶传感器的测温电路

使用热电偶传感器进行实际温度测量时，根据不同的任务，有以下几种测量电路：

（1）热电偶的正向串联

如图 3－12 所示，将两只热电偶依次正负极串联起来，此时回路中的总热电动势等于两只热电偶的热电动势之和，如果除以 2，就得到该点温度的平均值。若将多只热电偶的测量端置于同一测量点上构成热电堆（如辐射温度计），测量微小温度变化或辐射能时，可大大提高灵敏度。

（2）热电偶的反向串联

将两只同型号的热电偶反向串联起来，可以测量两点间的温差，如图 3－13 所示。注意：用这种差动电路测量温差时，两只热电偶的热电特性必须相同且成线性，否则会引起测量误差。

（3）热电偶并联

将三只同型号的热电偶正极和负极分别接在一起的电路称为热电偶的并联线路，如图 3－14 所示，此时输入到显示仪表的电动势值为：$E=(E_1+E_2+E_3)/3$。

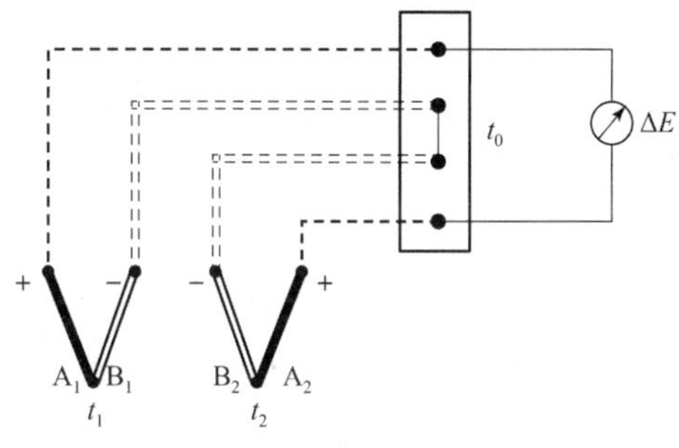

图 3－12　热电偶正向串联电路图

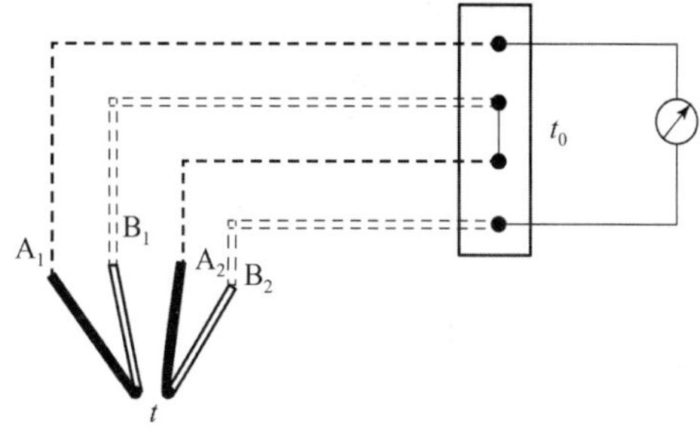

图 3－13　热电偶反向串联电路图

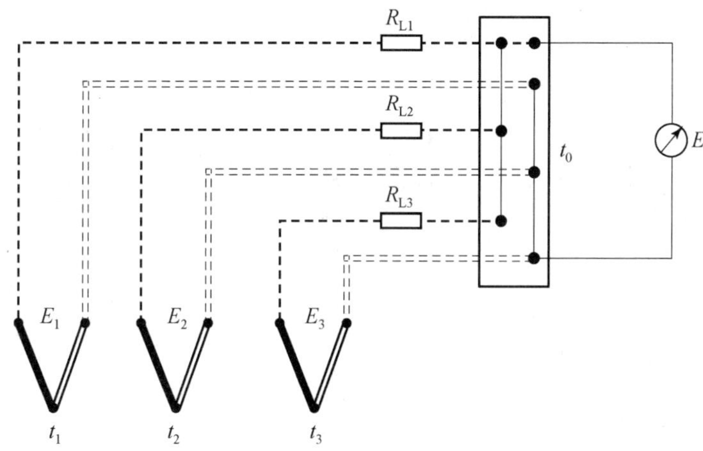

图 3－14　热电偶并联电路图

此种电路的特点是，仪表的分度仍然和单独配用一个热电偶时一样。其缺点是当某一热电偶烧断时，不能很快地觉察出来。

3.1.5　热电偶传感器的应用

1. 炉温测量

常用炉温测量控制系统如图 3－15 所示。毫伏（mV）定值器给出给定温度的相应毫伏值，热电偶的热电动势与 mV 定值器的毫伏值相比较，若有偏差则表示炉温偏离给定值，此偏差经 μV 放大器送入 PID 调节器，通过选择手动或自动调节方式进行触发器信号的传送，再经过晶闸管触发器推动晶闸管执行器来调整电炉丝的加热功率，直到偏差被消除，从而实现控制温度。

2. 管道内温度的测量

如图 3－16 所示为热电偶测量管道内温度的安装方法，热电偶的安装应尽量做到使测温准确、安全可靠及维修方便。不管采用何种安装方式，均应使热电偶插入管道内有足够的深度。安装热电偶时，应将测量端迎着流体方向。

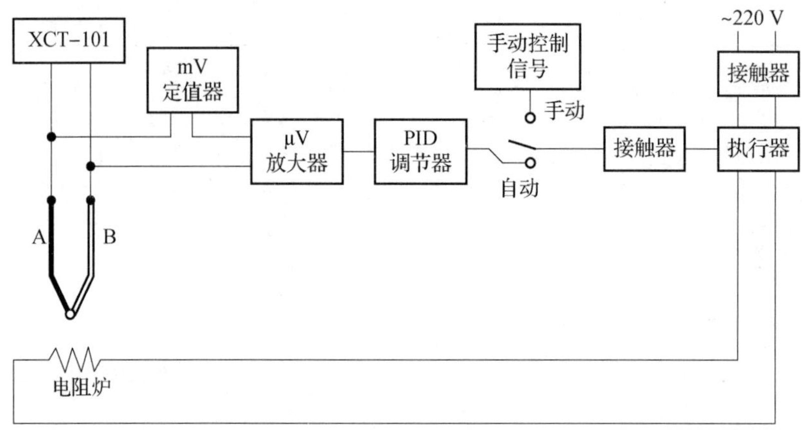

图 3-15　常用炉温测量控制系统

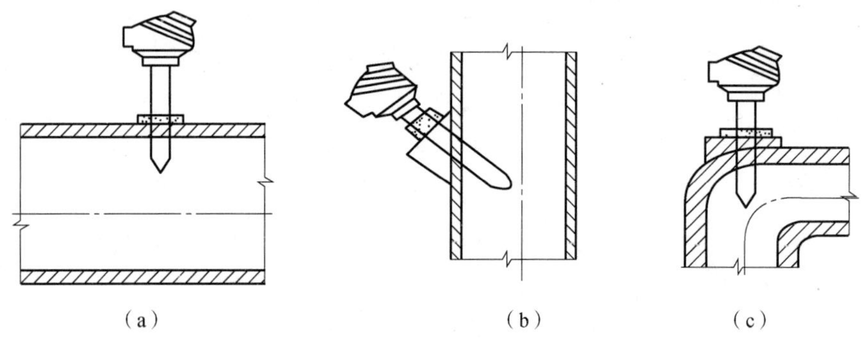

图 3-16　热电偶测量管道内温度的安装方法

(a) 垂直管道轴线；(b) 倾斜管道轴线；(c) 弯曲管道轴线

3. 金属表面温度的测量

一般当被测金属表面温度在 200～300 ℃或 200 ℃以下时，可采用黏结剂将热电偶的结点黏附于金属表面。当被测表面温度较高，而且要求测量精度高和响应时间常数小的情况下，常采用焊接将热电偶的头部焊于金属表面。

【任务实施】

1. 电路设计原理图

由热电偶构成的电热鼓风干燥箱的控制电路，如图 3-17 所示，其主要适用于干燥、热处理及其他工矿企业中需要加热的场合。

2. 电路组成

在图 3-17 所示电路中，SA_1 为 30 A 的单相闸刀开关；SA_2 为 3 A 的钮子开关（手动控制开关）；SA_3 为 H210P/210 A 型旋转开关；SA_4 为 3 A 的单刀单掷鼓风开关；F 为热电偶传感器，用于对温度进行调节，温度调节范围为 0～50 ℃；HL_1 和 HL_2 为 220 V 8 W 指示灯泡；R_1～R_4 为加热器；M 为单相 40 W 鼓风电动机。KM_1 是 24 V 直流中间接触器，其有一组常开触点 KM_{1-1}，用于控制交流接触器 KM_2 线圈的供电。KM_2 是 220 V 交流接触器（C3 型），触

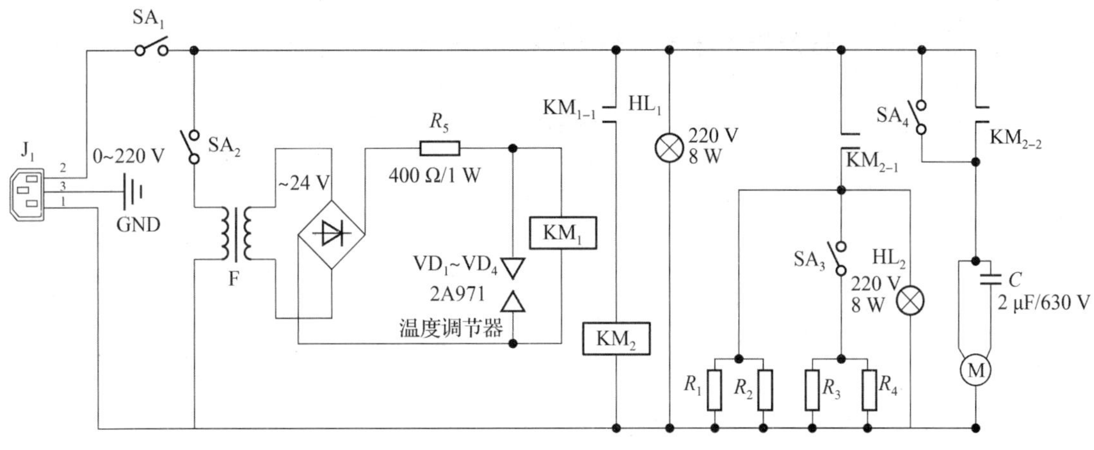

图 3－17　电路设计原理图

点电流为 10 A 或 20 A，可根据需要选用。其有两组常开触点 KM_{2-1}、KM_{2-2}。其中 KM_{2-1} 用于控制加热器和加热器指示灯，KM_{2-2}用于控制鼓风电动机 M 的供电。该电路是用低电压的直流中间接触器 KM_1控制交流接触器 KM_2实现自动温度控制（加热）的。

3. 加热阶段原理分析

一旦直流中间接触器 KM_1线圈得到供电将触点吸合后，其常开触点 KM_{1-1}闭合，接通交流接触器 KM_2线圈的供电通路使其得电吸合。当其 KM_{2-1}常开触点闭合后，一方面使加热指示灯 HL_2点亮，另一方面也使干燥箱开始加热；当 KM_{2-2}常开触点闭合后，鼓风电动机 M 得电工作，从而使加热均匀。

4. 保温阶段原理分析

当热电偶传感器 F 检测到的温度达到设定的温度阈值时，其内电路动作，等效于将直流中间接触器 KM_1线圈两端短接，使 KM_1断电释放，其常开触点 KM_{1-1}断开复位，从而切断了 KM_2线圈的供电通路，使 KM_2失电，两组常开触点 KM_{2-1} \ KM_{2-2}均为断开状态，加热停止，鼓风机停止工作，同时 HL_2 也熄灭，设备进入保温状态。

5. 制作与调试注意事项

①电路制作时需注意桥式整流电路中二极管的极性和方向。

②热电偶传感器 F 接入电路前首先进行离线测试，观察其灵敏度。

③焊接时注意继电器的线圈和触点使用正确。

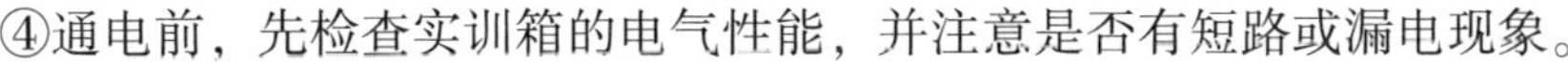

④通电前，先检查实训箱的电气性能，并注意是否有短路或漏电现象。

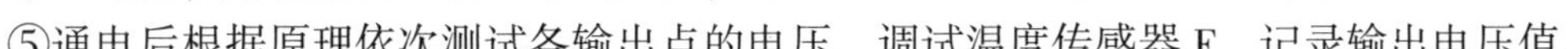

⑤通电后根据原理依次测试各输出点的电压，调试温度传感器 F，记录输出电压值。

【技能训练工单】

姓名		班级		组号	
名称	任务 3.1　热电偶传感器温度测量实验				
任务提出	本次实验目的是了解热电偶的原理及现象；掌握热电偶温度计的冷端温度补偿方法。 利用试验台上的热电偶进行温度测量。				

续表

<table>
<tr><td>姓名</td><td></td><td>班级</td><td></td><td>组号</td><td></td></tr>
<tr><td>名称</td><td colspan="5">任务 3.1　热电偶传感器温度测量实验</td></tr>
<tr><td>问题导入</td><td colspan="5">1）热电效应是指________。
2）热电动势包括________和________两部分。
3）热电偶传感器冷端温度补偿的方法有________、________、________、________。
4）标准化的热电偶有哪些？</td></tr>
<tr><td>技能要求</td><td colspan="5">1）了解热电偶的原理及现象；
2）掌握差分放大电路搭建及调试方法；
3）掌握反相放大电路搭建及调试方法；
4）掌握模块化调试电路方法和整体联调方法。</td></tr>
<tr><td>热电偶使用说明</td><td colspan="5">热电偶传感器的测温范围由 A、B 热电极材料及直径（偶丝直径）决定，如 K（镍铬－镍硅或镍铝）热电偶，偶丝直径为 3.2 mm 时测温范围为 0～1 200 ℃，本实验用的 K 型热电偶偶丝直径为 0.5 mm，测温范围为 0～800 ℃。由于温度源温度 <120 ℃，所以热电偶实际实验测温范围 <120 ℃。
从热电偶的测温原理可知，热电偶测量的是测量端与参考端之间的温度差，在参考端温度为 0 ℃时才真实反映测量端的温度，否则存在着参考端所处环境温度值误差。利用中间温度定律进行修正补偿。计算公式：
$$E(t,t_0)=E(t,t_0')+E(t_0',t_0)$$</td></tr>
<tr><td>任务制作</td><td colspan="5">实训步骤：
1）放大电路的搭建及调试。搭建并调试差分放大电路，使其放大倍数为 5，设计反相放大器使其输出与输入电压之比为 2，通过实验测量放大电路的输入输出电压，验证是否与理论相符。
2）连接电路图。按图 3－18 所示电路图接线，调节热电偶温度值，观察直流电压表的电压值并记录。 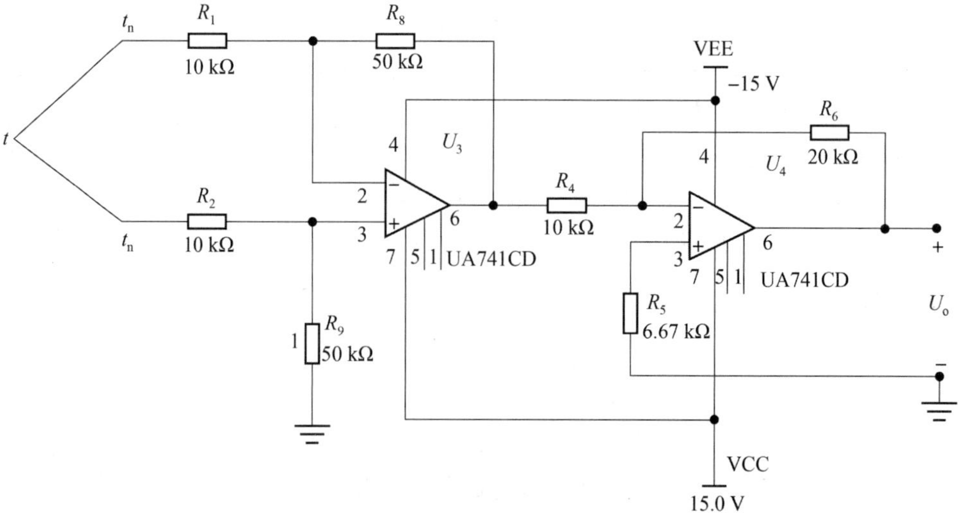
图 3－18　热电偶测温电路图</td></tr>
</table>

续表

<table>
<tr><td>姓名</td><td></td><td>班级</td><td></td><td>组号</td><td></td></tr>
<tr><td>名称</td><td colspan="5">任务 3.1　热电偶传感器温度测量实验</td></tr>
<tr><td>任务制作</td><td colspan="5">3）调节热电偶传感器热端温度参数值，观察电压表读数的变化，并将所测得电压值与对应的温度值记录于表 3－3 中。

表 3－3　热电偶测温参数值

（见下表）

4）根据表中数据绘制热电偶传感器温度特性曲线。</td></tr>
<tr><td>自我总结</td><td colspan="5"></td></tr>
</table>

表 3－3　热电偶测温参数值

转换后的温度值/℃						
电压表读数/mV						
转换后的温度值/℃						
电压表读数/mV						

【交流思考】

在热电偶测温时，往往面临着冷端补偿的问题，每一次测温结果都需要处理，很费时，不能进行连续测量，对于有些需要连续检测的场合不适用，如果改动设计方案，你会如何做呢？

【考核评价】

项目	配分	考核要求	评分细则	得分	扣分
正确连接电路	20 分	能使用实训箱正确连接电路图 3－18	1）线路连接正确，但布线不整齐，扣 5 分； 2）未能正确连接电路，每处扣 2 分		

续表

项目	配分	考核要求	评分细则	得分	扣分
温度测量	40分	能正确进行仿真，并准确读出实验数据	1）连接方法不正确，每处扣5分； 2）读数不准确，每次扣5分		
温度补偿计算	20分	能正确进行温度补偿计算	1）不能进行补偿计算，扣10分； 2）不能理解补偿方法及计算，扣5分		
能正确记录实训数据	10分	能正确记录相关数据并对结果进行分析	1）不能进行相关数据的分析，扣10分； 2）不能正确记录相关数据，每次扣5分		
安全文明操作	10分	1）安全用电，无人为损坏仪器、元件和设备； 2）保持环境整洁，秩序井然，操作习惯良好； 3）小组成员协作和谐，态度正确； 4）不迟到、早退、旷课	1）违反操作规程，每次扣5分； 2）工作场地不整洁，扣5分		
总分					

【拓展知识】

热电偶的故障处理及误差分析

1. 热电偶的故障处理

热电偶与显示仪表配套组成测温系统来实现温度测量，因此测温系统出现故障往往可通过显示仪表反映出来。如果出现故障现象，首先需要判断故障是产生在热电偶回路方面还是显示仪表方面。为此可将补偿导线与显示仪表连接处拆开，用万用表测量热电偶回路电阻，观察线路电阻是否正常。若电阻明显不正常，则应检查热电偶及连接导线；若电阻基本正常，用便携式电位差计（如UJ－36）测量输出电动势。若输出电动势正常，则故障在显示仪表方面；若输出电动势不正常或无电动势输出，则可按故障现象分析原因，对热电偶及连接导线等部分进行检查和修复。热电偶测温时产生的各种故障现象以及热电偶回路可能原因及处理方法如表3－4所示。

表 3-4　热电偶常见故障现象及处理方法

故障现象	故障原因	处理方法
热电偶热电动势值偏低	热电偶热电极短路	找出短路原因，如因潮湿所致，则需要进行干燥；如因绝缘损坏所致，则需要更换绝缘子
	热电偶的接线柱处积灰，造成短路	清扫积灰
	补偿导线间短路	找出短路点，加强绝缘或更换补偿导线
	热电偶热电极变质或热端损坏	在长度允许情况下，剪去变质段重新焊接使用或更换新热电偶
热电动势比实际值大（显示仪表指示值偏高）	补偿导线与热电偶极性接反	重新正确接线
	补偿导线与热电偶不配套	更换配套的热电偶补偿导线
	热电偶安装位置不当或插入深度不符合要求	调整冷端补偿器
	热电偶与显示仪表不配套	重新设置显示仪表输入信号类型或更换配套的显示仪表
热电偶热电动势值偏高	热电偶与显示仪表不配套	重新设置显示仪表输入信号类型或更换配套的显示仪表
	补偿导线与热电偶不配套	更换配套的热电偶补偿导线
	有直流干扰信号进入	排除直流干扰
热电偶热电动势输出不稳定	热电偶接线柱与热电极接触不良	将接线柱螺丝拧紧
	热电偶测量线路绦破损，引起断续短路或接地	找出故障点，修复绝缘
热电偶热电动势误差大	热电极将断未断	修复或更换热电偶
	热电极变质	更换热电偶
	热电偶安装位置不当	改变安装位置
	保护管表面积灰	清除积灰

2. 热电偶的误差分析

在热电偶测温过程中，测量结果存在一定的误差，主要原因有以下几个方面。

（1）热交换引起的误差

热电偶测温时，保护管插入深度 l，外部长度 l_0，被测介质温度 t，外部环境温度 t_0。设 $t>t_0$，由于热量将沿热电偶向外传导，工作端温度 $t_1>t_0$，由于热电偶向外散热 t_1-t 的误差通常不等于零，为减小这种误差，可采取如下措施。

①设备外部敷设绝缘层，减小设备壁与被测介质温差。

②测量较高温度时，热电偶与器壁之间应加装屏蔽罩，以消除器壁与热电偶之间的直接辐射作用。

③尽可能减小热电偶的保护管外径，宜细宜薄。但这与对保护管的强度、寿命要求矛盾。

④宜采用导热系数较小的材料做保护管，如不锈钢、陶瓷等。但这会增加导热阻力，使动态测量误差增加。

⑤测量流动介质温度时，将工作端插到流速最高的地方，以保证介质与热电偶之间传热。

（2）热惯性引起的误差

热电偶测量变化较快的温度时，由于热电偶存在热惯性，其温度变化跟不上被测对象的变化，产生动态测量误差。为减少动态误差，可采用小惯性热电偶，把热电偶热端直接焊在保护管的底部或把热电偶的热端露出保护管外，并采取对焊以尽量减小热电偶的热惯性。

（3）分度误差

由于热电极材料存在化学成分的不均匀性，同一类热电偶的化学成分、微观结构和应力也不尽相同，同时热电偶使用过程中由于氧化腐蚀和挥发、弯曲应力以及高温下再结晶等导致热电特性发生变化，与分度不一致，形成分度误差，经热电偶校验可以测知。

【任务习题云】

1）常用的温标有________、________和________三种。

2）热电偶回路中的热电动势包括两种导体的________和单一导体的________两种。

3）热电偶温度传感器的工作原理是什么？热电动势的组成有几种？

4）热电偶的基本定律有哪些？其含义是什么？

5）热电偶的性质有哪些？

6）为什么要对热电偶进行冷端温度补偿？常用的补偿方法有几种？补偿导线的作用是什么？连接补偿导线要注意什么？

7）用分度号为 K 的热电偶和动圈式仪表组成测温回路，把动圈式仪表的机械零位调到 20 ℃，但热电偶的参比端温度为 55 ℃，试求出仪表示值为 425 ℃时的被测温度。

8）用分度号为 S 的热电偶和动圈式仪表构成测温回路，以铜导线作连接导线，已知铂与铜线的接点温度为 20 ℃，而铂铑与铜线接点温度由原来的 20 ℃变成了 100 ℃，试求由此而造成的测温误差（已知铂铑－铜的热电动势 $E(100,20) = -0.077$ mV）

9）用 K 型热电偶配动圈式仪表测量温度，如图 3－19 所示。其中被测温度为 500 ℃，热电偶冷端温度为 50 ℃，热电偶与冷端补偿器之间用铜导线连接，冷端补偿器所处温度为 30 ℃，冷端补偿器的平衡温度为 0 ℃，问：当动圈式仪表的机械零位为 0 ℃时，表的读数 t' 为多少℃？

10）用分度号为 S 的热电偶和动圈式仪表构成的测温系统如图 3－20 所示，冷端补偿器的平衡温度为 20 ℃，动圈式仪表的机械零位为 0 ℃。已知 $t = 1300$，$t_1 = 80$，$t_2 = 25$，$t_0 = 30$，求温度示值。

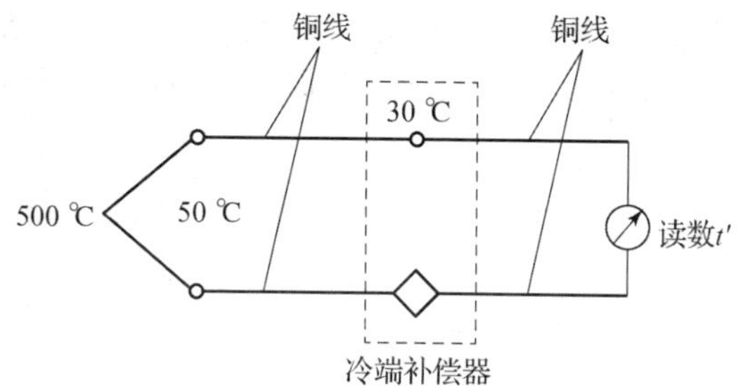

图 3 – 19　K 型热电偶配动圈式仪表测温电路

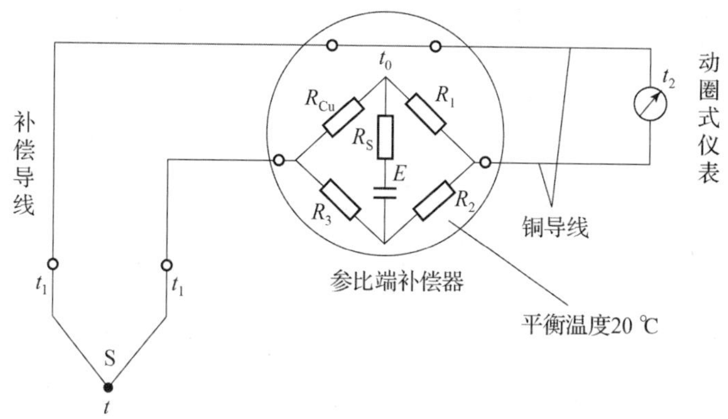

图 3 – 20　用分度号为 S 的热电偶和动圈式仪表构成的测温系统

任务 3.2　电热水器温度控制器的设计与制作

【任务描述】

利用热敏电阻制作电热水器温度控制器，要求当热水器内水温低于设定值时，接通电源加热，并点亮加热指示灯。当热水器内水温高于设定值时，断开电源停止加热。

【知识链接】

3.2.1　热敏电阻的结构和工作原理

热敏电阻是由金属氧化物陶瓷半导体材料，经成型、高温烧结等工艺制成的测温元件，还有一部分热敏电阻由碳化硅材料制成。其优点是电阻温度系数大、电阻率大、体积小、热惯性小、结构简单、机械性能好；缺点是线性度较差，复现性和互换性较差，适于测量点温、表面温度及快速变化的温度。

热敏电阻的基本工作原理是利用由半导体制成的敏感元件具有电阻率随温度而显著变化的特点进行测温的。当温度发生变化时，相应的热敏电阻阻值也发生变化，利用测量电路对电阻阻值的变化进行测量，转换为电流或电压变化来表示，从而形成电压或电流的变化跟温度成一定的关系。

热敏电阻是由一些金属氧化物，如钴（Co）、锰（Mn）、镍（Ni）等的氧化物采用不同比例配方混合，研磨后加入黏合剂，埋入适当引线（铂丝），挤压成型再经高温烧结而成的。

热敏电阻根据使用要求可制成珠状、片状、杆状、垫圈状等各种形状，如图 3－21 所示。

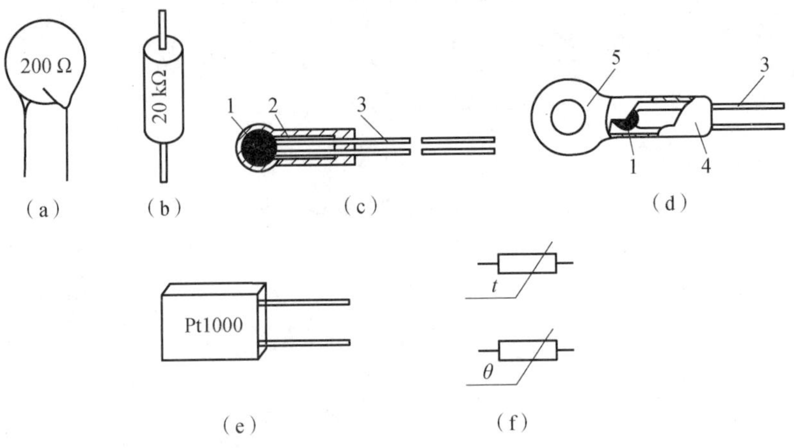

图 3－21　热敏电阻的结构和符号

（a）圆片型热敏电阻；（b）柱型热敏电阻；（c）珠型热敏电阻；

（d）铠装型（带安装孔）；（e）厚膜型；（f）图形符号

1—热敏电阻；2—玻璃外壳；3—引出线；4—紫铜外壳；5—传热安装孔

工业测量中主要用珠状，其外形如图 3－22 所示。将珠状热敏电阻烧结在两根铂丝上，外面涂敷玻璃层，并用杜美丝与铂丝相接引出，外面再用玻璃管作保护套管，保护套管外径在 3～5 mm，若把热敏电阻配上不平衡电桥和指示仪表，则成为半导体点温度计。

3.2.2　热敏电阻的热电特性

根据热敏电阻的阻值和温度之间的关系，可以把热敏电阻分成三种类型，分别是负温度系数热敏电阻（NTC）、正温度系数热敏电阻（PTC）和突变型热敏电阻（CTR），其电阻和温度之间的特性曲线如图 3－23 所示，不同类型的热敏电阻材料如表 3－5 所示。

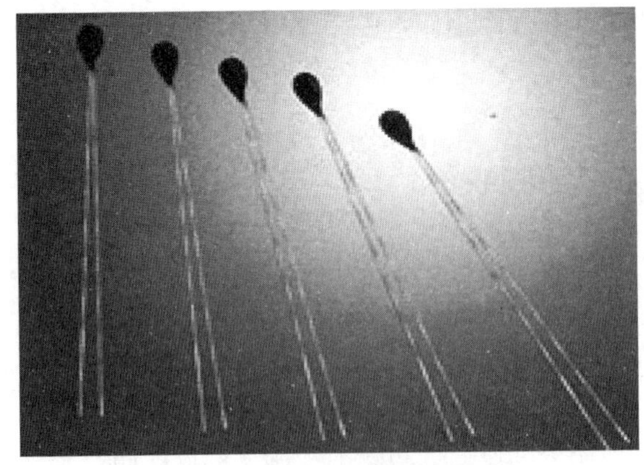

图 3－22　珠状热敏电阻

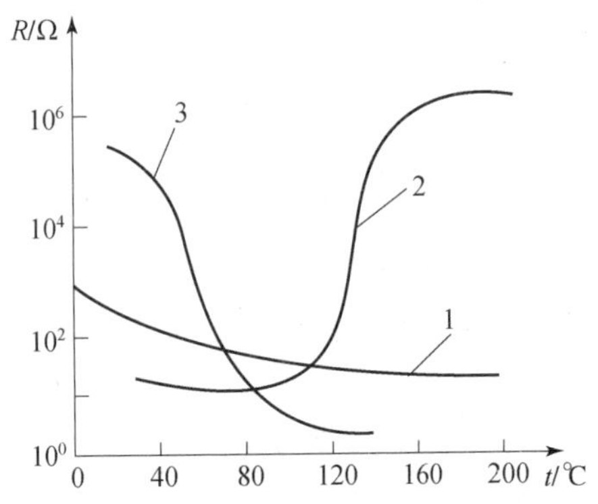

图 3－23　电阻和温度之间的特性曲线

1—负温度系数热敏电阻（NTC）；

2—正温度系数热敏电阻（PTC）$_2$；

3—突变型热敏电阻（CTR）

1. 负温度系数热敏电阻（NTC）

NTC 的阻值随着温度的升高而减小，是最常见的热敏电阻，它的材料主要是一些过渡金属氧化物半导体陶瓷，如锰、钴、铁、镍、铜等多种氧化物混合烧结而成，多用于温度的测量。

2. 正温度系数热敏电阻（PTC）

PTC 的阻值随温度的升高而增大，典型的 PTC 热敏电阻是在钛酸钡中掺入其他金属离子，以改变其温度系数和临界温度点。它在电子线路中多起限流作用。

3. 突变型热敏电阻（CTR）

当温度升高到某临界值时，CTR 的阻值随温度升高而降低 3 ~4 个数量级，即具有很大的负温度系数。在某个温度范围内阻值急剧下降，曲线斜率在此区段特别陡峭，灵敏度极高。此特性可用于自动控温和报警电路中。

表 3 –5　不同类型的热敏电阻材料

大分类	小分类		代表例子
NTC	单晶	金刚石、Ge、Si	金刚石热敏电阻
	多晶	迁移金属氧化物复合烧结体、无缺陷形金属氧化烧结体多结晶单体、固溶体形多结晶氧化物 SiC 系	Mn、Co、Ni、Cu、Al 氧化物烧结体、ZrY 氧化物烧结体、还原性 TiO_3、Ge、Si；Ba、Co、Ni 氧化物；溅射 SiC 薄膜
	玻璃	Ge、Fe、V 等氧化物，硫硒碲化合物，玻璃	V、P、Ba 氧化物、Fe、Ba、Cu 氧化物、Ge、Na、K 氧化物、$(As_2Se_3)_{0.8}$、$(Sb_2SeI)_{0.2}$
	有机物	芳香族化合物；聚酰亚釉	表面活性添加剂
	液体	电解质溶液 熔融硫硒碲化合物	水玻璃 As、Se、Ge 系
PTC	无机物	$BaTiO_3$ 系；Zn、Ti、Ni 氧化物系；Si 系、硫硒碲化合物	（Ba、Sr、Pb）TiO_3 烧结体
	有机物	石墨系 有机物	石墨、塑料 石腊、聚乙烯、石墨
	液体	三乙烯醇混合物	三乙烯醇、水、NaCl
CTR	—	V、Ti 氧化物系，Ag_2S、(AgCu)、(ZnCdHg) $BaTiO_3$ 单晶	V、P、(Ba · Sr) 氧化物 Ag_2S-CuS

3.2.3　热敏电阻的基本参数

1. 标称阻值 R_H（冷阻）

标称阻值 R_H指在环境温度为 (25 ±0.2)℃时测得的阻值，单位为 Ω。

2. 电阻温度系数 α_T（%/℃）

电阻温度系数 α_T 指热敏电阻的温度每变化 1 ℃时，电阻值的相对变化率，单位为%/℃。如不作特别说明，是指 20 ℃时的温度系数。

$$\alpha_T = \frac{1}{R_T}\frac{\mathrm{d}R_T}{\mathrm{d}T} = -\frac{B}{T^2} \tag{3-19}$$

式中，R_T为温度为 T 时的阻值。

3. 散热系数 H

散热系数 H 是指热敏电阻器温度变化 1 ℃所耗散的功率变化量，单位为 W/℃或 mW/℃。在工作范围内，当环境温度变化时，H 值随之变化，其大小与热敏电阻的结构、形状和所处介质的种类及状态有关。

4. 转变温度 T_C

转变温度是指热敏电阻的电阻－温度特性曲线上的拐点温度，主要指正温度系数热敏电阻（PTC）和突变型热敏电阻（CTR）。

3.2.4 热敏电阻的应用

热敏电阻具有尺寸小、响应速度快、灵敏度高等优点，因此它在许多领域得到广泛的应用，可用于温度测量、温度控制、温度补偿、稳压稳幅、自动增益调节、气体和液体分析、火灾报警、过热保护等方面。下面介绍几种主要用法。

1. 温度测量

如图 3－24 所示为热敏电阻体温表的测量原理，利用其原理还可以制作其他测温、控温电路。调试时必须先调零再调温度，最后再验证刻度盘中其他各点的误差是否在允许范围之内，上述过程称为标定。具体做法如下：将绝缘的热敏电阻放入 32 ℃的温水中待热量平衡后，调节 R_{P1}，使指针指在 32 上，再加热水，用更高一级的温度计监测水温，使其上升到 45 ℃，待热量平衡后，调节 R_{P2}，使指针指在 45 上，再加冷水，逐步降温检查 32～45 ℃内刻度的准确程度。

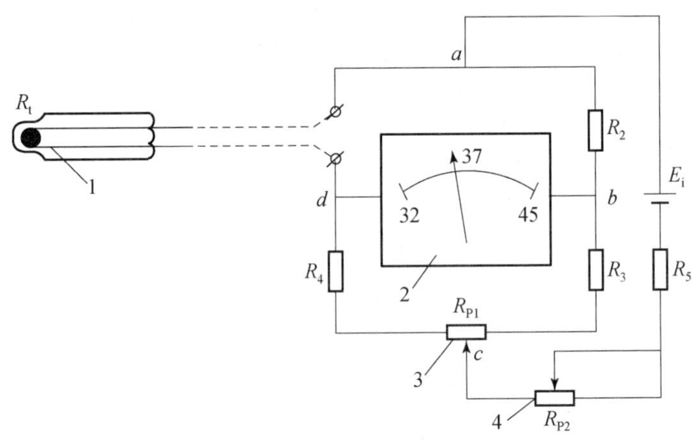

图 3－24 热敏电阻体温表测量原理

2. 温度补偿

热敏电阻可以在一定范围内对某些元件进行温度补偿，如图 3－25 所示为热敏电阻用于三极管温度补偿。当环境温度升高时，三极管的放大倍数 β 随温度的升高而增大，温度每上

升 1 ℃，β 值增大 0.5% ~1%，其结果是在相同的 I_B 情况下，集电极电流 I_C 随温度上升而增大，使输出 U_{SC} 增大，若要使 U_{SC} 维持不变，则需要提高基极电位，减小三极管基极电流，为此选用负温度系数热敏电阻，进行温度补偿。

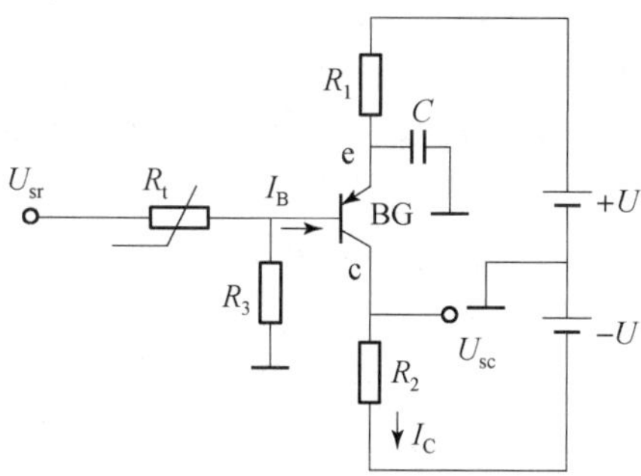

图 3－25　热敏电阻用于三极管温度补偿

3. 液位测量

给 NTC 型热敏电阻施加一定的加热电流，它的表面温度将高于周围空气的温度，此时它的阻值相对较小。当液面高于其安装高度时，液体将带走它的热量，使之温度下降，阻值升高。根据它的阻值变化，就可以知道液面是否低于设定值。汽车车厢中的油位报警传感器就是利用以上原理制作的。

4. 过载保护

如图 3－26 所示，R_{t1}、R_{t2}、R_{t3} 是热电特性相同的三个热敏电阻，安装在三相绕组附近。电动机正常运行时，其温度低，热敏电阻高，三极管不导通，继电器不吸合。当电动机过载时，其温度升高，热敏电阻的阻值减小，使三极管导通，继电器吸合，则电动机停止转动，从而实现保护作用。

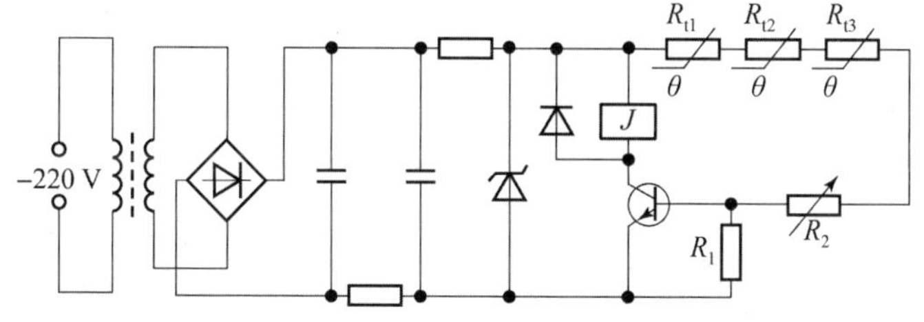

图 3－26　热敏电阻用于电动机过载保护

3.2.5　热电阻传感器的类型和结构

在测量 200 W/220 V 普通灯泡冷态阻值时，可发现仅有数十欧，但按 $R = U^2/P$ 计算其热态阻值为 282 Ω，冷热阻值相差近十倍，因此可知，钨丝在不同温度场中阻值是不同的。在金属中，载流子为自由电子，当温度升高时，虽然自由电子数目基本不变（当温度变化范围不是很大时），但每个自由电子的动能将增加，因而在一定的电场作用下，要使这些杂乱无章的电子作定向运动就会遇到更大的阻力，导致金属电阻值随温度的升高而增加。热电阻传感器就是利用电阻随温度升高而增大这一特性来测量温度的。

1. 常用热电阻

热电阻是利用电阻与温度成一定函数关系的特性，由金属材料制成的感温元件。当被测温度变化时，导体的电阻随温度变化而变化，通过测量电阻值变化的大小而得出温度变化的情况及数值大小。热电阻是中低温区最常用的一种温度检测器。

作为测温用的热电阻材料，希望其具有电阻温度系数大，线性好，性能稳定，使用温度范围宽，加工容易等特点。目前较为广泛应用的热电阻材料为铜、铂、铁和镍等。其中铂的性能最好，它的适用温度范围为 -200 ~ 960 ℃，其电阻值和温度之间有近似的线性关系。铜热电阻价廉且线性较好，但高温下容易氧化，故只适用测量 -50 ~ 150 ℃。表 3-6 给出了热电阻的主要性能指标。

表 3-6　热电阻的主要性能指标

材料	铂（WZP）	铜（WZC）
使用温度范围/℃	-200 ~ 960	-50 ~ 150
电阻率/（Ω·m）	$0.0981\times10^{-6}\sim0.106\times10^{-6}$	0.017×10^{-6}
α（0 ~ 100 ℃间电阻温度系数平均值）/（$℃^{-1}$）	0.003 85	0.004 28
化学稳定性	在氧化性介质中较稳定，不能在还原性介质中使用，尤其是在高温情况下	超过 100 ℃易氧化
特性	特性近于线性，性能稳定，精度高	线性较好，价格低廉，体积大
应用	适用于较高温度的测量，可作为标准测温装置	适用于测量低温，无水分，无腐蚀性介质的温度

（1）铂热电阻

铂材料的优点为：物理、化学性能极为稳定，尤其是耐氧化能力很强，并且在很宽的温度范围内（1 200 ℃以下）均可保持上述特性；易于提纯，复制性好，有良好的工艺性，可以制成极细的铂丝或极薄的铂箔；电阻率较高。其缺点是：电阻温度系数较小；在还原介质中工作时易被沾污变脆；价格较高。

铂热电阻的阻值与温度的关系近似线性，其特性方程为

当 -200 ℃ ≤ t ≤ 0 ℃时：

$$R_t = R_0[1 + At + Bt^2 + C(t-100)t^3] \tag{3-20}$$

当 0 ℃ ≤ t ≤ 960 ℃时：

$$R_t = R_0(1 + At + Bt^2) \tag{3-21}$$

式中，R_t为温度为 t ℃时铂热电阻的阻值，单位为 Ω；R_0为温度为 0 ℃时铂热电阻的阻值，单位为 Ω；A、B、C 为温度系数，它们的数值分别为 $A = 3.908\,03\times10^{-3}℃^{-2}$，$B = -5.802\times10^{-7}℃^{-1}$，$C = -4.273\,50\times10^{-12}℃^{-4}$。

（2）铜热电阻

铂金属贵重，因此在一些测量精度要求不高且温度较低的场合，普遍采用铜热电阻来测量 -50～150 ℃的温度。在此温度范围内，阻值与温度的关系几乎呈线性关系，即可近似表示为

$$R_t = R_0(1+\alpha t) \tag{3-22}$$

式中，α 为电阻温度系数，$\alpha=(4.25\sim4.28)\times10^{-3}℃^{-1}$。

铜热电阻温度系数比铂高，而电阻率则比铂低，容易提纯，加工性能好，可拉成细丝，价格便宜，其缺点是易氧化，不宜在腐蚀性介质或高温下工作。鉴于上述特点，在介质温度不高、腐蚀性不强、测温元件体积不受限制的条件大都采用铜热电阻。

2. 热电阻的结构

金属热电阻按其结构类型来分，有普通型、铠装型和薄膜型等。普通型热电阻由感温元件（金属电阻丝）、支架、引出线、保护套管及接线盒等基本部分组成，如图 3-27 所示为热电阻外形。

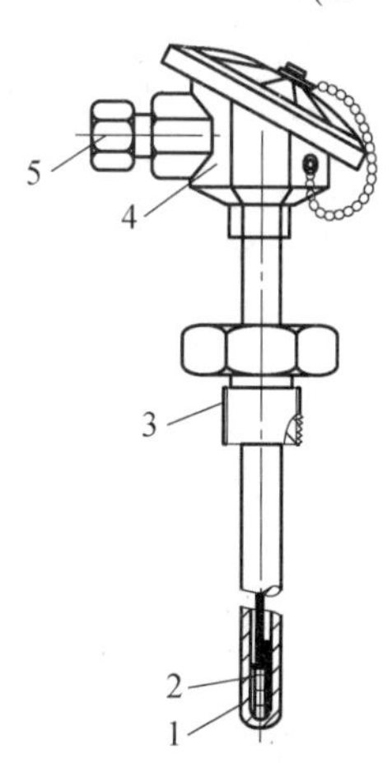

图 3-27　热电阻外形

1—保护套管；2—感温元件；
3—紧固螺栓；4—接线盒；
5—引出线密封套管

（1）感温元件（金属电阻丝）

由于铂的电阻率较大，而且相对机械强度较大，通常铂丝的直径为（0.03±0.005）～（0.07±0.005） mm。可单层绕制，若铂丝太细，电阻体可做得小，但强度低；若铂丝粗，虽强度大，但电阻体积大了，热惰性也大，成本高。由于铜的机械强度较低，电阻丝的直径需较大。一般为（0.1±0.005） mm 的漆包铜线或丝包线分层绕在骨架上，并涂上绝缘漆而成。由于铜电阻的温度低，故可以重叠多层绕制，一般多用双绕法，即两根丝平行绕制，在末端把两个头焊接起来，这样工作电流从一根热电阻丝进入，从另一根热电阻丝反向出来，形成两个电流方向相反的线圈，其磁场方向相反，产生的电感就互相抵消，故又称为无感绕法。这种双绕法也有利于引线的引出。

（2）骨架

热电阻是绕制在骨架上的，骨架是用来支持和固定电阻丝的。骨架应使用电绝缘性能好，高温下机械强度高、体膨胀系数小、物理化学性能稳定、对热电阻丝无污染的材料制造，常用的是云母、石英、陶瓷、玻璃及塑料等。

（3）引线

引线的直径应当比热电阻丝大几倍，尽量减少引线的电阻，增加引线的机械强度和连接的可靠性，对于工业用的铂热电阻，一般采用 1 mm 的银丝作为引线。对于标准的铂热电阻，则可采用 0.3 mm 的铂丝作为引线。对于铜热电阻则常用 0.5 mm 的铜线。在骨架上绕好热电阻丝，并焊好引线之后，在其外面加上云母片进行保护，再装入外保护套管，并和接线盒或外部导线相连接，即得到热电阻传感器。铂电阻和铜电阻结构如图 3-28、图 3-29 所示。

目前，还研制生产了薄膜型热电阻，它是利用真空蒸镀法使铂金属薄膜附着在耐高温基底上。其尺寸可以小至几平方毫米，可将其粘贴在被测高温物体上，测量局部温度，具有热容量小、反应快的特点。

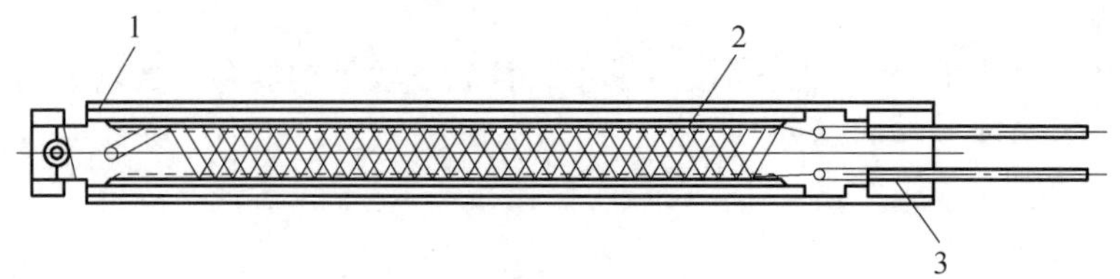

图 3－28　铂电阻结构

1—铆钉；2—铂热电阻；3—银质引脚

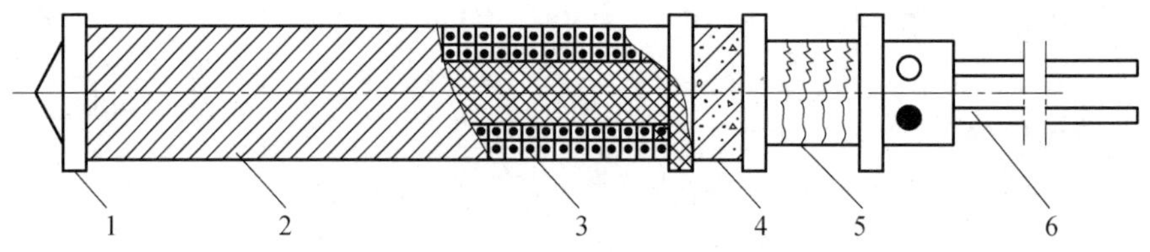

图 3－29　铜电阻结构

1—线圈骨架；2—保护层；3—铜电阻丝；4—扎线；5—补偿绕组；6—铜质引脚

目前我国全面施行“1990 年国际温标”（即 ITS－90）。按照 ITS－90 标准，国内统一设计的工业用铂热电阻在 0 ℃时的阻值 R_0 有 25 Ω、100 Ω 等几种，分度号分别用 Pt25、Pt100 等表示。同样的铜热电阻在 0 ℃时的阻值 R_0 有 25 Ω、100 Ω 两种，分度号分别用 Cu25、Cu100 表示。通过实验可知，金属热电阻的阻值 R_t 和温度 t 之间呈非线性关系。因此必须每隔一度测出铂热电阻和铜热电阻规定温度范围内 R_t 和 t 之间的对应关系，并制作表格，这种表格称为热电阻分度表，见附录 B。

【拓展阅读】

节能降耗，厉行节约

利用热敏电阻进行电路设计时，分立元件较多，器件小，稍不留意会造成器件损坏或丢失现象，器件选型使用，本着节约的意识，从成本考虑进行选择，电路的设计要遵行节能降耗、降低成本的原则。节俭节约是中华民族的传统美德，也是一种可贵的精神品质。

3.2.6　热电阻传感器的测量电路

热电阻是把温度变化转换为电阻值变化的一次元件，通常需要把电阻信号通过引线传递到计算机控制装置或者其他一次仪表上。工业用热电阻安装在生产现场，与控制室之间存在一定的距离，因此热电阻的引线对测量结果会有较大的影响。目前热电阻的接线方式有二线制、三线制和四线制，工业上一般采用三线制。

1. 二线制

在热电阻的两端各连接一根导线来引出电阻信号的方式叫二线制，如图 3－30（a）所示。这种引线方法很简单，但由于连接导线必然存在引线电阻 r，r 的大小与导线的材质和长度等因素有关，因此这种引线方式只适用于测量精度较低的场合。

2. 三线制

在热电阻的根部的一端连接一根引线，另一端连接两根引线的方式称为三线制，如

图 3－30（b）所示。这种方式通常与电桥配套使用，将导线一根接到电桥的电源端，其余两根分别接到热电阻所在的桥臂及与其相邻的桥臂上，这样消除了引线电阻带来的测量误差，是工业过程控制中最常用的连接方式。

3. 四线制

在热电阻的根部两端各连接两根导线的方式称为四线制，如图 3－30（c）所示。其中两根引线为热电阻提供恒定电流 I，把 R 转换成电压信号 U，再通过另两根引线把 U 引至二次仪表。可见这种引线方式可完全消除引线的电阻影响，主要用于高精度的温度检测。

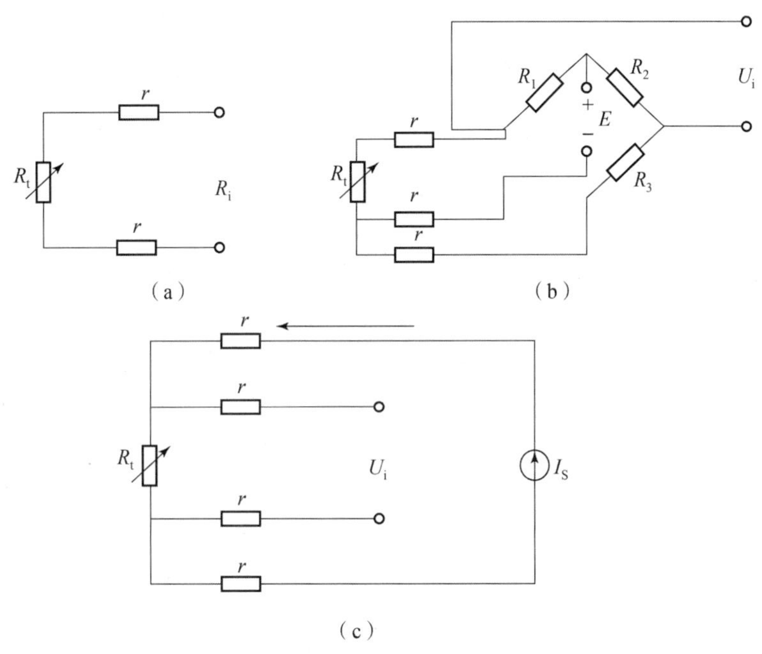

图 3－30　热电阻的接线连线方式

（a）二线制；（b）三线制；（c）四线制

【交流思考】

如果选用数字万用表进行电阻值的测量，其接线方式有哪些？

热电阻的测温电路

3.2.7　热电阻传感器的应用

1. 温度测量

利用热电阻的高灵敏度进行液体、气体、固体、固熔体等方面的温度测量，是热电阻的主要应用。工业测量中常用三线制接法，标准或实验室精密测量中常用四线制接法。

如图 3－31 所示的电路可直接作为铂热电阻测温电路应用，对于铜电阻测温，由于其非线性很小（可近似认为线性），无须补偿非线性，只要将图 3－31 电路中的 R_4 去掉（开路）即可。改变 R_7 的阻值可改变 IC_{l2} 的放大倍数，以满足测温范围（量程）要求。应用此电路时，IC_1 可选取普通运算放大器，如双运放 LM358、四运放 LM324 等。IC_2 为仪表放大器，可选 0P－07。对电阻选择的要求：R_1 为温度稳定性好的精密电阻，其他电阻为同温度系数的电阻。

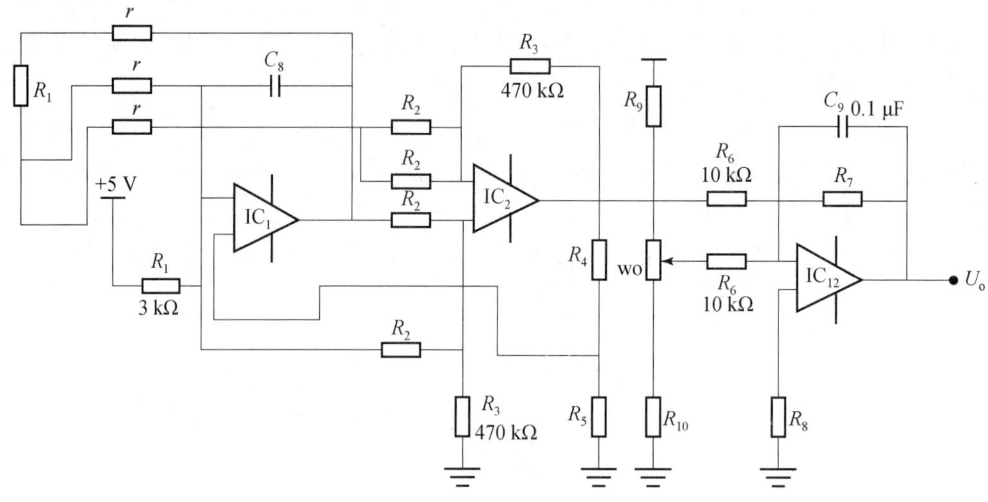

图 3-31　铂热电阻测温电路

2. 流量测量

热电阻上的热量消耗和介质流速的关系还可以测量流量、流速、风速等，如图 3-32 所示。当介质处于静止状态时，电桥处于平衡位置，此时流量计没有指示。当介质流动时，由于介质带走热量，温度的变化引起阻值的变化，电桥失去平衡而有输出，此时电流计的指示直接反映了流量的大小。

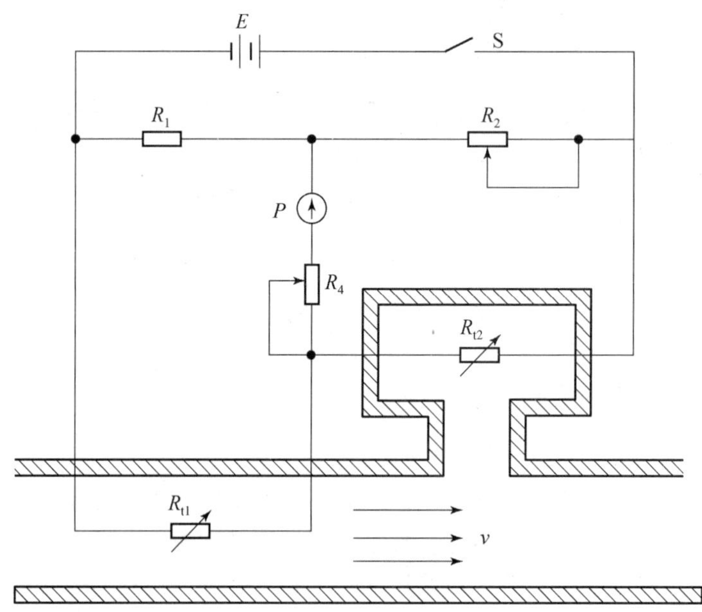

图 3-32　热电阻式流量计原理

【任务实施】

1. 电路设计

用热敏电阻制作电热水器温度控制器，实现当热水器内水温低于设定值时，接通电源加热，并点亮加热指示灯；当热水器内水温高于设定值时，断开电源停止加热。电路设计的核心器件选择热敏电阻进行温度测量，用比较器进行信号放大外加驱动电路及加热器 R_L 等组成，电路设计图如图 3－33 所示，通过电路可自动控制加热器的开闭，使水温保持在 90 ℃。

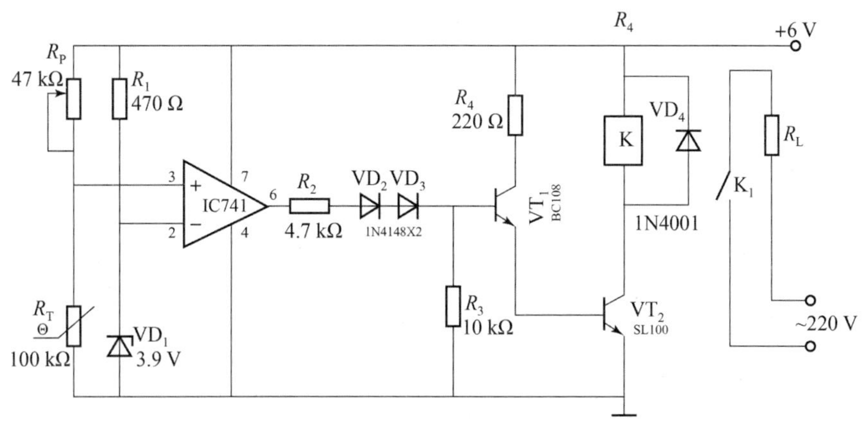

图 3－33　电热水器控温器电路设计图

2. 工作原理

热敏电阻在 25 ℃时的阻值为 100 kΩ，温度系数为 1 K/℃。在比较器的反相输入端加有 3.9 V 的基准电压，在比较器的同相输入端加有 R_P 和热敏电阻 R_T 的分压电压。当水温低于 90 ℃时，比较器 IC 输出高电位，驱动 VT_1 和 VT_2 导通，使继电器 K 工作，闭合加热器电路；当水温高于 90 ℃时，比较器 IC 输出端变为低电位，VT_1 和 VT_2 截止，继电器 K 断开加热器电路，调节 R_P 可得到要求的水温。

3. 电路制作与调试注意事项

①选择热敏电阻时需注意热敏电阻的灵敏度，依据选型的 NTC 和 PTC 能够灵活调整设计电路。

热电阻温度特性实验

②继电器使用时需注意触点的类型，正确选择常开触点和常闭触点。

③焊接时注意继电器的线圈和触点使用正确。

④通电前，先检查集成电路焊接是否正确，并注意是否有短路或漏电现象。

⑤通电后根据原理依次测试各输出点的电压，根据被测温度观察继电器的动作状态。

【技能训练工单】

姓名		班级		组号	
名称	任务 3.2　热电阻　热敏电阻应用				
任务提出	本次实验目的是能够运用热敏电阻进行温度的测量。当温度达到 >70 ℃时启动控制电路实现风扇转动和灯泡点亮（发光二极管显示），从而达到加热和保温的目的。				

续表

<table>
<tr><td>姓名</td><td></td><td>班级</td><td></td><td>组号</td><td></td></tr>
<tr><td>名称</td><td colspan="5">任务 3.2　热电阻　热敏电阻应用</td></tr>
<tr><td>问题导入</td><td colspan="5">1）250 ℃ =________ K =________ ℉；122 ℉ =________ K =________ ℃。
2）热敏电阻传感器主要有________和________两种。
3）温度常用的单位有________、________、________。
4）PTC 型热敏电阻随着温度的升高阻值________，NTC 热敏电阻随着温度的升高阻值________。
5）常见的金属热电阻主要有________和________。
6）工业上使用热电阻采用的接线方式是________。
7）热敏电阻传感器主要有________和________两种。</td></tr>
<tr><td>技能要求</td><td colspan="5">1）能够正确检测热敏电阻；
2）掌握热敏电阻输出信号处理电路的连接；
3）掌握电路的搭建和调试方法。</td></tr>
<tr><td>热敏电阻原理说明</td><td colspan="5">用半导体材料制成的热敏电阻具有灵敏度高、可以应用于各领域的优点，热电偶一般测高温时线性较好，热敏电阻则用于 200 ℃以下温度较为方便，本实验中所用热敏电阻为负温度系数的热敏电阻。温度变化时热敏电阻阻值的变化导致运放组成的压/阻变换电路的输出电压发生相应变化。其原理如图 3－34 所示。
图 3－34　热敏电阻原理</td></tr>
</table>

续表

姓名		班级		组号	
名称	任务 3.2　热电阻　热敏电阻应用				

任务制作

实训步骤：

1）热敏电阻输出电阻信号变电压信号电路。

该热敏电阻温度传感器的电阻随着温度的变化而变化，转换电路是将变化的电阻转化为变化的电压。电路如图 3－35 所示。

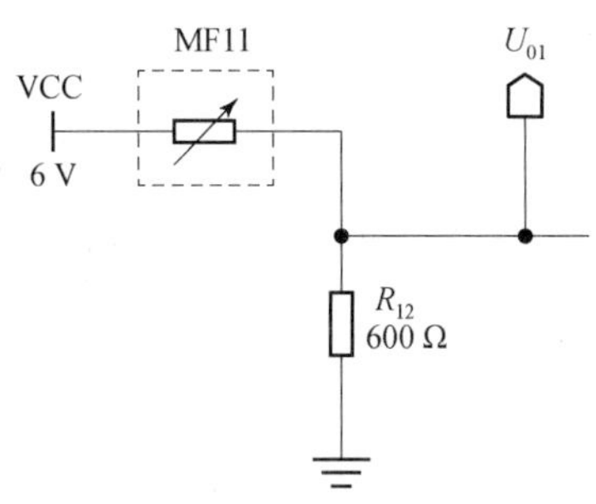

图 3－35　热敏电阻温度传感器转化电路

2）整体电路设计。

经过转换电路，输出电压范围为 0～5 V，由于电路传输需要，将输出电压转化为 0～10 V。整体电路如图 3－36 所示。

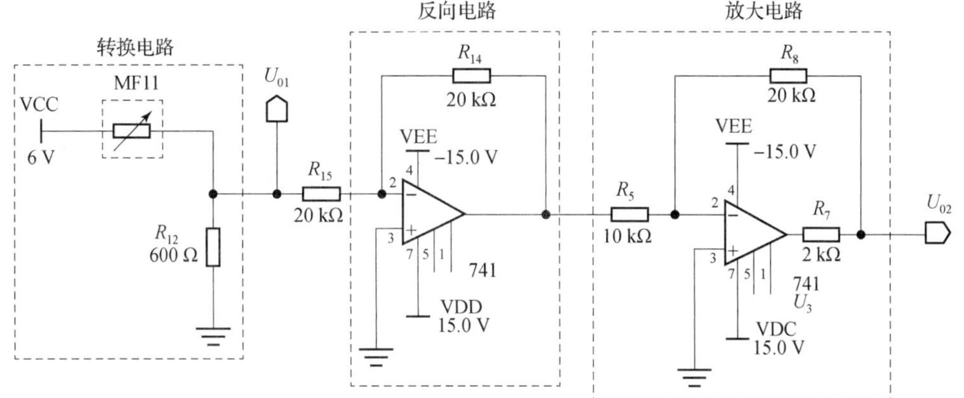

图 3－36　热敏电阻温度传感器整体电路

3）电路调试。

调节温度，将温度与 U_{01} 对应的数据记录在表 3－7 中。

表 3－7　热敏电阻温度传感器温度与 U_{01} 数据表

温度/℃	－40	－19.32	0.09	19.49	43.75	63.15	82.56	101.96	121.37	127
U_{01}/V										
温度/℃										
U_{01}/V										

续表

姓名		班级		组号	
名称	任务 3.2　热电阻　热敏电阻应用				
任务制作	4）绘制温度与输出电压关系曲线，说明其关系。 5）设计电压转换电路，记录电压于表 3－8 中，测试设计电路是否满足要求。				

表 3－8　热敏电阻温度传感器实验数据表

温度/℃	－40	－19.32	0.09	19.49	43.75	63.15	82 56	101.96	121.37	127
U_{01}/V										
U_{02}/V										

自我总结	

【考核评价】

项目	配分	考核要求	评分细则	得分	扣分
正确连接电路	30 分	能使用实训箱正确连接电路图	1）线路连接正确，但布线不整齐，扣 5 分； 2）未能正确连接电路，每处扣 2 分		
温度测量	50 分	能正确进行仿真，并准确读出实验数据	1）连接方法不正确，每处扣 5 分； 2）读数不准确，每次扣 5 分		
能正确记录实训数据	10 分	能正确记录相关数据并对结果进行分析	1）不能进行相关数据的分析，扣 10 分； 2）不能正确记录相关数据，每次扣 5 分		
安全文明操作	10 分	1）安全用电，无人为损坏仪器、元件和设备； 2）保持环境整洁，秩序井然，操作习惯良好； 3）小组成员协作和谐，态度正确； 4）不迟到、早退、旷课	1）违反操作规程，每次扣 5 分； 2）工作场地不整洁，扣 5 分		
总分					

【交流思考】

热敏电阻使用过程中对于电流有限制吗?

【拓展知识】

其他温敏器件的应用

1. 温敏二极管

20 世纪 60 年代初期，随着半导体技术和测温技术的发展，人们发现在一定电流模式下，PN 结的正向电压与温度之间的关系表现出良好的线性关系。根据这一关系，可以利用二极管进行温度检测，这种二极管称为温敏二极管。

（1）温敏二极管的类型

①砷化镓温敏二极管。1963 年世界上第一支砷化镓温敏二极管问世，1966 年开始商品化。它的最大优点是在强磁场环境下可以使用。例如，在 2～40 K 温度范围内，2 T 的磁场引入的误差为 0～1 K，4 T 为 0.6～1 K。

②硅温敏二极管。20 世纪 70 年代，专门的硅温敏二极管问世，比砷化镓温敏二极管问世晚一些，但它的互换性、稳定性、复现性好，而成本低，所以在除强磁场环境以外的其他场合，基本上取代砷化镓温敏二极管，是目前使用量最大的温敏二极管。如北京半导体器件六厂生产的 2DWM 型硅温敏二极管已广泛用于温度测量、控制和补偿。

③碳化砷温敏二极管。硅和砷化镓温敏二极管的上限工作温度通常是 400 K 左右，温度再高，灵敏度变差，非线性严重。碳化砷温敏二极管的上限温度可以到 750 ℃，实际工作的线性区间为 0～500 ℃，而且还有耐辐射的能力。

（2）温敏二极管的典型应用

①高精度数字温度计。如图 3－37 所示为高精度桥式数字温度计电路。电路采用电压调节器 CA3085 作恒压源，向电桥提供（1.875 ±0.001）V 恒压。在电桥电路中，通过温敏二极管的电流与温度呈线性关系，所以温敏二极管的正向电压与温度之间有良好的关系。这个电路扩大了电桥的线性范围，电阻 R_3 使电桥灵敏度变为 1 mV/℃，在 ±200 ℃的量程中温度计的精度为 ±5 ℃；在 ±100 ℃范围内，可得到好于 ±0.1 ℃的精度。探头中不仅包括硅温敏二极管 DA1703，而且包括电阻 R_S、R_P、R_9、R_{10}，这几个电阻是为了解决互换性而设置的，可参看前节热敏电阻的互换性和线性的方法。对于不同的二极管，调整可变电阻 R_S 和 R_P，可使它们之间有好于 ±0.5 ℃的互换性。因此，这种温度计备有可换的探头。

②频率输出温度传感器。在一些测量场合，要求能够将温度换成相应数值的频率。如图 3－38 所示就是一种具有频率输出的温度传感器电路，它实际上是一种电压－频率变换器。温敏二极管 IN914 用来检测温度，工作电流为 1 mA，稳压二极管 IN821 给出 6.2 V 的基准电压，运放 301A 作为积分器使用。电源通过 1 kΩ 电位器向电容 C_1（4 300 pF）充电到 －10 V 时，但结晶管 2N2646 导通，使积分复位。这样周而复始，在运算放大器的输出端就得到方波脉冲，脉冲频率正比于同向输入端的输入电压，而这一电压就是温敏二极管的正向电压 U_F，由于 U_F 随温度线性变化，所以脉冲频率随温度线性变化。由晶体管 2N222 组成输出级，给出 TTL 电平的输出脉冲，这样利用 TTL 计数器就可测量输出频率。

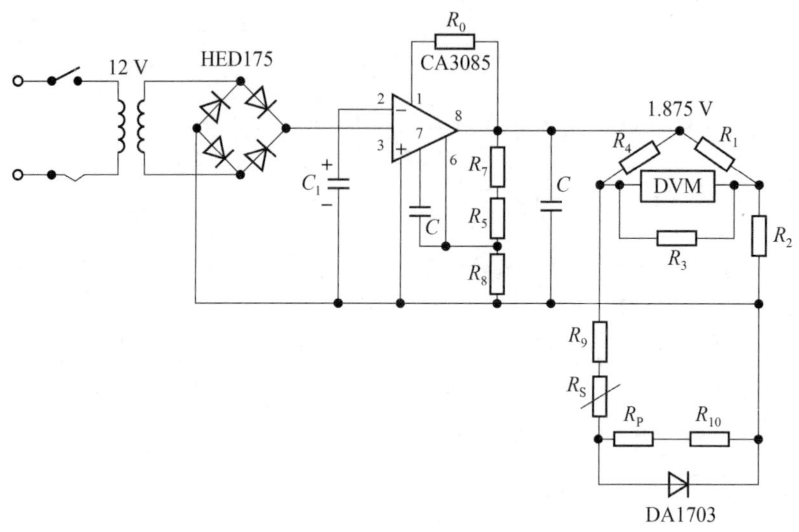

图 3－37　高精度桥式数字温度计电路

此电路测温范围为 0～100 ℃，分辨率为 0.1 ℃，精度可达 0.3 ℃。

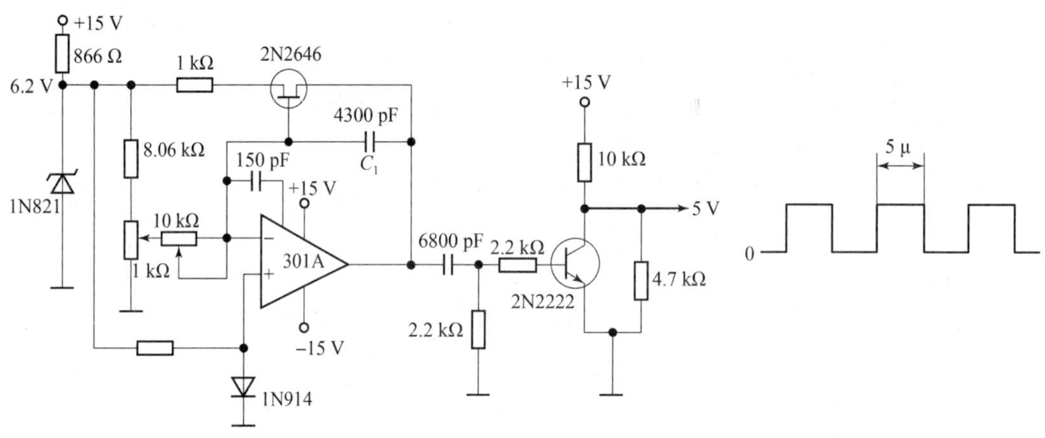

图 3－38　频率输出的温度传感器电路

③低温液体液位调节系统。图 3－39 给出了一个液氧液位调节系统原理，它由硅温敏二极管 IN4005 和直流放大器组成。硅温敏二极管置于容器内设定的位置上，当液体上升到这个位置时，电压 U_F等于 U_R，于是放大器输出为零，电磁阀门关闭，输液停止。当液位下降到温敏二极管以下时，U_F小于 U_B，于是放大器有输出，继电器被触发，电磁阀门开启，高压氧气通入液氧储槽，按要求将液氧压入容器。

线路的灵敏度通过 R 来调节，为了防止电磁阀频繁开关，可作如下调整：当液体低于硅温敏二极管 2 in（1 in＝2.54 cm）时，再启动电磁阀输液，电磁阀的工作状态由发光二极管指示。

2. 其他测温传感器

(1) 温敏晶体管

研究表明，在恒定集电极电流条件下，晶体管发射结上的正向电压随温度上升而近似线

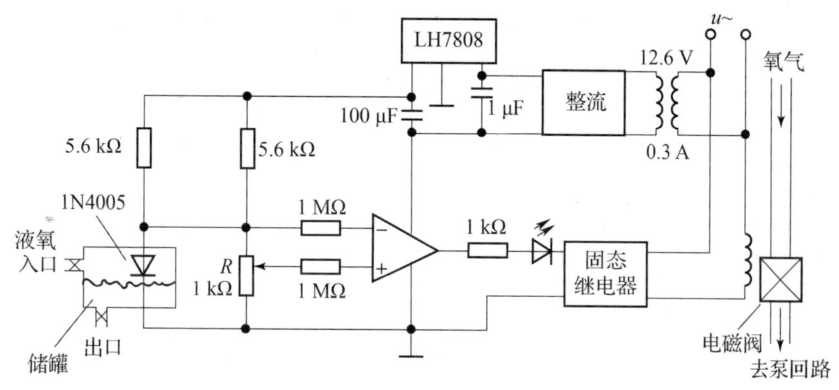

图 3－39　液氧液位调节系统原理

性下降，这种特性与二极管温度特性相似，但比二极管有更好的线性和互换性。晶体管温度传感器在 20 世纪 70 年代就达到实用化。如图 3－40 所示为基本晶体管温度传感器电路。

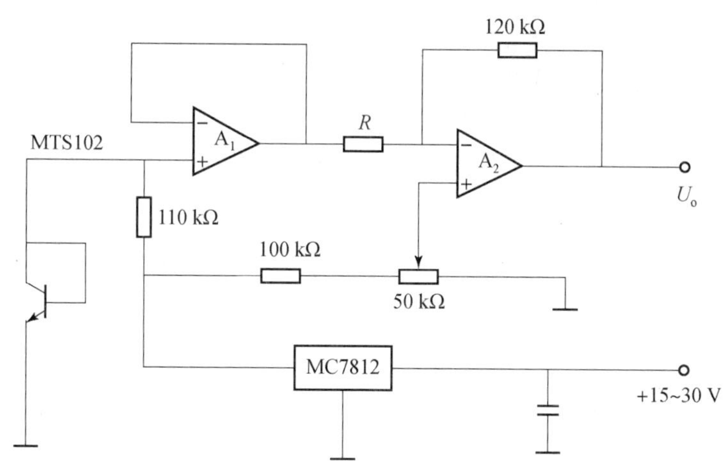

图 3－40　基本晶体管温度传感器电路

传感器以温敏晶体管 MTS102、运放 LM324 和参考电压源 MC7812 组成。参考电压源 MC7812 给出稳定电压，一方面通过 110 kΩ 电阻使流过温敏晶体管 MTS102 的集电极电流恒定；另一方面通过 100 kΩ 电阻和 50 kΩ 电位器分压给运放 A_2的同相输入端，提供了一个参考电压，此为传感器输出的偏置电压，使传感器在定标后可以在绝对零度（外推）、摄氏零度和华氏零度给出零电压输出。

（2）磁式温度传感器

有些磁性材料，如热敏铁氧体，它的磁导率（μ）随着温度变化而明显地变化，而且在一特定温度下特性将发生剧烈变化，该温度称为居里温度 T_c，改变铁氧体的组成成分，T_c 可以在相当大的范围内自由变化，其特性示于图 3－41 中。

因此，利用热敏铁氧体的这种特性，可以与开关机构联动，或将磁铁、热敏铁氧体与弹簧开关组合应用，制成定温控制开关。改变铁氧体成分，可使控制范围达－0～200 ℃，定温精度可达 ±1 ℃。

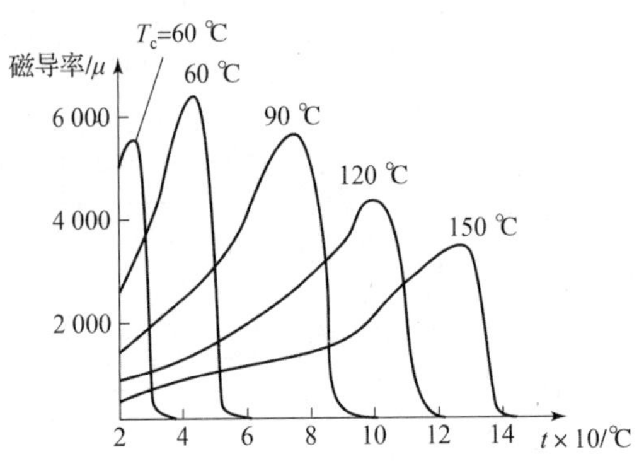

图 3 - 41　铁氧体的 μ 与温度的关系

（3）电容式温度传感器

以 $BaSrTiO_3$ 为主的陶瓷电容器的磁导率 μ 随温度的变化而变化，因此其电容量亦随温度而变化，据此可将被测温度转换为相应的电容变化，结晶陶瓷电容器的低温特性较好，可用于较低温度的测量。但是，这类陶瓷电容器的容量大都会在高温、高湿状态下发生变化，必须注意防潮。

（4）利用晶体管特性的测温传感器

在电子线路中，曾将 PN 结电压随温度变化的特性（约 -2.3 mV/℃）作为半导体二极管和三极管的一个误差因素，要求在线路设计中设法解决。但是，在温度测量中却是一个可利用的特性。若使集电结处于充分反向偏置，在 $qU_{be} > KT >> 1$ K（开尔文）的条件下，集电极电流 I_C 可近似由下式表示：

$$I_C \approx I_S \exp\left(\frac{qU_{be}}{KT}\right) \tag{3-23}$$

【任务习题云】

1. 热敏电阻传感器主要有________、________和________三种。

2. 热电阻常用的接线方式有________、________和________三种，其中工业上常用的接线方式为________。

3. 常用热电阻的材料有________和________。

4. 热敏电阻应用非常广泛，可以制成温度传感器，如图 3 - 42（a）所示。图中电源电压 6 V，定值电阻 R_0 的阻值为 100 Ω，Q 为温度仪表，其允许通过的最大电压为 3 V，温度传感器的阻值随室内温度的改变而改变，如图 3 - 42（b）所示。试问：

（1）图 3 - 42（a）中温度仪表 Q 应用什么电表改装？

（2）当温度传感器 R 的阻值为 200 Ω 时，室内温度是多少？

（3）当室内温度为零时，温度传感器 R 的功率是多少？

（4）图 3 - 42（a）电路正常工作时，最高可以测的温度是多少？

5. 分析热电阻的三线制和四线制接法有何不同？

6. 热电阻和热敏电阻、热电偶测温上有什么区别？各自的特点是什么？

7. 用一支铂电阻去测量某气体的温度得到的电阻值为 281.05 Ω，试确定该气体的温度。（0 ℃时阻值为 100 Ω）

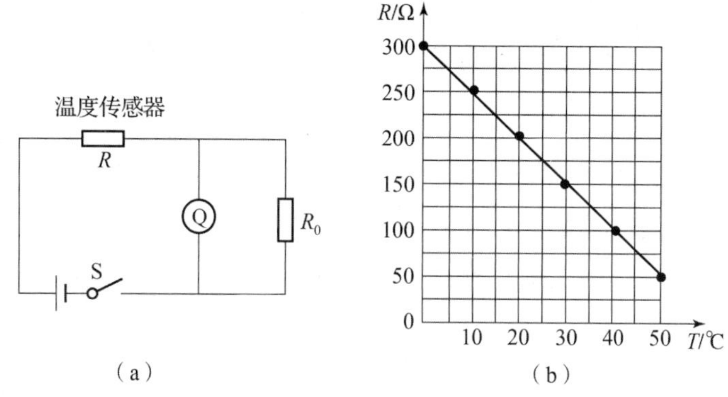

图 3－42　温度传感器

任务 3.3　婴儿尿湿报警电路的设计与制作

【任务描述】

利用湿度传感器制作婴儿尿湿报警器，要求能在婴幼儿尿床几分钟内发出报警声，提醒妈妈换尿布，有利于婴幼儿健康。同时可以作为老人尿床和 5 岁以下幼儿生理性遗尿的一种生物反馈疗法。

【知识链接】

湿度检测与控制在现代生产生活中的地位日渐重要。例如为避免因空气干燥引起静电、烧坏电路板、造成线路瘫痪，从而引发事故，通信行业动力机房环境对湿度和温度有着严格的要求。为了提高人体的舒适性，应正确控制室内湿度。许多储物仓库湿度过高，物品容易变质。农业生产中的温室育苗、食用菌培养都需要对湿度进行检测与控制。受湿度影响较大的场合，还有计算机房、印刷车间、洁净室、手术室、实验室、气调库、半导体生产车间、博物馆、档案馆等。

3.3.1　湿敏传感器的测量原理

湿敏传感器的测温原理

人类的生存和社会活动与湿度密切相关。随着现代化的发展，很难找出一个与湿度无关的领域。由于应用领域不同，对湿度传感器的技术要求也不同。从制造角度看，同是湿度传感器，材料、结构不同，工艺不同，其性能和技术指标有很大差异，因而价格也相差甚远。选择合适的湿度传感器进行检测尤为重要。

湿度是表征空气中水蒸气含量的物理量。在一定的温度下，在一定体积的空气里含有的水蒸气越少，则空气越干燥；水蒸气越多，则空气越潮湿。空气的干湿程度叫做湿度，在此意义下，常用绝对湿度、相对湿度和露点等物理量来表示。

1. 绝对湿度

绝对湿度（AH）是指大气中水蒸气的密度，即每一立方米大气中所含水蒸气的质量（单位是 g/m^3）。要想直接测量大气中的水蒸气含量十分困难。由于水蒸气含量与水蒸气压强成正比，所以绝对湿度又可以用大气中所含水蒸气的分压强来表示（单位是 Pa）。

2. 相对湿度

相对湿度（RH）是指大气中实有水汽压与当时温度下饱和水汽压的百分比，是日常生活中常用来表示湿度大小的方法。当相对湿度达 100% 时，称为饱和状态。温度越高，大气吸收水蒸气的能力越强，在某个温度下，气体中所能包含的水蒸气的量达到最多时的状态，就叫做饱和状态。

例如，在 30 ℃，一个大气压下，1 m^3 大气中最多包含 30 g 水蒸气，则此时相对湿度为 100% RH，若是同样的条件下绝对湿度为 15 g/m^3，则此时相对湿度为 50% RH，若绝对湿度保持 15 g/m^3 不变，气温下降 10 ℃，则相对湿度又接近 100% RH，所以在阴冷的地下室里，人们会感觉十分潮湿。经测定，专家认为室内最佳湿度为：40% ~ 70% RH。

3. 露点

降低温度可以使大气中未饱和的水蒸气变成饱和水蒸气而产生结露现象，此时的温度值称为露点。形象地说，就是空气中的水蒸气变为露珠时的温度叫露点，当该温度低于 0 ℃ 时，又称为霜点。露点与农作物的生长有很大关系，结露也严重影响电子仪器的正常工作，必须予以注意。

3.3.2 湿敏传感器的分类

现代湿度测量主要有两种方法：干湿球湿度计测湿法和电子式湿度传感器测湿法。

1. 干湿球湿度计

干湿球湿度计的测量原理如图 3－43 所示，它由两支相同的普通温度计组成，一支用于测定气温，称干球温度计；另一支在球部用蒸馏水浸湿的纱布包住，纱布下端浸入蒸馏水中，称湿球温度计。如果空气中水蒸气量没饱和，湿球的表面便不断地蒸发水汽，并吸取汽化热，因此湿球所表示的温度都比干球要低。空气越干燥（即湿度越低），蒸发越快，使湿球所示的温度降得越低，而与干球间的差增大。相反，当空气中的水蒸气计量呈饱和状态时，水便不再蒸发，也不吸取汽化热，湿球和干球所示的温度相等。使用时应将它们放置距地面 1.2 ~ 1.5 m 的高处。读出干、湿两球所指示的温度差，由该湿度计所附的对照表就可查出当时空气的相对湿度。

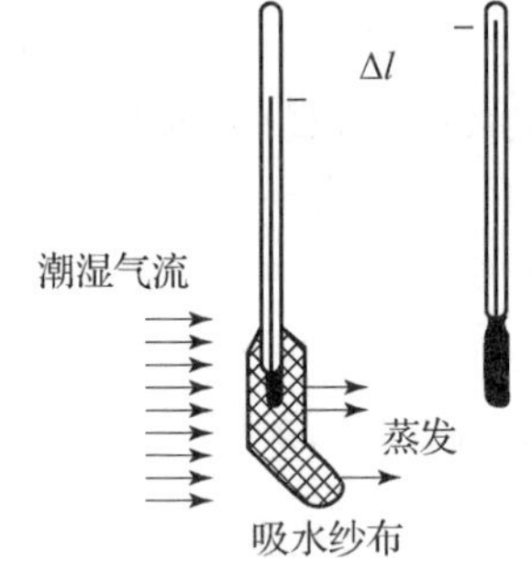

图 3－43　干湿球湿度计的测量原理

干湿球湿度计测湿法的维护相当简单，在实际使用中，只需定期给湿球加水及更换湿球纱布即可。与电子式湿度传感器相比，干湿球湿度计测湿法不会产生老化、精度下降等问题。所以干湿球湿度计测湿法更适合在高温及恶劣环境的场合使用。

2. 电子式湿度传感器

电子式湿度传感器是近几十年，特别是近 20 年才迅速发展起来的，主要是采用半导体技术，因此对使用的环境温度有要求，超过其规定的使用温度将对传感器造成损坏。

(1) 半导体陶瓷湿敏电阻

半导体陶瓷湿敏电阻是当今湿度传感器发展的方向，它通常是用两种以上的金属氧化物半导体材料混合烧结而成的多孔陶瓷，近年来研究出许多电阻型湿敏多孔陶瓷材料，这类元件中较为成熟且具有代表性的是：铬酸镁 - 二氧化钛（$MgCr_2O_4 - TiO_2$）陶瓷湿敏元件、五氧化二钒 - 二氧化钛（$V_2O_5 - TiO_2$）陶瓷湿敏元件和氧化锌 - 三氧化二铬（$ZnO - Cr_2O_3$）陶瓷湿敏元件等。

$MgCr_2O_4 - TiO_2$（铬酸镁 - 二氧化钛）是用 P 型半导体 $MgCr_2O_4$ 及 N 型半导体 TiO_2 粉粒为原料，配比混合，烧结成的复合型半导体陶瓷，其结构如图 3 - 44 所示。同其他陶瓷相比，$MgCr_2O_4 - TiO_2$ 与空气的接触面积显著增大，所以水蒸气极易被吸附于其表层及孔隙之中，使其电阻率下降，其电阻与相对湿度关系曲线如图 3 - 45 所示。由于多孔陶瓷置于空气中易被灰尘、油烟污染，从而堵塞气孔，使感湿面积下降，所以在使用前需要加热，陶瓷元件的加热去污应控制在 450 ℃，就可以将污物挥发或烧掉。陶瓷湿敏电阻吸湿快而脱湿慢，当吸附的水分子不能全部脱出时，会造成重现性误差及测量误差，可以用重新加热脱湿的方法，即每次使用前先加热 1 min 左右，加热完后应冷却至常温再开始检测湿度。

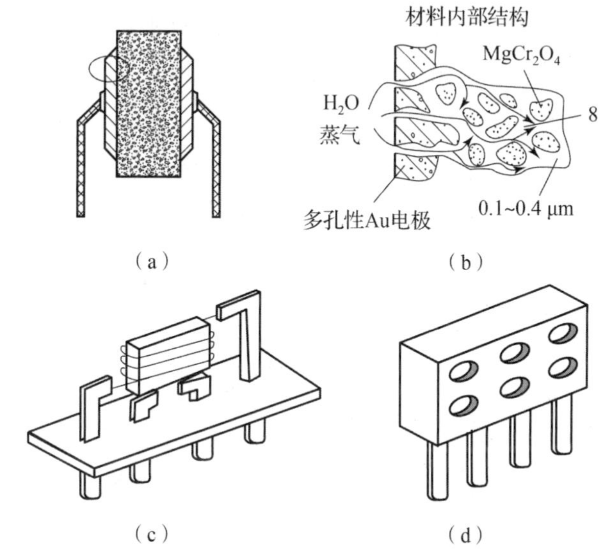

图 3 - 44　陶瓷湿度传感器结构

(a) 吸湿单元；(b) 材料内部结构；(c) 卸去外壳后的结构；(d) 外形图

(2) 氯化锂湿敏电阻

氯化锂湿敏电阻属于无机电解质湿度传感器，其感湿原理为：不挥发性盐（氯化锂）溶解于水，结果降低了水的蒸汽压，同时盐的浓度降低，电阻率增加。氯化锂湿敏元件灵敏、准确、可靠、不受测试环境风速影响，其主要缺点是在高湿的环境中，潮解性盐的浓度会被稀释，因此，使用寿命短，当灰尘附着时，潮解性盐的吸湿功能降低，重复性变坏。氯化锂湿敏电阻结构包括引线、基片、感湿层和金属电极，如图 3 - 46 所示。

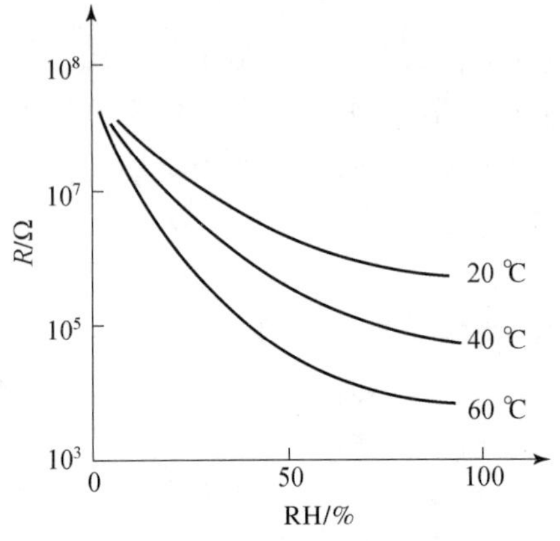

图 3-45　陶瓷湿度传感器电阻与相对湿度关系曲线

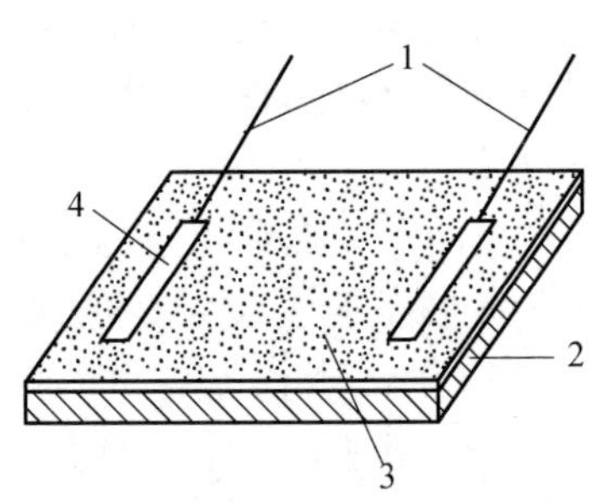

图 3-46　氯化锂湿敏电阻的结构

1—引线；2—基片；3—感湿层；4—金属电极

氯化锂通常与聚乙烯醇组成混合体，在氯化锂溶液中，Li 和 Cl 均以正负离子的形式存在，Li^+ 对水分子的吸引力强，离子水合程度高，其溶液中的离子导电能力与浓度成正比。当溶液置于一定的环境下，若环境湿度较高，则溶液吸收水分，浓度下降，溶液电阻率下降。反之，若环境湿度较低，其电阻率增大，以此实现对湿度的测量，氯化锂湿敏电阻的湿度－电阻特性曲线如图 3-47 所示。

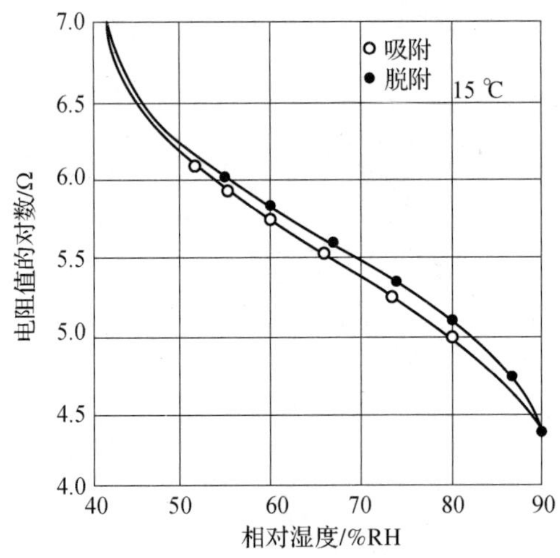

图 3-47　氯化锂湿敏电阻的湿度－电阻特性曲线

【交流思考】

你知道露点和居里点有什么不同吗？

3.3.3　湿敏传感器的应用

浴室中的水蒸气很大，会使浴室内的镜子模糊，当浴室的湿度达到一定程度时，镜

面会结露，表面一层雾气，市场上没有所谓的不结露镜面，而是都要安装镜面水汽清除器。

一般在常温洁净环境、连续使用的场合，应选用高分子湿度传感器，这类传感器精度高、稳定性好。在高温恶劣环境，应选用加热清洗的陶瓷湿度传感器，这类传感器耐高温，通过定期清洗能除去吸附在敏感体表面的灰尘、气体、油雾等杂物，使性能恢复。由于浴室的特定环境，结合湿敏传感器的相关知识，选用结露型传感器为主要器件制作浴室镜面水汽清除器。

【案例 3－5】 如图 3－48 所示是一款用于湿度检测的电路，请分析该电路是如何进行湿度检测的？

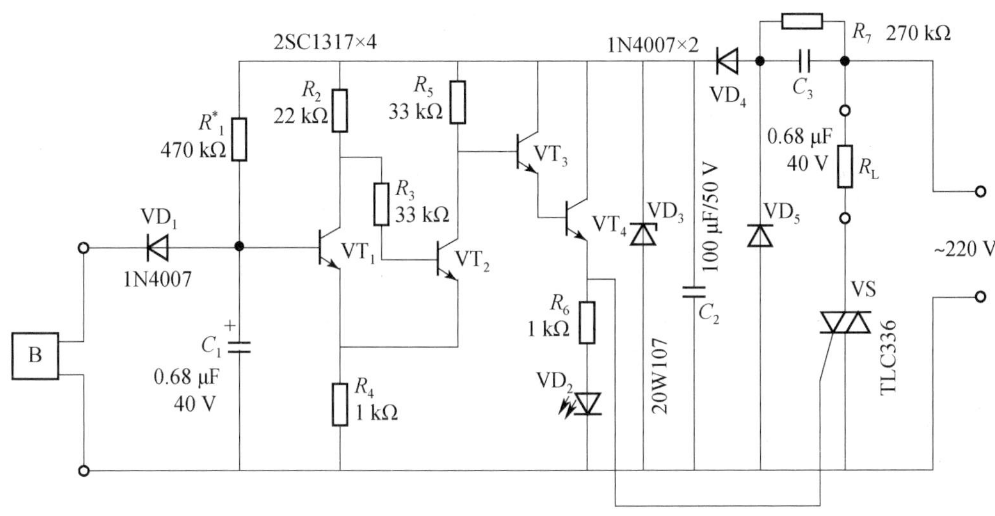

图 3－48　湿度检测电路

原理分析：B 为结露控制器 HDP－07 型结露传感器，用来检测浴室内空气的水汽。VT_1 和 VT_2 组成施密特电路，它根据结露传感器感知水汽后的阻值变化，实现两种稳定的状态。

当玻璃镜面周围的空气湿度变低时，结露传感器阻值变小，此时 VT_1 的基极电位约 0.5 V，VT_2 的集电极为低电位，VT_3 和 VT_4 截止，双向晶闸管不导通。如果玻璃镜面周围的湿度增加，负特性结露传感器的阻值降逐渐增大使 VD_1 基极点位大于 0.7 V 时，VT_1 导通，VT_2 截止，其集电极电位变为高电位，VT_3 和 VT_4 均导通，触发晶闸管 VS 导通，加热丝通电，使玻璃镜面加热。随着镜面温度逐步升高，镜面水汽被蒸发，从而使镜面恢复清晰。加热丝加热的同时，指示灯 VD_2 点亮。调节的阻值，可使加热丝在确定的某一相对湿度条件下开始加热。

【案例 3－6】 房间湿度的检测，试分析图 3－49 如何实现湿度的检测。

原理分析：湿敏传感器采用的是湿敏电容，随着房间相对湿度的增大，传感器输出电压相应增大。将湿敏传感器输出电压分别接入比较器 A_1 的反相端与 A_2 的同相端，适当调整 R_{P1}、R_{P2} 的位置，即可构成房间湿度上下限报警电路，并通过电路输出控制继电器的工作状态，进而调节房间的湿度。

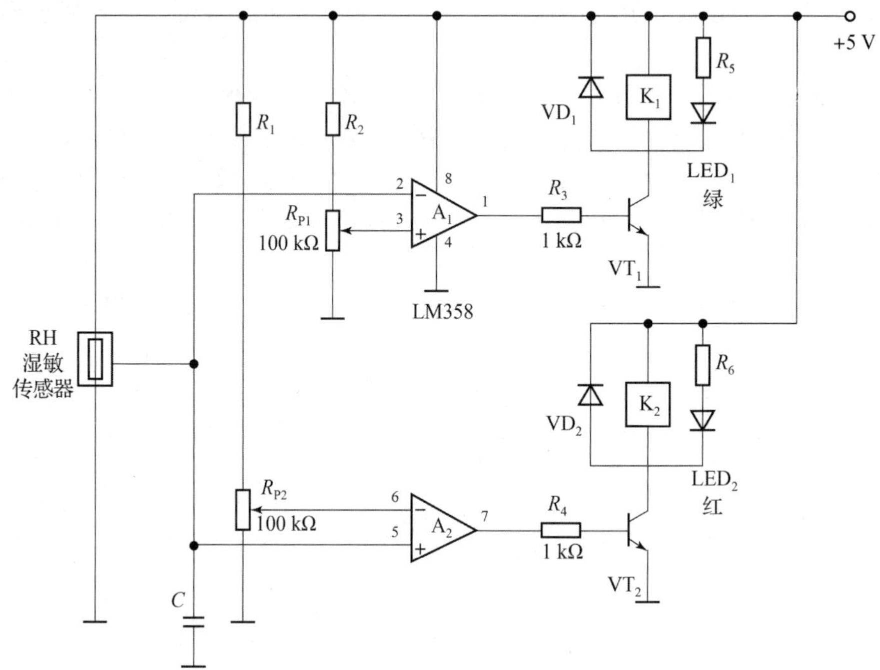

图 3－49　房间湿度检测电路

【拓展阅读】

团结友爱

利用传感器进行信息的采集，无论是湿度传感器还是气体传感器，都有对外界信息吸附的作用，通过发生化学效应，进而实现测量，实现自身价值。吸附、吸引、真诚、尊重都是“友善”的表现，正如团队要团结协作、相互支持、相互助力、彼此成就。

【任务实施】

利用湿度传感器设计制作婴儿尿湿报警器，设计的核心器件是湿敏传感器，对湿敏传感器输出的信号进行处理，采用 555 进行延时报警。

1. 电路设计

整个电路由三个电路单元组成：由湿度传感器 SM 与 VT_1 组成电子开关电路，由 555 时基集成电路和阻容元件组成延时电路，IC_2 为软封装集成电路，电路结构如图 3－50 所示。

2. 工作原理

平时湿敏传感器处于开路状态，VT_1（PNT 型晶体管）集电极无电压输出，这里 VT_1 相当于一个受湿度控制的电子开关。当婴儿尿布尿湿后，湿敏传感器被尿液短路，VT_1 导通，VT_1 的集电极电位升高，延时电路便开始工作计时，约 10 s 后，IC_1（555）第三脚输出高电平，触发 IC_2 发出音乐声音，提示监护人及时给婴儿换尿布。

电路设计了一个延时“开”的功能，当婴儿撒尿时，大约 10 s 后才开始报警，避免惊吓婴儿。

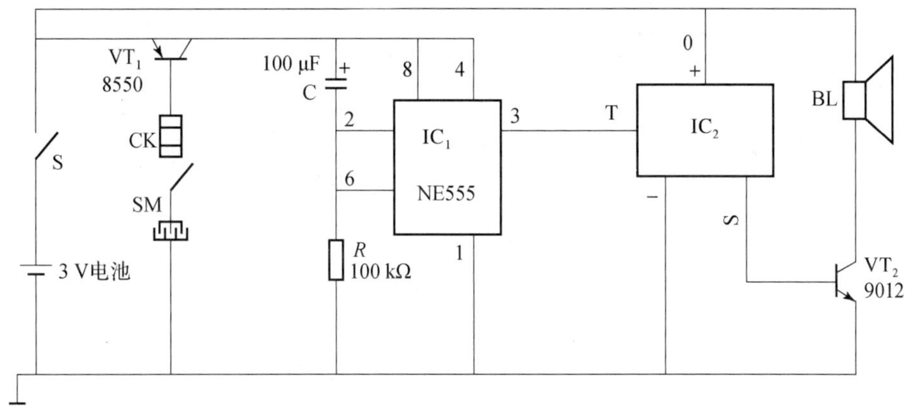

图 3－50　婴儿尿湿报警器电路结构

3. 制作与调试注意事项

①电路制作时需注意先进行测定湿敏传感器的特性。

②注意 555 构成的延时电路的接法。

③焊接时注意集成芯片的引脚使用正确。

④通电前，器件是否有发热或电路是否有短路或漏电现象。

⑤通电后根据原理依次测试各输出点的电压，并记录，验证输出功能。

【技能训练工单】

姓名		班级		组号	
名称	任务 3.3　湿度的检测				
任务提出	利用湿度传感器进行湿度的检测并完成电路设计				
问题导入	1）湿度是指________，通常采用的两种表示方法是________、________。 2）氯化锂湿敏电阻式利用________，离子________发生变化制成的测湿元件。 3）半导体陶瓷湿敏电阻是用________混合烧结而成的多孔陶瓷。				
技能要求	1）会测试湿敏电阻传感器； 2）能运用湿敏传感器构建测试电路； 3）能进行电路的制作和调试。				
湿敏传感器使用说明	湿敏传感器可以分为水分子亲和力型和非水分子亲和力型，本实验所采用的是水分子亲和力型中的高分子材料湿敏元件（湿敏电阻）。它的原理是采用具有感湿功能的高分子聚合物（高分子膜）涂敷在带有导电电极的陶瓷衬底上，导电机理为水分子的存在影响高分子膜内部导电离子的迁移率，形成阻抗随相对湿度变化成对数变化的敏感部件。由于湿敏元件阻抗随相对湿度变化成对数变化，一般应用时都经放大转换电路处理将对数变化转换成相应的线性电压信号输出以制成湿度传感器模块形式。湿敏传感器实物、原理框图如图 3－51 所示。				

续表

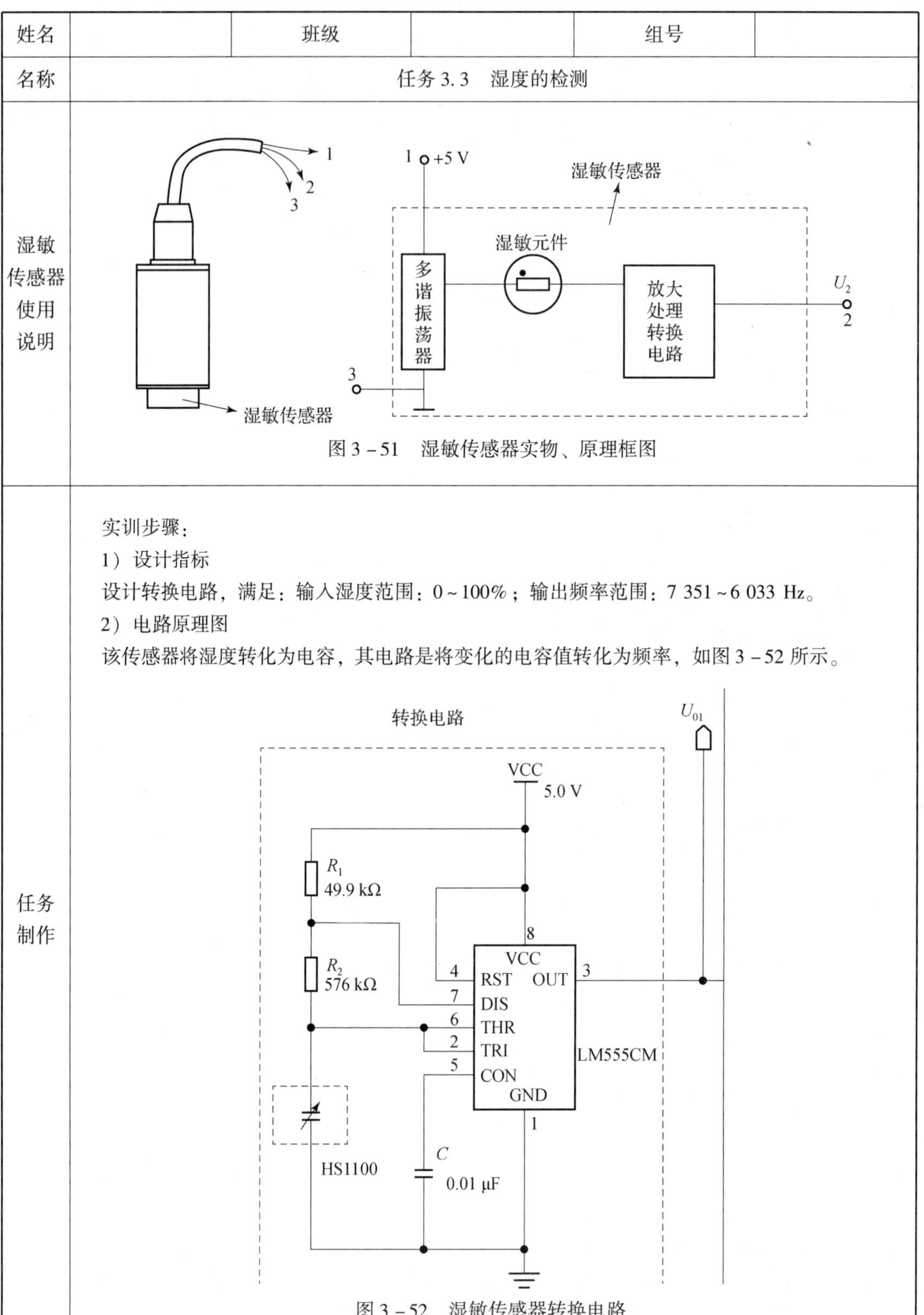

姓名		班级		组号	
名称	任务 3.3　湿度的检测				
湿敏传感器使用说明	图 3-51　湿敏传感器实物、原理框图				
任务制作	实训步骤： 1）设计指标 设计转换电路，满足：输入湿度范围：0~100%；输出频率范围：7 351~6 033 Hz。 2）电路原理图 该传感器将湿度转化为电容，其电路是将变化的电容值转化为频率，如图 3-52 所示。 图 3-52　湿敏传感器转换电路				

续表

<table>
<tr><td>姓名</td><td></td><td>班级</td><td></td><td>组号</td><td></td></tr>
<tr><td>名称</td><td colspan="5">任务 3.3　湿度的检测</td></tr>
<tr><td>任务制作</td><td colspan="5">3）数据测量
调节湿度，读取 U_{01} 数据并记录在表 3－9 中。
表 3－9　湿敏传感器实验数据
湿度/%：0，10.78，21.04，30.05，40.36
U_{01}/kHz：（空）
湿度/%：50，60.97，70.24，85.70，100
U_{01}/kHz：（空）
备注：振荡电路导致频率不稳定，需等待 2～3 min 再读数，在误差范围内数据为正确数据。</td></tr>
<tr><td>自我总结</td><td colspan="5"></td></tr>
</table>

表 3－9　湿敏传感器实验数据

湿度/%	0	10.78	21.04	30.05	40.36
U_{01}/kHz					
湿度/%	50	60.97	70.24	85.70	100
U_{01}/kHz					

【考核评价】

项目	配分	考核要求	评分细则	得分	扣分
正确连接电路	20 分	能使用实训箱正确连接电路	1）线路连接正确，但布线不整齐，扣 5 分； 2）未能正确连接电路，每处扣 2 分		
湿度测量	30 分	能正确进行仿真，并准确读出实验数据	1）连接方法不正确，每处扣 5 分； 2）读数不准确，每次扣 5 分		
555 延时电路的搭建	20 分	能正确构建 555 延时电路并能够进行调节延时	1）不能进行电路搭建，扣 10 分； 2）不能调节延时 5 分		
能正确记录实训数据	10 分	能正确记录相关数据并对结果进行分析	1）不能进行相关数据的分析扣 10 分； 2）不能正确记录相关数据，每次扣 5 分		

续表

项目	配分	考核要求	评分细则	得分	扣分
功能实现	10分	能够实现湿度大时启动报警，并能够延时调节	1）不能进行功能实现扣10分； 2）不能进行调节，每次扣5分		
安全文明操作	10分	安全用电，无人为损坏仪器、元件和设备	1）违反操作规程，每次扣5分； 2）工作场地不整洁，扣5分		

【拓展知识】

湿敏传感器使用注意事项

湿敏传感器是可以感触外界湿度变化，并经过湿敏材料的物理或化学性质变化，将湿度转化成有用信号的器件。湿度检测相较于其他物理量的检测显得困难，这首先是因为空气中水蒸气含量要比空气少得多；液态水会使一些高分子和电解质溶解，一部分水分子电离后与溶入水中的空气中的杂质组成酸或碱，使湿敏材料不同程度地遭到腐蚀和老化，然后损失其原有的性质；再者湿度信息的传递有必要靠水对湿敏器件直接接触来完成，因而湿敏器件只能直接露出于待测环境中，不能密封。一般对湿敏器件有下列要求：在各种气体环境下稳定性好，呼应时间短，寿命长，有互换性，耐污染和受温度影响小等。微型化、集成化及廉价是湿敏器件的发展方向。

湿敏传感器使用注意事项：

①湿敏传感器是非密封性的，为保护测量的准确度和稳定性，应尽量避免在酸性、碱性及含有机溶剂的环境中使用，也避免在粉尘较大的环境中使用。为正确反映欲测空间的湿度，还应避免将传感器安放在离墙壁太近或空气不流通的死角处。如果被测的房间太大，应放置多个传感器。

②有的湿敏传感器对供电电源要求比较高，否则将影响测量精度或者传感器之间相互干扰，甚至无法工作。使用时应按要求提供合适的、符合精度要求的供电电源。

③传感器需要进行远距离信号传输时，要注意信号的衰减问题。当传输距离超过200 m时，建议选用频率输出信号的湿敏传感器。

④由于湿敏元件都存在一定的分散性，需逐支调试标定。大多数在更换湿敏元件后需要重新调试标定，对于测量精度比较高的湿敏传感器尤其重要。

【任务习题云】

1. 湿度都有哪些表示方法？其单位是什么？
2. 常用的湿度测量方法有________和________。
3. 半导体陶瓷负特性湿敏传感器测试机理是随着湿度的增加，电阻值________。
4. 氯化锂湿敏电阻随着湿度的增加，其电阻值________。
5. 湿敏电阻使用时一般随周围环境湿度增加，电阻（　　）。

A. 减小　　B. 增大　　C. 不变

6. 湿敏电阻利用交流电作为激励源是为了（　　）。

A. 提高灵敏度　　　　　　　　　　B. 防止产生极化、电解作用

C. 减小交流电桥平衡难度

7. 使用测谎器时，被测人员由于说谎、紧张而用（　　）传感器来测量。

A. 应变片　　　　　　　　　　　　B. 热敏电阻

C. 气敏电阻　　　　　　　　　　　D. 湿敏电阻

任务 3.4　酒精测试仪的设计与制作

【任务描述】

利用气敏传感器制作酒精测试仪，要求当被检测气体含有酒精时，测试仪能报警，并显示酒精含量的高低。

【知识链接】

气敏传感器是用来检测气体类别、浓度和成分的传感器。它将气体种类及其浓度等有关的信息转化成电信号，根据这些电信号的强弱便可获得待测气体在环境中的有关信息。

3.4.1　气敏传感器的测量原理

利用半导体气敏元件同气体接触，造成半导体性质变化，借此来检测待测气体的成分或者测量其浓度的传感器称为气敏传感器，其外形如图 3－53 所示。

气敏传感器

图 3－53　气敏传感器外形

气敏传感器主要用于工业上天然气、煤气、石油化工等部门的易燃、易爆、有毒有害气体的监测、预报与自动控制。气敏传感器检测气体的种类及主要检测场所如表 3－10 所示。气敏传感器品种繁多，我们主要介绍金属氧化物半导体气敏元件和氧化锆气敏元件。

表 3－10　气敏传感器检测气体的种类及主要检测场所

项目	主要检测气体	主要检测场所
易燃易爆气体	液化石油气、煤气 CH_4 可燃性气体或蒸气 CO 等未完全燃烧气体	家庭、油库、油场 煤矿、油场 工厂 家庭、工厂

续表

项目	主要检测气体	主要检测场所
有毒气体	H_2S、有机含硫化合物 卤族气体、卤化物气体、NHs_3 等 O_2（防止缺氧）、CO_2（防止缺氧）	特定场所 工厂 家庭、办公室
环境气体	H_2O（湿度调节等） 大气污染物（SO_2、NO_2 醛等） O_2（燃烧控制、空燃比控制）	电子仪器、汽车、温室等 环保 引擎、锅炉
工程气体	CO（防止燃烧不完全） H_2O（食品加工）	引擎、锅炉 电子灶
其他	酒精呼气、烟、粉尘	交通管理、防火、防爆

1. 金属氧化物半导体气敏元件

气敏元件大多是以金属氧化物半导体为基础材料。当被测气体在该半导体表面吸附后，引起其电学特性（如电导率）发生变化。金属氧化物在常温下是绝缘的，制成半导体后却显示气敏特性。金属氧化物半导体分为 N 型半导体，如氧化锡、氧化铁、氧化锌等；P 型半导体，如氧化钴、氧化铅、氧化铜等。

金属氧化物半导体气敏元件通常工作在空气中，根据被测气体氧化还原特性的不同，产生不同的电效应。当 N 型半导体遇到还原性气体（即可燃性气体，在化学反应中能给出电子，化学价升高的气体，如石油蒸气、酒精蒸气、甲烷、乙烷、煤气、天然气、氢气等）时，发生还原反应，电子从气体分子向半导体移动，半导体载流子浓度增加，导电性能增强，电阻减小。当 P 型半导体材料遇到氧化性气体（如氧气、三氧化硫等）时，会发生氧化反应，半导体中载流子浓度减小，导电性能减弱，因而电阻增大。对于混合材料，无论是吸附氧化性还是还原性气体，都使载流子浓度减少，电阻增大。

MQN 型气敏电阻是应用较多的一种金属氧化物半导体气敏元件，它的结构如图 3－54 所示，由塑料底座、电极引线、不锈钢网罩、气敏烧结体以及包裹在烧结体中的两组铂丝组成。其中一组铂丝为工作电极，另一组铂丝为加热电极兼工作电极，如图 3－54（a）所示。气敏电阻工作时必须加热到 200～300 ℃，其目的是加速被测气体的化学吸附和电离的过程，并烧去气敏电阻表面的污物（起清洁作用）。

MQN 型气敏电阻的灵敏度较高，在被测气体浓度较低时电阻变化较大，而当被测气体浓度较高时，电阻变化趋缓，这种特性适用于气体的微量检漏、浓度检测或超限报警。控制烧结体的化学成分及加热温度可以改变它对不同气体的选择性，例如制成煤气报警器可以对居室或地下天然气管道进行检漏，还可以制成酒精测试仪，防止酒后驾车。MQN 型气敏电阻对不同气体的灵敏度特性如图 3－55 所示。

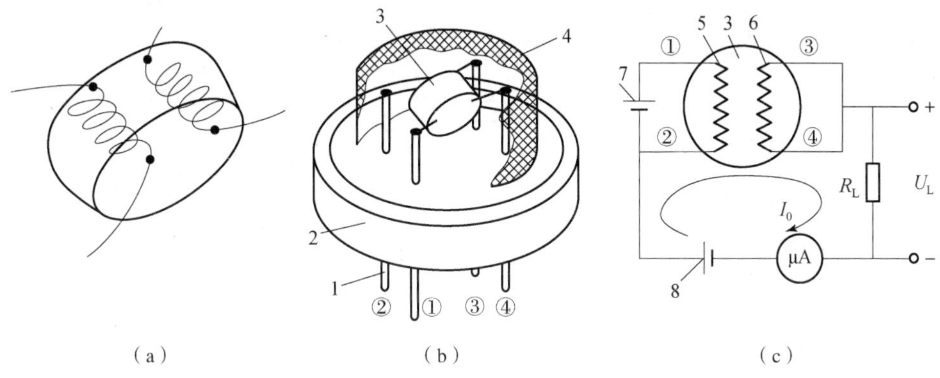

图 3-54　MQN 型气敏电阻结构及测量电路

(a) 气敏烧结体；(b) 气敏电阻外形；(c) 基本测量转换电路

1—引脚；2—塑料底座；3—烧结体；4—不锈钢网罩；5—加热电极；6—工作电极；

7—加热回路电源；8—测量回路电源

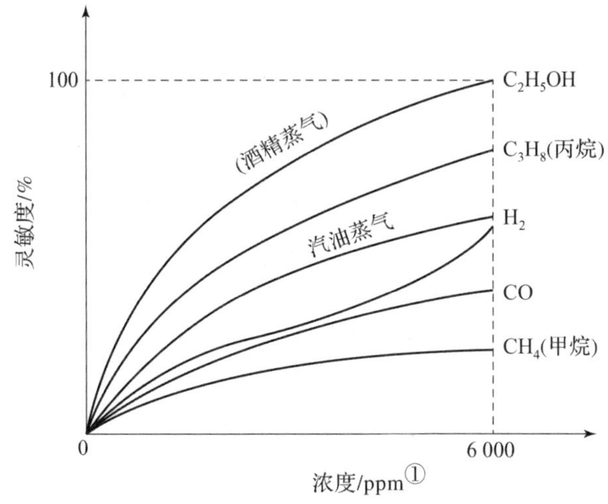

图 3-55　MQN 型气敏电阻对不同气体的灵敏度特性

2. 氧化钛式氧传感器

目前测量氧气浓度的传感器主要有二氧化锆和二氧化钛。半导体材料二氧化钛（TiO_2）属于 N 型半导体，对氧气十分敏感。其电阻值的大小取决于周围环境的氧气浓度。当周围氧气浓度较大时，氧原子进入二氧化钛晶格，改变了半导体的电阻率，使其电阻值增大。

氧化钛式氧浓度传感器的结构及测量转换电路如图 3-56 所示。其中，图 3-56（a）为传感器的结构，二氧化钛气敏电阻与补偿热敏电阻同处于陶瓷绝缘体的末端。当氧气含量减小时，TiO_2的阻值减小，U_o增大。在图（b）中，与 TiO_2气敏电阻串联的热敏电阻 R_t起温度补偿作用。当环境温度升高时，TiO_2气敏电阻的阻值会逐渐减小，只要 R_t也以同样的比例减小，根据分压比定律，U_o不受温度影响，从而减小了测量误差。

① 1 ppm = 0. 000 1%。

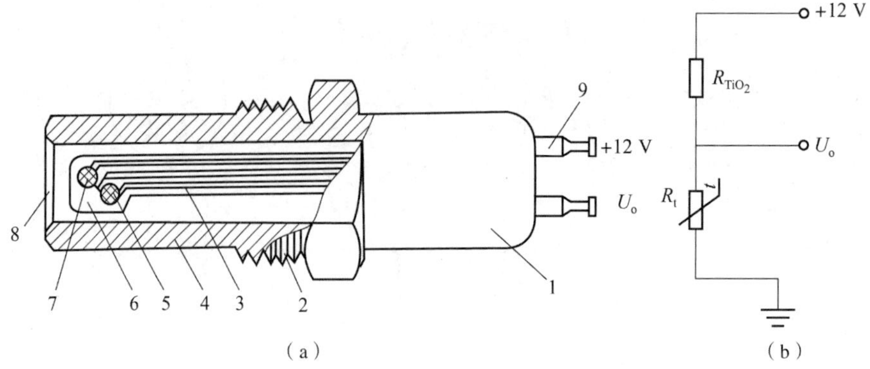

图 3 – 56　氧化钛式氧传感器的结构与测量转换电路

(a) 传感器的结构；(b) 测量转换电路

1—外壳（接地）；2—安装螺栓；3—搭铁线；4—保护管；5—补偿电阻；6—陶瓷片；

7—TiO_2氧敏电阻；8—进气口；9—引脚

3.4.2　气敏传感器的应用

气敏传感器已经广泛应用到石油、化工、电力、家居等各种领域，主要应用类型分为检测、报警和监控等。

1. *矿灯瓦斯报警器电路*

矿灯瓦斯报警器电路如图 3 – 57 所示。电路由 QM – N5 型气敏传感器与 R_1、R_Q及以矿灯蓄电池为电源（4 V）组成探头电路，二极管 VD2AP13 和三极管 VT_1组成电子开关，VT_2、VT_3、C_1、C_2和 R_2、R_3组成互补自激多谐振荡器，并与继电器 K、矿灯 ZD 组成闪光报警电路。矿井中瓦斯浓度超标时，气敏传感器QM – N5 阻值迅速减小，使三极管 VT_1导通，自激多谐振荡器开始工作，继电器 K 不停地通断，致使矿灯 ZD 间断点亮、熄灭，发出闪光报警信号，电位器 R_P用于报警灵敏度调节。

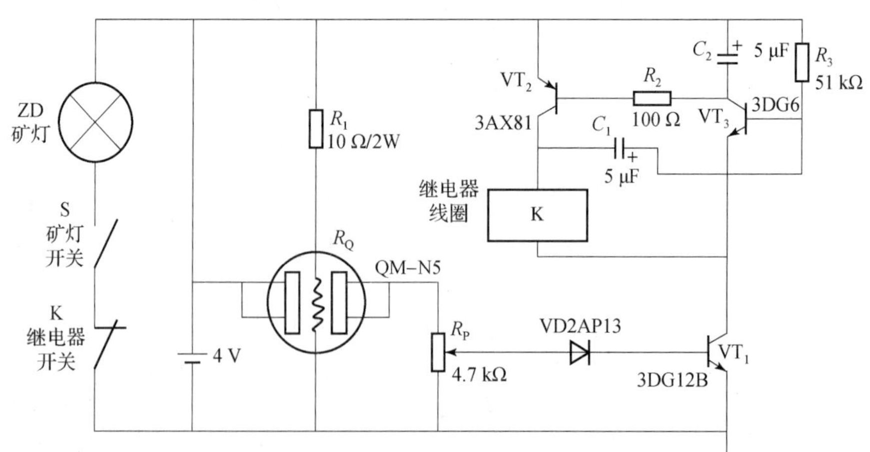

图 3 – 57　矿灯瓦斯报警器电路

为了避免传感器在每次使用前都要预热十多分钟，并且避免在传感器预热期间造成误报警，传感器电路不接于矿灯开关回路内。矿工每天下班后将矿灯蓄电池交给电房充电，充电时传感器处于预热状态。当工人们下井前到充电房领取后可不再进行预热。

2. 火灾烟雾报警器电路

火灾烟雾报警器电路如图 3－58 所示，其中#109 为烧结型 SnO_2气敏器件，它对烟雾很敏感，因此用它做成的火灾烟雾报警器可用于在火灾酿成之前或之初进行报警。电路有双重报警装置，当烟雾或可燃性气体达到预定报警浓度时，气敏器件的电阻减小到使 VD_3触发导通，蜂鸣器鸣响报警；另外在火灾发生初期，因环境温度异常升高，将使热传感器动作，使蜂鸣器鸣响报警。

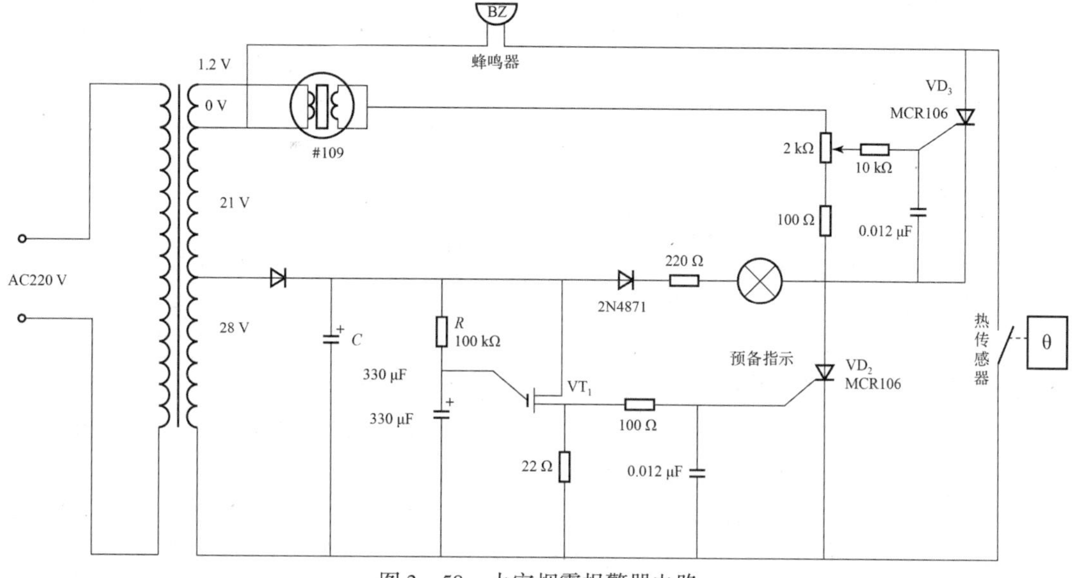

图 3－58　火灾烟雾报警器电路

【交流思考】

如果火灾烟雾报警器电路中不采用晶闸管，你可以用其他元器件替代吗？

【任务实施】

1. 电路结构

酒精测试仪电路如图 3－59 所示，主要由 MQ－3 气敏传感器、稳压模块、LM3914，发光二极管、电阻和电容组成。本探测仪采用酒精气体敏感元件作为探头，由一块集成电路对信号进行比较放大，并驱动一排发光二极管按信号电压高低依次显示。对刚饮过酒的人，只要向探头吹一口气，探测仪就能显示出酒精气体的浓度高低。

LM3914 是美国国家半导体公司生产的能检测模拟电路、驱动 10 位发光二极管 LED 进行线性模拟显示的单片集成电路，其内部结构如图 3－60 所示。10 级分压器浮动可以连接很宽的电压范围，使用者可根据需要使用柱状或点状显示，还可以设计成扇形排列模拟指针式显示。这些优点用于车用模拟式仪表中能发挥良好的作用。

2. 测量原理

气敏传感器的输出信号送至 IC_2的输入端（5 脚），通过比较放大，驱动发光二极管依次发光。10 个发光二极管按 IC_2的引脚（10～18、1）排成一条，对输入电压作线性 10 级显示。输入灵敏度可以通过电位器 R_P调节，即对“地”电阻调小时灵敏度减小；反之灵敏度

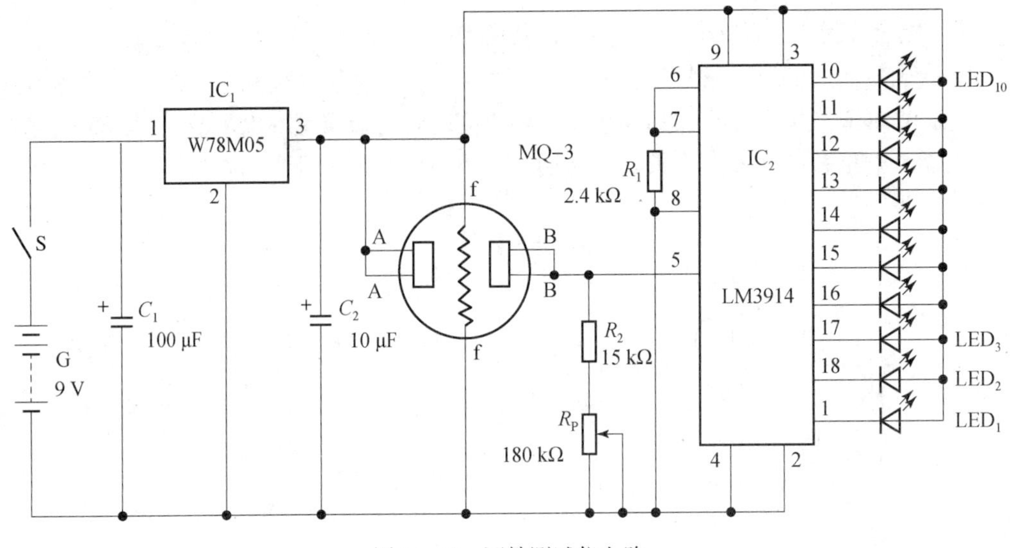

图 3 – 59　酒精测试仪电路

增加。IC_2的 6 脚与 7 脚互为短接，且串联电阻 R_1 接地。改变 R_1 阻值可以调节发光二极管的显示亮度，当阻值增加时亮度减弱，反之变亮。IC_2的 2 脚、4 脚、8 脚均接地，3 脚、9 脚接电源 +5 V（集成稳压器 IC_1 的输出端），分别并联在 IC_1 输入与输出端的电容 C_1、C_2 防止杂波干扰，使 IC_1 输出的直流电压保持平稳。

气敏传感器的应用主要有一氧化碳气体的检测、瓦斯气体的检测、煤气的检测、氟利昂（R11、R12）的检测、呼气中乙醇的检测、人体口腔口臭的检测等。它将气体种类及其与浓度有关的信息转换成电信号，根据这些电信号的强弱就可以获得与待测气体在环境中的存在情况有关的信息，从而进行检测、监控、报警，还可以通过接口电路与计算机组成自动检测、控制和报警系统。由于气体种类繁多，性质各不相同，不可能用一种传感器检测所有类别的气体，因此能实现气 – 电转换的传感器种类很多。按构成气敏传感器的材料可分为半导体和非半导体两大类。目前实际使用最多的是半导体气敏传感器，因此本书主要讲述半导体气敏元件的有关原理及应用。

3. 电路设计与制作调试注意事项

①电路制作时需注意气敏传感器的引脚及特性。

②焊接时注意集成芯片的引脚使用正确。

③气敏传感器焊接时正确测试 6 个引脚，找准输出信号和电源信号。

④通电前，器件是否有发热或电路是否有短路或漏电现象。

⑤通电后根据原理依次测试各输出点的电压并记录，验证输出功能。

注意：在使用气敏传感器时，需要一定的预热时间才会稳定地工作。如果气敏传感器长期不用或接触高浓度的可燃气体后，会出现暂时的“中毒”现象。使用时需将加热电流适当调高，保持 1 ~ 2 min 后再正常使用。使用气敏传感器，要避免油浸或油垢污染，更不能将气敏传感器长时间放在腐蚀气体中。不使用时应放在干燥、无腐蚀性气体的环境中。

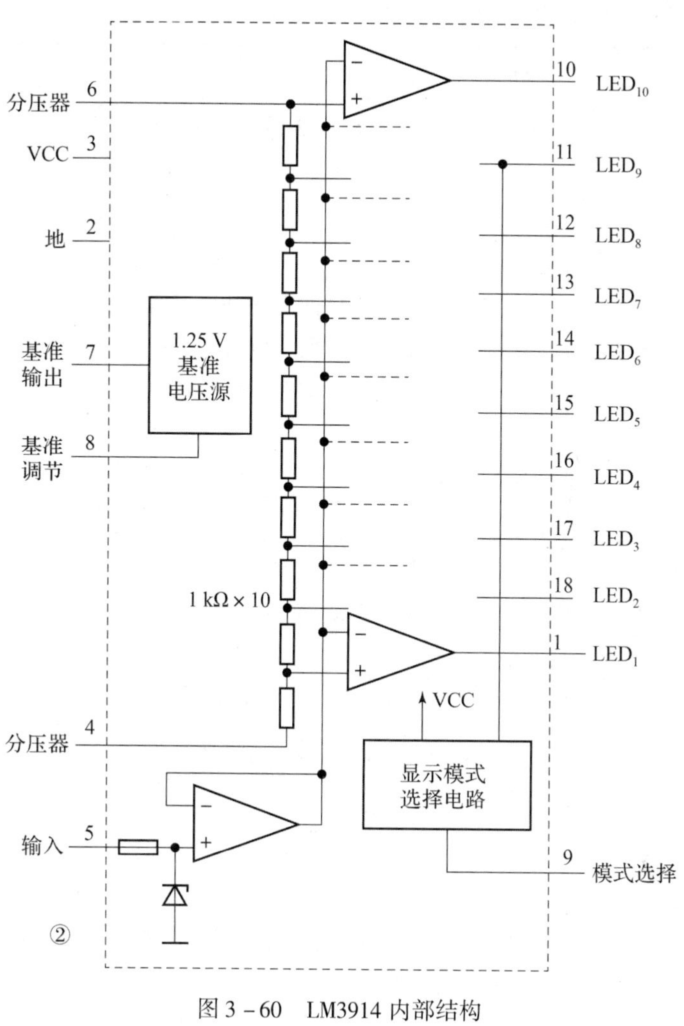

图 3－60　LM3914 内部结构

【技能训练工单】

姓名		班级		组号	
名称	任务 3.4　气敏传感器应用				
任务提出	利用气敏传感器进行气体检测，设计气敏传感器构成的戒烟报警电路				
问题引入	1）简述气敏传感器的结构； 2）简述气敏传感器加热丝的作用。				
技能要求	1）能正确测试气敏传感器，并能完成接线； 2）能应用气敏传感器进行电路设计，并进行调试。				

续表

<table>
<tr><td>姓名</td><td></td><td>班级</td><td></td><td>组号</td><td></td></tr>
<tr><td>名称</td><td colspan="5">任务 3.4　气敏传感器应用</td></tr>
<tr><td>气敏传感器使用说明</td><td colspan="5">气敏传感器（又称气敏元件）是指能将被测气体浓度转换为与其成一定关系的电量输出的装置或器件。它一般可分为半导体式、接触燃烧式、红外吸收式、热导率变化式等。本实验所采用的 SnO_2（氧化锡）半导体气敏传感器是对酒精敏感的电阻型气敏元件；该敏感元件由纳米级 SnO_2 适当掺杂混合剂烧结而成，具有微珠式结构，应用电路简单，可将传导性变化改变为一个输出信号，与酒精浓度对应。气敏传感器实物原理示意如图 3－61 所示。
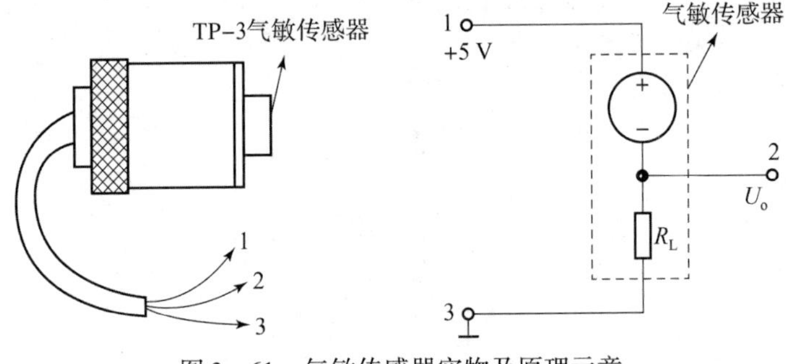

图 3－61　气敏传感器实物及原理示意</td></tr>
<tr><td>任务制作</td><td colspan="5">实训步骤：
1）气敏传感器转换电路设计。TP－3A 气敏传感器的电阻随着气体浓度的变化而变化，图 3－62 中的转换电路是将变化的电阻转化为电压。
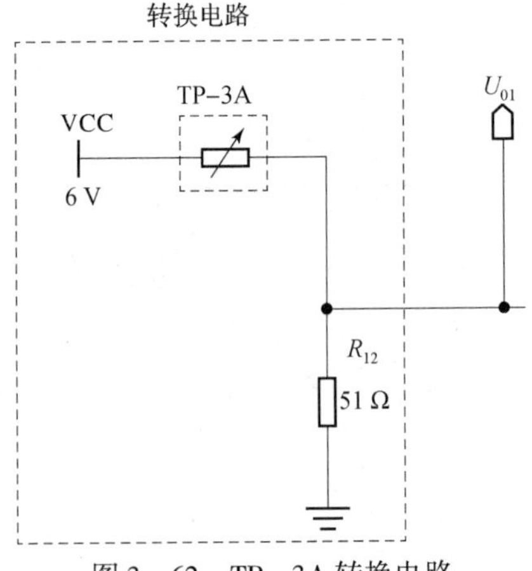

图 3－62　TP－3A 转换电路
2）整体电路设计。经过转换电路，输出电压范围为 0～5 V，由于电路传输需要，将输出电压转化为 0～10 V。整体电路如图 3－63 所示。</td></tr>
</table>

续表

<table>
<tr><td>姓名</td><td></td><td>班级</td><td></td><td>组号</td><td></td></tr>
<tr><td>名称</td><td colspan="5">任务 3.4 气敏传感器应用</td></tr>
<tr><td>任务制作</td><td colspan="5">

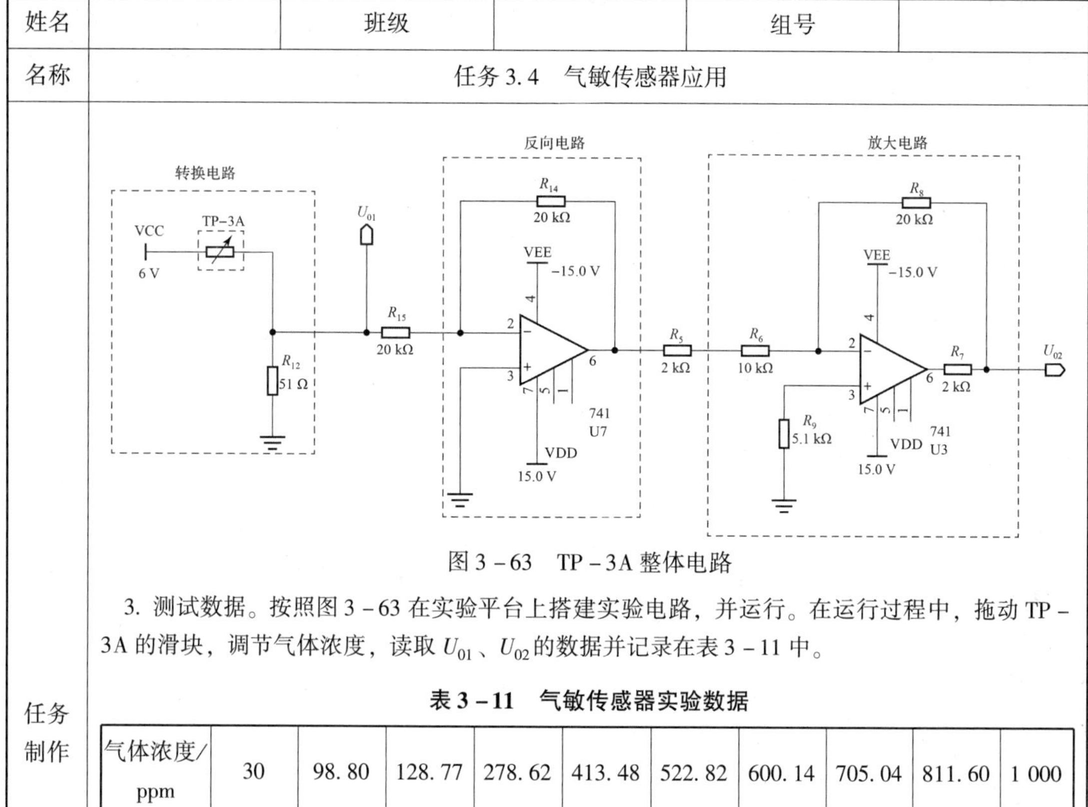

图 3－63 TP－3A 整体电路

3. 测试数据。按照图 3－63 在实验平台上搭建实验电路，并运行。在运行过程中，拖动 TP－3A 的滑块，调节气体浓度，读取 U_{01}、U_{02} 的数据并记录在表 3－11 中。

表 3－11 气敏传感器实验数据

气体浓度/ppm	30	98.80	128.77	278.62	413.48	522.82	600.14	705.04	811.60	1 000
U_{01}/V										
U_{02}/V										
备注：可根据实际情况选取任意 10 组数据进行分析。										

4）绘制气体浓度与 U_{01} 的关系曲线，说明其关系。

5）绘制 U_{01} 和 U_{02} 的关系曲线，计算出其放大倍数。

思考：如果修改放大倍数，应该修改电路中的哪个参数？

</td></tr>
<tr><td>自我总结</td><td colspan="5"></td></tr>
</table>

【考核评价】

项目	配分	考核要求	评分细则	得分	扣分
正确连接电路	20 分	能使用仿真软件进行电路连接	1）线路连接正确，但布线不整齐，扣 5 分； 2）未能正确连接电路，每处扣 2 分		
湿度测量	30 分	能正确进行仿真，并准确读出实验数据	1）连接方法不正确，每处扣 5 分； 2）读数不准确，每次扣 5 分		
能正确记录实训数据	20 分	能正确记录相关数据并对结果进行分析	1）不能进行相关数据的分析扣 10 分； 2）不能正确记录相关数据，每次扣 5 分		
能正确绘制特性曲线和回答问题	20	能正确绘制特性曲线并完成问题回答	1）不能进行特性曲线绘制，扣 10 分； 2）不能回答问题，扣 10 分		
安全文明操作	10 分	1）安全用电，无人为损坏仪器、元件和设备； 2）保持环境整洁，秩序井然，操作习惯良好； 3）小组成员协作和谐，态度正确； 4）不迟到、早退、旷课	1）违反操作规程，每次扣 5 分； 2）工作场地不整洁，扣 5 分		
总分					

【拓展知识】

气体传感器在日常生活中的应用案例

气体传感器是一种将气体浓度等信息转换成仪器、计算机等可以使用的信息的装置。各

种检测仪器的探头通过气体传感器调节气体样品，再将气体的体积分数转换成相应的电信号，达到检测目的。现在市场上的各种气体传感器，被广泛应用于民用、工业环境监测和日常生活中。

1. 新装修房屋中的有害气体检测

新装修的房屋中90%以上存在有害气体且严重超标。以甲醛为例，很多新房刚装修完后，甲醛浓度超过2.5 ppm，有些高达十几 ppm，这时把各种气体传感器，如甲醛传感器、VOC 传感器和空气质量传感器，应用于家庭生活环境，对甲醛、苯、甲苯等挥发性有机化合物（VOCs）进行独立的气体检测，或者将这些气体传感器与空调、空气净化器等集成在一起，以达到新房污染检测与处理相结合的目的，打造舒适的家居环境。

2. 新车内部的空气质量监测

车内污染源主要来自车身本身的装饰材料，其中甲醛、二甲苯等有毒物质污染后果最为严重，甚至有可能致癌。据调查，93.6%的新车内部空气污染严重超标。汽车中另一种经常被报道的有害气体是一氧化碳，被称为“无声杀手”。它的主要来源是汽车发动机和汽车尾气，它们是停车时打开空调产生的。如果人长时间待在车里，车内的人会不自觉地吸入这种无色无味的有毒气体而中毒。使用合适的气体传感器，如甲醛传感器、一氧化碳传感器、PM2.5 传感器，不仅可以监测车内挥发性有机化合物如甲醛、苯等，还可以监测车内一氧化碳的浓度，从而起到安全警示和提醒车主采取有效的改进措施，防止悲剧发生。

3. 日常室内空气质量监测

现代人每天大约有80%的时间生活、工作在室内，室内与室外的通风换气机会大大减少。在这种情况下，室内和室外就变成了两个相对不同的环境，室内空气污染的程度可能比室外更为严重。国外大量研究结果表明，室内空气污染会引起“致病建筑综合征”（BBS），症状包括头痛、眼、鼻和喉部不适，干咳，皮肤干燥发痒，头晕恶心，注意力难以集中和对气味敏感等；建筑关联病（BRI），症状有咳嗽、胸部发紧、发烧寒战和肌肉疼痛等。因此利用气敏传感器进行有害气体的检测非常重要。

【任务习题云】

1. 对于 N 型半导体材料的气敏传感器，随着气体浓度的增加，引起阻值________。

2. 气敏传感器上加热器的作用是________和________。

3. MQN 型气敏电阻使用时一般随氧气浓度增加，电阻________，灵敏度________。

A. 减小　　B. 增大　　C. 不变

4. TiO_2 型气敏电阻使用时一般随气体浓度增加，电阻________。

A. 减小　　B. 增大　　C. 不变

5. MQN 型气敏电阻可测量________的浓度，TiO_2 型气敏电阻可测量________的浓度。

A. CO_2　　B. N_2

C. 气体打火机间的有害气体　　D. 锅炉烟道中剩余的氧气

任务 3.5　培养箱恒温恒湿控制器的设计

【任务描述】

设计完成一种集温度和湿度测量、显示、报警、控制于一体的培养箱恒温恒湿控制器。主要功能：用四位 LED 实时显示温度和湿度，能够控制温度和湿度在规定的范围之内，当系统采集到的温度或湿度异常时，报警器件会发出报警响声，方便对系统状态监视。

【知识链接】

集成温度传感器是一种半导体集成电路，内部集成了温度敏感元器件和调理电路。按照输出信号的模式，可将集成温度传感器大致划分为三大类：模拟式集成温度传感器、逻辑输出式集成温度传感器、数字式集成温度传感器。

3.5.1　AD590 集成温度传感器的测量原理

集成温度传感器

模拟式集成温度传感器将驱动电路、信号处理电路以及必要的逻辑控制电路集成在单片 IC 上，实际尺寸小、使用方便，它与热电阻、热电偶和热敏电阻等传统的传感器相比，还具有线性好、精度适中、灵敏度高等优点，常见的模拟式集成温度传感器有 LM3911、LM335、LM45、AD22103、AN6701S 电压输出型、AD590 电流输出型。

在许多实际应用中，并不需要严格测量温度值，只关注温度是否超出设定范围，一旦温度超出所规定的范围，则发出报警信号，启动或关闭风扇、空调、加热器或其他控制设备，此时可选用逻辑输出式温度传感器，其典型代表有 LM56、MAX6501 – MAX6504、MAX6509/6510。

数字式集成温度传感器集温度传感器与 A/D 转换电路于一体，能够将被测温度直接转换成计算机能够识别的数字信号输出，可以同单片机结合完成温度的检测、显示和控制功能，因此在控制过程、数据采集、机电一体化、智能化仪表、家用电器及网络技术等方面得到广泛应用。

1. AD590 集成温度传感器的结构和特性曲线

AD590 集成温度传感器是美国 AD 公司研制的一种电流输出型模拟式集成温度传感器，其外形结构和电路符号如图 3 – 64 所示。

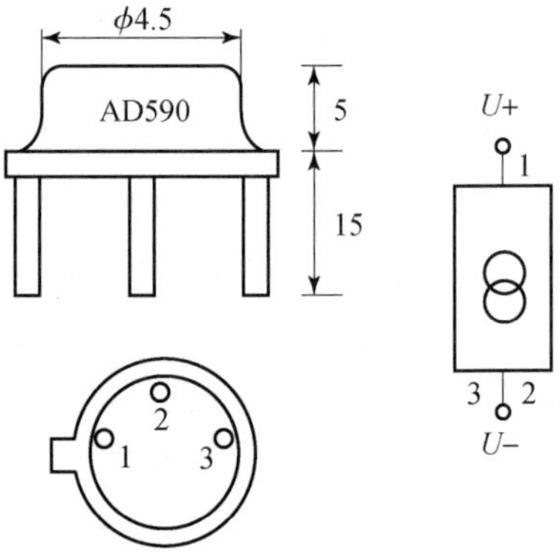

图 3 – 64　AD590 外形结构和电路符号

AD590 集成温度传感器的直流工作电压为 4 ~ 30 V，最佳使用温度为 – 55 ~ 150 ℃，在此测温范围内，测量误差为 ±0.5 ℃，测量分辨率为 0.1 ℃，它的输出电流 I 与温度的关系可用下式表示：

$$I = K_T \cdot T \quad 或 \quad I = K_T \cdot t + 273 \tag{3-24}$$

式中，I 为输出电流，单位是 μA；K_T 为标定因子，AD590 的标定因子为 1 μA/℃；T 为热力学温度，单位是 K；t 为摄氏温度，单位是℃。

AD590 集成温度传感器的特性曲线如图 3－65 所示。

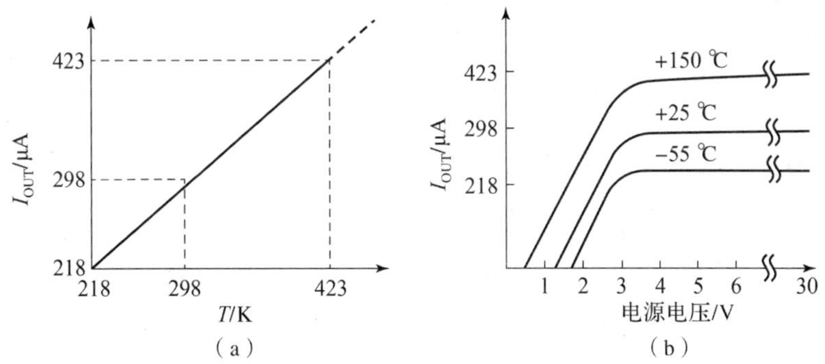

图 3－65　AD590 集成温度传感器的特性曲线

（a）$I-T$ 特性曲线；（b）$I-V$ 特性曲线

2. AD590 集成温度传感器的应用

基于 AD590 集成温度传感器的特性，可以制作如图 3－66 所示的温度测量电路。

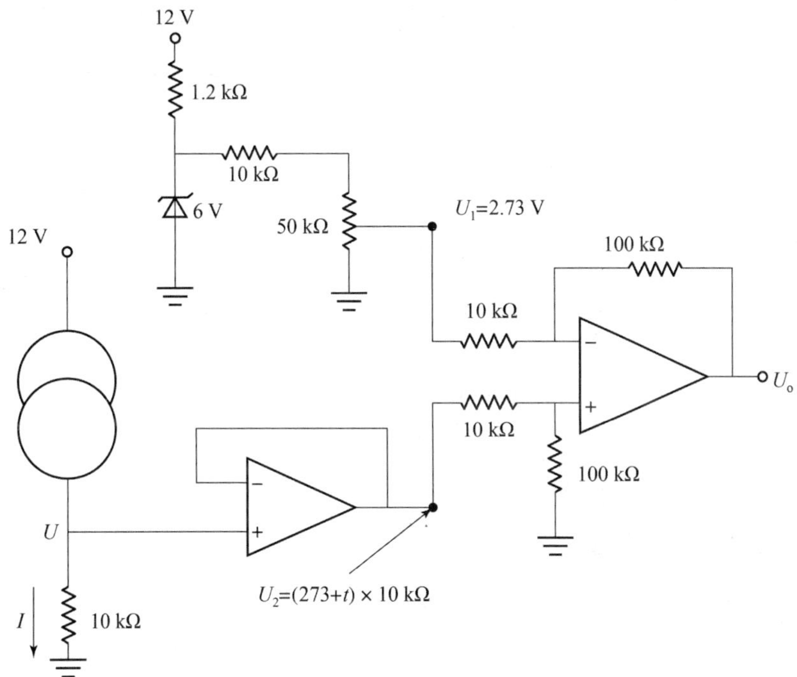

图 3－66　AD590 集成温度传感器温度测量电路

将温度值转换为与之对应的输出电压信号：

$$I=(273+t)\mu A\text{（}t\text{ 为摄氏温度）} \quad (3-25)$$

$$U=(I\times 10\ k\Omega)=(2.73+t/100) \quad (3-26)$$

$$U_2=U \quad (3-27)$$

$$U_o = (100\ \text{k}\Omega/10\ \text{k}\Omega) \times (U_2 - U_1) = t/10 \tag{3-28}$$

式中，I 为 AD590 集成温度传感器的输出电流；U 为测量的电压值；U_2为电压跟随器的输出电压，目的是利用电压跟随器输入阻抗高、输出阻抗低的特点，进行电路隔离，减小电流 I 的损耗；U_o 为最后的输出电压，将被测量温度转化为与之对应的电压的大小。

如果现在为 28 ℃，输出电压为 2. 8 V，输出电压接 AD 转换器，那么 AD 转换输出的数字量就和摄氏温度成线性比例关系。

3. 5. 2　AN6701 集成温度传感器

AN6701 是日本松下公司研制的一种具有灵敏度高、线性度好、高精度和快速响应特点的电压输出型集成温度传感器，它有 4 个引脚，其中 1、2 脚为输出端，3、4 脚接外部校正电阻 R_C，用来调整 25 ℃下对应的输出电压，使其等于 5 V，R_C 的阻值为 3 ~ 30 kΩ。其接线方式有三种：正电源供电、负电源供电、输出反相，如图 3 – 67 所示。

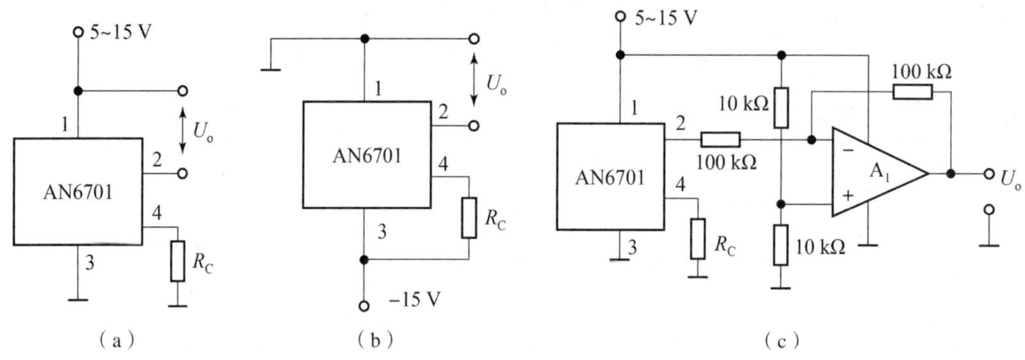

图 3 – 67　AN6701 的接线方式

(a) 正电源使用时；(b) 负电源使用时；(c) 输出反相的电路

实验证明，如果环境温度为 20 ℃，当 R_C为 1 kΩ 时，AN6701 输出电压为 3. 189 V；当 R_C 为 10 kΩ 时，AN6701 输出电压为 4. 792 V；当 R_C 为 100 kΩ 时，AN6701 输出电压为 6. 175 V。因此，使用 AN6701 检测一般环境温度时，适当调整校正电阻 R_C的阻值，不用放大器可直接将输出信号送入 A/D 转换器，再给微处理器进行处理、显示、打印或存储。

集成温度传感器 DS18B20 的仿真

3. 5. 3　DS18B20 集成温度传感器

DS18B20 是美国 DALLAS 在 DS1820 基础上生产的单线式数字集成温度传感器，其特点是：可将被测温度直接转换成计算机能识别的 9 ~ 12 位（最高位为符号位，即 "1" 为正温度，"2" 为负温度）二进制数字信号输出，其测量精度高，信息传送只需一根信号线。DS18B20 测温范围为 – 55 ~ 125 ℃，精度为 ±2 ℃，而在 – 10 ~ 85 ℃范围内，其精度为 ±0. 5 ℃。

DS18B20 有 3 脚 TO – 92 封装和 8 脚 SOIC 封装两种，如图 3 – 68 所示，8 脚 SOIC 封装的芯片中 3 脚为电源端、4 脚为数据输入/输出端、5 脚接地，其余为空脚。它既可用于单点测温，又可用于多点测温，由于其输出是数字信号，且是 TTL 电平，因此使用非常方便。

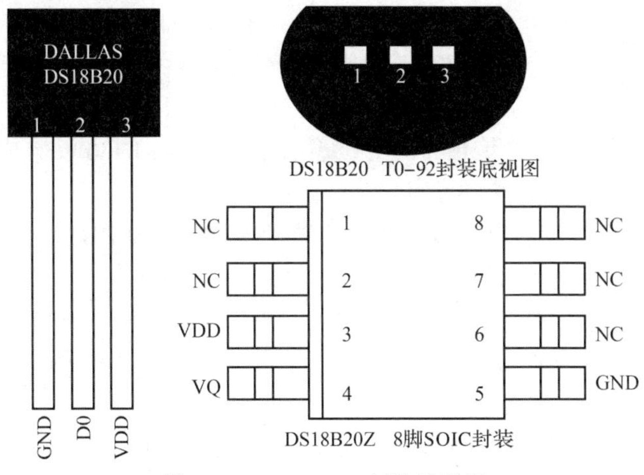

图 3-68　DS18B20 封装及引脚

3.5.4　IH3605 集成湿度传感器

集成湿度传感器采用集成电路技术，可在集成电路内部完成对信号的调整，具有精度高、线性好、互换性强等诸多优点，其中典型的器件是 HONEYWELL 公司生产的 IH3605 集成湿度传感器。

1. IH3605 集成湿度传感器的结构

由于 IH3605 集成湿度传感器内部的两个热化聚合体层之间形成的平板电容器电容量的大小可随湿度的不同发生变化，因而可完成对湿度信号的采集。热化聚合体层同时具有防御污垢、灰尘、油及其他有害物质的功能。IH3605 集成湿度传感器的结构如图 3-69 所示。

IH3605 集成湿度传感器采用 SIP 封装形式，其引脚定义如图 3-70 所示，有 3 个引脚，1 脚（-）接地、2 脚（OUT）输出与湿度相对应的模拟电压、3 脚（+）接电源。

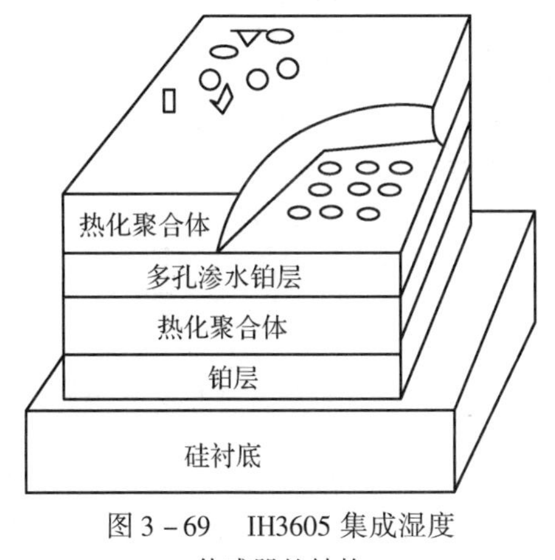

图 3-69　IH3605 集成湿度传感器的结构

正视图

- OUT +

图 3-70　IH3605 集成湿度传感器的引脚

2. IH3605 集成湿度传感器的特性

IH3605 集成湿度传感器的电源电压为 4～5.8 V，供电电流为 200 μA（5 VDC），精度为 ±2% RH（0～100% RH，25 ℃，$U=5$ VDC），工作温度为 -40～85 ℃。IH3605 集成湿度传感器的输出电压是供电电压、湿度及温度的函数。电源电压升高，输出电压将成比例升高，在实际应用中，通过以下两个步骤可计算出实际的相对湿度值。

（1）根据下述计算公式，计算出 25 ℃温度条件下相对湿度值 RH_0：

$$U_{OUT}=U_{DC}(0.0062RH_0+0.16) \tag{3-29}$$

式中，U_{OUT}为 IH3605 集成湿度传感器的电压输出值，U_{DC}为 IH3605 集成湿度传感器的供电电压值，RH_0为 25 ℃时的相对湿度值。

（2）进行温度补偿，计算出当前温度下的实际相对湿度值 RH：

$$RH=RH_0/(1.0546-0.00216t) \tag{3-30}$$

式中，RH 为实际的相对湿度值，t 为当前的温度值，单位为℃。IH3605 集成湿度传感器的输出电压与相对湿度的关系曲线如图 3－71 所示。

3. IH3605 集成湿度传感器的应用

由于 IH3605 集成湿度传感器的输出电压较高且线性较好，因此电路无须进行信号放大及信号调整。可以将 IH3605 的输出信号直接接到 A/D 转换器上，完成模拟量到数字量的转换。由于 IH3605 集成湿度传感器的输出信号为 0.8～3.9 V（25 ℃时），所以在选择 A/D 转换器时应选择具有设定最小值和最大值功能的 A/D 转换器 TLC549。

IH3605 集成湿度传感器的典型接口电路如图 3－72 所示，其核心器件采用 AT89C51 单片机，A/D 转换器采用 TLC549 八位串行 A/D 转换器，R_1、R_2、R_3设定 A/D 转换器的最大输入电压，R_4、R_5、R_6设置 A/D 转换器的最小输入电压。在单片机内将读到的湿度值进行湿度校正，得到实际的相对湿度值。

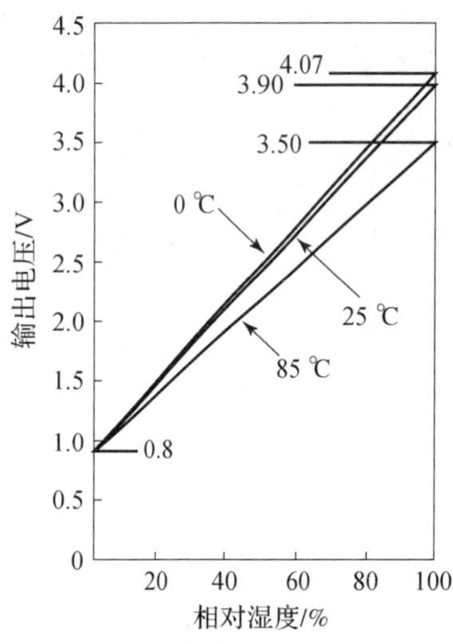

图 3－71　IH3605 集成湿度传感器输出电压与相对湿度关系曲线

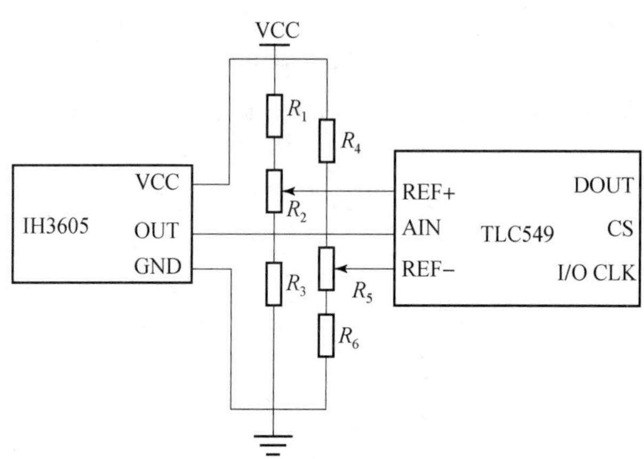

图 3－72　IH3605 集成湿度传感器典型接口电路

【案例 3－7】

分析 PN 结构成的数字温度计电路（见图 3－73）的工作原理。

将 PN 结传感器插入冰水混合液中，等温度平衡，调整 W_1，使 DVM（数字仪表）显示为 0，将 PN 结传感器插入沸水中（设沸水为 100 ℃），调整 W_2，使 DVM 显示为 100.0 V，再将传感器插入 0 ℃环境中，等平衡后看显示是否仍为 0，必要时再调整 W_1使之为 0，然后再插入沸水，经过几次反复调整即可。

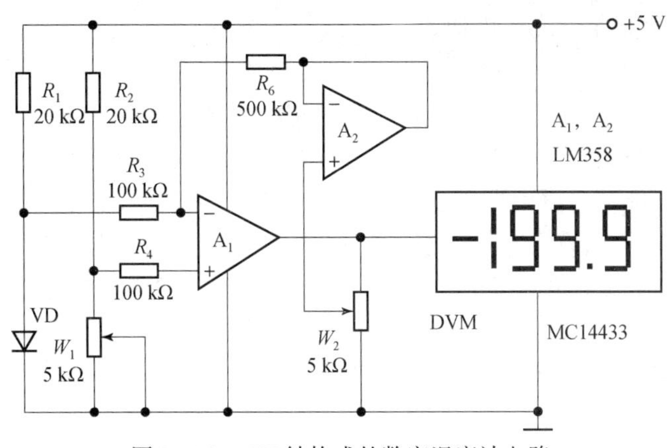

图 3－73　PN 结构成的数字温度计电路

W_2通过电压跟随器 A_2 可调节放大器 A_1 的增益。放大后的灵敏度为 10 mV/℃。通过 PN 结传感器的工作电流不能过大，以免二极管自身的温升影响测量精度。一般工作电流为 100～300 mA。采用恒流源作为传感器的工作电流较为复杂，一般采用恒压源供电，但必须有较好的稳压精度。

集成温度实训

【任务实施】

为实现温湿度的采集，选用 DS18B20 集成温度传感器和 IH3605 集成湿度传感器进行检测。

1. 电路设计

电路如图 3－74 所示，以单片机为核心，配合 HIH3610 大信号线性电压输出湿度传感器和 DS18B20 数字温度传感器，实现温湿度测试的功能。TLC1549 是 10 位模数转换器，它采用 CMOS 工艺，具有内在的采样和保持，采用差分基准电压高阻输入，抗干扰能力强。该电路的设计具有测量精度高、硬件电路简单、显示界面友好、可测试多点温湿度等特点。

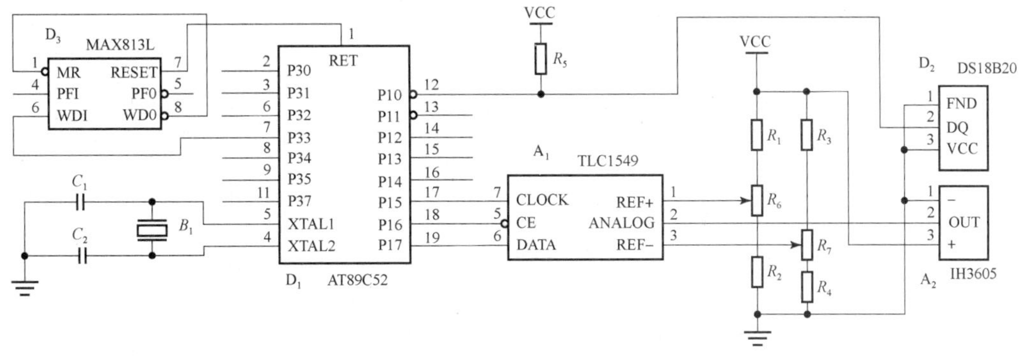

图 3－74　温湿度检测仪电路

2. 工作原理

（1）温湿度检测

DS18B20 集成温度传感器采用外加电源供电方式，可根据测温点数的需要将多个 DS18B20 集成温度传感器挂在一根总线上，并与单片机 AT89C52 的 P1.0 口线相连。IH3605 集成湿度传感器采集湿度信号，经过 A/D 转换器 TLC1549 转换为数字信号送入单片机，并用 LED 显示器实时显示温度和湿度值。

（2）温湿度控制

当采样温度或湿度超出所设报警范围时，单片机对相应 I/O 口执行清零指令。因此 I/O 口输出低电平。由于电路中采用 PNP 三极管，这时继电器会闭合，蜂鸣器电路接通，系统就能发出报警，同样能通过继电器开启降温装置或加热装置以及加湿或减湿装置，使被测环境温度和湿度保持在设定范围内。被测环境温度或湿度在正常范围内时，单片机对相应 I/O 口执行置 1 指令，I/O 口输出高电平，因此蜂鸣器不报警，且继电器不工作。在本电路中采用 PNP 三极管来提高驱动能力，使继电器工作。降温风扇、加热器及蜂鸣器的电气原理图如图 3 – 75 和图 3 – 76 所示。

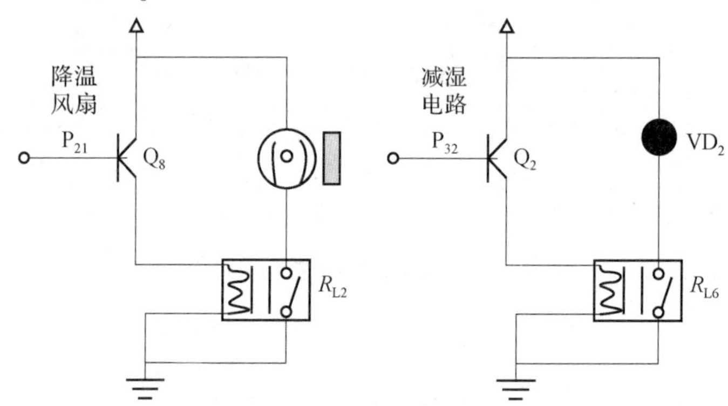

图 3 – 75　降温风扇、加热器电气原理图（加热器用 LED 灯代替）

（3）数据保存

为了将实时采集温湿度值保存下来，以便对历史数据查阅和绘制出实时或历史温湿度值变化曲线，同时也为便于将历史测量的温湿度值传送给上位机，由上位机来完成各点温湿度值的变化规律统计分析。这里扩展了一片基于 I2C 总线的高性能铁电存储器 FM24C256，该存储器兼具 ROM 和 RAM 的优点。容量为 32 KB，由于本系统的数据采集周期可在 1 ~ 30 min 设置。按采集的日期及时间保存温湿度值，我们扩展了 I2C 总线实时日历时钟 SD2002，该器件可与 FM24C256 挂在同一条 I2C 总线上。数据保存格式：小时（1 B）、分钟（1 B）、湿度值（2 B）、温度值（1 B），这样保存全部的 11 个通道温湿度值所需的存储空间为 35 B，当数据采集周期设定为 10 min 时，可保存 15 h 的温湿度数据。

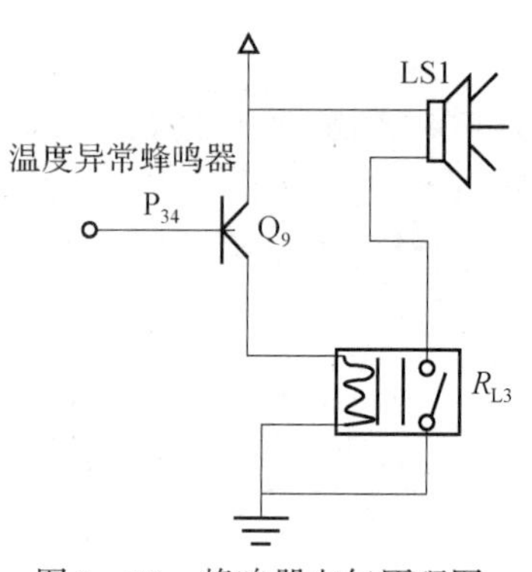

图 3 – 76　蜂鸣器电气原理图

3. 电路制作与调试注意事项

①DS18B20 属于单线总线式温度传感器，制作时首先测试三个引脚端信号方可进行制作。

②传感器接入电路前首先进行离线测试，观察其灵敏度。

③焊接时温度传感器焊接时间不宜太长，最好插在底座上进行底座焊接。

④通电前，先检查本箱的电气性能，并注意是否有短路或漏电现象。

⑤通电后根据原理进行调试完成功能。

【技能训练工单】

姓名		班级		组号	
名称	任务 3.5　集成温度传感器测量实验				
任务提出	本次实验目的是应用集成温度传感器进行温度测量，采用 AD590 构成恒温控制电路，其温度控制精度在 0～90 ℃范围内可达到 ±0.1 ℃，适用于多种温度控制场合。				
问题导入	1）AD590 集成温度传感器属于________输出型的，温度每变化________，电流变化________。 2）简述 DS18B20 集成温度传感器的温度测量原理。 3）电压输出型的温度传感器有哪些？				
技能要求	1）能够检测集成温度传感器； 2）利用集成温度传感器进行电路设计； 3）掌握集成温度传感器的应用。				
AD590集成温度传感器使用说明	AD590 集成温度传感器的测量范围为 −55～150 ℃，电源电压范围为 4～30 V，电源电压从 4～6 V 变化，电流 I_T变化 1 μA，相当于温度变化 1 K，AD590 可以承受 44 V 正向电压和 20 V 的反向电压。因而器件反接也不会损坏，输出电阻为 710 MΩ。 AD590 集成温度传感器在出厂前已经校准，精度高。AD590 共有 I、J、K、L、M 5 挡。其中 M 挡精度最高，在 −55～150 ℃范围内，非线性误差为 ±0.3 ℃。I 挡误差较大，误差为 ±10 ℃，应用时应校正。由于 AD590 的精度高、价格低、不需要辅助电源、线性度好，因此常用于测量和热电偶的冷端补偿。				
任务制作	实训步骤： 1）AD590 集成温度传感器的测试：区分三个引脚的特性，通过测量记录温度变化，判断输出电流的变化是否符合实际输出。 2）设计制作电路：依据设计的电路图，按图 3－77 电路原理图接线，调节集成温度传感器的温度变化，观察加热器的工作状态。 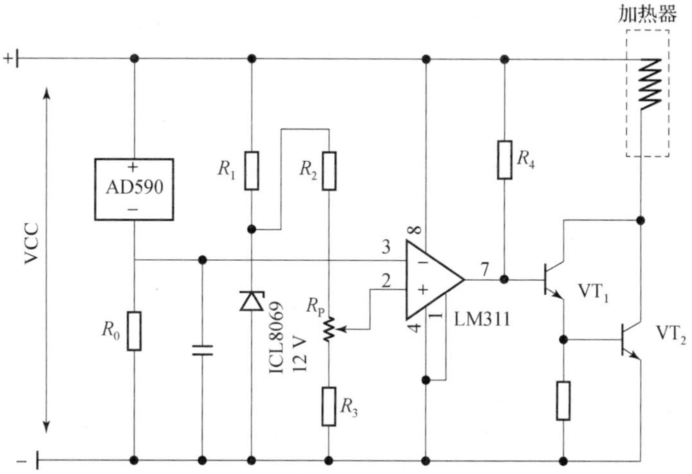 图 3－77　热电偶测温电路原理图				

续表

<table>
<tr><td>姓名</td><td></td><td>班级</td><td></td><td>组号</td><td></td></tr>
<tr><td>名称</td><td colspan="5">任务 3.5　集成温度传感器测量实验</td></tr>
<tr><td>任务制作</td><td colspan="5">3）工作原理：如图 3－77 所示电路中，LM311 连接成比较器方式，比较器的基准电压由 R_1 ~ R_3 与 R_P 设定。调整 R_P 的值可改变基准电压值，进而可使恒温范围得到改变。比较电压来自 AD590 集成温度传感器输出的与温度对应的电流，该电流在 R_0 上产生的电压与基准电压进行比较，从而输出一个信号来控制加热器的通/断。
4）记录数据。
调整电阻 R_P，记录 AD590 集成温度传感器测温过程中的各参数值，并填入表 3－12 中。
表 3－12　AD590 集成温度传感器测温参数值
<table><tr><td>AD590 集成温度传感器的温度值/℃</td><td></td><td></td><td></td><td></td><td></td></tr><tr><td>LM311 的 7 引脚电压输出/mV</td><td></td><td></td><td></td><td></td><td></td></tr><tr><td>加热器的工作状态</td><td></td><td></td><td></td><td></td><td></td></tr></table></td></tr>
<tr><td>自我总结</td><td colspan="5"></td></tr>
</table>

【考核评价】

项目	配分	考核要求	评分细则	得分	扣分
正确连接电路	20 分	能使用实训箱正确连接电路	1）线路连接正确，但布线不整齐，扣 5 分； 2）未能正确连接电路，每处扣 2 分		
温度测量	40 分	能正确进行仿真，并准确读出实验数据	1）连接方法不正确，每处扣 5 分； 2）读数不准确，每次扣 5 分		
实现功能并能正确记录实训数据	30 分	功能实现并能正确记录相关数据，对结果进行分析	1）不能实现功能，扣 10 分； 2）不能进行相关数据的分析，扣 10 分； 3）不能正确记录相关数据，每次扣 5 分		

续表

项目	配分	考核要求	评分细则	得分	扣分
安全文明操作	10分	1）安全用电，无人为损坏仪器、元件和设备； 2）保持环境整洁，秩序井然，操作习惯良好； 3）小组成员协作和谐，态度正确； 4）不迟到、早退、旷课	1）违反操作规程，每次扣5分； 2）工作场地不整洁，扣5分		
总分					

【拓展知识】

常见集成温度传感器的优缺点

1. 模块温度传感器

模块温度传感器用于测量变频模块（IGBT或IPM）的温度，目前用的感温头的型号是602F－3500F，基准电阻为25 ℃对应电阻6 kΩ（1±1%）。常数*B*值为4 100 K（1±3%），基准电阻为25 ℃对应电阻10 kΩ（1±3%）。温度越高，阻值越小；温度越低，阻值越大。离25 ℃越远，对应电阻公差范围越大；在0 ℃和55 ℃对应电阻公差约为±7%；而0 ℃以下及55 ℃以上，对于不同的供应商，电阻公差会有一定的差别。除个别老产品外，美的空调电控系统使用的室温、管温传感器均使用这种类型的传感器。常数*B*值为3 470 kΩ（1±1%），基准电阻为25 ℃对应电阻为5 kΩ（1±1%）。同样，温度越高，阻值越小；温度越低，阻值越大。离25 ℃越远，对应电阻公差范围越大。

2. 排气温度传感器

排气温度传感器用于测量压缩机顶部的排气温度，常数*B*值为3 950 K（1±3%），基准电阻为90 ℃对应电阻5 kΩ（1±3%）。

3. 室温、管温传感器

室温传感器用于测量室内和室外的环境温度，管温传感器用于测量蒸发器和冷凝器的管壁温度。室温传感器和管温传感器的形状不同，但温度特性基本一致。按温度特性划分，目前常用的室温、管温传感器有两种类型。

当然，除了以上三种常见的温度传感器外，还有其他类型也是经常使用的，如热电阻：PT100、PT1000、Cu50、Cu100；热电偶：B、E、J、K、S等。

【任务习题云】

1. 按照输出信号的模式，集成温度传感器分为________、________和________。

2. AD590集成温度传感器属于________输出型的，温度每变化________，电流变化________。

3. DS18B20集成温度传感器能将温度值直接转换为________。

4. AN6701 集成温度传感器的接线方式有________、________和________。

5. 简述集成温度传感器的测温原理。

6. 以下属于逻辑输出式温度传感器的有________。

A. LM56　　B. MAX6501 - MAX6504　　C. MAX6509/6510

7. 数字式集成温度传感器集温度传感器与 A/D 转换器电路于一体，能够将被测温度直接转换成计算机能够识别的________输出。

【模块小结】

国际上规定的温标有：摄氏温标、华氏温标、热力学温标等。

温度测量方法通常可分为接触式和非接触式两大类，每一种温度传感器种类繁多，在实际应用中，应该根据具体使用环境，合理选择传感器。

热电偶的测温原理是基于热电效应，是一种自发电式传感器，测量时不需要外加电源，直接将被测温度转换成热电动势输出。它构造简单、使用方便、测温范围宽，并且有较高的精确度和稳定性，在温度的测量中应用十分广泛。

热电偶传感器的四大定律：中间导体定律、标准电极定律、中间温度定律、均质导体定律。热电偶的温度补偿方法：冷端恒温法、计算矫正法、补偿导线法、电桥补偿法。

热电阻传感器是利用电阻随温度变化特性制成的传感器，主要用于对温度或与温度有关的参量进行检测。热电阻是中低温区最常用的一种温度检测器，主要特点是测量精度高，性能稳定。按照热电阻性质不同，分为金属热电阻和热敏电阻，金属热电阻是利用电阻与温度成一定函数关系的特性，由金属材料制成的感温组件；热敏电阻是利用半导体的电阻随温度变化的特性而制成的，按照温度特性又分为负温度系数热敏电阻和正温度系数热敏电阻。

湿敏传感器是一种将被测环境湿度转换成电信号的器件。湿敏传感器都是利用湿敏材料对水分子的吸附能力或对水分子产生物理效应的方法进行湿度测量的。

气敏传感器就是能够感受环境中某种气体及其浓度并转换成电信号的器件。气敏传感器有半导体式、接触燃烧式、化学反应式、光干涉式、红外线吸收散射式等几种类型，其中最常见的是半导体气体传感器。其基本工作原理是利用半导体气敏元件同气体接触，造成半导体性质变化，来检测气体的成分或浓度。按照半导体变化的物理性质，可分为电阻型和非电阻型两种。

集成温度传感器是一种半导体集成电路，内部集成了温度敏感元器件和调理电路。按照输出信号的模式，可将集成温度传感器大致划分为三大类：模拟式集成温度传感器、逻辑输出式集成温度传感器、数字式集成温度传感器。

【收获与反思】

收获与反思空间（将你学到的知识技能要点构建思维导图并进行自我目标达成度的评价）

模块四　光信号的测量

模块导入

随着微电子技术、光电半导体技术、光导纤维技术以及光栅技术的出现和发展，光电传感器种类也日益增多，并得到越来越多的应用。光电传感器具有其他传感器不能取代的优越性，故它还具有很大的发展前景。光电传感器的物理基础是光电效应，它是由光电材料构成的器件，既可用于检测直接引起光量变化的非电量，也可用于检测其他能转换成光量变化的非电量。此外，光电传感器还具有非接触测量、响应快、性能可靠等特点，因此它被广泛应用于各行各业中。

<table>
<tr><th colspan="2">模块目标</th></tr>
<tr><td>素质目标</td><td>1. 培养学生吃苦耐劳的精神；
2. 培养学生严谨认真的学习态度；
3. 培养学生创新意识。</td></tr>
<tr><td>知识目标</td><td>1. 掌握常见的光电器件的识别方法和检测方法；
2. 掌握红外传感器的测量原理和检测电路；
3. 掌握光电式编码器的结构、工作原理及应用；
3. 掌握查阅光电传感器的不同应用方法；
4. 掌握进行光控电路的设计。</td></tr>
<tr><td>能力目标</td><td>1. 能对不同的光电器件进行检测；
2. 能分析光电器件构成电路；
3. 能根据不同被测光源合理选择光电器件；
4. 能识别各种光电器件的特性；
5. 能分析应用光电式传感器；
6. 能综合运用所需知识进行系统设计。</td></tr>
<tr><th colspan="2">教学重难点</th></tr>
<tr><td>模块重点</td><td>模块难点</td></tr>
<tr><td>光电器件的基本特性、工作原理及应用</td><td>光电器件的综合应用</td></tr>
</table>

任务4.1　光控节能路灯电路的设计与制作

【任务描述】

利用光敏器件设计一款电路，实现能够在黄昏时自动接通路灯，在黎明时自动关闭路灯，实现对路灯的自动控制，要求灵敏度高，灯泡由220 V市电供电。

【知识链接】

光电传感器是一种小型电子设备，它可以检测出其接收到的光强的变化。早期的用来检测物体有无的光电传感器是一种小的金属圆柱形设备，发射器带一个校准镜头，将光聚焦射向接收器，接收器出电缆将这套装置接到一个真空管放大器上。在金属圆筒内有一个小的白炽灯作为光源。这些小而坚固的白炽灯传感器就是今天光电传感器的雏形。

4.1.1　光电传感器测量原理

光电传感器测量原理

将光量转换为电量的器件称为光电传感器或光电元件。光电传感器是将被测量的变化通过光信号变化转换成电信号，具有这种功能的材料称为光敏材料，做成的器件称为光敏器件，具有结构简单、精度高、响应快、非接触等优点，在计算机、自动检测、控制系统的应用非常广泛。

光具有波粒二象性，光粒子学认为光粒子是由一群粒子组成的，每一个粒子具有一定的能量，因此光的能量为

$$E = h\nu \tag{4-1}$$

式中，h为普朗克常数，值为6.626×10^{-34} J·s；ν为光的频率（单位：Hz）。

可见，光的频率越高（即波长越短），光子的能量越大。因此对不同频率的光，其光子能量是不相同的。用光照射某一物体，可以看作是一连串能量为hv的光子轰击在这个物体上，此时光子能量就传递给电子，并且是一个光子的全部能量一次性地被一个电子吸收，电子得到光子传递的能量后其状态就会发生变化，从而使受光照射的物体产生相应的电效应，这种物理现象称为光电效应。光电传感器就基于此种光电效应制成的。光电效应分为内光电效应和外光电效应。

（1）外光电效应

在光线作用下能使电子逸出物体表面的现象称为外光电效应。基于外光电效应的光电元件有光电管、光电倍增管等。

物体中的电子吸收了入射光子的能量，当足以克服逸出功A_0时，电子就逸出物体表面，产生光电子反射。如果一个电子想要逸出，光子能量hv必须超过逸出功，超过部分的能量表现为逸出电子的动能。根据能量守恒定理，

$$hv = \frac{1}{2}mv_0^2 + A_0 \tag{4-2}$$

式中，m为电子质量；v_0为电子逸出速度。

由式（4－2）可知，光电子能否产生，取决于光子的能量是否大于该物体的表面电子逸出功 A_0。不同的物质具有不同的逸出功，这意味着每一个物体都有一个对应光频的导通电压，称为红限频率或波长。光线频率低于红限频率，光子的能量不足以使物体内的电子逸出，因而小于红限频率的入射光，即使光强再大也不会产生光电子反射；反之入射光频率高于红限频率，即使光线微弱，也会有光电子射出。

当入射光的频谱成分不变时，产生的光电流与光强成正比，即光强越大，意味着入射光子数目越多，逸出的电子数也就越多。

光电子逸出物体表面具有初始动能$\frac{1}{2}mv_0^2$，因此外光电效应器件，如光电管即使没有加阳极电压，也会有光电流产生。为了使光电流为零，必须加负的截止电压，而且截止电压与入射光的频率成正比。

（2）内光电效应

当光照在物体上，使物体的电阻率发生变化，或产生光生电动势的现象，称为内光电效应。内光电效应分为光电导效应和光生伏特效应（光伏效应）。

光电导效应：入射光强改变物质电导率的物理现象称光电导效应。这种效应几乎所有高电阻率半导体都有，由于在入射光作用下电子吸收光子能量，从价带激发到导带过渡到自由状态，同时价带也因此形成自由空穴，使导带电子和价带空穴浓度增大引起电阻率减小。为使电子从价带激发到导带，入射光子的能量 E_0 应大于禁带宽度的能量 E_g，光电导效应能级示意图如图 4－1 所示。

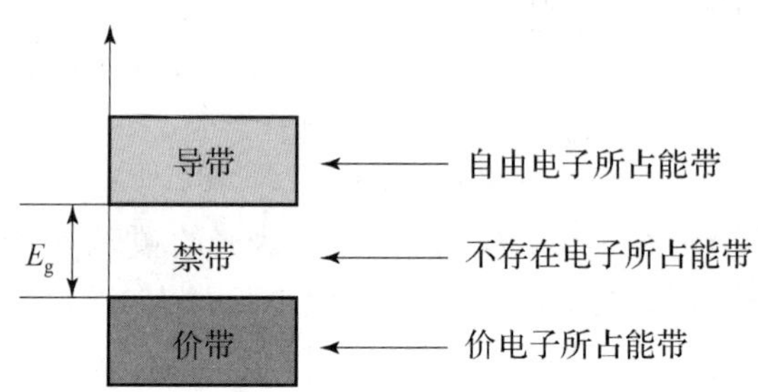

图 4－1　光电导效应能级示意图

基于光电导效应的光电器件有光敏电阻、光敏二极管和光敏三极管。

光生伏特效应：在光线作用下物体产生一定方向电动势的现象称为光生伏特效应，基于该效应的器件有光电池。

当光照射在 PN 结时，如果电子的能量大于半导体禁带宽度的能量（即 $E_0 > E_g$），可激发出电子－空穴对，在 PN 结内电场作用下空穴移向 P 区，而电子移向 N 区，使 P 区和 N 区之间产生电压，如图 4－2 所示，这个电压就是光生电动势。

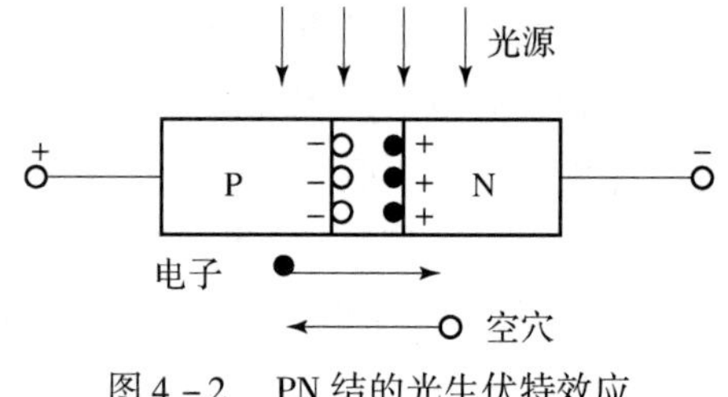

图 4－2　PN 结的光生伏特效应

4.1.2　外光电效应的光电器件

利用物质在光的照射下发射电子的所谓外光电效应而制成的光电器件，一般是真空的或充气的光电器件，如光电管和光电倍增管。

1. 光电管的结构与工作原理

光电管有真空光电管和充气光电管两类。两者结构相似，如图 4-3（a）所示。它们由一个阴极和一个阳极构成，并且密封在一只真空玻璃管内。阴极装在玻璃管内壁上，其上涂有光电发射材料。阳极通常用金属丝弯曲成矩形或圆形，置于玻璃管的中央。

当光照在阴极上时，中央阳极可收集从阴极上逸出的电子，在外电场作用下形成电流 I，如图 4-3（b）所示。其中，充气光电管内充有少量的惰性气体如氩或氖，当充气光电管的阴极被光照射后，光电子在飞向阳极的途中，和气体的原子发生碰撞而使气体电离，因此增加了光电流，从而使光电管的灵敏度增加，但导致充气光电管的光电流与入射光强度不成比例关系，因而使其具有稳定性较差、惰性大、温度影响大、容易衰老等一系列缺点。目前由于放大技术的提高，对于光电管的灵敏度不再要求那样严格，况且真空式光电管的灵敏度也正在不断提高。在自动检测仪表中，由于要求温度影响小和灵敏度稳定，所以一般采用真空式光电管。

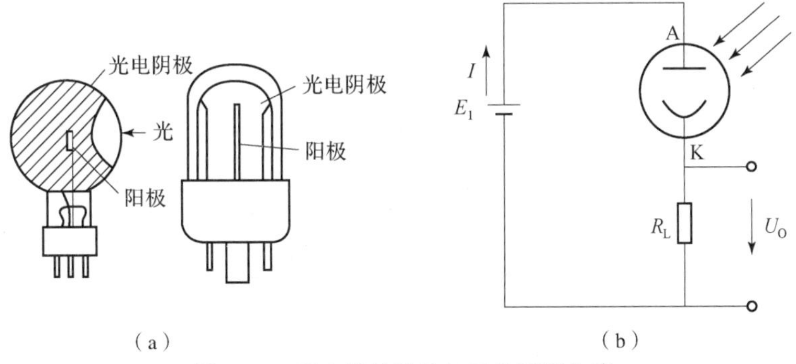

图 4-3　光电管的结构与工作原理电路

（a）结构；（b）工作原理电路

光电器件的性能主要是由伏安特性、光照特性、光谱特性、相应时间、峰值探测率和温度特性来描述。本书仅对最主要的特性作简单叙述。

2. 光电管的伏安特性

在一定的光照射下，对光电器件的阴极所加电压与阳极所产生的电流之间的关系称为光电管的伏安特性。真空光电管和充气光电管的伏安特性分别如图 4-4（a）和（b）所示，它是应用光电传感器参数的主要依据。

3. 光电管的光照特性

光电管的光照特性曲线如图 4-5 所示。曲线 1 表示氧铯阴极光电管的光照特性，光电流 I 与光通量 ϕ 呈线性关系。曲线 2 为锑铯阴极的光电管光照特性，它呈非线性关系。光照特性曲线的斜率（光电流与入射光光通量之比）称为光电管的灵敏度。

4. 光电倍增管及其基本特性

当入射光很微弱时，普通光电管产生的光电流很小，只有零点几个微安，很不容易探测。这时常用光电倍增管对电流进行放大。

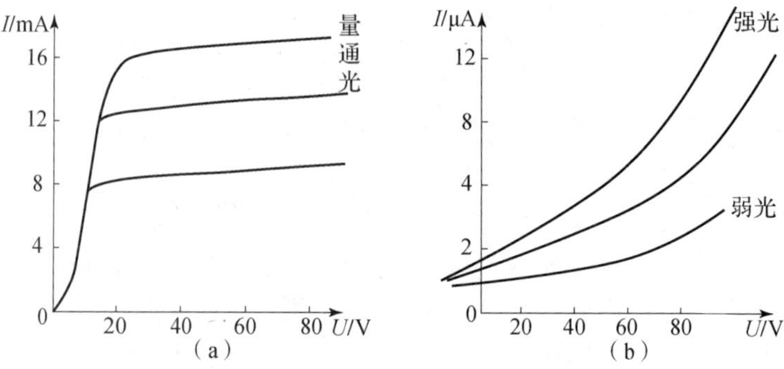

图 4－4　真空光电管和充气光电管的伏安特性

(a) 真空光电管的伏安特性；(b) 充电光电管的伏安特性

(1) 光电倍增管的结构

光电倍增管由阴极、次阴极（倍增电极）及阳极三部分组成，如图 4－6 所示。阴极是由半导体光电材料锑铯做成的。次阴极是在镍或铜－铍的衬底上涂上锑铯材料而形成的。次阴极多的可达 30 级，通常为 12～14 级。阳极是最后用来收集电子的，它输出的是电压脉冲。

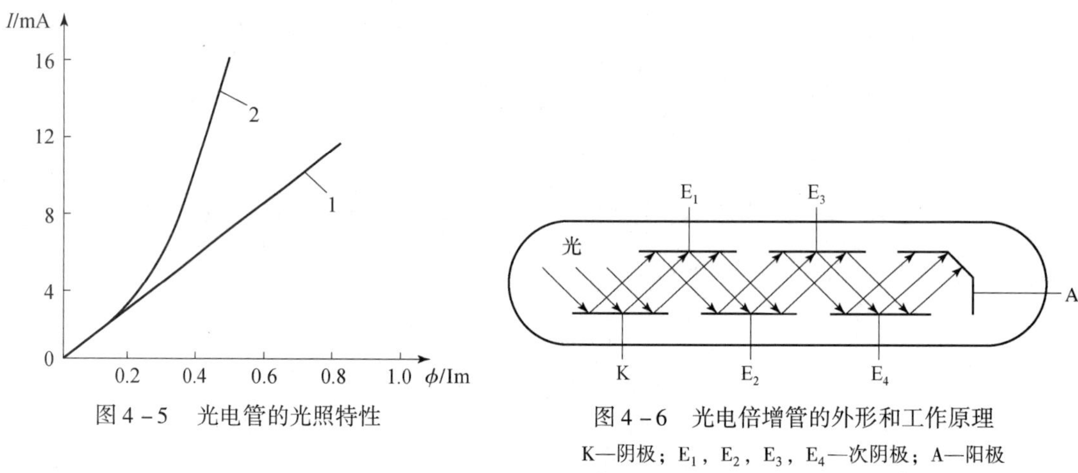

图 4－5　光电管的光照特性

图 4－6　光电倍增管的外形和工作原理

K—阴极；E_1，E_2，E_3，E_4—次阴极；A—阳极

(2) 光电倍增管的工作原理

光电倍增管是利用二次电子释放效应，当高速电子撞击固体表面时，发出二次电子，将光电流在管内进行放大。使用时在各个倍增电极上均加上电压。阴极电位最低，从阴极开始，各个倍增电极的电位依次升高，阳极电位最高。同时这些倍增电极用次级发射材料制成，这种材料在具有一定能量的电子轰击下，能够产生更多的“次级电子”。由于相邻两个倍增电极之间有电位差，因此存在加速电场，对电子加速。从阴极发出的光电子，在电场的加速下，打到第一个倍增电极上，引起二次电子发射。每个电子能从这个倍增电极上打出 3～6 倍的次级电子，被打出来的次级电子再经过电场的加速后，打在第二个倍增电极上，电子数又增加 3～6 倍，如此不断倍增，阳极最后收集到的电子数将达到阴极发射电子数的 10^5～10^6倍。即光电倍增管的放大倍数可达到几万倍到几百万倍。光电倍增管的灵敏度就比普通光电管高几万到几百万倍。因此在很微弱的光照时，它就能产生很大的光电流。

(3) 光电倍增管的主要参数

①倍增系数 M。当各倍增电极二次电子发射系数 $\sigma_i=\sigma$ 时，$M=\sigma^n$，则阳极电流为

$$I=i\sigma^n \tag{4-3}$$

式中，i 为阴极的光电流。

光电倍增管的电流放大倍数 β 为

$$\beta=\frac{I}{i}=\sigma^n \tag{4-4}$$

M 一般为 $10^5\sim10^8$，M 与所加电压有关，稳定性约为 1%。

②光电阴极灵敏度和光电倍增管总灵敏度。一个光子在阴极上能够打出的平均电子数称为光电阴极灵敏度，而一个光子在阳极上产生的平均电子数称为光电倍增管的总灵敏度。光电倍增管的特性曲线如图 4-7 所示，注意光电倍增管的灵敏度很高，切忌强光源照射。

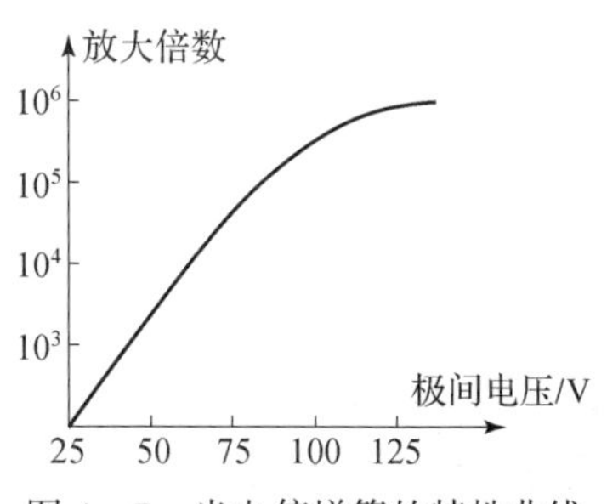

图 4-7　光电倍增管的特性曲线

③暗电流和本底脉冲。在无光照射（暗室）情况下，光电倍增管加上工作电压后形成的电流称为暗电流。在光电倍增管阴极前面放一块闪烁体，便构成闪烁计数器。当闪烁体受到人眼看不见的宇宙射线照射后，光电倍增管就有电流信号输出，这种电流称为闪烁计数器的暗电流，一般称为本底脉冲。光电倍增管的光谱特性与同材料阴极的光电管的光谱特性相似。

【交流思考】

光电管的测量中，光电流的大小变化是否是随着所加的阳极和阴极电压变化？随负载的增加而减小呢？

4.1.3　内光电效应的光电器件

1. 光敏电阻

光敏电阻又称光导管，常用的制作材料为硫化镉，另外还有硒、硫化铝、硫化铅和硫化铋等材料。这些制作材料具有在特定波长的光照射下，其阻值迅速减小的特性。这是由于光照产生的载流子都参与导电，在外加电场的作用下做漂移运动，电子奔向电源的正极，空穴奔向电源的负极，从而使光敏电阻器的阻值迅速下降。

通常，光敏电阻器都制成薄片结构，以便吸收更多的光能。当它受到光的照射时，半导体片（光敏层）内就激发出电子-空穴对，参与导电，使电路中电流增强。光敏电阻的结构较简单，如图 4-8（a）所示。在玻璃底板上均匀地涂上薄薄的一层半导体物质，半导体的两端装上金属电极，使电极与半导体层可靠地电接触，然后，将它们压入塑料封装体内。为了防止周围介质的污染，在半导体光敏层上覆盖一层漆膜，漆膜成分的选择应该使它在光敏层最敏感的波长范围内透射率最大。如果把光敏电阻连接到外电路中，在外加电压的作用下，用光照射就能改变电路中电流的大小，如图 4-8（b）所示为接线电路。光敏电阻器在电路中用字母 R 或 R_L 或 R_G 表示。光敏电阻具有很高的灵敏度、很好的光谱特性、很长的使用寿命、高度的稳定性能、很小的体积及简单的制造工艺，被广泛用于自动化技术中。

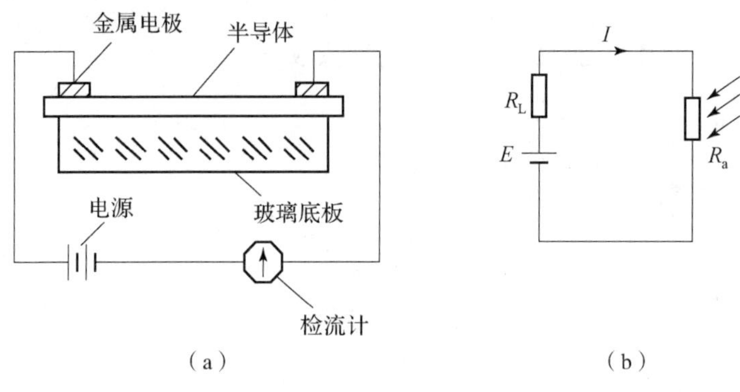

图 4-8 光敏电阻结构

(a) 结构；(b) 接线电路

光敏电阻在受到光的照射时，由于内光电效应使其导电性能增强，电阻 R_a 的阻值减小，所以流过负载电阻 R_L 的电流及其两端电压也随之变化。光线越强，电流越大。当光照停止时，光电效应消失，电阻恢复原值，因而可将光信号转换为电信号。

2. 光敏电阻的主要参数与特性

(1) 光敏电阻器的分类

根据光敏电阻的光谱特性，可分为三种光敏电阻器：

①紫外光敏电阻器：对紫外线较灵敏，包括硫化镉、硒化镉光敏电阻器等，用于探测紫外线。

②红外光敏电阻器：主要有硫化铅、碲化铅、硒化铅、锑化铟等光敏电阻器，广泛用于导弹制导、天文探测、非接触测量、人体病变探测、红外光谱、红外通信等国防、科学研究和工农业生产中。

③可见光光敏电阻器：包括硒、硫化镉、硒化镉、碲化镉、砷化镓、硅、锗、硫化锌光敏电阻器等。主要用于各种光电控制系统，如光电自动开关门户，航标灯、路灯和其他照明系统的自动亮灭、自动给水和自动停水装置、机械上的自动保护装置和“位置检测器”、极薄零件的厚度检测器、照相机自动曝光装置、光电计数器、烟雾报警器、光电跟踪系统等方面。

(2) 光敏电阻的主要参数

①光电流、亮电阻。光敏电阻器在一定的外加电压下，当有光照射时，流过的电流称为光电流，外加电压与光电流之比称为亮电阻。

②暗电流、暗电阻。光敏电阻在一定的外加电压下，当没有光照射时，流过的电流称为暗电流。外加电压与暗电流之比称为暗电阻。

③灵敏度。灵敏度是指光敏电阻不受光照射时的电阻值（暗电阻）与受光照射时的电阻值（亮电阻）的相对变化值。一般暗电阻越大，亮电阻越小，光敏电阻的灵敏度越高。光敏电阻的暗电阻的阻值一般在兆欧数量级，亮电阻在几千欧以下。暗电阻与亮电阻之比一般为 $10^2 \sim 10^6$，这个数值是相当可观的。

④光敏电阻的光谱特性。几种常用光敏电阻材料的光谱特性，如图 4-9 所示。对于不同波长的光，光敏电阻的灵敏度是不同的。从图中看出，硫化镉的峰值在可见光区域，而硫

化铅的峰值在红外区域。因此，在选用光敏电阻时应当把元件和光源的种类结合起来考虑，才能获得满意的结果。

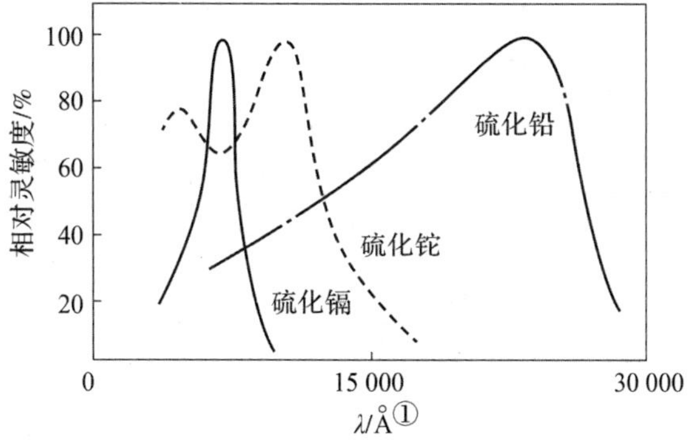

图 4-9　光谱特性

⑤光照特性。光照特性指光敏电阻输出的电信号随光照强度而变化的特性（光照强度是指单位面积上接收到的光通量的量度，单位是 lx）。从光敏电阻的光照特性曲线（见图 4-10）可以看出，随着光通量的增加，光电流逐渐增大，光敏电阻的阻值开始迅速减小。若进一步增大光照强度，则电阻值变化减小，然后逐渐趋向平缓。在大多数情况下，该特性为非线性。光敏电阻不宜作线性测量元件，一般用作开关式的光电转换器。

⑥伏安特性曲线。伏安特性曲线如图 4-11 所示，用来描述光敏电阻的外加电压与光电流的关系，对于光敏器件来说，其光电流随外加电压的增大而增大。

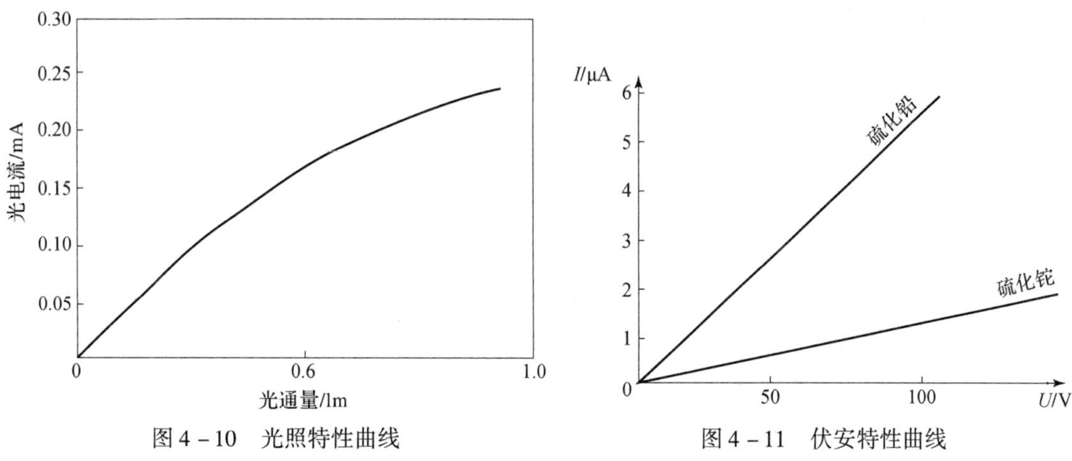

图 4-10　光照特性曲线　　图 4-11　伏安特性曲线

（3）常用的光敏电阻器

由于光敏电阻器对光线特别敏感，即有光线照射时，其阻值迅速减小，无光线照射时，其阻值为高阻状态，因此选用时，应首先确定控制电路对光敏电阻器的光谱特性有何要求，是选用可见光光敏电阻器，还是选用红外光光敏电阻器。另外选用光敏电阻器时还应确定亮电阻、暗电阻的范围。此项参数的选择是关系到控制电路能否正常作用的关键，因此必须予以认真确定。常见光敏电阻器的几项主要参数，如表 4-1 所示。

① 1 Å = 0.1 nm。

表 4-1　常见光敏电阻器的主要参数

型号	额定功率/mW	亮阻/kΩ	暗阻/MΩ	耐压/N
MG41-21	20	≤1	≥0.1	100
MG41-47	100	≤100	≥50	150
MG42-02-05	5	2~20	0.1~2	20
MG43-53	200	≤5	≥5	250
MG45-14	50	≤10	≥10	100

3. *光敏二极管和光敏三极管*

光敏二极管也叫光电二极管。光敏二极管与半导体二极管在结构上是类似的，其结构如图 4-12 所示，管芯是一个具有光敏特征的 PN 结，具有单向导电性，它装在透明玻璃外壳中，其 PN 结装在管顶，可直接受到光照射。光敏二极管在电路中一般是处于反向工作状态。无光照时有很小的饱和反向漏电流即暗电流，此时光敏二极管截止。当受到光照时饱和反向漏电流大大增加，形成光电流，并随入射光强度的变化而变化。当光线照射 PN 结时，可以使 PN 结中产生电子-空穴对，使少数载流子的密度增加。这些载流子在反向电压下漂移，使反向电流增加。因此可以利用光照强弱来改变电路中的电流。常见的有 2CU、2DU 等系列。光敏二极管的光照特性是线性的，所以适合检测等方面的应用。

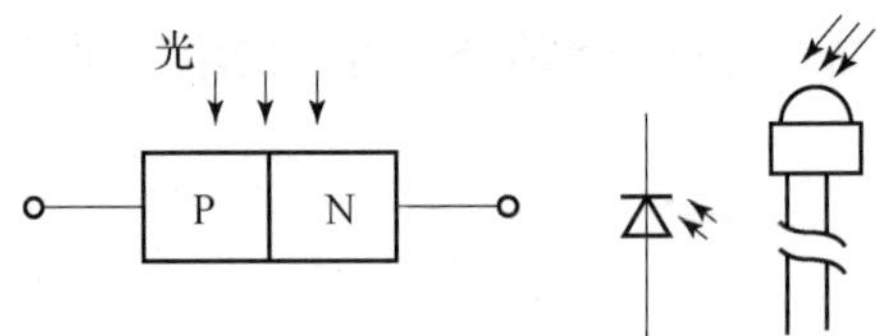

图 4-12　光敏二极管的结构

(1) 光敏二极管的特点与用途

当没有光照射在光敏二极管上时，它和普通的二极管一样，具有单向导电作用。正向电阻为 8~9 kΩ，反向电阻大于 5 MΩ。如果不知道光敏二极管的正负极，可用测量普通二极管正负极的办法来确定，当测正向电阻时，黑表笔接的就是光敏二极管的正极。

当光敏二极管处在反向连接时，即万用表红表笔接光敏二极管正极，黑表笔接光敏二极管负极，此时电阻应接近无穷大（无光照射时），当用光照射到光敏二极管上时，万用表的表针应大幅向左偏转，当光很强时，表针会打到 0 刻度右边。

当测量带环极的光敏二极管时，环极和后极（正极）也相当于一个光敏二极管，其性能也具有单向导电作用，且见光后反向电阻大大下降。

区分环极和前极的办法是，在反向连接情况下，让不太强的光照在光敏二极管上，阻值略小的是前极，阻值略大的是环极。

光敏二极管分为 PN 结型、PIN 结型、雪崩型和肖特基结型，其中用得最多的是 PN 结型，价格便宜。光敏二极管构成的信号放大和开关电路如图 4-13 所示。

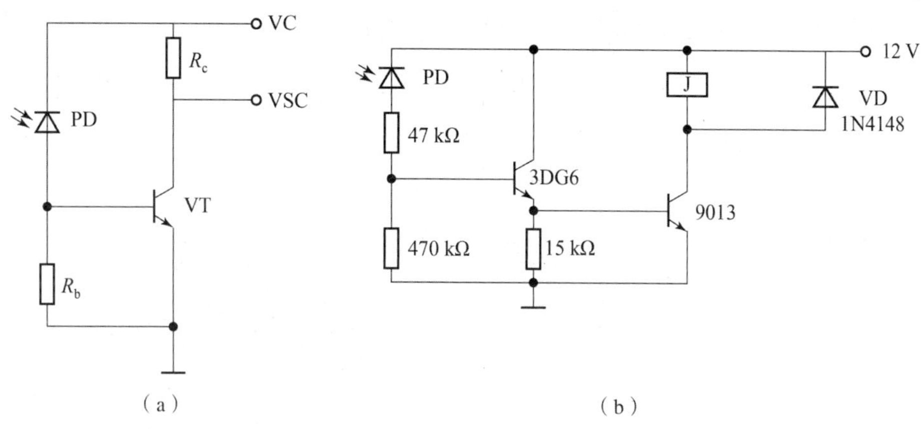

图 4-13　光敏二极管电路

(a) 信号放大电路；(b) 开关电路

(2) 光敏三极管

光敏三极管和普通三极管相似，也有电流放大作用，只是它的集电极电流不只是受基极电路和电流控制，同时也受光辐射的控制。通常基极不引出，但一些光敏三极管的基极有引出，用于温度补偿和附加控制等作用。当具有光敏特性的 PN 结受到光辐射时，形成光电流，由此产生的光生电流由基极进入发射极，从而在集电极回路中得到一个放大了相当于β倍的信号电流。不同材料制成的光敏三极管具有不同的光谱特性，与光敏二极管相比，具有很大的光电流放大作用，即很高的灵敏度。光敏三极管有 PNP 和 NPN 型两种，如图 4-14 所示。

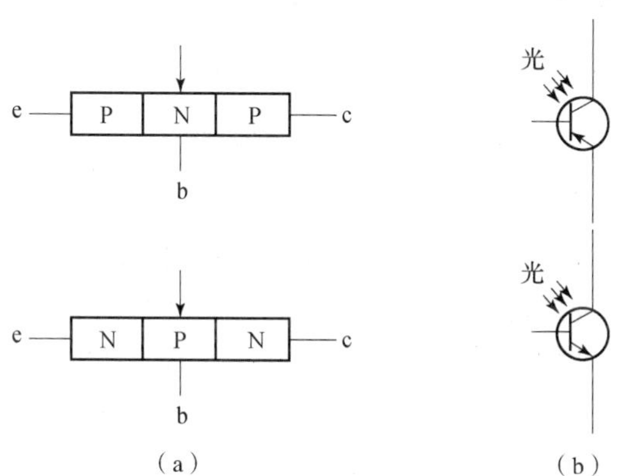

图 4-14　光敏三极管的结构和符号图

(a) 结构；(b) 符号

(3) 光敏管的主要特性

光敏二极管和光敏三极管的伏安特性：光敏管在一定光照下，其端电压与器件中电流的关系，称为光敏管的伏安特性。如图 4-15 所示为硅光敏管在不同光照下的伏安特性。

光敏管的光照特性：在端电压一定的条件下，光敏管的光电流与光照强度的关系，称为光敏管的光照特性。硅光敏管的光照特性如图 4-16 所示。

光敏三极管的光谱特性：光敏三极管的光谱特性如图 4-17 所示。光敏三极管存在一个

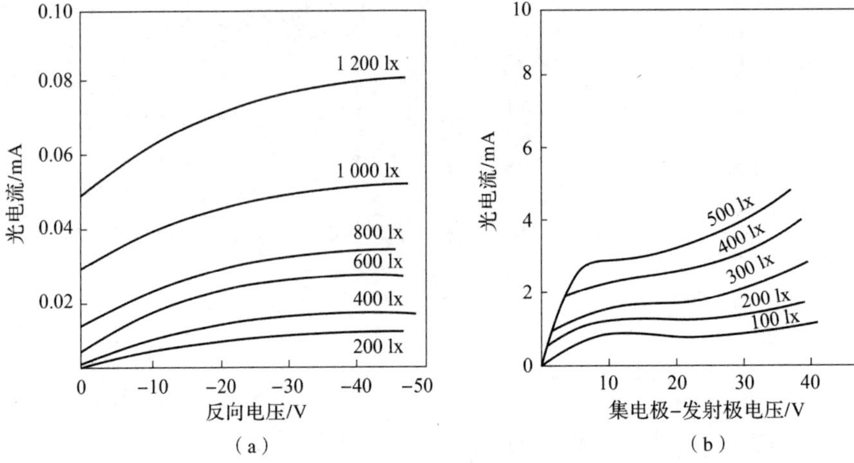

图 4－15　硅光敏管在不同光照下的伏安特性

（a）硅光敏二极管；（b）硅光敏三极管

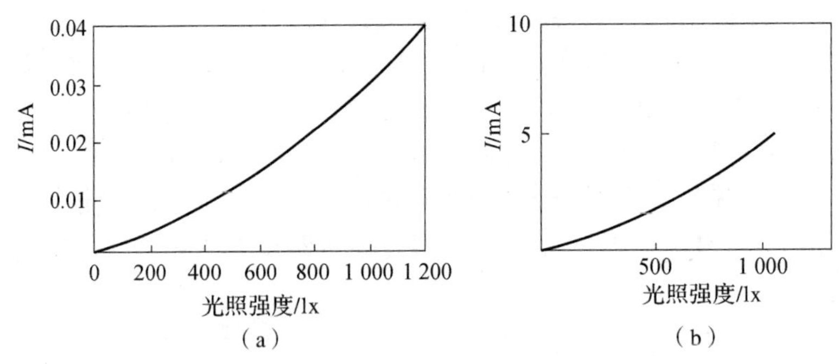

图 4－16　硅光敏管的光照特性

（a）硅光敏二极管；（b）硅光敏三极管

最佳灵敏度的峰值波长。当入射光的波长增加时，相对灵敏度要下降，这是容易理解的。因为光子能量太小，不足以激发电子－空穴对。当入射光的波长缩短时，相对灵敏度也下降，这是由于光子在半导体表面附近就被吸收，并且在表面激发的电子－空穴对不能到达 PN 结，因而使相对灵敏度下降。

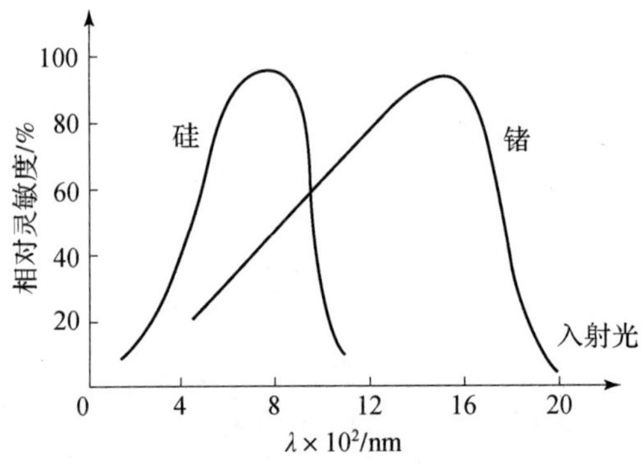

图 4－17　光敏三极管的光谱特性

硅的峰值波长为 9 000 Å，锗的峰值波长为 15 000 Å。由于锗管的暗电流比硅管大，因此锗管的性能较差，故在可见光或探测赤热状态物体时，一般选用硅管。但对红外线进行探测时，则采用锗管较合适。

温度特性：在端电压和光照强度一定的条件下，光敏管的暗电流及光电流与温度的关系，称为光敏管的温度特性，如图 4－18 所示。

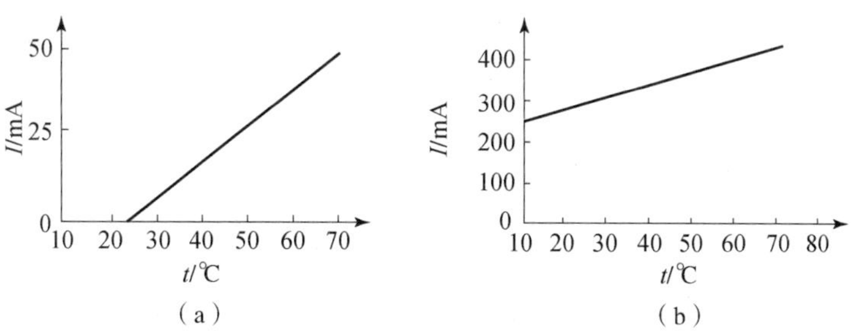

图 4－18　光敏管的温度特性

（a）光敏二极管；（b）光敏三极管

频率响应：光敏管的频率响应是指具有一定频率的调制光照射光敏管时，光敏管输出的光电流（或负载上的电压）随调制频率的变化关系。如图 4－19 所示为硅光敏三极管的频率响应曲线。一般情况下，锗管的频率响应低于 5 000 Hz，硅管的频率响应优于锗管。

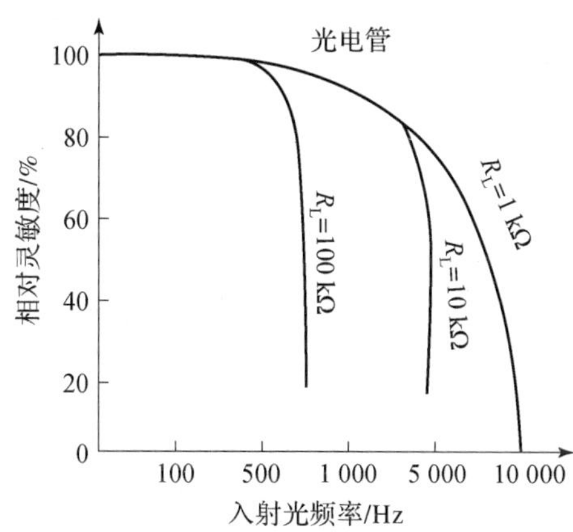

图 4－19　硅光敏三极管的频率响应曲线

4. 光电池

光电池是利用光生伏特效应将光能直接转变成电能的器件，它广泛用于将太阳能直接转变为电能，因此又称为太阳能电池。光电池的种类很多，应用最广的是硅光电池和硒光电池等。

（1）光电池的结构

硅光电池的结构与工作原理示意图如图 4－20 所示，它实质上是一个大面积的 PN 结。当光照射到 PN 结上时，便在 PN 结两端产生电动势（P 区为正，N 区为负）形成电源。

（2）光电池的工作原理

P 型半导体与 N 型半导体结合在一起时，由于载流子的扩散作用，在其交界处形成一过

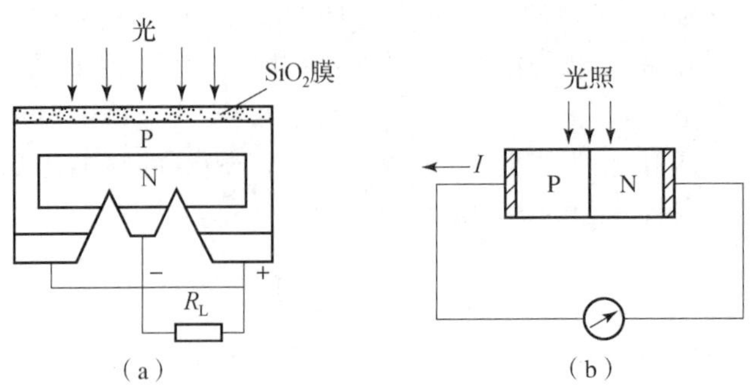

图 4－20　硅光电池的结构与工作原理示意图

(a) 结构；(b) 工作原理示意图

渡区，即 PN 结，并在 PN 结形成一内建电场，电场方向由 N 区指向 P 区，阻止载流子的继续扩散。当光照射到 PN 结上时，在其附近激发电子－空穴对，在 PN 结电场作用下，N 区的光生空穴被拉向 P 区，P 区的光生电子被拉向 N 区，结果在 N 区聚集了电子，带负电；P 区聚集了空穴，带正电。这样 N 区和 P 区间出现了电位差，若用导线连接 PN 结两端，则电路中便有电流流过，电流方向由 P 区经外电路至 N 区；若将电路断开，便可测出光生电动势。

(3) 光电池的基本特性

①光谱特性。光电池对不同波长的光，其光电转换灵敏度是不同的，即光谱特性，如图 4－21 所示。硅光电池：光谱响应范围为 400～1 200 nm，光谱响应峰值波长在 800 nm 附近。

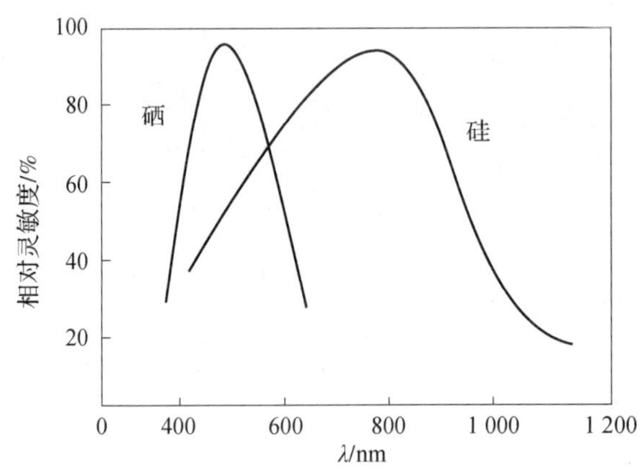

图 4－21　光电池的光谱特性

硒光电池：光谱响应范围为 380～750 nm，光谱响应峰值波长在 500 nm 附近。

②光照特性。光电池在不同照度下，其光电流和光生电动势是不同的。硅光电池的开路电压和短路电流与光照强度的关系曲线如图 4－22 所示。

电压与光照强度的关系是非线性的，而且在光照强度为 1 000 lx 时出现饱和，故其不宜作为检测信号。

短路电流（负载电阻很小时的电流）与光照强度的关系在很大范围是线性的，负载电

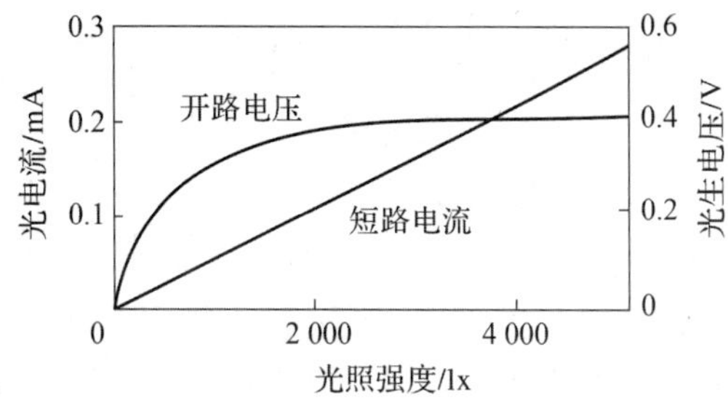

图 4－22　硅光电池的开路电压和短路电流与光照强度的关系曲线

阻越小，线性度越好，如图 4－23 所示，因此，将光电池作为检测元件时，是利用其短路电流作为电流源的形式来使用的。

③光电池的频率特性。光电池在作为测量、计数、接收元件时，常用交变光照。光电池的频率特性就是反映光的交变频率和光电池输出电流的关系，如图 4－24 所示。从曲线可以看出，硅光电池有很高的频率响应，可用在高速计数、有声电影等方面。这是硅光电池在所有光电元件中最为突出的优点。

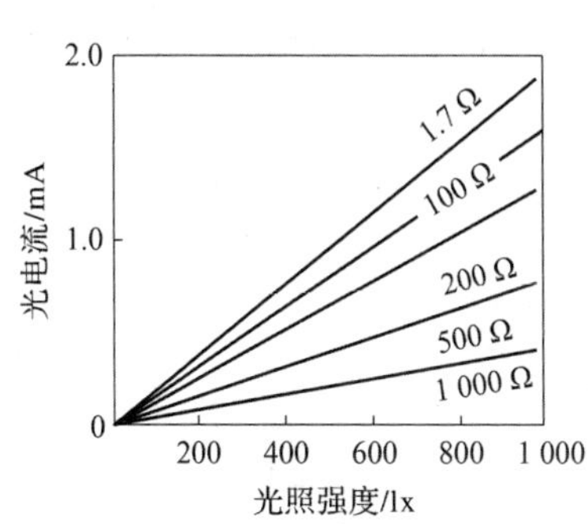

图 4－23　硅光电池在不同负载下的光照特性和短路电流与光照强度的关系

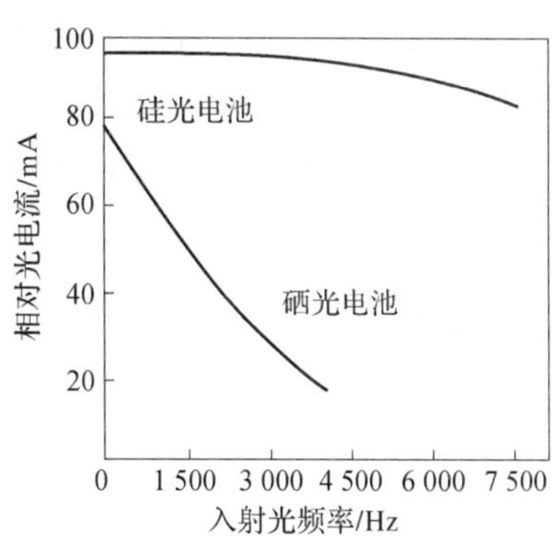

图 4－24　光电池的频率特性

④温度特性。光电池的温度特性是指其开路电压和短路电流随温度变化的关系。如图 4－25 所示硅光电池在 1 000 lx 照度下的温度特性曲线。由图可见，开路电压随温度升高下降很快，约 3 mV/ ℃；短路电流随温度升高而缓慢增加，约 2×10^{-6} A/℃。

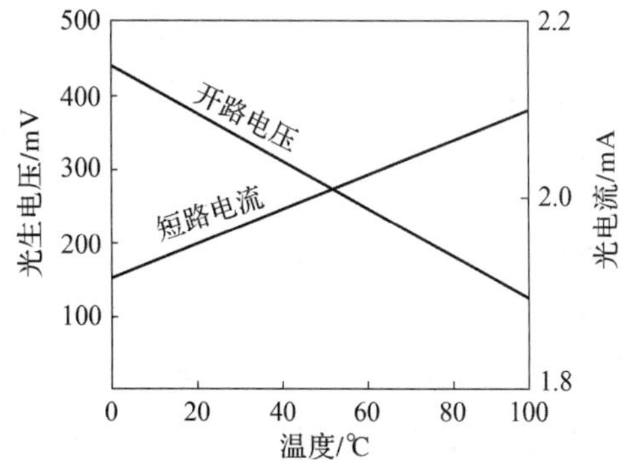

图 4－25　硅光电池在 1 000 lx 照度下的温度特性曲线

【拓展学习】

工匠精神

“知之者不如好之者，好之者不如乐之者”“绳锯木断，水滴石穿”“咬定青山不放松，立根原在破岩中”等古训名句诠释的就是工匠精神。新型传感器、人工智能、虚拟现实技术等迅速崛起，为工匠精神插上了创新的“翅膀”，高水平的传感器研制，离不开新理念、新姿态、新一代的能工巧匠。在校大学生，应传承工匠精神，融合前沿学科知识，加强研发设计，通过对质量、规则、标准、流程的执着追求，从而不断提升传感器的品质。

4.1.4 光电传感器的应用

1. 光敏电阻调光电路

如图 4－26 所示为一种典型的光控调光电路，其工作原理是当周围光线变弱时引起光敏电阻的阻值增加，使加在电容 C 上的分压上升，进而使可控硅的导通角增大，达到增大照明灯两端电压的目的。反之，若周围的光线变亮，则 R_g 的阻值减小，导致可控硅的导通角变小，照明灯两端电压也同时下降，使灯光变暗，从而实现对灯光照强度的控制。上述电路中整流桥给出的必须是直流脉动电压，不能将其用电容滤波变成平滑直流电压，否则电路将无法正常工作。原因在于直流脉动电压既能给可控硅提供过零关断的基本条件，又可使电容 C 的充电在每个半周从零开始，准确完成对可控硅的同步移相触发。

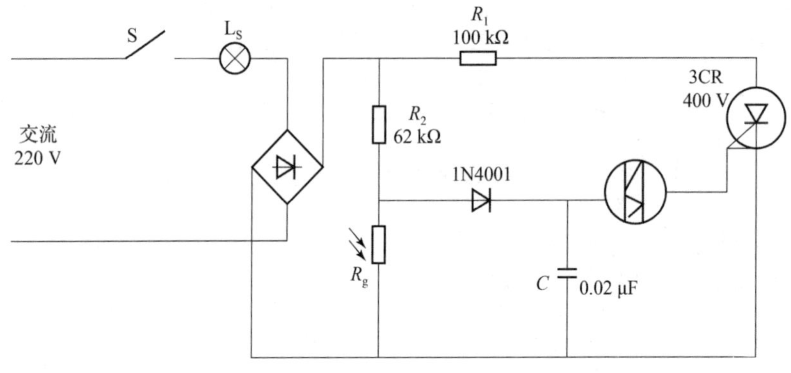

图 4－26 光控调光电路

2. 光敏电阻式光控开关

以光敏电阻为核心元件的带继电器控制输出的光控开关电路有许多形式，如自锁亮激发、暗激发及精密亮激发、暗激发等，如图 4－27 所示为一种简单的暗激发继电器开关电路，其工作原理是当照度下降到设置值时由于光敏电阻阻值上升激发 VT_1 导通，VT_2 的激励电流使继电器工作，常开触点闭合，常闭触点断开，实现对外电路的控制。

3. 光敏电阻自动照明灯电路

如图 4－28 所示为光敏电阻组成的光控照明电路，VD_1 为触发二极管，触发电压约 30 V。在白天时，光敏电阻的阻值低，其分压低于 30 V（A 点），触发二极管截止，双向可控硅无触发电流，VT_1、VT_2 之间呈断开状态；天暗后，光敏电阻 GR 阻值增加，A 点电压大

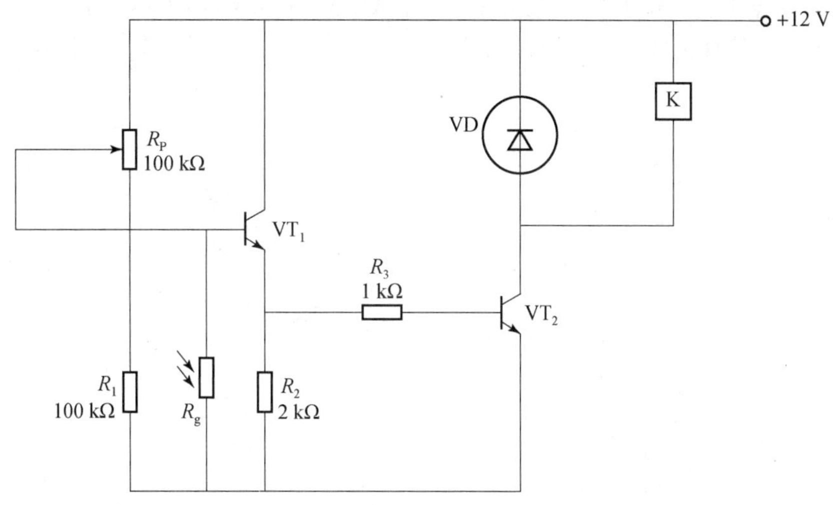

图 4－27　暗激发继电器开关电路

于 30 V，触发二极管导通，双向可控硅呈导通状态，电灯亮。R_1、C_1 为保护双向可控硅的吸收电路的元器件。

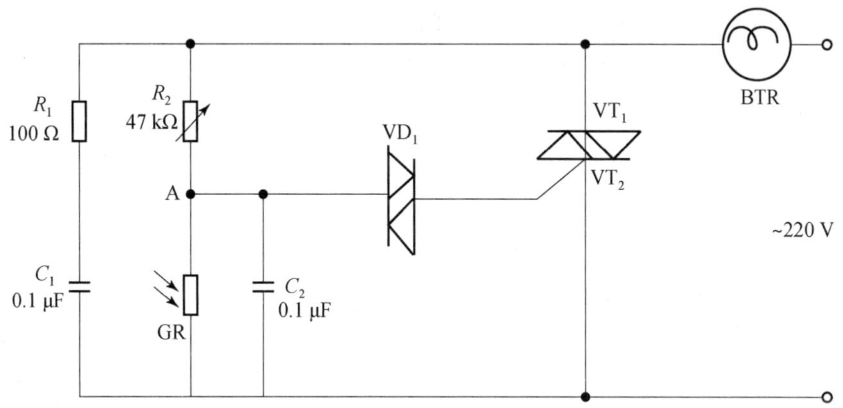

图 4－28　光敏电阻组成的光控照明电路

正常强度光照在光敏电阻上，因阻值较小，端压小于 0.5 V，VD_1 二极管截止，使 VT_1 和 VT_2 的门极电流趋于零，灯暗，当光照逐渐变暗，光敏电阻阻值变大，三极管逐渐导通，流过三极管和灯的电流逐渐变大，灯 BTR 逐渐变亮。入射光敏电阻的照度为零时，灯最亮。二极管 VD_1 的作用是保护三极管，防止大反向电压加在三极管的 b、e 两极。

【交流思考】

如果将电路 4－28 中的光敏电阻换成光敏三极管，电路功能不变，如何改进呢？

4. 路障灯、航标指示灯电路

如图 4－29 所示为路障灯、航标指示灯电路，白天光敏电阻阻值低，BG_1 截止，BG_2 也截止，双向可控硅处于断开状态，当天黑时，光敏电阻阻值增加，BG_1 与 BG_2 相继导通，双向可控硅有触发电流而处于导通状态，灯亮。

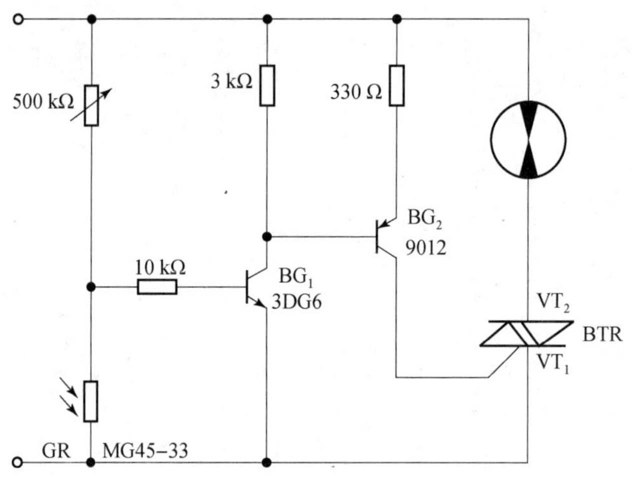

图 4－29　路障灯、航标指示灯电路

5. 路灯自动控制器

如图 4－30 所示为路灯自动控制装置，电路由交流 220 V 供电，经过变压耦合输出 8 V，光电池为后续电路供电，天黑时 BG_1 导通，J 动作，路灯亮，天亮时光电池电动势使 BG_1 截止，J 释放，路灯灭。

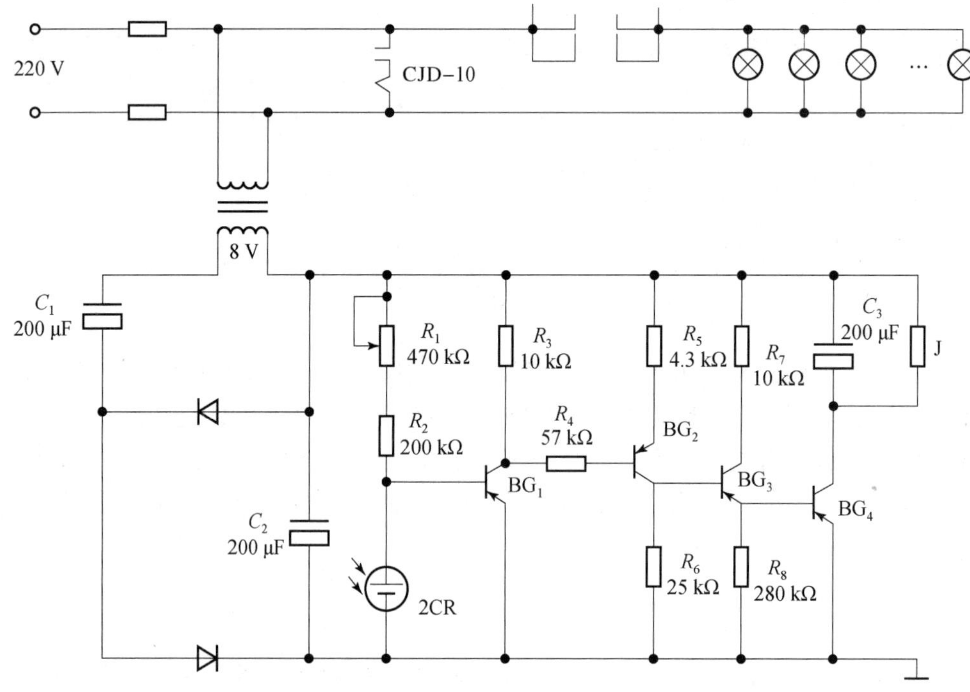

图 4－30　路灯自动控制装置

【任务实施】

1. 电路设计

运用光敏元件来实现如下功能：当光照强度足够强时，自动关闭路灯，而当光照强度不足时，控制继电器吸合，接通路灯回路的电源，达到自动开启路灯的功能。光控节能路灯电路设计如图 4－31 所示。

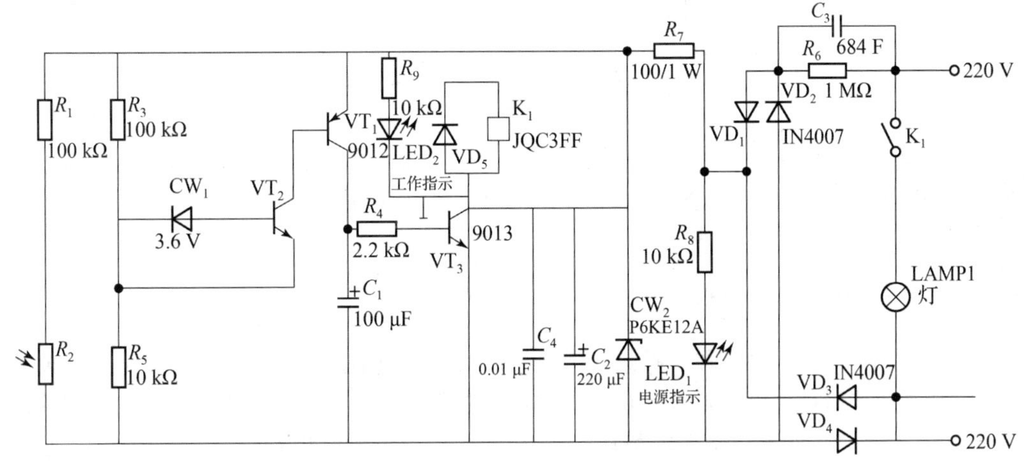

图 4－31　光控节能路灯电路设计

2. 工作原理

220 V 市电经电容 C_3降压，$VD_1 \sim VD_4$组成桥式整流电路后，R_7限流，在 CW_2两端形成一个稳定的 12 V 直流电压，一路经 R_8点亮发光管 LED_1作为电源指示，另一路作为系统的工作电源。接通电源后，如果是白天，光线较强，光敏电阻 R_2两端的电压很小，CW_1截止，流入 VT_2基极的电流很小，VT_1截止，VT_3也截止，继电器不工作。当光线变暗时，R_2两端的电压不断上升，当这个电压高于 CW_1的击穿电压时，VT_2导通，相继 VT_1和 VT_3也导通，继电器得电吸合，其触点控制路灯点亮。当光线再次变亮时，CW_1截止，相应导致 VT_1、VT_2、VT_3截止，继电器断开。

3. 制作与调试注意事项

①电路制作时需注意发光二极管及普通二极管的极性和方向。

②电路焊接制作时注意电解电容的极性。

③由于采用市电直接供电，因此操作时要特别小心，否则容易发生触电事故。在调试时若有直流稳压电源，可采用 12 V 直流电源进行调试。等各项功能都正常后，再用市电调试。

④电路调试时需按照操作步骤进行：12 V 电源接于 VD_1的阴极与地之间，用万用表测量 C_1两端电压，当光线较强时，C_1两端电压为 0.5 V 以下，用一黑色盒子将感光孔处挡住，此时 C_1两端的电压变为高于 10 V，此时继电器吸合，若听不到继电器吸合的声音，查看 VD_5是否接反，若 VD_5接反，由于 VT_3直接将正电源与地短接，电流较大，有可能损坏 VT_3。

若以上测试正常，便可以直接接入 220 V 市电进行调试。在进行这一步时，操作者千万不要用手直接去接触电路板上的任何金属部分。先用万用表测量 CW_2 两端电压，接上电源后，电源指示灯点亮，CW_2 两端电压在 12 V 左右，否则说明整流电路有问题，可查看 4 个二极管有没有焊反。

【技能训练工单】

<table>
<tr><td>姓名</td><td></td><td>班级</td><td></td><td>组号</td><td></td></tr>
<tr><td>名称</td><td colspan="5">任务 4.1　声光控延时开关电路</td></tr>
<tr><td>任务提出</td><td colspan="5">利用光电传感器设计一款声光控延时开关电路，要求天黑有人走过楼梯通道时，有脚步声或其他声音时，楼道灯会自动点亮，提供照明，当人们进入家或离开时，楼道灯延时几分钟会自动熄灭。</td></tr>
<tr><td>问题导入</td><td colspan="5">1）光敏电阻的工作原理：光敏电阻上可以加________电压，也可以加________电压。加上电压后，无光照射光敏电阻时，由于光敏电阻的________，电路中只有________的电流，称________电流；有光照射光敏电阻时，其因________，电路中电流也就________，称________电流。据________的大小，即可推算出入射光________的大小。
2）光敏二极管的结构与普通________类似，它是在________电压下工作的。
3）通常把光电效应分为三类：________、________和________。
4）基于光电导效应制成的器件有________、________、________。
5）光敏电阻适于作为________元件。</td></tr>
<tr><td>技能要求</td><td colspan="5">1）能够对所有外光电、内光电器件进行检测；
2）能够分析光敏器件构成的电路原理；
3）能够运用光敏器件进行电路设计。</td></tr>
<tr><td>任务设计思路</td><td colspan="5">根据任务要求，采集楼道光的器件选择光敏传感器光敏电阻进行设计。设计思路框图如图 4－32 所示。
感光 → 反相
检音 → 放大、反相 → 控制开关 → ⊗
延时 → 整形 → 控制开关
图 4－32　声光控延时电路设计思路框图</td></tr>
</table>

续表

姓名		班级		组号	
名称	任务 4.1　声光控延时开关电路				
任务制作	实施步骤： 1）电路设计。依据框图进行电路原理图设计，如图 4－33 所示。 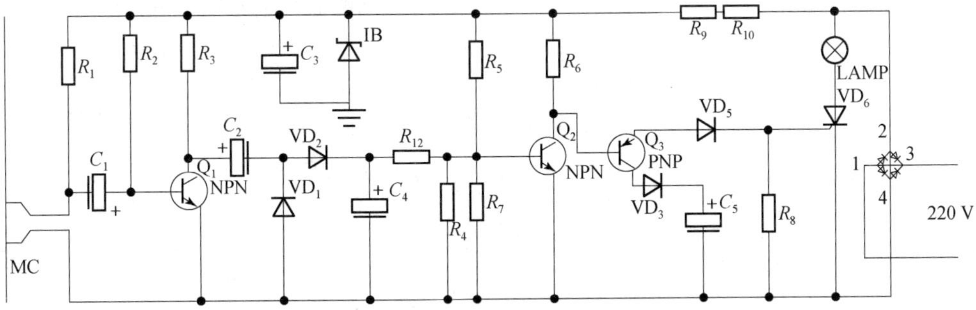 图 4－33　电路原理图 2）根据电路原理图进行电路分析，写出工作原理。				
电路调试	1）根据要求测试电路功能。 2）改变参数调试延时时间为 5 s，写出参数变化的数值。 3）测试光强和光弱情况下晶闸管门极电位变化。				
自我总结	总结发光器件、接光器件组合可以构成哪些耦合器件。				

【考核评价】

项目	配分	考核要求	评分细则	得分	扣分
正确焊接电路	10分	能正确焊接电路	1）线路连接正确，但布线不整齐，扣5分； 2）未能正确连接电路，每处扣2分		
功能测试	40分	能实现功能	1）功能不正确，每处扣5分； 2）功能实现不完整，每次扣5分		
电路工艺及原理分析	20分	能准确分析原理并焊接工艺美观	1）原理分析不正确，扣10分； 2）工艺焊接不美观，扣5分		
参数变换功能测试	10分	参数变换后功能能够实现	1）变换参数后功能不能实现，扣10分； 2）部分功能不能实现，扣5分		
自查自纠	10分	遇到问题能够自行分析自行解决	遇到问题不能解决，扣10分		
安全文明操作	10分	1）安全用电，无人为损坏仪器、元件和设备； 2）保持环境整洁，秩序井然，操作习惯良好； 3）小组成员协作和谐，态度正确； 4）不迟到、早退、旷课	1）违反操作规程，每次扣5分； 2）工作场地不整洁，扣5分		
总分					

【拓展知识】

光控晶闸管

1. 光控晶闸管

光控晶闸管是利用光信号控制电路通断的开关元件，属三端四层结构，有三个PN结

J_1、J_2、J_3，如图 4－34 所示。其特点在于控制极 G 上不一定由电信号触发，可以由光照起触发作用。经触发后，A、K 间处于导通状态，直至电压下降或交流过零时关断。

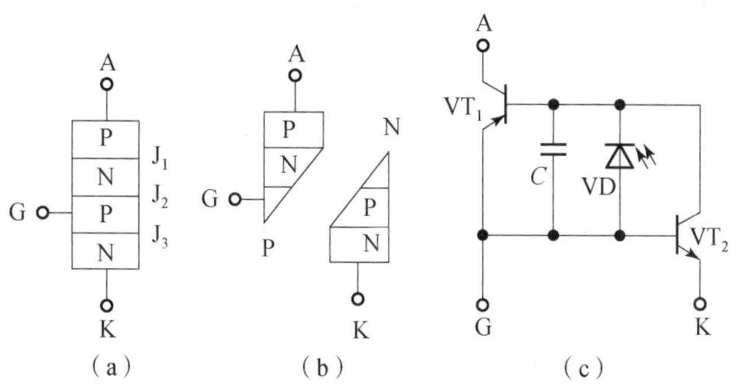

图 4－34　光控晶闸管结构及其等效电路

四层结构可视为两个三极管，如图 4－34（b）所示。光敏区为 J_2 结。若入射光照射在光敏区，产生的光电流通过 J_2 结，当光电流大于某一阈值时，晶闸管便由断开状态迅速变为导通状态。考虑光敏区的作用，其等效电路如图 4－34（c）所示。无光照时，光敏二极管 VD 无光电流，三极管 VT_2 的基极电流仅是 VT_1 的反向饱和电流，在正常外加电压下处于关断状态。一旦有光照射，光电流 I_P 将作为 VT_2 的基极电流。如果 VT_1、VT_2 的放大倍数分别为 β_1、β_2，则 VT_2 的集电极得到的电流是 $\beta_2 I_P$。此电流实际上又是 VT_1 的基极电流，因而在 VT_1 的集电极上又将产生一个 $\beta_1\beta_2 I_P$ 的电流，这一电流又成为 VT_2 的基极电流。如此循环反复，产生强烈的正反馈，整个器件就变为导通状态。如果在 G、K 间接一电阻，必将分去一部分光敏二极管产生的光电流，这时要使晶闸管导通，就必须施加更强的光照。可见用这种方法可以调整器件的光触发灵敏度。

2. 光控晶闸管的伏安特性

如图 4－35 所示，图中，E_0、E_1、E_2 代表依次增大的光照强度，曲线 0～1 段为高阻状态，表示器件未导通；1～2 段表示由关断到导通的过渡状态；2～3 为导通状态。

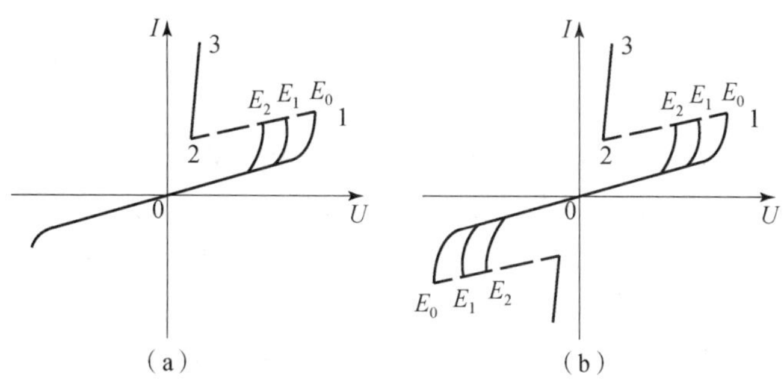

图 4－35　光控晶闸管伏安特性

（a）单向晶闸管；（b）双向晶闸管

光控晶闸管作为光控无触点开关使用更方便，它与发光二极管配合可构成固态继电器，体积小、无火花、寿命长、动作快，并具有良好的电路隔离作用，在自动化领域得到广泛应用。

3. 雪崩式光电二极管

雪崩式光电二极管的结构如图 4-36 所示。它不同于普通二极管的结构，在 PN 结的 P 型区外侧增加一层掺杂浓度极高的 P^+ 层。当在其上加高反偏压时，以 P 层为中心的两侧产生极强的内部加速场（可达 105 V/cm）。

当光照射时，P^+ 层受光子能量激发的电子从价带跃迁到导带，在高电场作用下，电子以高速通过 P 层，并在 P 区产生碰撞电离，形成大量新生电子-空穴对，并且它们也从电场中获得高能量，与从 P^+ 层来的电子一起再次碰撞 P 区的其他原子，又产生大批新生电子-空穴对。当所加反向偏压足够大时，不断产生二次电子发射，形成“雪崩”样的载流子，构成强大的光电流。

显然，雪崩式光电二极管的响应时间极短，灵敏度很高，它在光通信中应用前景广阔。

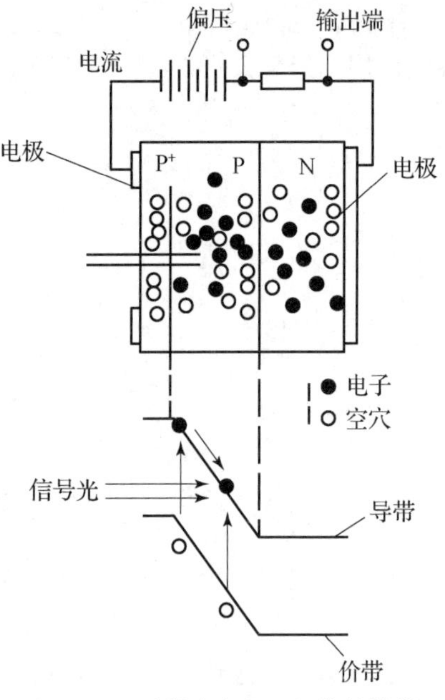

图 4-36 雪崩式光电二极管的结构

【任务习题云】

1. 什么是内光电效应和外光电效应？分别基于内外效应制成的器件有哪些？
2. 试利用光敏电阻设计一款光控开关电路。
3. 光敏二极管和光敏三极管的特点是什么？
4. 对每种半导体光电元件，画出一种测量电路。
5. 什么是光电元件的光谱特性？
6. 光电传感器由哪些部分组成？被测量可以影响光电传感器的哪些部分？
7. 当光电管的阳极和阴极之间所加电压一定时，光通量与光电流之间的关系称为光电管的（　　）。

A. 伏安特性　　B. 光照特性　　C. 光谱特性　　D. 频率特性

8. 下列光电器件基于光导效应的是（　　）。

A. 光电管　　B. 光电池　　C. 光敏电阻　　D. 光敏二极管

9. 光敏电阻的相对灵敏度与入射波长的关系称为（　　）。

A. 伏安特性　　B. 光照特性　　C. 光谱特性　　D. 频率特性

10. 下列关于光敏二极管和光敏三极管的对比不正确的是（　　）。

A. 光敏二极管的光电流很小，光敏三极管的光电流则较大
B. 光敏二极管与光敏三极管的暗电流相差不大
C. 工作频率较高时，应选用光敏二极管；工作频率较低时，应选用光敏三极管
D. 光敏二极管的线性特性较差，而光敏三极管有很好的线性特性

11. 光敏电阻的特性是（　　）。

A. 有光照时亮电阻很大　　B. 无光照时暗电阻很小
C. 无光照时暗电流很大　　D. 受一定波长范围的光照时亮电流很大

12. 基于光生伏特效应工作的光电器件是（　　）。

A. 光电管　　B. 光敏电阻

C. 光电池　　D. 光电倍增管

任务 4.2　红外自动干手器电路设计与制作

【任务描述】

利用红外传感器设计自动干手器电路，要求电路能够通过感应装置，在人们需要干手时，自动打开干手和吹风装置；在干手完成后，自动关闭开关。要求电路能够调节加热和吹风装置开关打开的时间和关闭的时间。

【知识链接】

4.2.1　红外探测器工作原理

红外技术发展到现在，已经为大家所熟知，这种技术已经在现代科技、国防和工农业等领域获得广泛的应用。

红外传感器是基于红外线辐射原理制成的，它是一种不可见光，由于是位于可见光中红色光以外的光线，故称红外线。任何物体只要温度大于绝对零度都会辐射红外线，温度越高，红外辐射能量越强，红外传感器就是将红外能转化为电能的装置，也称为红外探测器。它的波长范围大致在 0.5～103 μm，红外线在电磁波谱中的位置如图 4－37 所示。工程上又把红外线所占据的波段分为 4 部分，即近红外、中红外、远红外和极远红外。

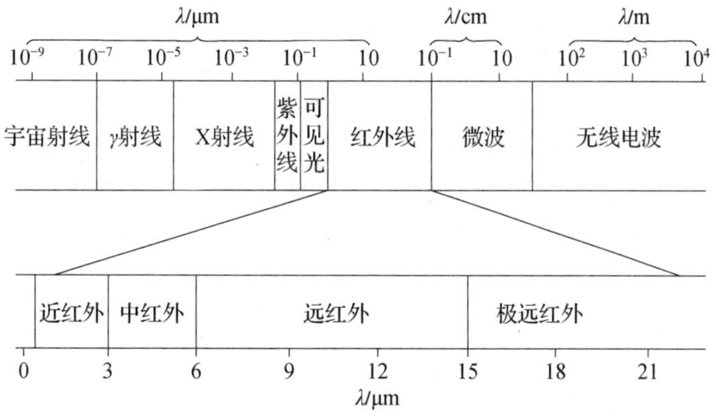

图 4－37　红外线在电磁波谱中的位置

红外辐射的物理本质是热辐射，一个炽热物体向外辐射的能量大部分是通过红外线辐射出来的。物体的温度越高，辐射出来的红外线越多，辐射的能量就越强。红外光的本质与可见光或电磁波性质一样，具有反射、折射、散射、干涉、吸收等特性，它在真空中也以光速传播，并具有明显的波粒二象性。

红外辐射和所有电磁波一样，是以波的形式在空间直线传播的。它在大气中传播时，大

气层对不同波长的红外线存在不同的吸收带，红外线气体分析器就是利用该特性工作的，空气中对称的双原子气体，如 N_2、O_2、H_2 等不吸收红外线。而红外线在通过大气层时，有三个波段透过率高，它们是 2.0 ~ 2.6 μm、3 ~ 5 μm 和 8 ~ 14 μm，统称为“大气窗口”。这三个波段对红外探测技术特别重要，因此红外探测器一般工作在这三个波段（大气窗口）之内。

红外传感器一般由光学系统、探测器、信号调理电路及显示单元等组成。红外探测器是红外传感器的核心。红外探测器是利用红外辐射与物质相互作用所呈现的物理效应来探测红外辐射的。红外探测器的种类很多，按探测机理的不同，分为热探测器（基于热效应）和光子探测器（基于光电效应）两大类。

1. 热探测器

热探测器的工作机理是利用红外辐射的热效应，探测器的敏感元件吸收辐射能后引起温度升高，进而使某些有关物理参数发生相应变化，通过测量物理参数的变化来确定探测器所吸收的红外辐射。

与光子探测器相比，热探测器的探测率比光子探测器的峰值探测率低，响应时间长。但热探测器的主要优点是响应波段宽，响应范围可扩展到整个红外区域，可以在常温下工作，使用方便，应用相当广泛。

热探测器主要有 4 类：热释电型、热敏电阻型、热电阻型和气体型。其中，热释电型探测器在热探测器中探测率最高，频率响应最宽，所以这种探测器备受重视，发展很快。这里主要介绍热释电型探测器。

2. 热释电型红外探测器

热释电型红外探测器（见图 4 – 38）是根据热释电效应制成的（电石、水晶、酒石酸钾钠、钛酸钡等晶体受热产生温度变化时，其原子排列将发生变化，晶体自然极化，在其两表面产生电荷的现象称为热释电效应）。用此效应制成的“铁电体”，其极化强度（单位面积上的电荷）与温度有关。当红外辐射照射到已经极化的铁电体薄片表面上时，引起薄片温度升高，使其极化强度降低，表面电荷减少，这相当于释放一部分电荷，称为热释电型传感器。如果将负载电阻与铁电体薄片相连，则负载电阻上便产生一个电信号输出。输出信号的强弱取决于薄片温度变化的快慢，从而反映出入射的红外辐射的强弱，热释电型红外传感器的电压响应率正比于入射光辐射率变化的速率。静态条件下无法测量热释电晶体的自发极化电荷。

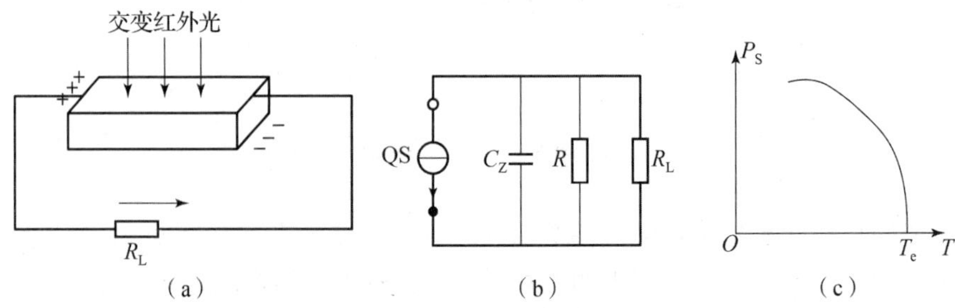

图 4 – 38　热释电型红外探测器

（a）热释电效应；（b）等效电路；（c）温度变化与速率关系

3. 热敏电阻红外探测器

热敏电阻红外探测器如图 4－39 所示。

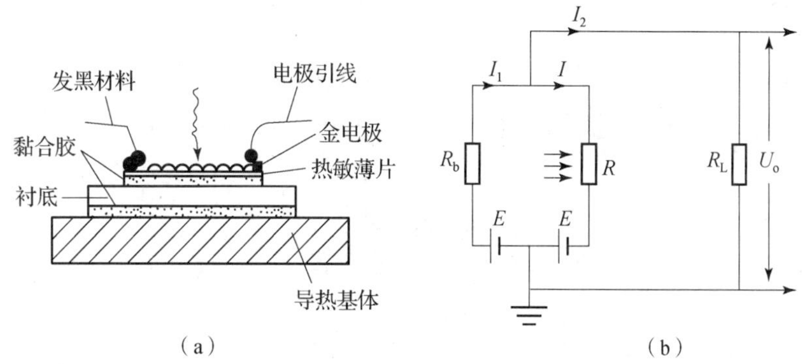

图 4－39　热敏电阻红外探测器

(a) 结构；(b) 桥式测量电路

无红外线照射时：

$$R = R_b,\ I_1 = I_2,\ U_o = 0 \tag{4-5}$$

受红外线照射时：

$$R = R_b(1 + \alpha\Delta T) = R_b + \Delta R \tag{4-6}$$

其中，$\Delta R = R_b\alpha\Delta T$，因此式（4－6）变为

$$U_o \approx \frac{E_1 R_L \alpha\Delta T}{\frac{R}{R_b}(R_b + R_L) + R_L} \approx \frac{E_1 R_L \alpha\Delta T}{R_b + 2R_L}$$

因

$$\Delta T = \sqrt[4]{\frac{\Delta M}{\sigma\varepsilon}}$$

所以有

$$U_o = \frac{E_1 R_L \alpha}{R_b + 2R_L}\sqrt[4]{\frac{\Delta M}{\sigma\varepsilon}} \tag{4-7}$$

则有输出电压 U_o 与辐射能量 $\sqrt[4]{\Delta M}$ 成正比。

4. 光子探测器

光子探测器的工作机理是利用入射光辐射的光子流与探测器材料中的电子互相作用，从而改变电子的能量状态，引起各种电学现象，这种现象称为光子效应。根据所产生的不同电学现象，可制成各种不同的光子探测器。光子探测器有内光电和外光电探测器两种，后者又分为光电导、光生伏特和光磁电探测器等三种。光子探测器的主要特点是灵敏度高，响应速度快，具有较高的响应频率，但探测波段较窄，一般需在低温下工作。

光子探测器的特点是灵敏度高，响应快，探测波段窄，需在低温下工作。

光子探测器分类：

①外光电探测器（PE 器件），利用外光电效应的光电管和光电倍增管；

②内光电探测器，光电导探测器（PC 器件），光生伏特探测器（PU 器件），光磁电探测器（PEM 器件）。

(1) 光电导探测器（PC 器件）

利用光电导效应制成的探测器，称为光电导探测器，如图 4-40 所示。光敏材料主要有 PbS，PbSe，InSb，HgCdTe 等。

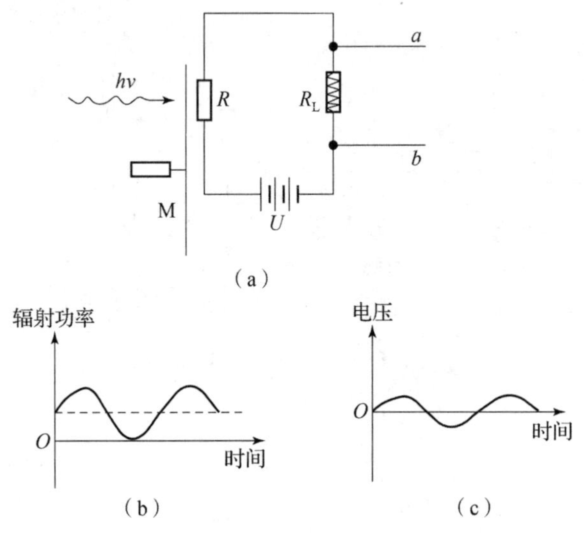

图 4-40　光电导探测器电路及信号波形

(a) 电路；(b)、(c) 波形

M—调制盘；R—光电导电阻；R_L—负载电阻

(2) 光生伏特探测器（PU 器件）

利用光生伏特效应制成的探测器，称为光生伏特探测器，光敏材料主要有 InAs，InSb，HgCdTe 等。

(3) 光磁电探测器（PEM 器件）

光磁电效应：当红外线照射到某些半导体材料的表面上时，材料表面的电子和空穴向内部扩散，在扩散过程中受到强磁场的作用，电子和空穴则各偏向一边，因而产生开路电压，这种现象称为光磁电效应。利用光磁电效应制成的红外探测器称为光磁电探测器。

特点：光磁电探测器响应波段达 7 μm；时间常数小、响应快；不用加偏压；内阻极低；噪声小；稳定、可靠；灵敏度低。

【拓展阅读】

自信心

MEMS 技术的发展开辟了一个全新的技术领域和产业，采用 MEMS 技术制作的微传感器、微执行器、微型构件、微机械光学器件、真空微电子器件、电力电子器件等在航空、航天、汽车、生物医学、环境监控、军事以及几乎人们所接触到的所有领域中都有着十分广阔的应用前景。空品（深圳）技术有限公司在 CES 展会期间发布了全球最小的 PM2.5 传感器。其封装尺寸为 52 mm×20 mm×15 mm。仅仅是目前市场上 PM2.5 传感器体积的一半。由于采用了激光散射技术，其准确性非常高。相对误差 <10%，并且拥有≤100 mA（5 V）的极低功耗，串口和 I2C 双数字输出使得应用电路变得极为简单。在这个快速发展的信息时

代，新技术不断涌现，国家将着力培育一批传感器的“专精特”，专心投入传感器的研制和生产，促进智能传感器产业的发展，作为这个时代的创造者，有能力，也要有信心为国家建设尽自己的一份力。

4.2.2　红外传感器的应用

1. 红外测温技术

特点：应用广，适合于远距离和非接触测量，特别适合于高速运动体、带电体，高温、高压物体的温度测量；响应快；灵敏度高；准确度高（可达0.1 ℃）；测温范围宽（摄氏零下几十度到零上几千度）等。

红外测温分类方式多样，按测温工作原理分：全辐射测温、亮度测温、比色测温。按量程分：低温（100 ℃以下）、中温（100 ~700 ℃）、高温（700 ℃以上）。

红外测温仪是利用热辐射体在红外波段的辐射通量来测量温度的。当物体的温度低于1 000 ℃时，它向外辐射的不再是可见光而是红外光了，此时可用红外探测器检测其温度。如采用分离出所需波段的滤光片，则可使红外测温仪工作在任意红外波段。

如图4－41所示是目前常见的红外测温仪方框图。它是一个包括光、机、电一体化的红外测温系统，图中的光学系统是一个固定焦距的透射系统，滤光片一般采用只允许8 ~14 μm的红外辐射能通过的材料。步进电动机带动调制盘转动，将被测的红外辐射调制成交变的红外辐射线。红外探测器一般为（钽酸锂）热释电探测器，透镜的焦点落在其光敏面上。被测目标的红外辐射通过透镜聚焦在红外探测器上，红外探测器将红外辐射变换为电信号输出。

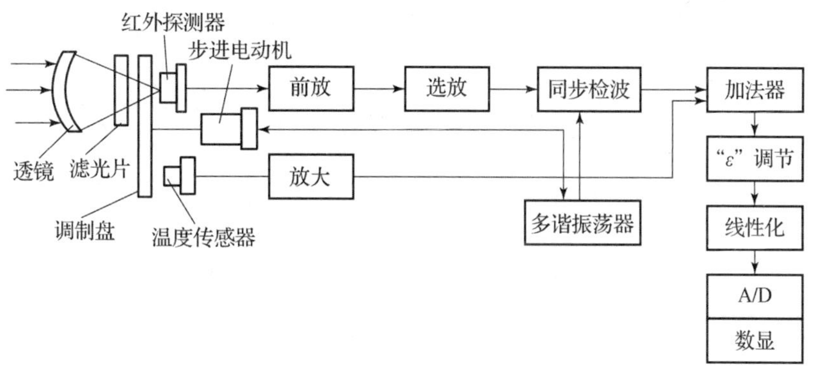

图4－41　红外测温仪方框图

红外测温仪的电路比较复杂，包括前置放大、选频放大、温度补偿、线性化、发射率（ε）调节等。目前已有一种带单片机的智能红外测温器，利用单片机与软件的功能，大大简化了硬件电路，提高了仪表的稳定性、可靠性和准确性。

红外测温仪的光学系统可以是透射式，也可以是反射式。反射式光学系统多采用凹面玻璃反射镜，并在镜的表面镀金、铝、镍或铬等对红外辐射反射率很高的金属材料。

2. 人体探测报警器

人体探测报警器采用SD02热释电红外传感器，加滤波器以适应人体辐射，其原理框图如图4－42所示，探测电路如图4－43所示，主要用于防盗报警和安全报警。

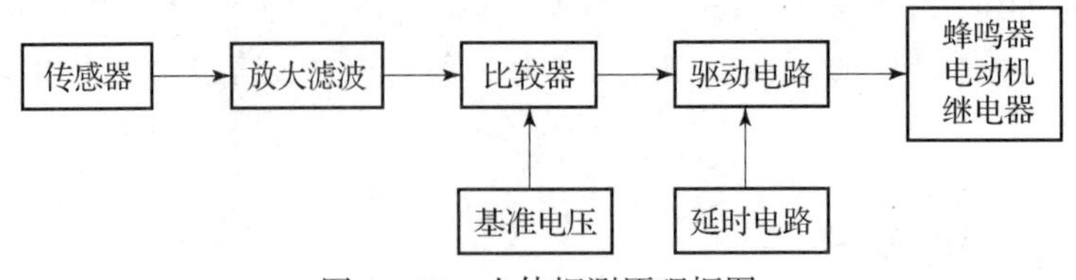

图 4－42　人体探测原理框图

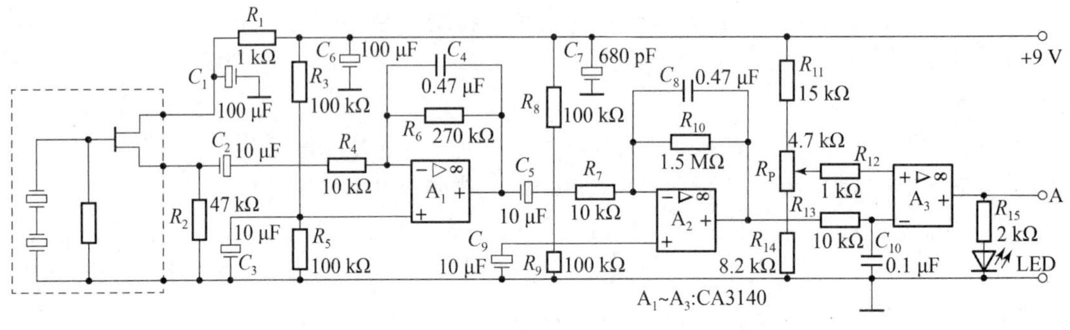

（a）

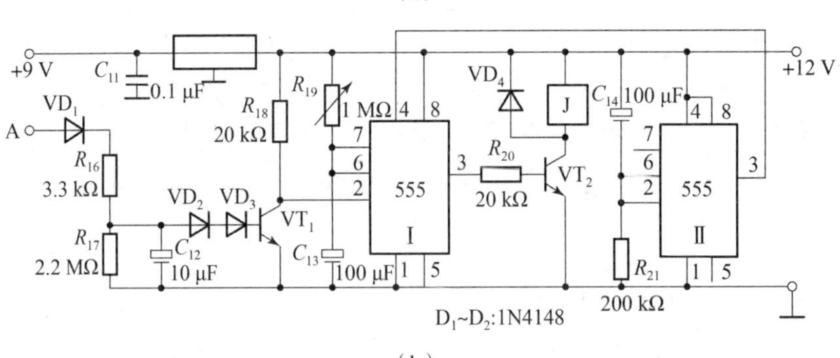

（b）

图 4－43　热释电红外传感器人体探测电路

（a）检测、放大及比较电路；（b）延时及驱动电路

3. 自动门控制电路

自动门控制电路如图 4－44 所示，其中Ⅰ、Ⅱ为热释电人体探测电路，与图 4－43（b）相同，主要用于公共场所自动门人员进出的自动开关控制。

【交流思考】

如何才能发射红外线呢？红外线是否可以观测到信号？

4.2.3　热释电红外传感器的测量原理

热释电红外传感器是一种非常有应用潜力的传感器。它能检测人或某些动物发射的红外线并转换成电信号输出，是一种能检测人体发射的红外线的新型高灵敏度红外探测元件。它能以非接触形式检测出人体辐射的红外线能量的变化，并将其转换成电压信号输出。将输出的电压信号加以放大，便可驱动各种控制电路，如作电源开关控制、防盗防火报警等。

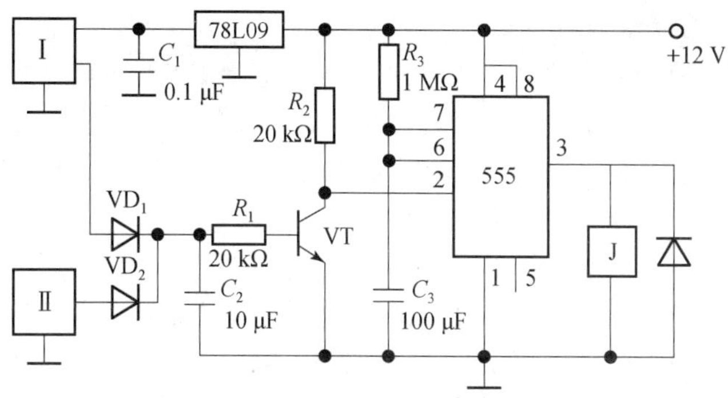

图 4－44　自动门控制电路

早在 1938 年，有人就提出利用热释电效应探测红外辐射，但并未受到重视。随着激光、红外技术的迅速发展，才又推动了对热释电效应的研究和对热释电晶体的应用开发。

1. 热释电效应

当一些晶体受热时，在晶体两端将会产生数量相等而符号相反的电荷，这种由于热变化产生的电极化现象，被称为热释电效应。

通常，晶体自发极化所产生的束缚电荷被来自空气中附着在晶体表面的自由电子所中和，其自发极化电矩不能表现出来。当温度变化时，晶体结构中的正负电荷重心相对移位，自发极化发生变化，晶体表面就会发生电荷耗尽，电荷变化如图 4－45 所示，而电荷耗尽情况正比于极化程度。

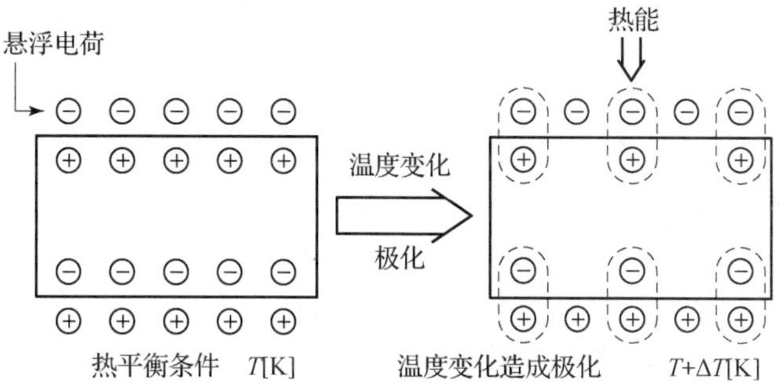

图 4－45　温度变化引起电荷变化

能产生热释电效应的晶体称为热释电体或热释电元件。热释电元件常用的材料有单晶（$LiTaO_3$ 等）、压电陶瓷（PZT 等）及高分子薄膜（PVFZ 等）。

热释电传感器利用的正是热释电效应，这是一种对温度敏感的传感器。它由陶瓷氧化物或压电晶体元件组成，在元件两个表面做成电极，在传感器监测范围内温度有 ΔT 的变化时，热释电效应会在两个电极上产生电荷 ΔQ，即在两电极之间产生一微弱的电压 ΔV。由于它的输出阻抗极高，在传感器中有一个场效应管进行阻抗变换。热释电效应所产生的电荷 ΔQ 会被空气中的离子所结合而消失，即当环境温度稳定不变时，$\Delta T = 0$，则传感器无输出。当人体进入检测区，因人体温度与环境温度有差别，产生 ΔT，则有 ΔT 输出，若人体进入检测区后不动，则温度没有变化，传感器也没有输出了。所以这种传感器是一种检测人体或者动物是否活动的传感器。

2. 热释电红外传感器结构

普通热释电人体红外传感器的结构如图 4－46 所示，D 脚和 S 脚分别为内部场效应管的漏极和源极的引出端，G 脚为内部敏感元件的接地引出端。因 S 和 G 之间悬空，故使用时其应接输出电阻 R 才能输出传感信号。为了增强抗干扰能力，在此电阻上应并联一个电容 C。传感器由敏感单元、滤光窗和菲涅尔透镜组成。

（1）敏感单元

敏感单元等效电路如图 4－47 所示，内部敏感材料做成很薄的薄片，每一薄片相对的两面各引出一根电极，在电极两端则形成一个等效的小电容，因为这两个小电容是在同一硅晶片上的，且形成的等效小电容自身能产生极化，在电容的两端产生极性相反的正、负电荷。但这两个电容的极性是相反串联的。这正是传感器的独特设计之处，使得它具有独特的抗干扰性。

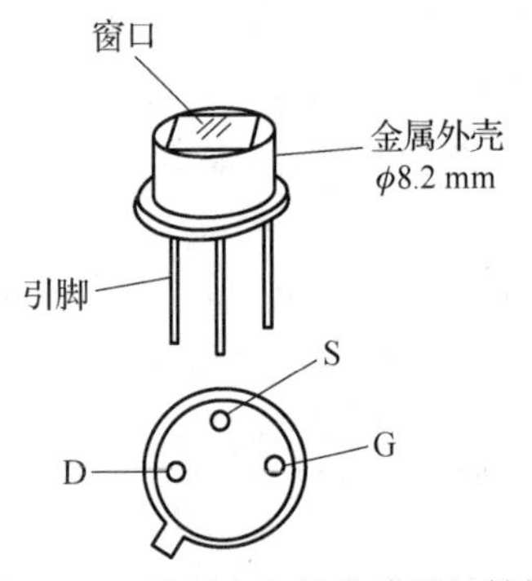

图 4－46　热释电红外传感器的结构

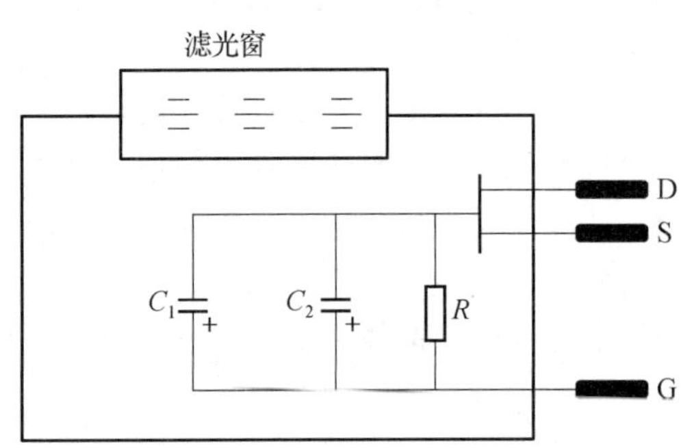

图 4－47　敏感单元等效电路

当传感器没有检测到人体辐射出的红外线信号时，由于 C_1、C_2 自身产生极化，在电容的两端产生极性相反、电量相等的正、负电荷，而这两个电容的极性是相反串联的，所以，正、负电荷相互抵消，回路中不产生电流，传感器无输出。

当人体静止在传感器的检测区域内时，照射到 C_1、C_2 上的红外线光能能量相等，且达到平衡，极性相反、能量相等的光电流在回路中相互抵消。传感器仍然没有信号输出。同理，在灯光或阳光下，因阳光移动的速度非常缓慢，C_1、C_2 上的红外线光能能量仍然可以看作是相等的，且在回路中相互抵消，再加上传感器的响应频率很低（一般为 0.1～10 Hz），即传感器对红外光波长的敏感范围很窄（一般为 5～15 μm），因此，传感器对它们不敏感。

当环境温度变化而引起传感器本身的温度发生变化时，因 C_1、C_2 在同一硅晶片上，它所产生的极性相反、能量相等的光电流在回路中仍然相互抵消，传感器无输出。

只有当人体移动时，红外辐射引起传感器敏感单元的两个等效电容产生不同的极化电荷时，才会向外输出电信号。所以，这种传感器只对人体的移动或运动敏感，对静止或移动很缓慢的人体不敏感，且对可见光和大部分红外线具有良好的抗干扰能力。

（2）滤光窗

它是由一块薄玻璃片镀上多层滤光层薄膜而成的，滤光窗能有效地滤除 7.0～14 μm 波长以外的红外线。例如，SCA02－1 对 7.5～14 μm 波长的红外线的穿透量为 70%，在 6.5 μm 处时下降为 65%，而在 5.0 μm 处时陡降为 0.1%，有效地保证了对人体红外线的选择性。

因为物体发射出的红外线辐射能，最强波长和温度的关系满足 $\lambda_m \times T = 2\ 989\ \mu m \cdot K$（其中 λ_m 为波长，T 为温度）。人体的正常体温为 36～37.5 ℃，即 309～310.5 K，其强红外线的波长为 $\lambda_m = 2\ 989/(309 \sim 310.5) = 9.67 \sim 9.64\ \mu m$，中心波长为 9.65 μm。因此，人体辐射的最强红外线的波长正好落在滤光窗的响应波长 7～14 μm 的中心。所以，滤光窗能有效地让人体辐射的红外线通过，并且能最大限度地阻止阳光、灯光等可见光中的红外线通过，以免引起干扰。

（3）菲涅尔透镜

不使用菲涅尔透镜时传感器的探测半径不足 2 m，只有配合菲涅尔透镜使用才能发挥大作用。配上菲涅尔透镜时传感器的探测半径可达 10 m。

菲涅尔透镜用聚乙烯塑料片制成，颜色为乳白色或黑色，呈半透明状，但对波长为 10 μm 左右的红外线来说却是透明的。其外形为半球，如图 4－48 所示。

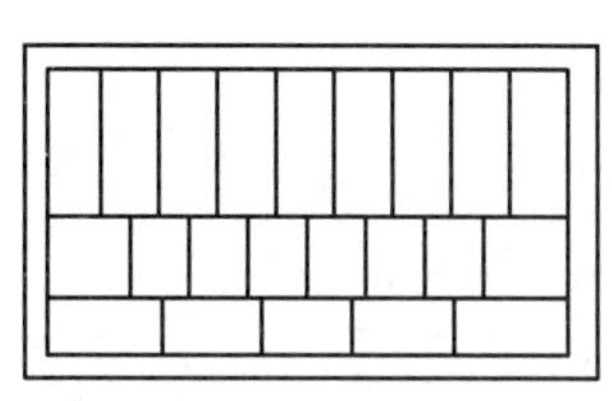

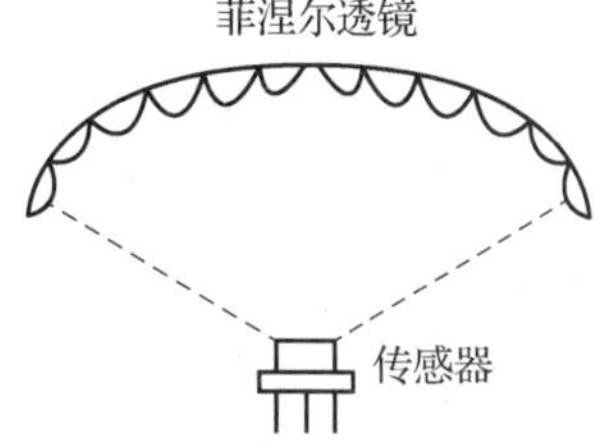

图 4－48　菲涅尔透镜外形

透镜在水平方向上分成三部分，每一部分在竖直方向上又等分成若干不同的区域。上面部分的每一等份为一个透镜单元，它们由一个个同心圆构成，同心圆圆心在透镜单元内。中间和下半部分的每一等份也分别为一个透镜单元，同样由同心圆构成，但同心圆圆心不在透镜单元内。

当光线通过这些透镜单元后，就会形成明暗相间的可见区和盲区。由于每一个透镜单元只有一个很小的视角，视角内为可见区，视角外为盲区。任何两个相邻透镜单元之间均以一个盲区和可见区相间隔，它们断续而不重叠和交叉。这样，当把透镜放在传感器正前方的适当位置时，运动的人体一旦出现在透镜的前方，人体辐射出的红外线通过透镜后在传感器上形成不断交替变化的阴影区（盲区）和明亮区（可见区），使传感器表面的温度不断发生变化，从而输出电信号。

人体在检测区内活动时，一离开一个透镜单元的视场，又会立即进入另一个透镜单元的视场（因为相邻透镜单元之间相隔很近），传感器上就出现随人体移动的盲区和可见区，导致传感器的温度变化，而输出电信号。

4.2.4　热释电传感器的应用

1. 热释电人体感应灯

当人或有温度的物体进入模块感应范围内时，感应模块就会输出一个高电平脉冲信号、或高电平延时信号，输出的感应脉冲或延时信号可以直接驱动 LED 灯指示灯、LED 照明灯。

2. 智能空调

智能空调能探测出室内是否有人及人是静止的还是运动的，据此自动控制开关机、制冷（热）量及室温，以达到节能和人性化的目的，智能空调中热释电的位置如图 4－49 所示。

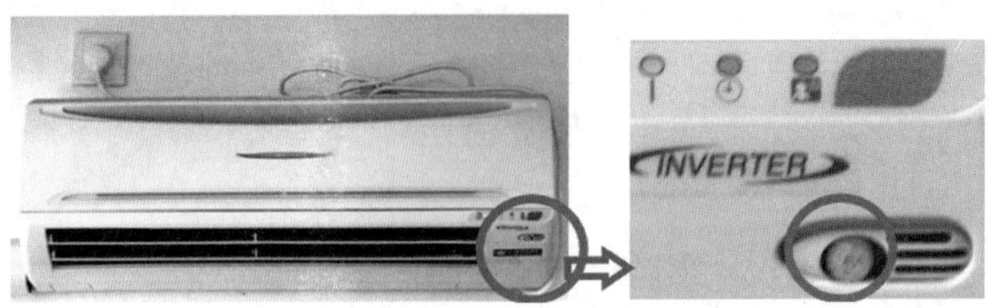

图 4－49　智能空调中热释电的位置

【任务实施】

1. 自动干手器电路总体设计思路

简易自动干手器控制电路的总体框图如图 4－50 所示，它是由红外线发射电路、红外线接收电路、时间延迟电路、自动干手器开关电路和电源电路五部分构成的。

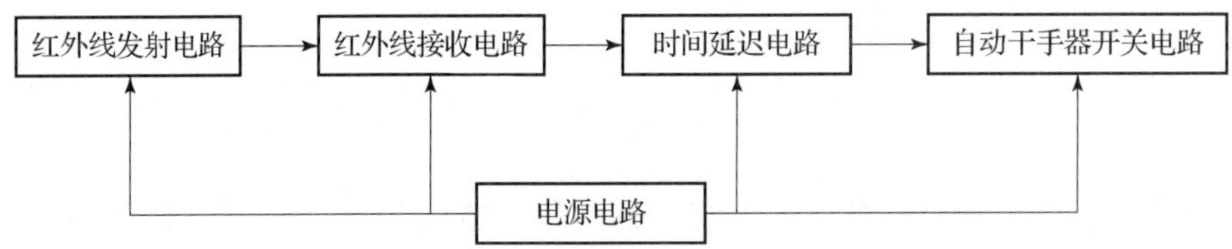

图 4－50　简易自动干手器控制电路的总体框图

红外线发射电路的功能是利用红外线发光管发射脉冲，从而实现电路对人体的感应。红外线接收电路的功能是利用光敏元件接收发射出来的光脉冲，并且将光脉冲信号转化为电信号，同时对其进行放大。时间延迟电路的功能是利用单稳态电路的特性，实现对自动干手器开关打开时间的控制。自动干手器电路的功能是利用电磁阀作为自动干手器的开关，从而可以通过放大整形电路对干手器进行控制。电源电路的功能是为上述所有电路提供直流电源。

2. 电路原理图设计

自动干手器电路的整体设计原理图如图 4－51 所示。

3. 电路工作原理分析

（1）红外发射电路

红外发射电路是采用的红外线发光二极管 SE303。红外线发光二极管由 GaAs 的 PN 结构成，其发光波段处于可见光波段之外，因此不能在显示中使用，一般作为光信号传输之用。本电路的感应装置一般要求不可见，因此采用红外线发光二极管作为感应装置。

红外线发光二极管正向电流不能超出其最大额定值。而作为感应装置则要求其具有较大的光输出。一般利用其响应速度快的特性，通过脉冲驱动来增大光输出。因此电路前端需要一个脉冲信号电路，本电路采用的是由 NE555 集成带电路构成的多振荡器。其电路运行包含两个过程：一是利用直流电源经电阻 R_1 和 R_2，对电容 C_1 经电阻 R_2 从 NE555 集成电路的

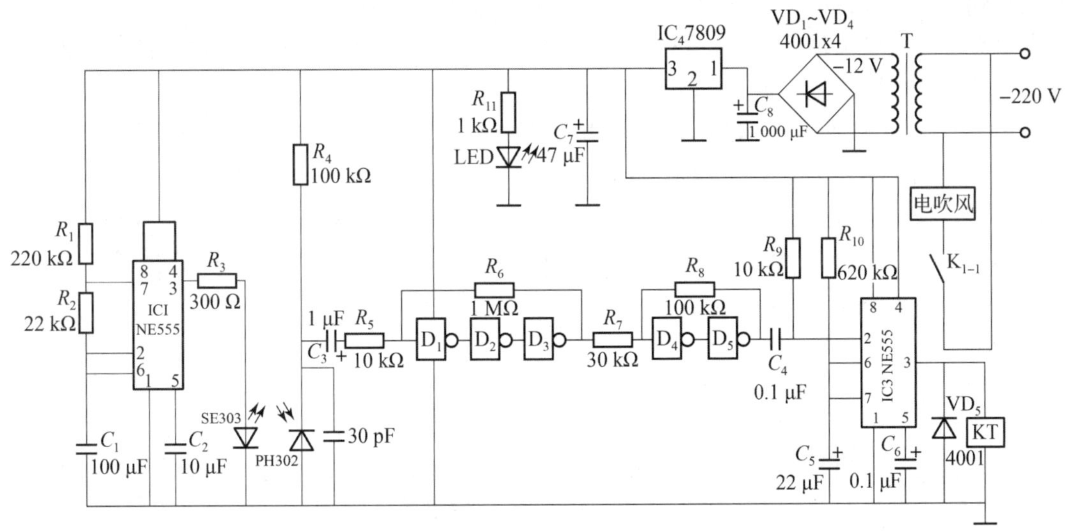

图 4－51　自动干手器电路的整体设计原理图

DIS 端的放电过程。通过这两个过程的交替运行，就可以在 NE555 集成电路的输出电路端 Q 产生脉冲信号。其输出脉冲信号的频率 f 和占空间比 q 为

$$f=1/[0.7(R_1+2R_2)C_1]=1/[0.7(220\ \text{k}\Omega+2\times 22\ \text{k}\Omega)\times 100\ \mu\text{F}]\approx 541\ \text{Hz} \quad (4-8)$$

$$q=R_1/(R_1+2R_2)=220\ \text{k}\Omega/(220\ \text{k}\Omega+2\times 22\ \text{k}\Omega)\approx 83.3\% \quad (4-9)$$

这样输出电路端 Q 产生脉冲信号来控制红外线发光二极管发射光脉冲，二极管 VD_1 起保护红外发光二极管的作用。

（2）红外接收电路

该电路包含两个部分：一是红外线接收电路，二是信号放大电路。红外线接收电路实际上就是一个硅光电池 2CR21。硅光电池的原理是通过硅 PN 结的光伏效应，使其具有按照光信号强度产生出对应电信号的特性，这称为光敏器件硅光电池的输出特性，即其短路电流与光强成正比，其开路的电压随光强按指数规律变化。硅光电池 2CR21 的输出信号是一个十分微弱的信号，为了使后续电路能够对光强信号进行处理，需要加入信号放大电路。

（3）时间延迟电路

时间延迟电路主要由两部分构成：一是整流滤波电路，二是由 NE555 集成电路构成的单稳态电路。前端电路的输出电压 U_1 首先经过二极管 VD_1 和 VD_2 蒸馏，经过电容 C_1 滤波，则在 NE555 集成电路的 TRIG 端产生了触发电平信号。

当接收到红外线脉冲时，前端电路输出电压 U_1 经过整流和滤波在 TRIG 端产生一个高电平信号，由 NE555 集成电路构成的单稳态电路特性可知，输出端 Q 输出低电平；当由于人体或物体的阻隔，没有接收到红外线脉冲时，前端电路没有输出电压 U_1，则 TRIG 端输入为零，单稳态电路接收到触发信号，输出点 Q 输出为高电平并保持一段时间，延迟时间可由可变电阻 R_2 和电容 C_2 的数值决定，通过调节可变电阻的大小，可以改变延迟时间的长短，以适合不同场合的应用。

（4）吹风机开关电路

由于电磁阀通过的是大电流、大功率，而直流电源一般无法提供很大的电流和功率，因

此电磁阀需要交流供电，电路中的开关需要采用继电器电路。而一般 NE555 集成电路的输出电流无法驱动继电器，为此需要加入电流放大电路。三极管 VT_1 构成的电流放大电路是一种比较典型的电路，其中 R_3 为限流电阻，防止电流过大烧毁三极管，VT_1 为共发射极电路。当输出端 Q 输出高电平时三极管导通饱和，将输入电流放大 β 倍；当输出端 Q 输出低电平时，三极管截止，无电流通过。继电器连接 VT_1 的集电极，当有电流驱动时，开关吸合，电磁阀通电，吹风机吹出热风；当无电流驱动时，开关断开，电磁阀不通电，吹风机不吹出热风，同时在继电器两端并联一个二极管实现保护。电路中加入发光二极管 VD_3 作为显示电路，显示吹风机是否启动。

（5）电源电路

电源电路的设计可以采用两种方法来实现：第一种方法是采用电池供电，需要注意的问题是选择合适的电池的指标参数与电路匹配，电路直接从电网供电，通过变压器电路、整流电路、滤波电路和稳压电路将电网中的 220 V 交流电转换为 +12 V 直流电压。电路中的变压器采用常规的铁芯变压器，整流电路采用二极管桥式整流电路，C_1、C_2、C_3 和 C_4 完成滤波功能，稳压电路采用三端稳压集成电路来实现。

4. 电路制作与调试注意事项

①电路制作时需注意整流桥中二极管的极性和方向。

②555 电路要注意 4 引脚和 8 引脚的接法。

③红外发射管和接收管要注意安装位置，并要注意安装前进行检测。

④集成芯片使用时注意多余输入端的处理方式。

⑤通电后根据原理依次测试各输出点的电压，调试手的距离，记录输出电压值。

【技能训练工单】

姓名		班级		组号	
名称	任务 4.2　红外传感器应用实训				
任务提出	设计并制作红外感应小夜灯，要求夜间在一定范围内有人经过时，小灯点亮并且延时 10 s 后自动熄灭。				
问题导入	1）光敏电阻的工作原理是基于________效应。暗电阻越________越好，亮电阻越________越好。 2）红外线的波长范围是________。 3）热释电传感器由三部分组成：________、________、________。 4）菲涅尔透镜的作用是________。 5）555 定时器的延时时间计算公式是________。				
技能要求	1）掌握红外传感器的检测方法和测量原理； 2）掌握热释电红外传感器； 3）掌握反相放大电路搭建及调试方法； 4）掌握模块化调试电路方法和整体联调方法。				

续表

姓名		班级		组号	
名称	任务 4.2　红外传感器应用实训				

任务制作

实训步骤：

1）根据要求设计红外小夜灯电路原理图，如图 4－52 所示。

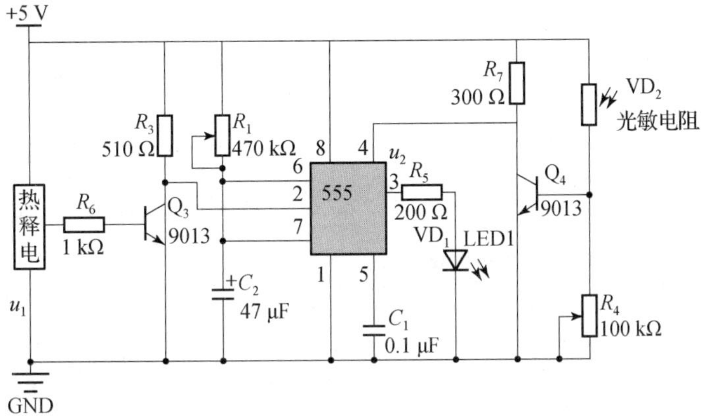

图 4－52　红外小夜灯电路原理图

2）试分析在白天或夜晚环境下，有人和无人经过时，电路的工作过程。

3）分别测试 555 定时器中 2、3、4 脚在下列不同情况下的电压值，并填入表 4－2 中。

表 4－2　不同情况下 555 定时器引脚电压值

	555（2）	555（3）	555（4）
常态电压			
有人经过夜晚			
有人经过白天			
无人经过夜晚			
无人经过白天			

自我总结

在制作中出现了什么问题？为什么会出现这些问题？如何解决这些问题？

【考核评价】

项目	配分	考核要求	评分细则	得分	扣分
正确制作电路	20 分	能正确进行电路设计并制作	1）线路连接正确，但布线不整齐，扣 5 分； 2）未能正确连接电路，每处扣 2 分		
光信号采集测量数据	40 分	能正确进行数据测试	1）连接方法不正确，每处扣 5 分； 2）读数不准确，每次扣 5 分		
分析电路原理	20 分	能正确分析电路原理	1）不能正确分析原理，扣 10 分； 2）不能理解光信号的检测原理，扣 5 分		
自查自纠	10 分	能根据出现的问题自行排查并解决	1）不能解决遇到的问题，扣 10 分； 2）不能排查问题，每次扣 5 分		
安全文明操作	10 分	1）安全用电，无人为损坏仪器、元件和设备； 2）保持环境整洁，秩序井然，操作习惯良好； 3）小组成员协作和谐，态度正确； 4）不迟到、早退、旷课	1）违反操作规程，每次扣 5 分； 2）工作场地不整洁，扣 5 分		
总分					

【拓展知识】

图像传感器

1. 光电转换式图像传感器

图像传感器是采用光电转换原理，用来摄取平面光学图像并使其转换为电子图像信号的器件。图像传感器必须具有两个作用：

①把光信号转换为电信号。

②将平面图像上的像素进行点阵采样，并把这些像素按时间取出扫描。

图像传感器有 CCD 和 CMOS 两种，以 CCD 为例。CCD 图像传感器被广泛应用于生活、天文、医疗、电视、传真、通信以及工业检测和自动控制系统。

电荷耦合器件（Charge Coupled Devices，CCD），它将光敏二极管阵列和读出移位寄存器集成为一体，构成具有自扫描功能的图像传感器。它是一种金属氧化物半导体（MOS）集成电路器件，以电荷作为信号，基本功能是进行光电转换电荷的存储和电荷的转移输出。在P型硅衬底上生长一层SiO_2（120 nm），再在SiO_2层上沉积金属铝构成MOS结构，它是CCD器件的最小工作单元。

2. CCD的结构

CCD基本结构分两部分：MOS（金属－氧化物－半导体）光敏元阵列和读出移位寄存器。电荷耦合器件是在半导体硅片上制作成百上千万个光敏元，如图4－53所示，一个光敏元又称一个像素或“像点”，在半导体硅平面上光敏元按线阵或面阵有规则地排列。它们本身在空间上、电气上是彼此独立的。

（1）MOS光敏元阵列

在P型硅上生长一层具有介质作用的二氧化硅，在二氧化硅上又淀积一层金属电极，于是就形成了一个金属－氧化物－半导体电容器，也就是MOS电容。

电荷存储原理：当金属电极上加正电压时，由于电场作用，电极下P型硅区里空穴被排斥进入耗尽区。对电子而言，是一势能很低的区域，称为“势阱”。有光线入射到硅片上时，光子作用下产生电子－空穴对，空穴被电场作用排斥出耗尽区，而电子被附近势阱俘获，此时势阱内吸的光子数与光强度成正比。一个MOS光敏元结构如图4－54所示。

图4－53　CCD光敏元显微照片

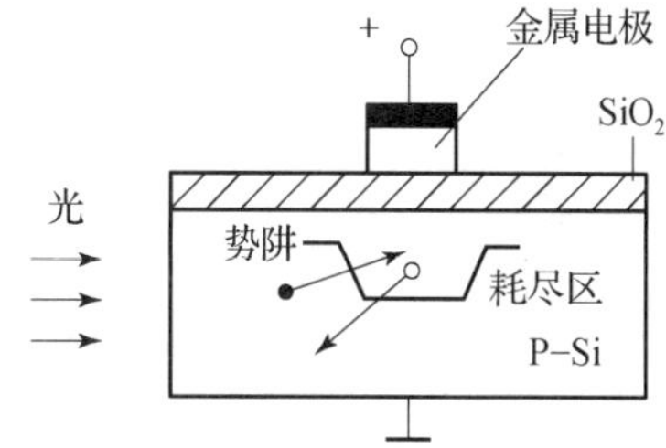

图4－54　一个MOS光敏元结构

电荷耦合器件的光电物理效应的基本原理是：一个MOS结构元为MOS光敏元或一个像素，把一个势阱所收集的光生电子称为一个电荷包；CCD器件内是在硅片上制作成百上千的MOS元，每个金属电极加电压，就形成成百上千个势阱；如果照射在这些光敏元上是一幅明暗起伏的图像，那么这些光敏元就感生出一幅与光照强度相应的光生电荷图像。分辨率不同的图像如图4－55所示。

（2）电荷转移（读出移位寄存器）

采用MOS电容虽可以获得光生电子图像，但无法把这种电子图像信号依次读取出来。电荷耦合器件就是完成电子图像读取功能的一个器件。电荷耦合器件的基本结构如图4－56所示。

3. CCD的基本工作原理

一个完整的CCD器件由光敏元、转移栅、移位寄存器及一些辅助输入、输出电路组成。CCD工作时：

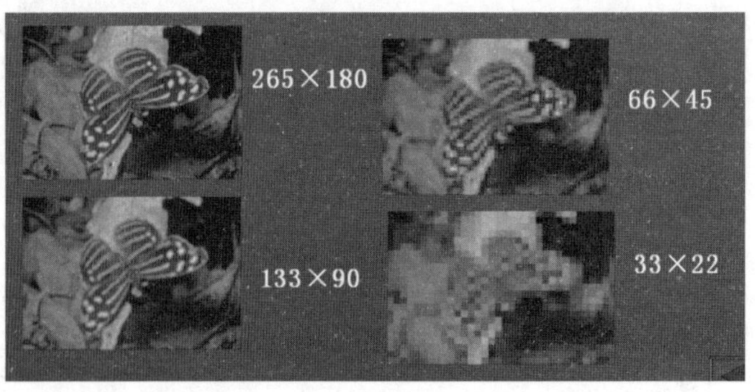

图 4－55　分辨率不同的图像

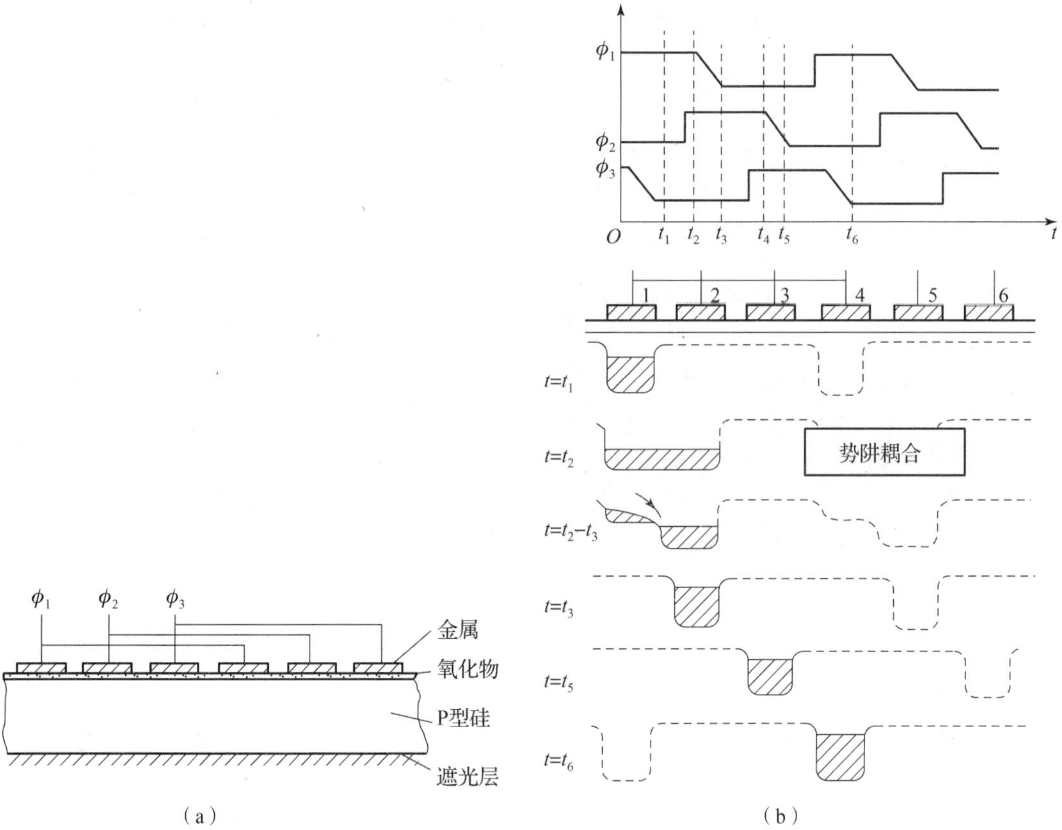

图 4－56　电荷耦合器件的基本结构

(a) 基本结构；(b) 电荷转移特性

(1) 在设定的积分时间内，光敏元对光信号进行取样，将光的强弱转换为各光敏元的电荷量。

(2) 各光敏元的电荷在转移栅信号驱动下，转移到 CCD 内部的移位寄存器相应单元中。

(3) 移位寄存器在驱动时钟的作用下，将信号电荷顺次转移到输出端。输出信号可接到示波器、图像显示器或其他信号存储、处理设备中，可对信号再现或进行存储处理。

4. CCD 图像传感器的分类

①线阵 CCD，外形如图 4－57 所示。

②面阵 CCD。

面阵 CCD 在 x、y 两个方向都能实现电子自扫描，可以获得二维图像，外形如图 4－58 所示。

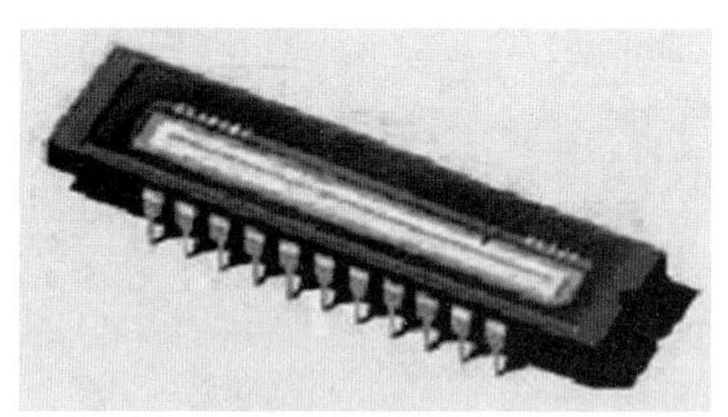
图 4－57　线阵 CCD 外形

图 4－58　面阵 CCD 外形图

5. 应用

CCD 应用技术是光、机、电和计算机相结合的高新技术，作为一种非常有效的非接触检测方法，CCD 被广泛用于在线检测尺寸、位移、速度、定位和自动调焦等方面。

图像传感器的应用目标之一是构成固态摄像装置的光敏器件。由于它取消了光学扫描系统或电子束扫描，所以在很大程度上降低了再生图像的失真度。这些特色就决定了它可以广泛用于自动控制和自动测量，尤其是适用于图像识别技术。

其输出信号的特点：能够输出与图像位置对应的时序信号；能够输出各个脉冲彼此独立相间的模拟信号；能够输出反映焦点面信息的信号。

(1) 图像采集（输入环节）

数（字）码相机的基本结构主要由光学镜头、分色系统、图像传感器、图像处理电路、图像数据存储设备、图像数据传输接口、总体控制电路、取景器和 LCD 显示屏、闪光灯、供电系统组成，外形如图 4－59 所示。

图 4－59　数码相机基本外形

(2) 传真技术

光源是荧光灯，将传感器输出信号放大后，进行适当频带压缩（编码），并通过调制与解调电路送入发射电路。为读取全版面，令所摄稿纸依次移动，结构原理如图 4-60 所示。

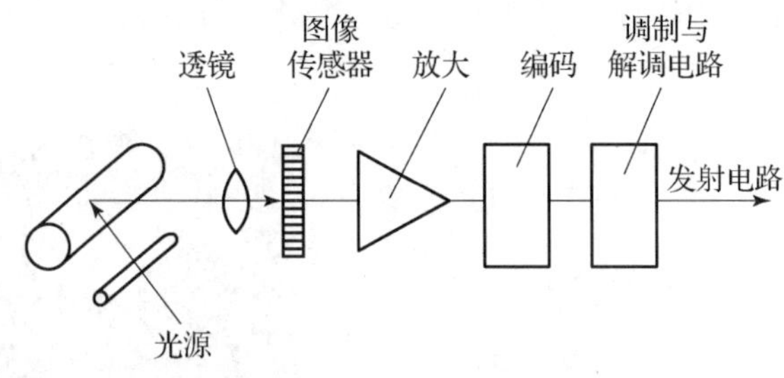

图 4-60　传真机的结构原理

【任务习题云】

1. 试利用热释电传感器设计人体感应式饮水机电路。
2. 分析光电扫描笔如何工作。
3. CCD 以（　　）为信号。

A. 电压　　B. 电流　　C. 电荷　　D. 电压或者电流

4. 构成 CCD 的基本单元是（　　）。

A. P 型硅　　B. PN 结　　C. 光电二极管　　D. MOS 电容器

5. CCD 的电荷转移原理是什么?

任务 4.3　自动生产线的零件打包系统设计与制作

【任务描述】

设计并制作一款自动生产线零件打包系统电路，具有基本功能和扩展功能两部分。而扩展功能部分则由定时控制、仿广播电台报数功能、自动报整点数和触摸报整点数组成。电路采用数码管来显示零件、盒、箱的数量。基本电路要求：

①60 个工件装 1 盒，60 盒装 1 箱，12 箱装 1 车，每完成 1 个工序，产生 1 个控制信号。

②准确计数，以数字形式显示生产状况。

③计数与显示不对应时，具有校正功能。

【知识链接】

4.3.1　光电开关的工作原理

光电开关以光源为介质，应用光电效应的原理制成的。该器件是通过光源受物体遮蔽或发生反射、辐射和遮光导致受光量变化来检测对象的有无、大小和明暗，进而产生接点和无接点输出信号的开关元件。光电开关包括几种类型：

①自身不具备光源，利用被测物体发射的光的变化量进行检测的。

②利用自然光对光电开关的照射，物体遮蔽自然光产生的光变化量。

③光电开关自身具备光源，发射的光源对被检测物体反射、吸收和透射光的变化量进行检测。

常用的光源为紫外光、可见光、红外光等波段的光源，光源的类型有灯泡、LED、激光管等；输出信号有开关量或模拟量等。

光电开关是把发射端和接收端之间光的强弱变化转化为电流的变化以达到探测的目的。由于光电开关输出回路和输入回路是电隔离的（即电绝缘），所以它可以在许多场合得到应用。

光电开关（光电传感器）是光电接近开关的简称，它是利用被检测物对光束的遮挡或反射，由同步回路选通电路，从而检测物体有无的。物体不限于金属，所有能反射光线的物体均可被检测。光电开关将输入电流在发射器上转换为光信号射出，接收器再根据接收到的光线的强弱或有无对目标物体进行探测。工作示意图如图 4－61 所示。

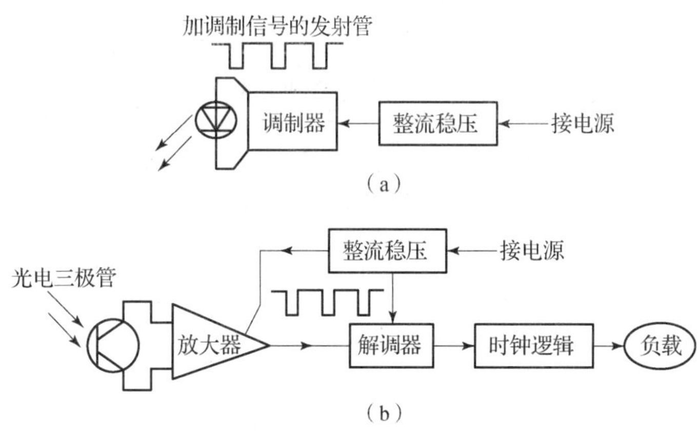

图 4－61　光电开关工作示意图

（a）发射器；（b）接收器

多数光电开关选用的是波长接近可见光的红外线光波型。如图 4－62 所示是德国 SICK 公司的部分光电开关。

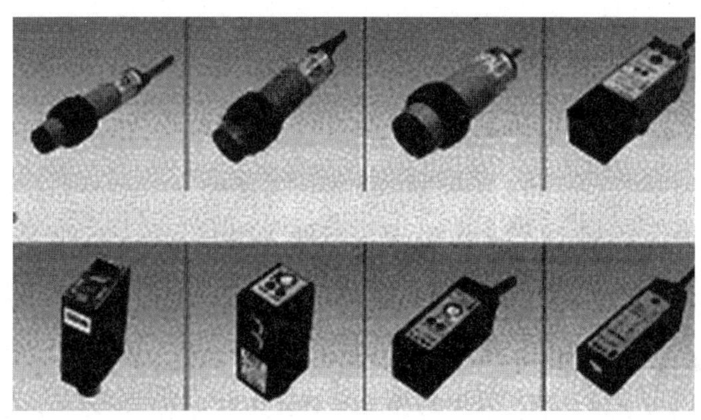

图 4－62　德国 SICK 公司的部分光电开关

4.3.2 光电开关的分类及性能参数

1. 光电开关分类

(1) 漫反射式光电开关

它是一种集发射器和接收器于一体的传感器，当有被检测物体经过时，物体将光电开关发射器发射的足够量的光线反射到接收器，于是光电开关就产生了开关信号。当被检测物体的表面光亮或其反光率极高时，漫反射式的光电开关是首选的检测模式。漫反射式光电开关原理及外形示意图如图 4－63 所示。

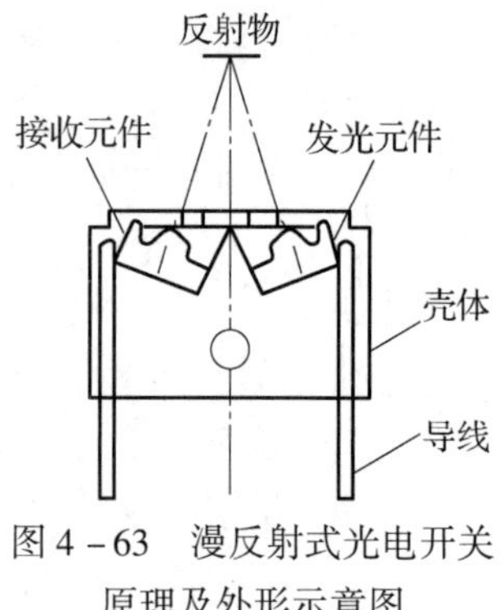

图 4－63　漫反射式光电开关原理及外形示意图

(2) 镜反射式光电开关

它是集发射器与接收器于一体的传感器，光电开关发射器发出的光线经过反射镜反射回接收器，当被检测物体经过且完全阻断光线时，光电开关就产生了检测开关信号，其原理示意图如图 4－64 所示。

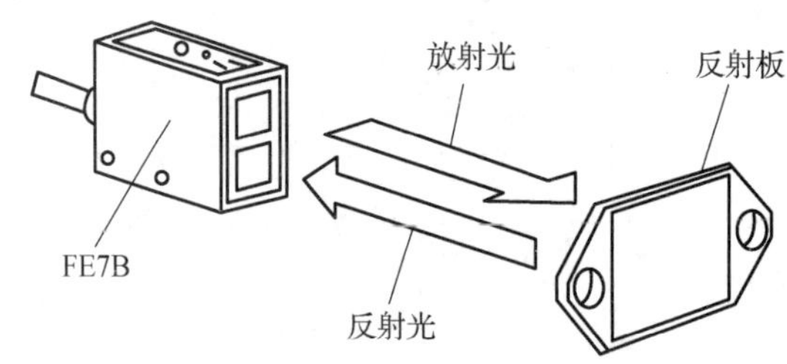

图 4－64　镜反射式光电开关原理示意图

(3) 对射式光电开关

它包含了在结构上相互分离且光轴相对放置的发射器和接收器，发射器发出的光线直接进入接收器，当被检测物体经过发射器和接收器之间且阻断光线时，光电开关就产生了开关信号。当检测物体为不透明时，对射式光电开关是最可靠的检测装置，其原理结构示意图如图 4－65 所示。

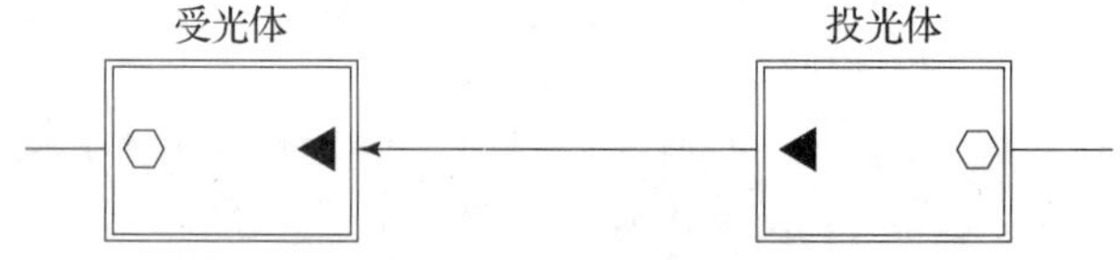

图 4－65　对射式光电开关原理结构示意图

(4) 槽式光电开关

它通常采用标准的 U 字型结构，其发射器和接收器分别位于 U 形槽的两边，并形成一光轴，当被检测物体经过 U 形槽且阻断光轴时，光电开关就产生了开关量信号。槽式光电开关比较适合检测高速运动的物体，并且它能分辨透明与半透明物体，使用安全可靠，其原理结构示意图如图 4－66 所示。

(5) 光纤式光电开关

它采用塑料或玻璃光纤传感器来引导光线，可以对距离远的被检测物体进行检测。通常光纤式光电开关分为对射式和漫反射式，它们的工作光线示意图如图 4－67 所示。

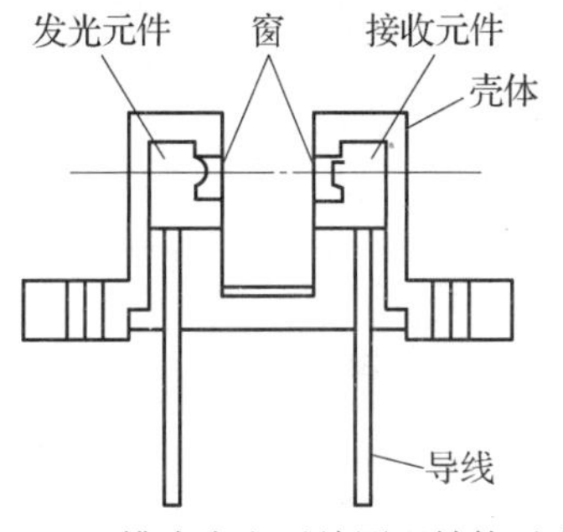

图 4－66　槽式光电开关原理结构示意图

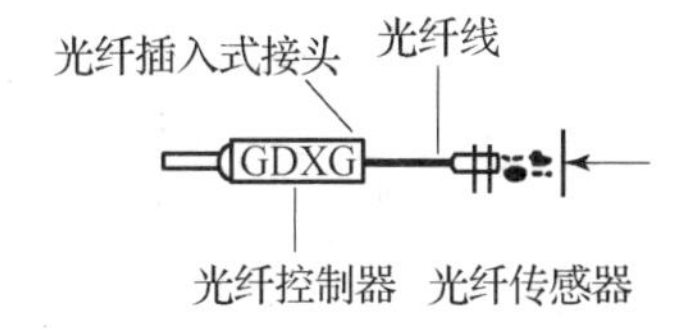

图 4－67　光纤式光电开关工作光线示意图

【交流思考】

日常用到的感应式水龙头，思考采用了什么原理。当手放在哪里时能自动感应出水呢？

2. 光电开关的主要性能参数

①工作电压：光电开关额定电压。

②检测距离：是指检测体按一定方式移动，当开关动作时测得的基准位置（光电开关的感应表面）到检测面的空间距离。额定动作距离指接近开关动作距离的标称值。

③回差距离：动作距离与复位距离之间的绝对值。

④响应频率：按规定的 1 s 的时间间隔内，允许光电开关动作循环的次数。

⑤输出状态：分常开和常闭，当无检测物体时，常开型的光电开关所接通的负载由于光电开关内部的输出晶体管的截止而不工作；当检测到物体时，晶体管导通，负载得电工作。

⑥检测方式：根据光电开关在检测物体时发射器所发出的光线被折回到接收器的途径不同，可分为漫反射式、镜反射式、对射式等。

⑦输出形式：分 NPN 二线、NPN 三线、NPN 四线、PNP 二线、PNP 三线、PNP 四线、AC 二线、AC 五线（自带继电器）及直流 NPN/PNP/常开/常闭多功能等几种常用的输出形式。

4.3.3　光电开关的安装接线及使用注意事项

1. 光电开关的安装接线方式

光电开关按照其内部的光电元件来分，有 NPN、PNP、NMOS、PMOS 几种，其中 NMOS 与 NPN 型、PMOS 与 PNP 型接线相同。

各种开关均有褐色、蓝色、黑色连线，其中褐色线为电源（+）、蓝色线为电源（－）、黑色线为信号线。

NPN 型负载接在褐色线与黑色线之间，PNP 型负载接在黑色线与蓝色线之间。常见的圆柱形电感式接近开关接线图如图 4－68（1~8 号）所示，常见的安装示意图如图 4－69 所示。

2. 光电开关使用注意事项

①红外线传感器属漫反射型的产品，所采用的标准检测体为平面的白色画纸。

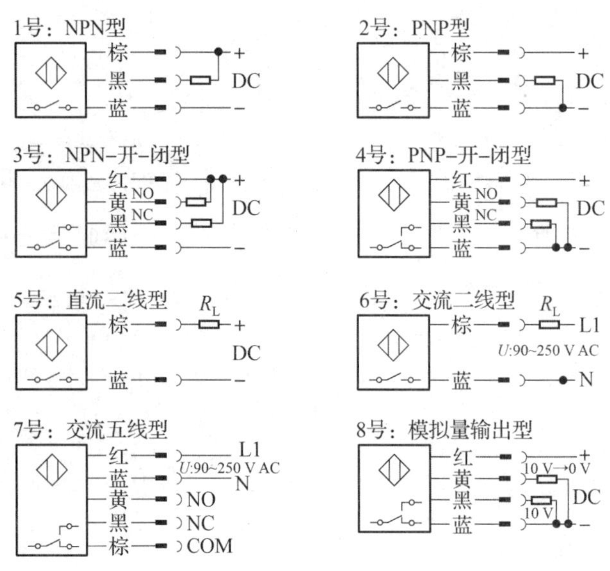

图 4-68　圆柱形电感式接近开关接线图

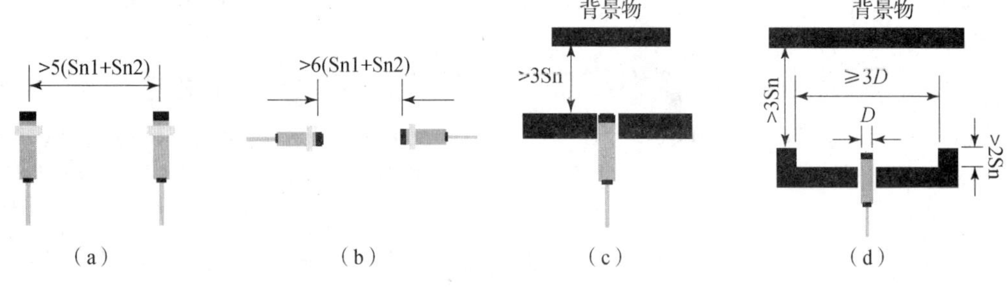

图 4-69　常见的安装示意图

(a) 平行安装时；(b) 相对安装时；(c) 埋入式安装时；(d) 非埋入式安装时

②红外线光电开关在环境照度高的情况下都能稳定工作，但原则上应回避将传感器光轴正对太阳光等强光源。

③对射式光电开关最小可检测宽度为该种光电开关透镜宽度的 80%。

④当使用感性负载（如灯、电动机等）时，其瞬态冲击电流较大，可能劣化或损坏交流二线的光电开关，在这种情况下，请将负载经过交流继电器来转换使用。

⑤红外线光电开关的透镜可用擦镜纸擦拭，禁用稀释溶剂等化学品，以免永久损坏塑料镜。

⑥针对用户的现场实际要求，在一些较为恶劣的条件下，如灰尘较多的场合，所生产的光电开关在灵敏度的选择上增加了 50%，以适应在长期使用中延长光电开关维护周期的要求。

⑦产品均为 SMD 工艺生产制造，并经严格的测试合格后才出厂，在一般情况下使用均不会出现损坏。为了避免意外性发生，请用户在接通电源前检查接线是否正确，核定电压是否为额定值。

3. 光电开关误动作

下列场所，一般有可能造成光电开关的误动作，应尽量避开：

①灰尘较多的场所。

②腐蚀性气体较多的场所。

③水、油、化学品有可能直接飞溅的场所。

④户外或太阳光等有强光直射而无遮光措施的场所。

⑤环境温度变化超出产品规定范围的场所。

⑥振动、冲击大，而未采取避振措施的场所。

4.3.4　光电开关传感器的应用

光电开关广泛应用于工业控制、自动化包装线及安全装置中作为光控制和光探测装置。可在自动控制系统中用作物体检测、产品计数、料位检测、尺寸控制、安全报警及计算机输入接口等。

1. 商标方向检测

正常情况下，两个接近开关都感应到商标纸而输出高电平，如果商标纸没有对齐，那么将有一个或同时检测不到商标纸而无高电平输出，如图 4－70 所示。

图 4－70　商标方向的检测

2. 光电转速传感器

如图 4－71 所示为光电数字式转速表原理示意图。图 4－71（a）是在待测转速轴上固定一带孔的调置盘，在调置盘一边由白炽灯 2 产生恒定光，透过盘上小孔到达光敏二极管组成的光电转换器 3 上，转换成相应的电脉冲信号，经过放大整形电路输出整齐的脉冲信号，转速由该脉冲频率决定。图 4－72（b）是在待测转速的轴上固定一个涂上黑白相间条纹的圆盘，它们具有不同的反射率。当转轴转动时，反光与不反光交替出现，光电敏感器件间断地接收光的反射信号，转换成电脉冲信号。

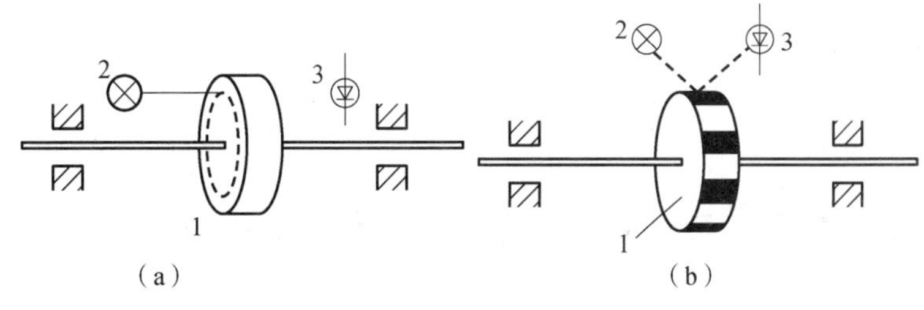

图 4－71　光电数字式转速表原理示意图

每分钟转速 n 与脉冲频率 f 的关系如下：

$$n=\frac{f}{N}60 \qquad (4-10)$$

式中，N 为孔数或黑白条纹数目。

例如：孔数 $N=600$ 孔，光电转换器输出的脉冲信号频率 $f=4.8$ kHz，则

$$n=\frac{f}{N}60=\frac{4.8\times10^3}{600}\times60=480\ \text{r/min} \qquad (4-11)$$

频率可用一般的频率计测量。光电器件多采用光电池、光敏二极管和光敏三极管，以提高寿命、减小体积、减小功耗和提高可靠性。

3. 电动扶梯自动启停

在电动扶梯的入口处安装光电式传感器，当有人要上电梯时，检测到有人的信号时，将会产生一个脉冲信号从而控制电梯运行，示意图如图 4-72 所示。

图 4-72　电动扶梯控制示意图

4. 包装充填物高度检测

用容积法计量包装的成品，除了对质量有一定误差范围要求外，一般还对充填高度有一定的要求，以保证商品的外观质量，不符合充填高度的成品将不允许出厂。如图 4-73 所示为利用光电检测技术控制充填高度的原理示意图。当充填高度 h 偏差太大时，光电接头没有电信号，即由执行机构将包装物品推出进行处理。

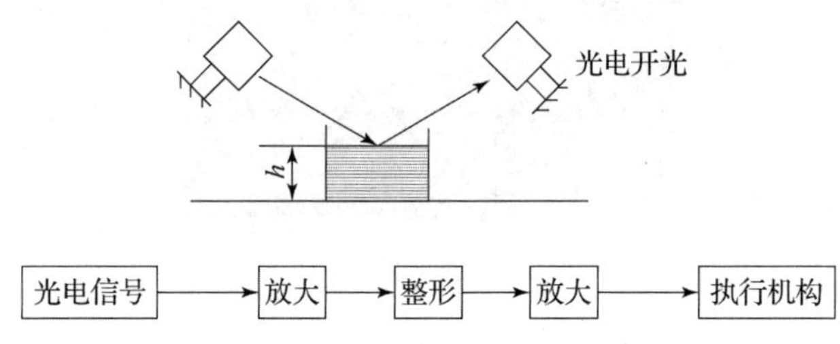

图 4-73　利用光电检测技术控制充填高度的原理示意图

利用光电开关还可以进行产品流水线上的产量统计、对装配件是否到位及装配质量进行检测，例如灌装时瓶盖是否压上、商标是否漏贴，以及送料机构是否断料等。

【交流思考】

机器视觉在智能制造领域应用非常广泛，它是实现自动化控制的关键，机器视觉与光电传感器有什么关联呢？

【任务实施】

1. 总体设计方案

根据设计要求首先建立一个自动生产线零件打包控制系统的组成框图，如图 4-74 所示。

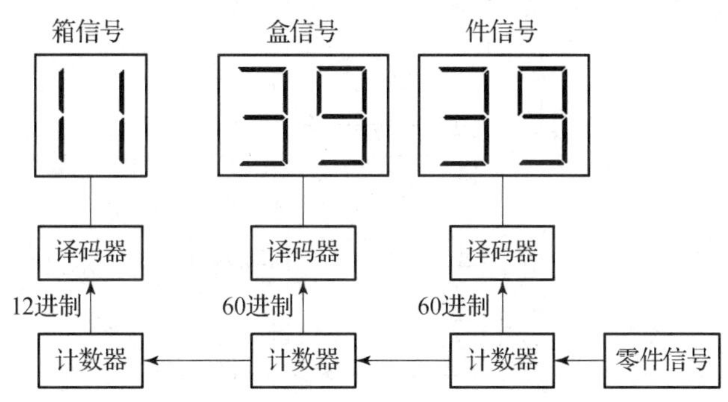

图 4－74　自动生产线零件打包控制系统的组成框图

2. 电路工作原理

自动生产线零件打包控制系统电路由主体电路和扩展电路两大部分组成。其中主体电路完成控制系统的基本功能，扩展电路完成扩展功能。主体电路功能介绍：

①利用光电开关管采集零件数量信号，利用此信号作为脉冲计数所需。

②对脉冲（即零件）进行计数，当工件数计满后，盒接收进位信号开始计数，当合计满后产生进位，箱开始计数。

③显示译码电路采用译码器加七段数码管静态显示方法，由于静态显示易于制作和调试，原理也较简单。

3. 部分电路设计

（1）零件信号采集电路

利用光电开关管做零件数量的信号拾取元件，在生产线的两侧分别对应着光发射和光接收开关。生产线上每经过一个零件，光电管就动作一次，利用此信号作为脉冲计数所需。

由于传感器使用不同，被测信号波形各异，幅度不同，而要研究的又仅仅是信号的频率，与信号波形的外形、幅度无关。为了使电路都能正常工作，首先要对输入信号进行放大、整形处理。输入信号整形电路采用集成电路 555 构成的施密特触发器，进行波形的整形。

（2）计数电路

计数电路是一种计算输入脉冲的时序逻辑网络，被计数的输入信号就是光电开关管采集的零件脉冲数。该电路不仅可以计数，还可以用来完成其他特定的逻辑功能，如测量、定时控制、数字运算等。

自动生产线零件打包控制系统的计数电路是由两个六十进制和一个十二进制计数电路实现的。计数电路的设计可以用反馈清零法，当计数器正常计数时，反馈门不起作用，只有当进位脉冲到来时，反馈信号将计数电路清零，实现相应模的循环计数。以六十进制为例，当计数器从 00，01，02，…，59 计数时，反馈门不起作用，只有当第 60 个秒脉冲到来时，反馈信号随即将计数电路清零，实现模为 60 的循环计数。

下面将分别设计六十进制计数器和十二进制计数器。

六十进制计数器电路如图 4－75 所示。

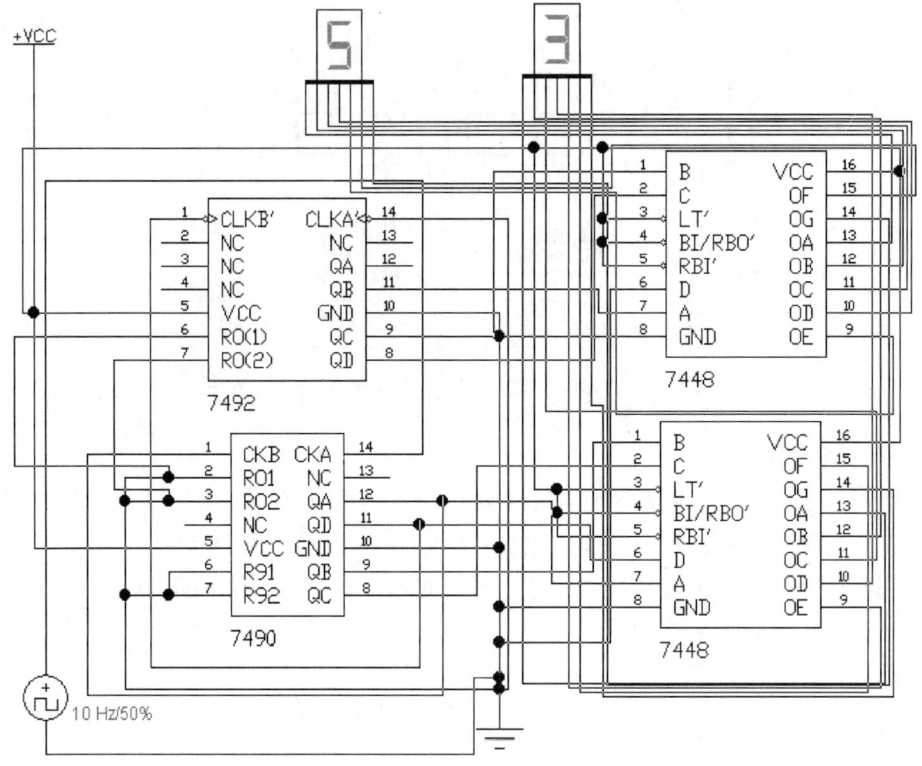

图 4－75　六十进制计数器电路

电路中 7492 作为十位计数器，在电路中采用六进制计数；7490 作为个位计数器，在电路中采用十进制计数。当 7490 的 14 脚接振荡电路的输出脉冲 1 Hz 时，7490 开始工作，它计时到 10 时向十位计数器 7492 进位。

7490 是二－五－十进制计数器，它有两个时钟输入端 CKA 和 CKB。其中，CKA 和 QA 组成一位二进制计数器；CKB 和 QD、QC、QB 组成五进制计数器；若将 QA 与 CKB 相连，时钟脉冲从 CKA 输入，则构成了 8421BCD 码十进制计数器。7490 有两个清零端 R01、R02，两个置 9 端 R91 和 R92。

异步计数器 7492 是二－六－十二进制计数器，即 CLKA′和 QA 组成二进制计数器，CLKB′和 QD、QC、QB 在 7492 中为六进制计数器。当 CLKB′和 QA 相连，时钟脉冲从 CLKA′输入，7492 构成十六进制计数器。

十二进制计数器电路如图 4－76 所示。

十二进制计数器是按照“01—02—03—04—05—06—07—08—09—10—11—12—01”规律计数的。个位计数器由 4 位二进制同步可逆计数器 74160 构成，十位计数器由双 D 触发器 7448 构成，将它们组成十二进制计数器。

（3）译码与显示电路

译码与显示电路如图 4－77 所示，是由译码电路和数码管两部分组成的。

译码是编码的相反过程，译码器是将输入的二进制代码翻译成相应的输出信号以表示编码时所赋予原意的电路。常用的集成译码器有二进制译码器、二－十制译码器和 BCD－7 段译码器，显示模块用来显示计时模块输出的结果。

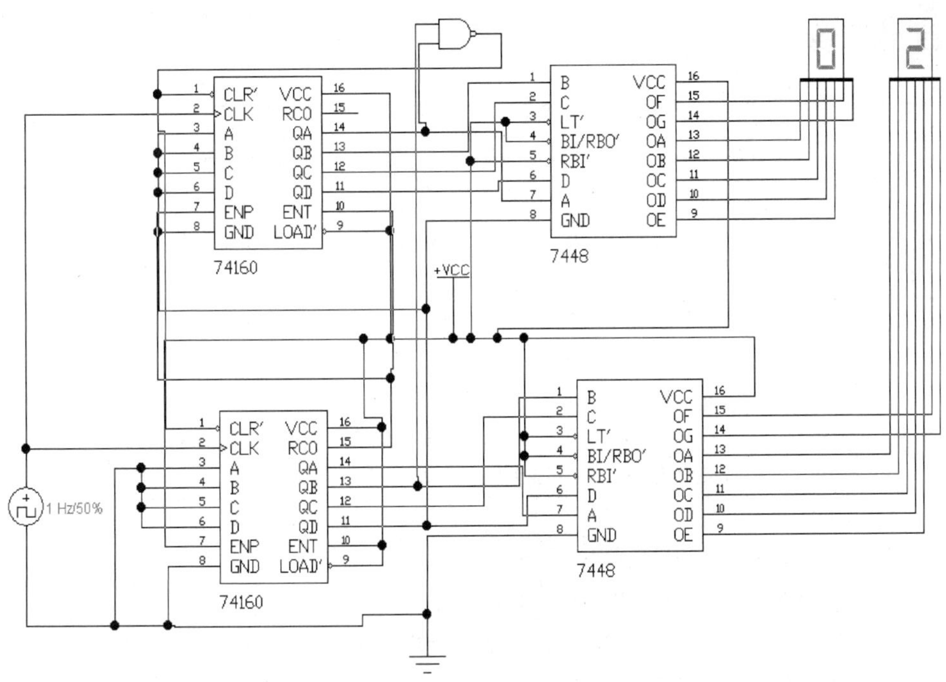

图 4－76 十二进制计数器电路

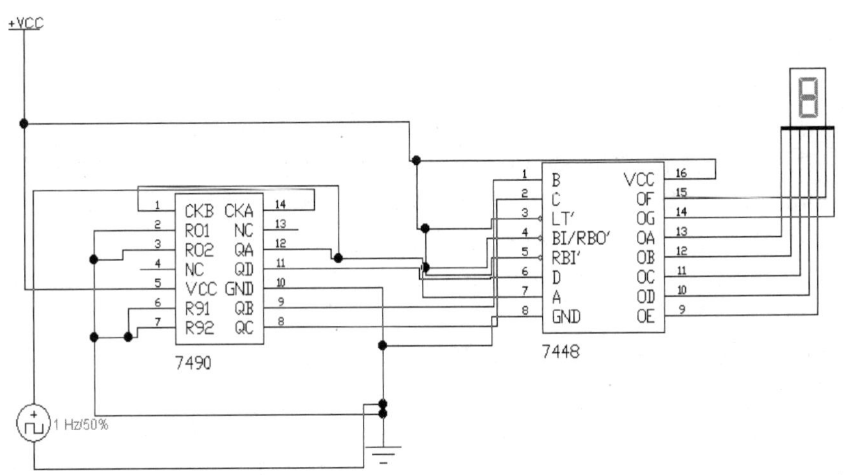

图 4－77 译码与显示电路

4. 制作与调试注意事项

①电路制作时需注意芯片的检测和正确使用。

②译码器和编码器的功能特性测试。

③焊接时注意芯片的引脚顺序和控制端的连接。

④通电前，先检查本箱的电气性能，并注意是否有短路或漏电现象。

⑤通电后根据原理依次测试电路功能，并根据采集信号的不同记录电压值。

【技能训练工单】

<table>
<tr><td>姓名</td><td></td><td>班级</td><td></td><td>组号</td><td></td></tr>
<tr><td>名称</td><td colspan="5">任务 4.3　光电开关的应用</td></tr>
<tr><td>任务提出</td><td colspan="5">利用红外光电开关设计一款防盗报警电路，当无人经过时，电路报警灯不亮；当有人经过时，报警指示灯点亮。</td></tr>
<tr><td>问题导入</td><td colspan="5">1）对射式光电开关的最大检测距离是（　　）。
A. 0.5 m　B. 1 m　C. 几米至几十米　D. 无限制的
2）当检测远距离的物体时，应优先选用（　　）光电开关。
A. 光纤式　B. 槽式　C. 漫反射式　D. 对射式
3）光电开关的种类有哪些？使用时需注意什么？</td></tr>
<tr><td>技能要求</td><td colspan="5">1）能够对光电开关进行检测；
2）能够分析光电开关构成的电路原理；
3）能够运用光电开关进行电路设计。</td></tr>
<tr><td>电路设计说明</td><td colspan="5">在电子电路中，红外线的发射与接收一般是使用红外发光二极管和红外接收管完成的。这种半导体器件体积可以做得很小，具有质量轻、功耗低、使用寿命长、发出的光均匀稳定等特点。此外，它的最大特点是：这种发光二极管发出的红外光为不可见光，当发出的光束被某一特定的信号调制后，只有专门的调制电路才可接收到，这就具有很强的抗干扰性和保密性。</td></tr>
<tr><td>任务制作</td><td colspan="5">实施步骤：
1）光电开关检测。
用万用表对红外发射，接收管，9013、9014 三极管，继电器等元器件进行检测。测量红外线发射管的方法很简单，使用万用表电阻挡，按照测量普通二极管的方法，即很容易地判别出正、负极及其性能。测量接收管的方法是：使用指针式万用表 $R \times 1\mathrm{K}$ 挡，红黑表笔分别接接收管的两只引脚，其中一次测量的电阻值较大，此时将接收管的受光面用强光照射（手电筒光线即可），若其电阻值明显减少，则万用表黑表笔接的引脚为接收管的集电极，红表笔所接为发射极。
2）电路设计。
依据框图进行电路设计，如图 4－78 所示。
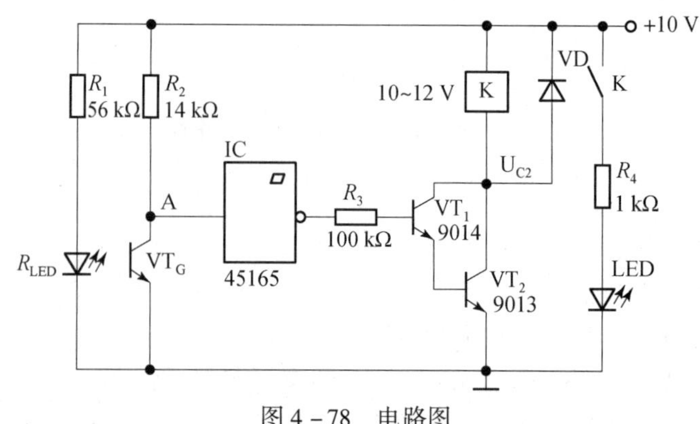

图 4－78　电路图
3）根据电路图进行电路分析，写出工作原理。</td></tr>
</table>

续表

<table>
<tr><td>姓名</td><td></td><td>班级</td><td></td><td>组号</td><td></td></tr>
<tr><td>名称</td><td colspan="5">任务 4.3　光电开关的应用</td></tr>
<tr><td>电路
调试</td><td colspan="5">按电路进行制作，检查无误接通电源。若发光二极管不亮，应检查电路安装是否正确；若发光二极管亮，在红外发射、接收管之间加以遮挡，继电器释放，则电路视为正常。
1）测量红外线开关遮挡前后的 U_A、U_{B1}、U_{C2}。

2）用示波器观察并记录遮挡前后 U_A、U_{B1}、U_{C2} 的波形及参数。

3）简述二极管 VD 的作用。若不接 VD，可能产生什么后果？</td></tr>
<tr><td>自我
总结</td><td colspan="5"></td></tr>
</table>

【考核评价】

项目	配分	考核要求	评分细则	得分	扣分
正确焊接电路	10 分	能正确焊接电路	1）线路连接正确，但布线不整齐，扣 5 分； 2）未能正确连接电路，每处扣 2 分		
功能测试	40 分	能实现功能	1）功能不正确，每处扣 5 分； 2）功能实现不完整，每次扣 5 分		
电路工艺及原理分析	20 分	能准确分析原理且焊接工艺美观	1）原理分析不正确，扣 10 分； 2）工艺焊接不美观，扣 5 分		
参数变换功能测试	10 分	参数变换后功能能够实现	1）变换参数后功能不能实现，扣 10 分； 2）部分功能不能实现，扣 5 分		

续表

项目	配分	考核要求	评分细则	得分	扣分
自查自纠	10分	遇到问题能够自行分析自行解决	遇到问题不能解决扣10分		
安全文明操作	10分	1）安全用电，无人为损坏仪器、元件和设备； 2）保持环境整洁，秩序井然，操作习惯良好； 3）小组成员协作和谐，态度正确； 4）不迟到、早退、旷课	1）违反操作规程，每次扣5分； 2）作场地不整洁，扣5分		
总分					

【拓展知识】

光电耦合器的应用

光电耦合器

1. 光电耦合器件

光电耦合器件是由发光元件（如发光二极管）和光电接收元件合并使用，以光作为媒介传递信号的光电器件。

在光电耦合器输入端加电信号使发光源发光，光的强度取决于激励电流的大小，此光照射到封装在一起的受光器上后，因光电效应而产生了光电流，由受光器输出端引出，这样就实现了电－光－电的转换。

（1）“光耦”集成器件的特点

输入输出完全隔离，有独立的输入输出阻抗，绝缘电阻在1万兆欧姆以上。器件有很强的抗干扰能力和隔离性能，可避免振动、噪声干扰。特别适宜工业现场做数字电路开关信号传输、逻辑电路隔离器、计算机测量、控制系统中做无触点开关等。

（2）光电耦合器的组合形式

按其输出形式的不同分为光敏器件输出型、光敏三极管输出型、光敏二极管输出型、光控达林顿管输出型、光控继电器输出型，如图4－79所示。

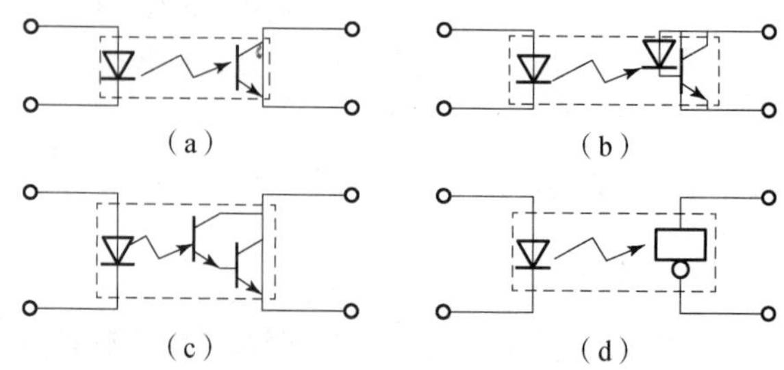

图4－79　光电耦合器的组合形式

（a）光敏三极管输出型；（b）光敏二极管输出型；（c）光控达林顿管输出型；（d）光控继电器输出型

2. 光电耦合器的种类

按速度分可分为低速光电耦合器（光敏三极管、光电池等输出型）和高速光电耦合器(光敏二极管带信号处理电路或者光敏集成电路输出型)。

(1）光电耦合器的种类按通道分，可分为单通道、双通道和多通道光电耦合器。

(2）光电耦合器的种类按隔离特性分，可分为普通隔离光电耦合器（一般光学胶灌封低于 5 000 V，空封低于 2 000 V）和高压隔离光电耦合器（可分为 10 kV、20 kV、30 kV 等)。

(3）光电耦合器的种类按工作电压分，可分为低电源电压型光电耦合器（一般 5 ~ 15 V）和高电源电压型光电耦合器（一般大于 30 V)。

【任务习题云】

1. 试述常见的光电开关有哪些。
2. 光电开关的接收器根据所接收到的光线强弱对目标物体实现探测，产生（　　）。

A. 频率信号　　B. 开关信号　　C. 压力信号　　D. 警示信号

3. 光电开关将输入电流在发射器上转换为（　　）。

A. 无线电输出　　B. 光信号射出　　C. 电压信号输出　　D. 脉冲信号输出

4. 镜反射型光电开关是被检测物体经过且完全阻断光线时的首选。(　　)

A. 正确　　B. 错误

5. 设计一光电开关用于生产流水线的产量计数，画出结构图，并简要说明。

【模块小结】

光电传感器以光电效应为基础，将被测量的变化通过光信号变化转换成电信号。根据产生光电效应的不同，光电效应可以分为外光电效应、内光电效应和光生伏特效应。基于外光电效应的光电元件有光电管、光电倍增管等；基于内光电效应的光电元件有光敏电阻、光敏二极管、光敏三极管、光敏晶闸管等；基于光生伏特效应的光电元件有光电池。光电式传感器由光源、光学元器件和光电元器件组成光路系统，结合相应的测量转换电路而构成。

红外传感器基于红外线辐射原理制成，一般由光学系统、探测器、信号调理电路及显示单元等组成。红外探测器是红外传感器的核心。红外探测器是利用红外辐射与物质相互作用所呈现的物理效应来探测红外辐射的。红外探测器的种类很多，按探测机理的不同，分为热探测器（基于热效应）和光子探测器（基于光电效应）两大类。

热释电红外传感器是基于热释电效应制成的传感器。它能以非接触形式检测出人体辐射的红外线能量的变化，并将其转换成电压信号输出。将输出的电压信号加以放大，便可驱动各种控制电路，如作电源开关控制、防盗防火报警等。

光电开关是以光源为介质，应用光电效应，根据光源受物体遮蔽或发生反射、辐射和遮光导致受光量变化来检测对象的有无、大小和明暗，从而产生接点和无接点输出信号的开关元件，是光电接近开关的简称。

【收获与反思】

收获与反思空间（将你学到的知识技能要点构建思维导图并进行自我目标达成度的评价）

模块五　位移和转速的测量

模块导入

在工业生产或实际测量过程中，机器的振动、位移总是伴随着机器的运转，即使是机器在最佳的运动状态，由于很微小的缺陷，也将产生某些振动，振动会伴随有位移，因此位移和转速测量目前应用在国民经济的各个领域。对于位移的测量，根据不同的测量对象，测量用到的传感器有很多，如磁电式、超声波等。同一个测量传感器既可以测量振动也可以测量位移，只是机械中安装位置不同及所需处理的信号不同，振动测量主要是对前置器输出中交流电压信号进行转换，从而实现测量。

<table>
<tr><th colspan="2">教学目标</th></tr>
<tr><td>素质目标</td><td>1. 培养学生团队协作意识；
2. 培养学生电路设计的创新意识；
3. 培养解决电路问题的能力。</td></tr>
<tr><td>知识目标</td><td>1. 了解磁电式传感器的测量原理；
2. 掌握霍尔式传感器的工作原理；
3. 掌握磁电式、霍尔式传感器的信号处理电路；
4. 掌握超声波传感器的工作原理；
5. 掌握超声波传感器的测量电路；
6. 熟悉霍尔式传感器电路的设计方法。</td></tr>
<tr><td>能力目标</td><td>1. 能够利用霍尔式传感器进行测量；
2. 能够进行霍尔式传感器测量电路的连接；
3. 能够利用超声波传感器进行实际电路连接；
4. 能够运用超声波传感器进行测距；
5. 能进行磁电式传感器的应用。</td></tr>
<tr><th colspan="2">教学重难点</th></tr>
<tr><td>模块重点</td><td>模块难点</td></tr>
<tr><td>磁电式、霍尔式、超声波传感器的测量原理及测量电路</td><td>磁电式、霍尔式、超声波传感器的应用</td></tr>
</table>

任务5.1 自行车车速表的设计与制作

【任务描述】

现今很多人把骑自行车当作一种体育锻炼，如果在自行车上安装一个里程速度表，便可以知道骑行的里程和速度了，试设计一款自行车里程、速度表，并要求里程和速度可以进行切换，采用三位数码管进行显示，最大里程可显示 99.9 km/h。

【知识链接】

5.1.1 霍尔式传感器工作原理

霍尔传感器工作原理

霍尔式传感器是根据霍尔效应制成的一种磁场传感器。霍尔效应是磁电效应的一种，这一现象是霍尔（A. H. Hall，1855—1938）于 1879 年在研究金属的导电机构时发现的。后来发现半导体、导电流体等也有这种效应，而半导体的霍尔效应比金属强得多，利用这种现象制成的各种霍尔元件，广泛地应用于工业自动化技术、检测技术及信息处理等方面。霍尔效应是研究半导体材料性能的基本方法。通过霍尔效应实验测定的霍尔系数，能够判断半导体材料的导电类型、载流子浓度及载流子迁移率等重要参数。

霍尔器件具有许多优点，它们的结构牢固，体积小，质量轻，寿命长，安装方便，功耗小，频率高（可达 1 MHz），耐振动，不怕灰尘、油污、水汽及盐雾等的污染或腐蚀。并且霍尔线性器件的精度高、线性度好，霍尔开关器件无触点、无磨损、输出波形清晰、无抖动、无回跳、位置重复精度高（可达 μm 级）。采用了各种补偿和保护措施的霍尔器件的工作温度范围宽，可达 55 ~ 150 ℃。

霍尔效应：将置于磁场中的导体或半导体通入电流，若电流与磁场垂直，则在与磁场和电流都垂直的方向上会出现一个电势差，这种现象就是霍尔效应。产生的电势差称为霍尔电压。利用霍尔效应制成的元件称为霍尔式传感器。

如图 5 - 1 所示，N 型半导体材料长、宽、厚分别为 l、b 和 d，导电的载流子是电子。若通一电流 I，电子将受到一个沿 y 轴负方向力的作用，这个力就是洛伦兹力。洛伦兹力用 F_L 表示，大小为

$$F_L = qvB \tag{5-1}$$

式中，q 为载流子电荷；v 为载流子的运动速度；B 为磁感应强度。

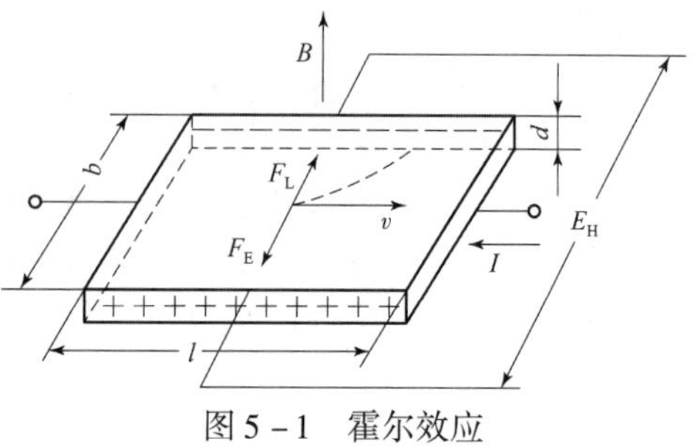

图 5 - 1 霍尔效应

在洛伦兹力的作用下，电子向一侧偏转，使该侧形成负电荷的积累，另一侧则形成正电荷的积累。这样在上、下两端面因电荷积累而建立了一个电场 E_H，称为霍尔电场。该电场对电子的作用力与洛伦兹力的方向相反，即阻止电荷的继续积累。

当电场力与洛伦兹力相等时，达到动态平衡，这时有

$$qE_{\mathrm{H}} = qvB \tag{5-2}$$

故霍尔电场的强度为

$$E_{\mathrm{H}} = vB \tag{5-3}$$

所以，霍尔电压 U_{H}可表示为

$$U_{\mathrm{H}} = E_{\mathrm{H}}b = vBb \tag{5-4}$$

流过霍尔元件的电流为

$$I = \frac{\mathrm{d}q}{\mathrm{d}t} = bdvnq \tag{5-5}$$

由式（5－5）得

$$v = \frac{I}{bdnq} \tag{5-6}$$

将式（5－6）代入式（5－4）式得

$$U_{\mathrm{H}} = \frac{BI}{nqd} \tag{5-7}$$

若取 $R_{\mathrm{H}} = \frac{1}{nq}$，则代入式（5－7）得

$$U_{\mathrm{H}} = R_{\mathrm{H}}\frac{IB}{d} \tag{5-8}$$

R_{H}被定义为霍尔元件的霍尔系数。显然，霍尔系数由半导体材料的性质决定，它反映材料霍尔效应的强弱。

设

$$K_{\mathrm{H}} = \frac{R_{\mathrm{H}}}{d} \tag{5-9}$$

将式（5－9）代入式（5－8）中得

$$U_{\mathrm{H}} = K_{\mathrm{H}}IB \tag{5-10}$$

称 K_{H}为霍尔元件的灵敏度，它表示一个霍尔元件在单位控制电流和单位磁感应强度时产生的霍尔电压的大小，单位是 mV/（mA · T）。

$$K_{\mathrm{H}} = \frac{1}{nqd} \tag{5-11}$$

通过以上分析还可以得到载流体的电阻率 ρ 与霍尔系数 R_{H}和载流子迁移率 μ 之间的关系：

$$\rho = \frac{R_{\mathrm{H}}}{\mu} \tag{5-12}$$

因此可以看出：

①霍尔电压 U_{H} 与材料的性质有关。材料的 ρ、μ 大，R_{H}就大。金属的 μ 虽然很大，但 ρ 很小，故不宜做成元件。在半导体材料中，由于电子的迁移率比空穴的大，即 $\mu_{\mathrm{n}} > \mu_{\mathrm{p}}$，所以霍尔元件一般采用 N 型半导体材料。

②霍尔电压 U_{H}与元件的尺寸有关。

由以上分析看出，d 越小，K_{H}越大，霍尔灵敏度越高，所以霍尔元件的厚度都比较薄，但 d 太小，会使元件的输入、输出电阻增加。

霍尔电压 U_H与控制电流 I、磁场强度 B 有关。当控制电流恒定时，磁场改变方向，霍尔电压 U_H也改变方向。同样，当霍尔灵敏度及磁感应强度恒定时，增加控制电流 I，也可以提高霍尔电压 U_H的输出。

5.1.2 霍尔元件基本结构

霍尔元件较常采用的半导体材料有 N 型锗（Ge）、锑化铟（InSb）、砷化铟（InAs）、砷化镓（CaAs）及磷砷化铟（InAsP）、N 型硅（Si）等。锑化铟元件的输出较大，受温度的影响也较大；砷化铟和锗元件输出虽然不如锑化铟大，但温度系数小，线性度也好；砷化镓元件的温度特性和输出线性好，但价格贵。

霍尔元件的结构与其制造工艺有关。例如体型霍尔元件是将半导体单晶材料定向切片，经研磨抛光，然后用蒸发合金法或其他方法制作接触电极，最后焊上引线并封装。而膜式霍尔元件则是在一块极薄（0.2 mm）的基片上用蒸发或外延的方法制成一种半导体薄膜，然后再制作欧姆接触电极，焊引线，并最后封装。由于霍尔元件的几何尺寸及电极的位置和大小等均直接影响它输出的霍尔电势，所以在制作时都有很严格的要求。

霍尔元件由霍尔片、引线和壳体组成，如图 5－2 所示。

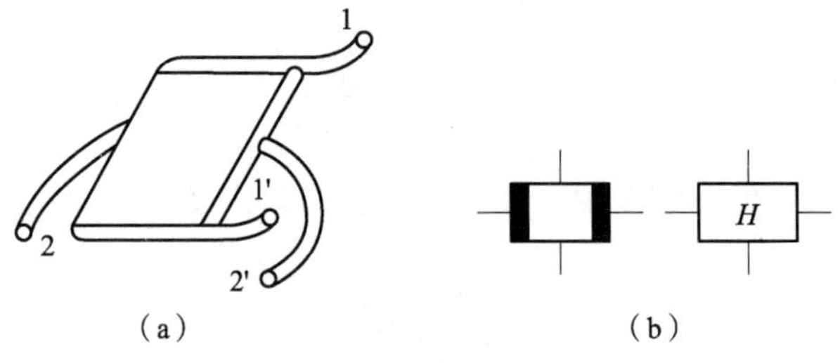

图 5－2　霍尔元件

（a）外形结构；（b）图形符号

霍尔片是一块矩形半导体单晶薄片（一般为 4 mm×2 mm×0.1 mm），如图 5－2（a）所示，引出 4 个引线。1、1′两根引线加激励电压或电流，通常用红色导线，称为激励电极；2、2′引线通常用绿色导线，为霍尔输出引线，称为霍尔电极。霍尔元件壳体由非导磁金属、陶瓷或环氧树脂封装而成。在电路中霍尔元件可用两种符号表示，如图 5－2（b）所示。

5.1.3 霍尔式传感器的基本测量电路

1. 霍尔式传感器测量电路

常见的霍尔元件的测量电路根据加入控制电流信号的不同分为直流输入和交流输入。通常霍尔元件的转换效率较低，在实际应用中，为了获得较大的霍尔输出电压，可以将几个霍尔元件的输出串联起来。

当控制电流为直流输入时，为了得到较大的霍尔输出，可将几块霍尔元件的输出串联。但控制电流必须并联，不能串联，如图 5－3 所示。串联起来将有大部分控制电流被相连的霍尔电势极短接。

当控制电流为交流输入时，可采用如图 5－4 所示连接方式，这样可以增加霍尔输出电势及功率。

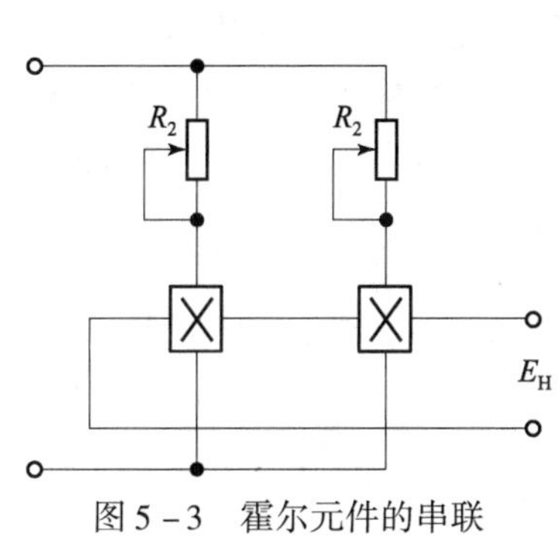

图 5－3　霍尔元件的串联

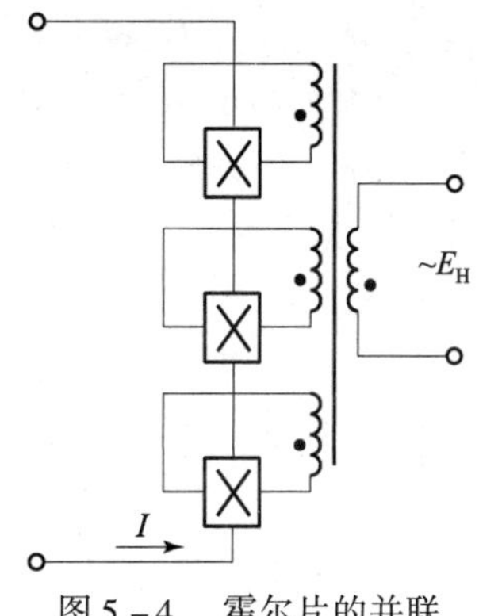

图 5－4　霍尔片的并联

2. 霍尔元件主要参数

①额定功耗 P_0：在环境温度 25 ℃时，允许通过霍尔元件的电流和电压的乘积。

②输入电阻 R_i和输出电阻 R_o：R_i是指控制电流极之间的电阻值，R_o指霍尔元件电极间的电阻。R_i、R_o可以在无磁场时用欧姆表等测量。

③不等位电势 U_o：霍尔元件在额定控制电流作用下，若元件不加外磁场，输出的霍尔电压的理想值应为零，但由于存在着电极的不对称、材料电阻率不均衡等因素，霍尔元件会输出电压，该电压称为不等位电势 U_o，其值与输入电压、电流成正比。U_o一般很小，不大于 1 mV。

④霍尔温度系数 α：在一定的磁感应强度和控制电流下，温度变化 1 ℃时，霍尔电势变化的百分率。

⑤额定控制电流 I：给霍尔元件通以电流，能使霍尔元件在空气中产生 10 ℃温升的电流值，称为控制电流 I。

⑥霍尔电压 U_H：将霍尔元件置于 $B=0.1$ T 的磁场中，再加上输入电压，此时霍尔元件的输出电压就是霍尔电压 U_H。如图 5－5 所示是霍尔元件在恒流源和恒压源下的霍尔电压 U_H和磁通密度 B 之间的典型曲线。

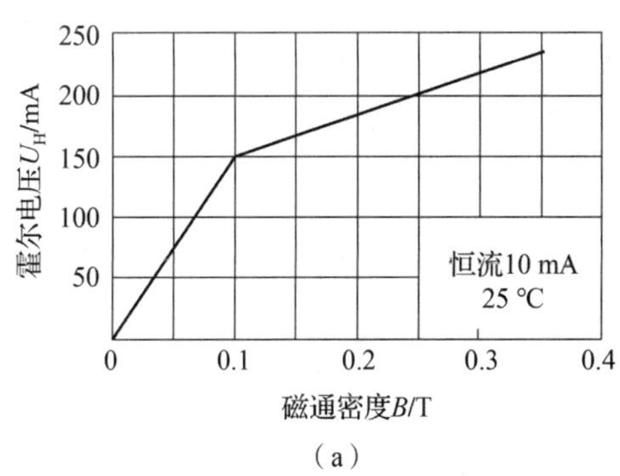

（a）

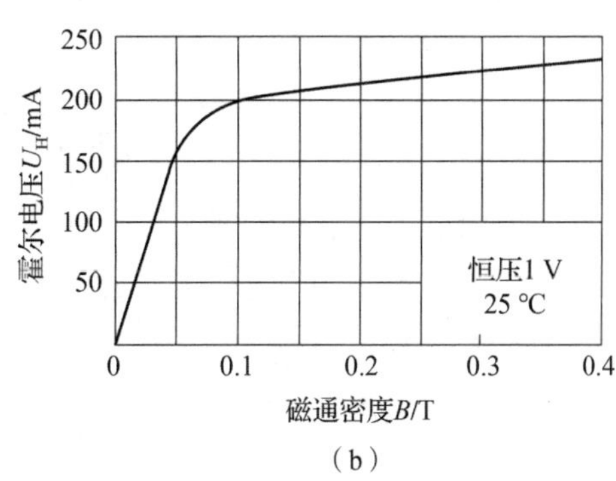

（b）

图 5－5　霍尔元件输出特性

（a）恒流源驱动；（b）恒压源驱动

3. 霍尔元件的测量误差和补偿

（1）不等位电势 U_o的电路补偿

对于不等位电势的电路补偿一般采用加补偿电阻的方法来消除由于霍尔元件本身存在的

不等位电势 U_o，但使用这种方法会影响霍尔元件的灵敏度和精度。如图 5－6 所示为几种常见的补偿电路。利用输入回路的串联电阻进行补偿，使得输出是由因温度升高霍尔系数引起霍尔电压的增量，另一项是输入电阻因温度升高引起霍尔电压减小的量。很明显，只有当因温度升高霍尔系数引起霍尔电压的增量时，才能用串联电阻的方法减小输入电阻因温度升高引起霍尔电压的减小，从而实现自补偿。

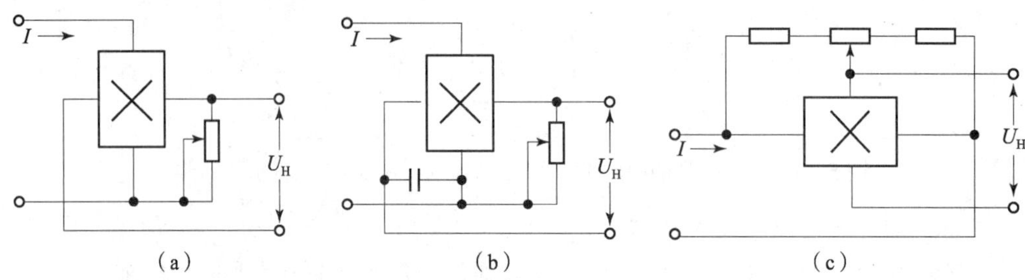

图 5－6　不等位电势的补偿电路

（2）利用热敏电阻进行补偿

对于温度系数大的半导体材料常使用热敏电阻进行补偿。霍尔输出随温度升高而下降，只要能使控制电流随温度升高而上升，就能进行补偿。例如在输入回路串入热敏电阻，如图 5－7（a）所示，当温度上升时其阻值下降，从而使控制电流上升。

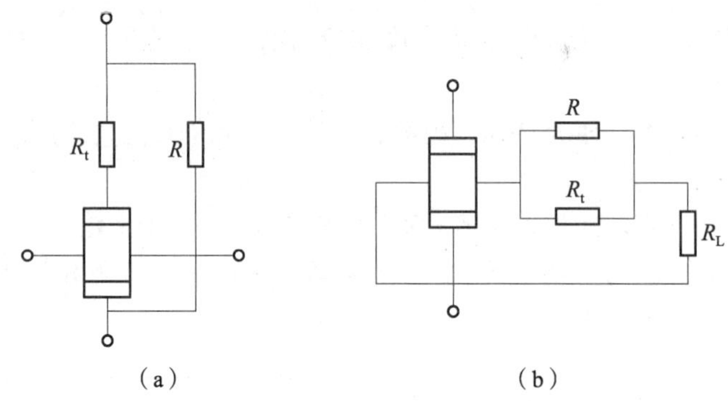

图 5－7　利用热敏电阻进行补偿

（a）输入回路补偿；（b）输出回路补偿

另外一种在输出回路进行补偿，如图 5－7（b）所示。负载 R_L 上的霍尔电势随温度上升而下降的量被热敏电阻阻值减小所补偿。实际使用时，热敏电阻最好与霍尔元件封在一起或靠近，使它们的温度变化一致。

（3）利用补偿电桥进行补偿

利用补偿电桥接入调节电位器 W_1 可以消除不等位电势，如图 5－8 所示。电桥由温度系数低的电阻构成，在某一桥臂电阻上并联一热敏电阻。温度变化时，热敏电阻将随温度变化而变化，电桥的输出电压相应变化，仔细调节即可补偿霍尔电势的变化，使其输出电压与温度基本无关。

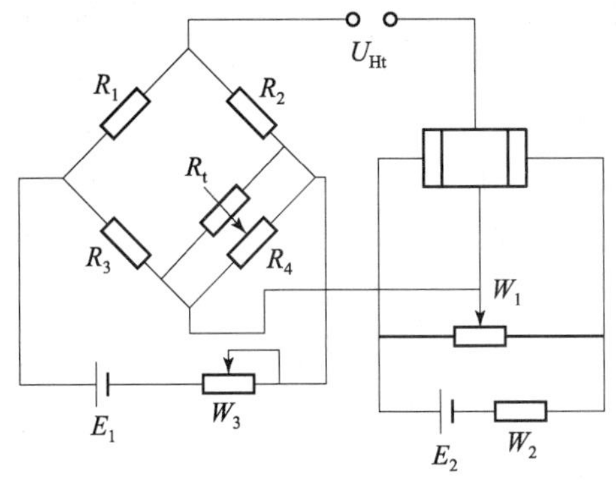

图 5－8　补偿电桥补偿

【交流思考】

查阅资料了解霍尔元件、磁敏二极管、磁敏三极管的应用特点及区别。

5.1.4　集成霍尔传感器

集成霍尔传感器是利用硅集成电路工艺将霍尔元件和测量线路集成在一起的霍尔传感器。它取消了传感器和测量电路之间的界限，实现了材料、元件、电路三位一体。集成霍尔传感器由于减少了焊点，因此显著地提高了可靠性。此外，它具有体积小、质量轻、功耗低等优点。

常见的集成霍尔传感器有开关型集成霍尔传感器和线性集成霍尔传感器两种。

1. 开关型集成霍尔传感器

开关型集成霍尔传感器是把霍尔元件的输出经过处理后输出一个高电平或低电平的数字信号。

霍尔开关电路又称霍尔数字电路，由稳压器、霍尔元件、差分放大器、施密特触发器和输出级 5 部分组成，如图 5－9 所示。

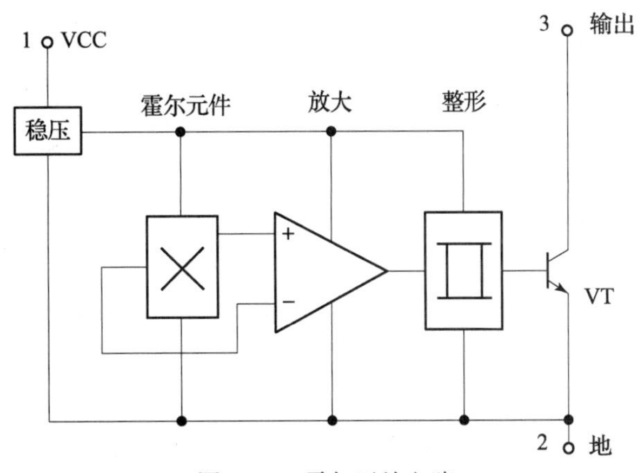

图 5－9　霍尔开关电路

当有磁场作用在霍尔传感器上时，根据霍尔效应的原理，霍尔元件输出霍尔电压 U_H，该电压经放大器放大后，送至施密特整形电路。当放大后的霍尔电压 U_H 大于“开启”阈值时，施密特整形电路翻转，输出高电平，使半导体管 VT 导通，且具有吸收电流的负载能力，这种状态我们称它为开状态。当磁场减弱时，霍尔元件输出的 U_H 很小，经放大器放大后其值也小于施密特整形电路的“关闭”阈值，施密特整形器再次翻转，输出低电平，使半导体管 VT 截止，这种状态我们称它为关状态。这样一次磁场强度的变化，就使传感器完成开关动作。如图 5－10（a）所示为开关型集成霍尔传感器外形，如图 5－10（b）所示为开关型集成霍尔传感器的典型应用电路。

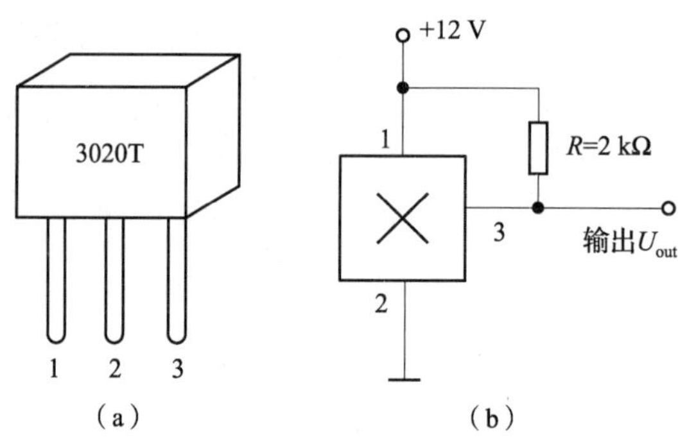

图 5－10　开关型集成霍尔传感器

（a）外形；（b）典型应用电路

2. 线性集成霍尔传感器

线性集成霍尔传感器是把霍尔元件与放大线路集成在一起的传感器，其输出电压与外加磁场成线性比例关系。

线性集成霍尔传感器一般由霍尔元件、差分放大器、射极跟随输出及稳压 4 部分组成，线性集成霍尔传感器广泛用于位置、力、质量、厚度、速度、磁场、电流等的测量或控制。

线性集成霍尔传感器有单端输出和双端输出两种，它们的电路结构分别如图 5－11 和图 5－12 所示。

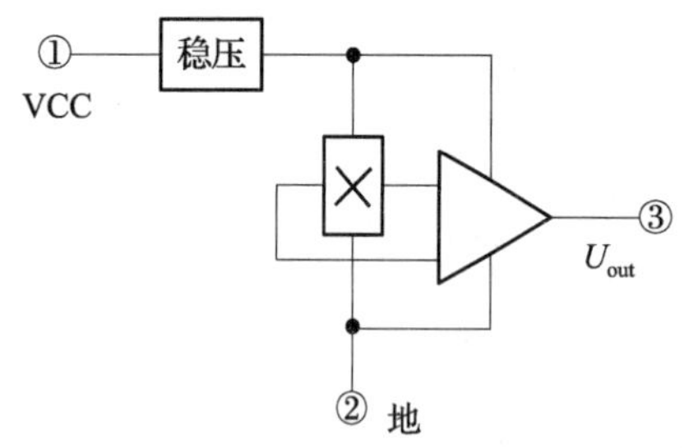

图 5－11　单端输出传感器结构

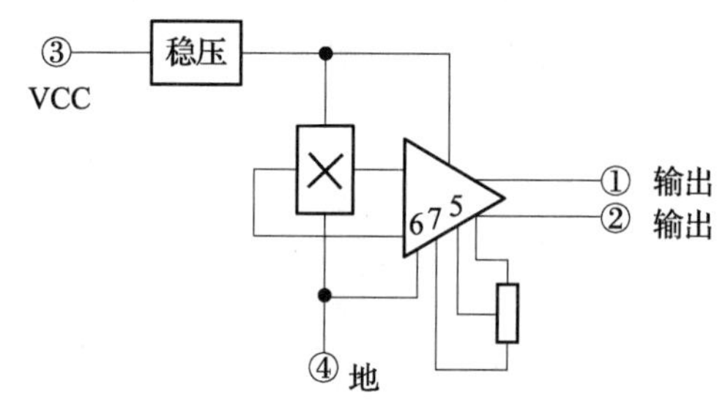

图 5－12　双端输出传感器结构

单端输出的传感器是一个三端器件，它的输出电压对外加磁场的微小变化能作出线性响应，通常将输出的电压用电容交连到外接放大器，将输出电压放大到较高的水平。其典型产品是 SL3501T。

双端输出的传感器是一个 S 脚双列直插封装器件，它可提供差动射极跟随输出，还可提供输出失调调零。其典型的产品是 SL3501M。

如图 5－13 所示为线性霍尔器件的输出特性曲线。当磁场为零时，它的输出电压等于零；当感受的磁场为正向时，输出为正；磁场反向时，输出为负。

【任务实施】

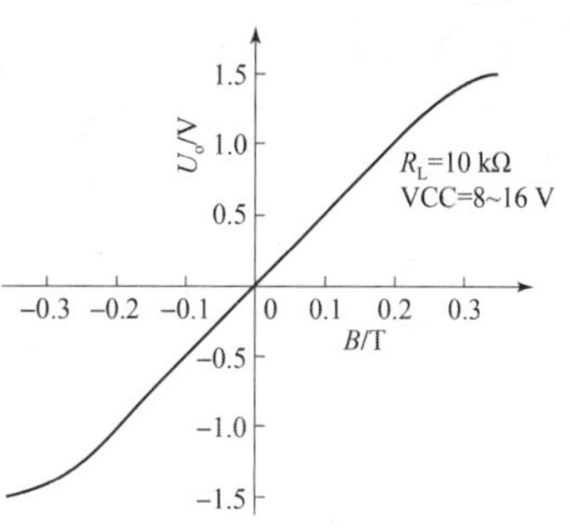

图 5－13　线性霍尔器件的输出特性曲线

1. 电路设计原理

自行车车速表的电路设计如图 5－14 所示，主要由检测传感器、单片机电路和数码显示电路等组成。检测传感器由永久磁铁和开关型霍尔集成电路 UGN3020 组成。UGN3020 由霍尔元件、放大器、整形电路及集电极开路输出电路等组成，其功能是把磁信号转换成电信号，如图 5－14（a）所示是其内部框图。霍尔元件 H 为磁敏元件，当垂直于霍尔元件的磁场强度随之变化时，其两端的电压就会发生变化，经放大和整形后，即可在③脚输出脉冲电信号。其工作特性如图 5－14（b）所示。由于有一定的磁滞效应，可保证开关无抖动。图中 B_{op} 为工作点“开”的磁场强度，B_{rp} 为释放点“关”的磁场强度。永久磁铁固定在车轮的辐条上，UGN3020 固定在车轮的叉架上。检测传感器的工作原理如下：车轮每转一周，磁铁经过 UGN3020 一次，其③脚就输出一个脉冲信号。UGN3020 输出的脉冲信号作为单片机 AT89C2051 的外中断信号，从 P3. 2 口输入。单片机测量脉冲信号的个数和脉冲周期。根据脉冲信号的个数计算出里程，根据脉冲信号的周期计算出速度并送数码管显示。S1 用来进行里程和速度显示的切换，在初始状态下显示的是速度。

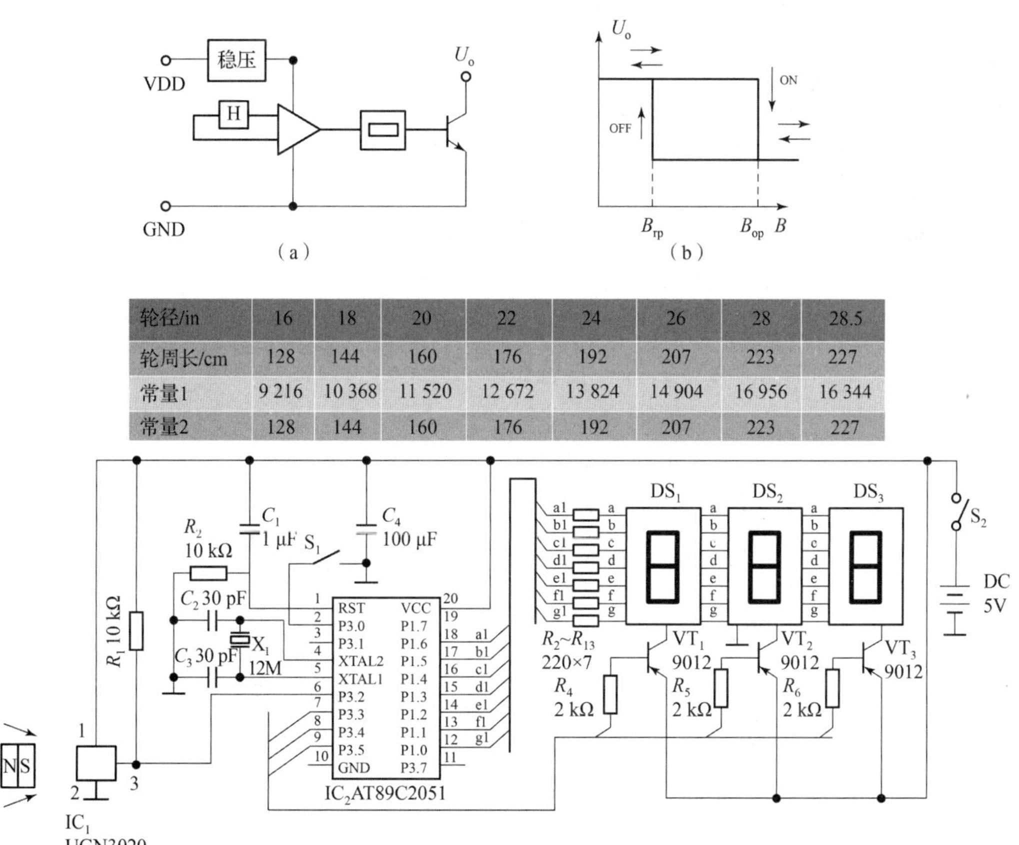

轮径/in	16	18	20	22	24	26	28	28.5
轮周长/cm	128	144	160	176	192	207	223	227
常量1	9 216	10 368	11 520	12 672	13 824	14 904	16 956	16 344
常量2	128	144	160	176	192	207	223	227

图 5－14　自行车车速表的电路设计

2. 安装与调试

传感器的安装与调试是一个关键。将它安装在前轮的位置，把一块小永久磁铁固定在车轮的辐条上，UGN3020 作防潮密封后固定在前叉上，使车轮转动时磁铁从它的前面经过，并使两者相遇时间隔尽量小。安装时，要使磁铁的 S 极面向 UGN3020 的正面。判定磁铁极性的方法是：把磁铁的两个极分别靠近 UGN3020 的正面，当其③脚电平由高变低时即正确的安装位置。传感器安装完成后，转动车轮，UGN3020 的③脚应有脉冲信号输出，否则说明两者的间隔偏大，应缩小距离，直至转动时③脚有脉冲信号输出为止。一般间隔为 5 mm 左右，如果间隔小于 5 mm 仍无脉冲信号输出，说明磁铁的磁场强度偏小，应予以更换。

霍尔传感器特性实训

【技能训练工单】

姓名		班级		组号	
名称	任务 5.1　霍尔式传感器应用实训				
任务提出	本次实验目的是应用霍尔式传感器进行转速的测量，掌握测量方法，并能进行参数修正。				
问题导入	1）霍尔集成传感器分为________和________。 2）简述线性集成霍尔传感器的特点。 3）线性霍尔传感器由________、________组成。 4）当磁铁从远到近地接近霍尔 IC，到多少特斯拉时输出翻转？当磁铁从近到远地远离霍尔 IC，到多少特斯拉时输出再次翻转？回差为多少特斯拉？相当于多少高斯（Gs）？				
技能要求	1）了解霍尔式传感器的结构及工作原理； 2）掌握霍尔式传感器的位移特性； 3）掌握差分放大电路搭建及调试方法； 4）掌握反相放大电路搭建及调试方法。				
霍尔式传感器使用说明	霍尔式传感器的引脚排列及测量电路如图 5－15 所示。 图 5－15　霍尔式传感器的引脚排列及测量电路 （a）外形结构示意图；（b）图形符号；（c）霍尔电极位置；（d）基本测量电路				

续表

姓名		班级		组号	
名称	任务 5.1　霍尔式传感器应用实训				

任务制作

实训步骤：

1）搭建如图 5－16 所示式霍尔式传感器位移实验电路图。

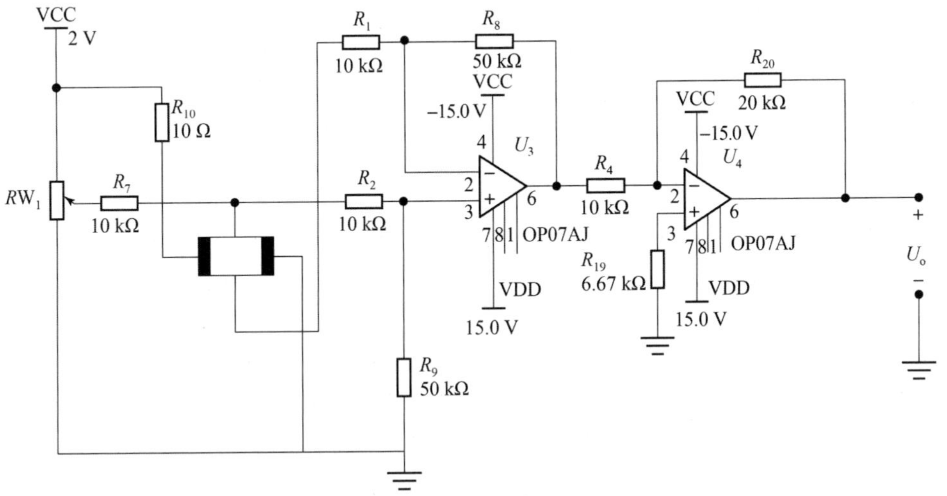

图 5－16　霍尔式传感器位移实验电路图

2）调节霍尔式传感器可调滑块位置，记下不同位置时电压表的读数，建议每 0.5 cm 读一个数，将读数填入表 5－1 中。

表 5－1　霍尔式传感器输出电压测量结果

x/cm				
U_o/V				
x/cm				
U_o/V				

3）根据表中数据绘制霍尔式传感器 U_o-x 关系曲线。

自我总结

【考核评价】

项目	配分	考核要求	评分细则	得分	扣分
正确连接电路	20分	能使用实训箱正确连接电路	1）线路连接正确，但布线不整齐，扣5分； 2）未能正确连接电路，每处扣2分		
转速测量	40分	能正确进行转速测量，并准确读出实验数据	1）连接方法不正确，每处扣5分； 2）读数不准确，每次扣5分		
绘制曲线	20分	能正确进行 $V-x$ 曲线的绘制	1）不能进行曲线绘制，扣10分； 2）不能理解霍尔式传感器测量原理，扣5分		
自查自纠	10分	能针对问题自行排查和完善	1）不能进行故障的分析，扣10分； 2）不能正确修正故障，每次扣5分		
安全文明操作	10分	1）安全用电，无人为损坏仪器、元件和设备； 2）保持环境整洁，秩序井然，操作习惯良好； 3）小组成员协作和谐，态度正确； 4）不迟到、早退、旷课	1）违反操作规程，每次扣5分； 2）工作场地不整洁，扣5分		
总分					

【拓展知识】

霍尔式传感器的应用及命名

1. 霍尔式传感器的应用

（1）微位移测量

霍尔片在磁路中有位移，改变了霍尔元件所感受到的磁场大小和方向，引起霍尔电势的大小和极性的变化，如图5－17所示。当霍尔元件工作电流保持不变时，并且在一个均匀磁场中移动，如图5－17（a）所示，则它输出的霍尔电压只取决于它在磁场中的位移量，如图5－17（b）所示。

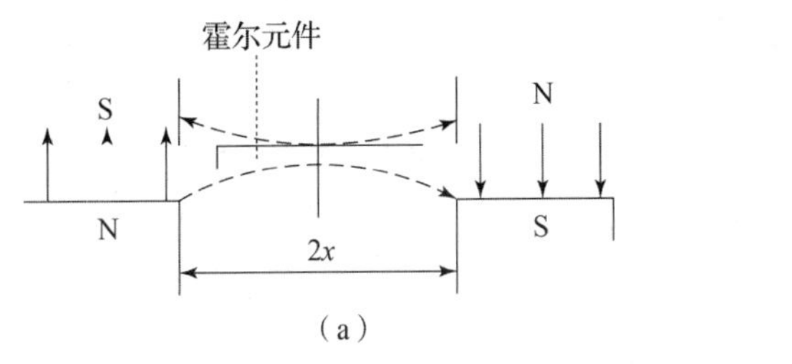

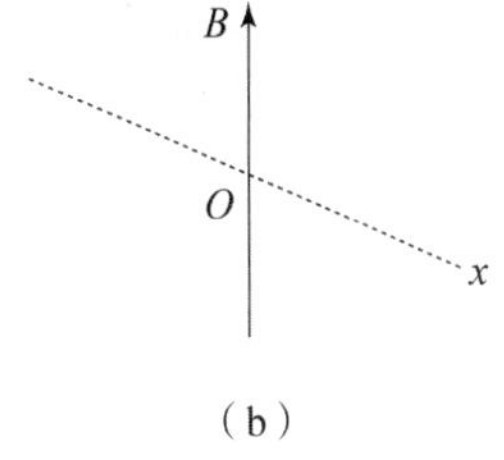

图 5-17　霍尔式传感器位移测量

(a) 霍尔微位移测量；(b) 输出特性

(2) 霍尔计数测量

霍尔开关传感器 SL3501 是具有较高灵敏度的集成霍尔元件，能感受到很小的磁场变化，因而可对黑色金属零件进行计数检测。传感器可输出峰值 20 mV 的脉冲电压，该电压经运算放大器 A（μA741）放大后，驱动半导体三极管 VT（2N5812）工作，VT 输出端便可接计数器进行计数，并由显示器显示检测数值，如图 5-18 所示。

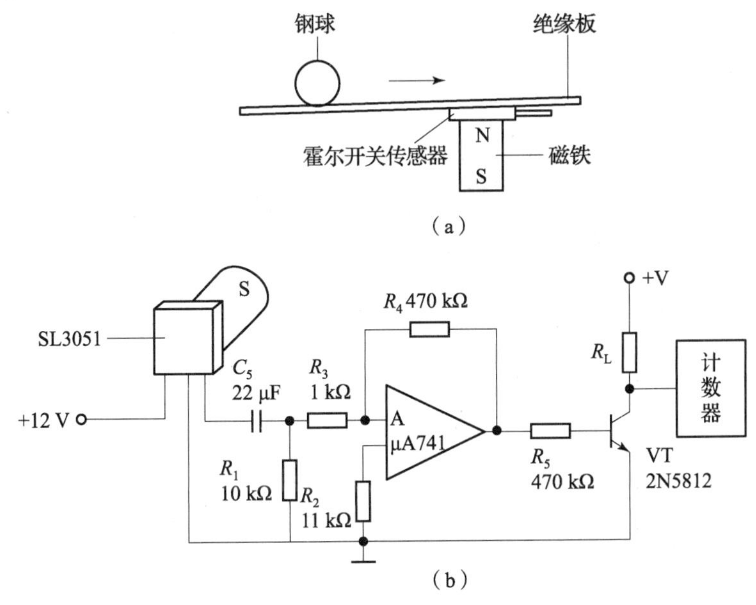

图 5-18　霍尔计数测量

(a) 工作原理示意图；(b) 电路图

(3) 霍尔接近传感器和接近开关

在霍尔器件背后偏置一块永久磁体，并将它们和相应的处理电路装在一个壳体内，做成一个探头，将霍尔器件的输入引线和处理电路的输出引线用电缆连接起来，如图 5-19（a）所示为霍尔线性接近传感器，如图 5-19（b）所示为霍尔接近开关。

霍尔线性接近传感器主要用于黑色金属的计数、厚度检测、距离检测、齿轮齿数检测、转速检测、测速调速、缺口检测、张力检测、棉条均匀检测、电磁量检测、角度检测等。

霍尔接近开关主要用于各种自动控制装置，完成所需的位置控制、加工尺寸控制、自动计数、各种计数、各种流程的自动衔接、液位控制、转速检测等。

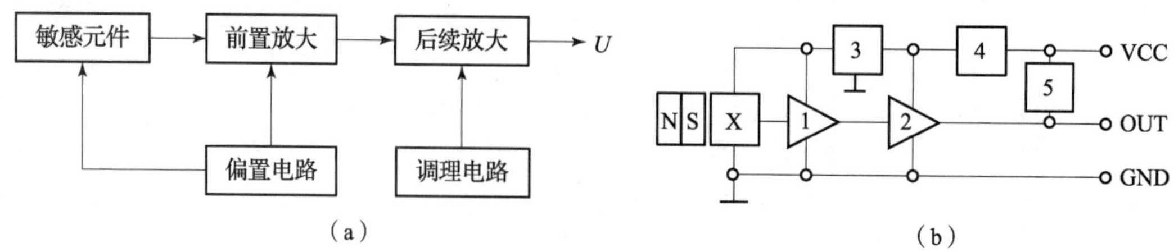

图 5－19　霍尔接近传感器和接近开关的功能

(a) 霍尔线性接近传感器；(b) 霍尔接近开关

(4) 霍尔转速测量

在被测转速的转轴上安装一个齿盘，也可选取机械系统中的一个齿轮，将线性霍尔器件及磁路系统靠近齿盘，如图 5－20 所示。齿盘的转动使磁路的磁阻随气隙的改变而周期性地变化，霍尔器件输出的微小脉冲信号经隔直、放大、整形后可以确定被测物的转速。

当齿对准霍尔元件时，磁力线集中穿过霍尔元件，可产生较大的霍尔电动势，放大、整形后输出高电平；反之，当齿轮的空挡对准霍尔元件时，输出为低电平。

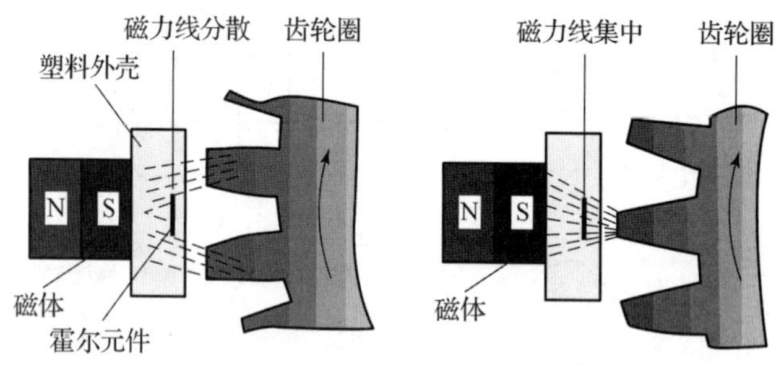

图 5－20　霍尔式传感器测速

2. 国产霍尔元件的命名方法

常见的国产霍尔元件的命名方法如图 5－21 所示。常见的国产霍尔元件的型号有 HZ－1、HZ－2、HZ－3、HT－1、HT－2、HS－1 等。

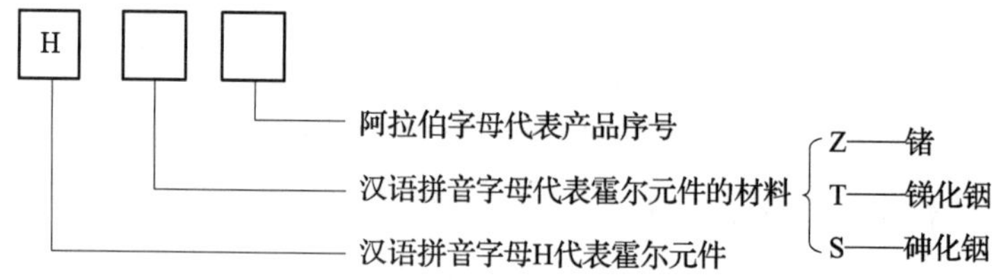

图 5－21　国产霍尔元件的命名方法

【任务习题云】

1. 属于四端元件的是（　　）。

A. 应变片　　B. 压电晶片　　C. 霍尔元件　　D. 热敏电阻

2. 公式 $U_H = K_H IB\cos\theta$ 中的角 θ 是指（　　）。

A. 磁力线与霍尔薄片平面之间的夹角

B. 磁力线与霍尔元件内部电流方向的夹角

C. 磁力线与霍尔薄片的垂线之间的夹角

3. 电流互感器的二次侧电流多为（　　）。

A. 1 A　　B. 7 A　　C. 3 A　　D. 5 A

4. 霍尔元件采用恒流源激励是为了（　　）。

A. 提高灵敏度　　B. 克服温漂　　C. 减小不等位电势

5. 减小霍尔元件的输出不等位电势的办法是（　　）。

A. 减小激励电流　　B. 减小磁感应强度　　C. 使用电桥调零电位器

6. 多将开关型霍尔 IC 制作成具有施密特特性是为了________，其回差（迟滞）越大，它的________能力就越强。

7. OC 门的基极输入为低电平，其集电极不接上拉电阻时，集电极的输出为________。

8. 霍尔集成电路可分为________和________。

9. 霍尔电流变送器的输出有________和________。

10. 解释霍尔交直流钳形表的工作原理。

11. 什么是霍尔效应？

12. 试利用霍尔式传感器设计生产线产品计数电路。

13. 常见的集成霍尔传感器的类型及特点是什么？

14. 某霍尔电流变送器的额定匝数比为 1/1 000，额定电流值为 100 A，被测电流母线直接穿过铁芯，测得二次侧电流为 0.05 A，则被测电流为多少？

任务 5.2　光纤传感器测位移

【任务描述】

设计利用光纤传感器进行位移的测量，采用传光型光纤位移传感器，它由两束光纤混合后，组成 Y 形光纤，半圆分布即双 D 分布，一束光纤端部与光源相接发射光束，另一束端部与光电转换器相接接收光束。两光束混合后的端部是工作端，亦称探头，它与被测体相距 d，由光源发出的光纤传到端部出射后再经被测体反射回来，另一束光纤接收光信号，由光电转换器转换成电量，实现位移测量。

【知识链接】

光纤传感器

5.2.1　光纤传感器的结构及种类

光纤传感器（Fiber Optical Sensor，FOS）是 20 世纪 70 年代中期发展起来的一种基于光导纤维的新型传感器。它是光纤和光通信技术迅速发展的产物，它与以电为基础的传感器有本质的区别。光纤传感器用光作为敏感信息的载体，用光纤作为传递敏感信息的媒质。因此，它同时具有光纤及光学测量的特点。

①电绝缘性能好；

②抗电磁干扰能力强；

③非侵入性；

④高灵敏度；

⑤容易实现对被测信号的远距离监控。

现今光纤传感器可测量位移、速度、加速度、液位、应变、压力、流量、振动、温度、电流、电压、磁场等物理量，有着非常广泛的应用。

1. 光纤传感器的基本结构

光纤是一种光信号的传输媒介。光导纤维简称为光纤，目前多采用石英玻璃，其结构如图 5－22 所示。中心的圆柱体叫纤芯，围绕着纤芯的圆形外层叫包层。纤芯和包层主要由不同掺杂的石英玻璃制成。

由于纤芯和包层之间存在着折射率的差异，纤芯的折射率略大于包层的折射率，在包层外面还常有一层保护套，多为尼龙材料。光纤的导光能力取决于纤芯和包层的性质，而光纤的机械强度由保护套维持。

在光纤中光的传输限制在光纤中，并随光纤能传送到很远的距离，光纤的传输是基于光的全内反射。

2. 光纤的种类

（1）根据光纤在传感器中的作用

光纤传感器分为功能型、非功能型和拾光型三大类。

①功能型（全光纤型）光纤传感器（见图 5－23）。这类传感器利用光纤本身对外界被测对象具有敏感能力和检测功能，光纤不仅起到传光作用，而且在被测对象作用下，如光强、相位、偏振态等光学特性得到调制，调制后的信号携带了被测信息。

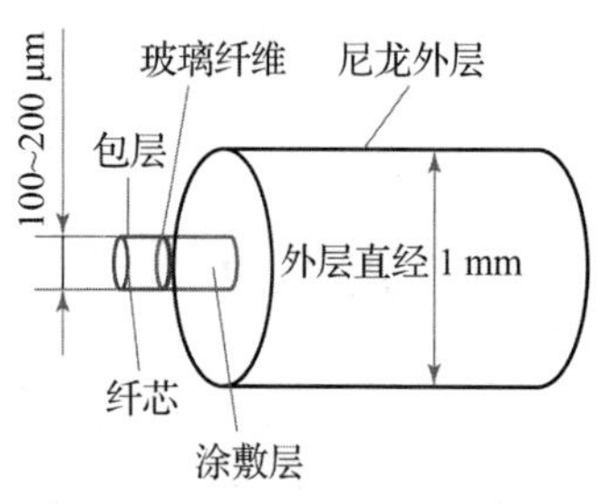

图 5－22　光纤传感器的结构

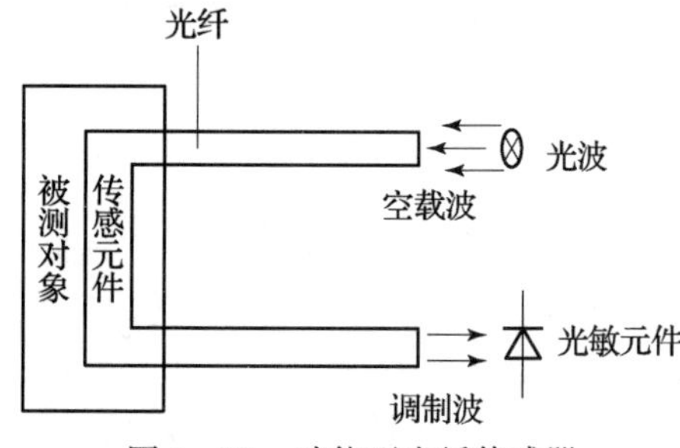

图 5－23　功能型光纤传感器

②非功能型光纤传感器（见图 5－24）。非功能型光纤传感器的光纤只当作传播光的媒介，待测对象的调制功能是由其他光电转换元件实现的，光纤的状态是不连续的，光纤只起传光作用。

③拾光型光纤传感器（见图 5－25）。用光纤作为探头，接收由被测对象辐射的光或被其反射、散射的光。其典型例子如光纤激光多普勒速度计、辐射式光纤温度传感器等。

（2）根据光受被测对象的调制形式

根据形式不同，分为强度调制型、偏振调制型、频率调制型、相位调制型光纤传感器。

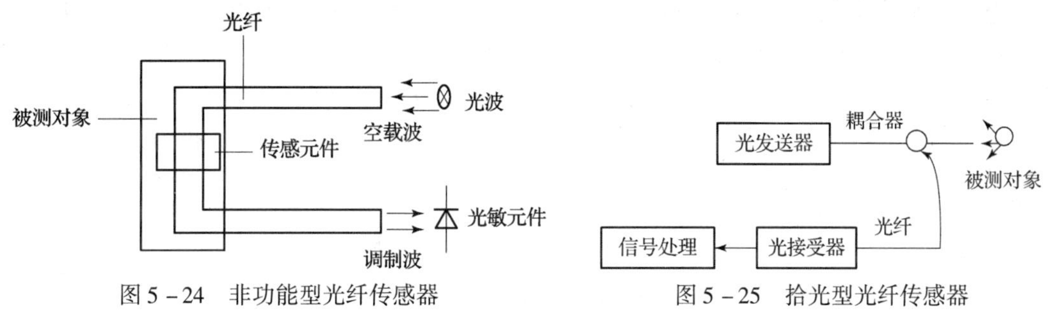

图 5－24　非功能型光纤传感器　　图 5－25　拾光型光纤传感器

①强度调制型光纤传感器：利用被测对象的变化引起敏感元件的折射率、吸收或反射等参数的变化，导致光强度变化来实现敏感测量的传感器。利用光纤的微弯损耗，各物质的吸收特性，振动膜或液晶的反射光强度的变化，物质因各种粒子射线或化学、机械的激励而发光的现象，以及物质的荧光辐射或光路的遮断等来构成压力、振动、温度、位移、气体等各种强度调制型光纤传感器。

优点：结构简单、容易实现、成本低。缺点：受光源强度波动和连接器损耗变化等影响较大。

②偏振调制型光纤传感器：利用光偏振态变化来传递被测对象信息的传感器。例如利用光在磁场中媒质内传播的法拉第效应做成的电流、磁场传感器，利用光在电场中的压电晶体内传播的泡克耳斯效应做成的电场、电压传感器，利用物质的光弹效应构成的压力、振动或声传感器，以及利用光纤的双折射性构成温度、压力、振动等的传感器。这类传感器可以避免光源强度变化的影响，因此灵敏度高。

③频率调制型光纤传感器：利用单色光射到被测物体上反射回来的光的频率发生变化来进行监测的传感器。例如利用运动物体反射光和散射光的多普勒效应的光纤速度、流速、振动、压力、加速度传感器，利用物质受强光照射时的拉曼散射构成的测量气体浓度或监测大气污染的气体传感器，以及利用光致发光的温度传感器等。

④相位调制型元件传感器：利用被测对象对敏感元件的作用，使敏感元件的折射率或传播常数发生变化，而导致光的相位变化，使两束单色光所产生的干涉条纹发生变化，通过检测干涉条纹的变化量来确定光的相位变化量，从而得到被测对象的信息。通常有利用光弹效应的声、压力或振动传感器，利用磁致伸缩效应的电流、磁场传感器；利用电致伸缩的电场、电压传感器以及利用光纤塞格纳克（Sagnac）效应的旋转角速度传感器（光纤陀螺）等。这类传感器的灵敏度很高，但由于需用特殊光纤及高精度检测系统，因此成本高。

5.2.2　光导纤维导光的基本原理

光纤传感器是以光学量转换为基础，以光信号为变换和传输的载体，利用光纤输送光信号的一种传感器。光纤传感器主要由光源、光纤、光检测器和附加装置组成。光导纤维导光原理如图 5－26 所示。

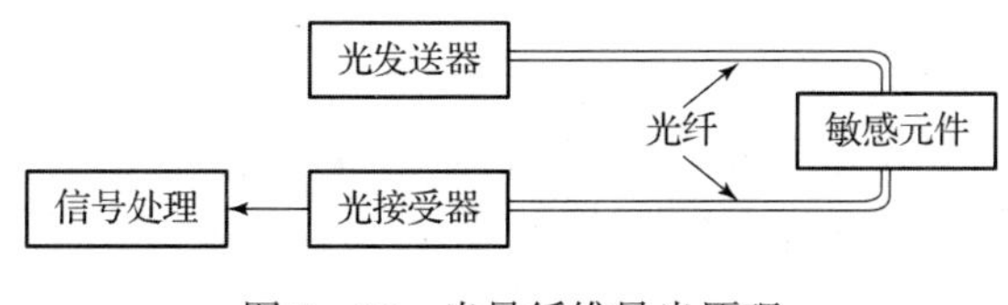

图 5－26　光导纤维导光原理

光是一种电磁波，一般采用波动理论来分析导光的基本原理。然而根据光学理论指出：在尺寸远大于波长而折射率变化缓慢的空间，可以用“光线”即几何光学的方法来分析光波的传播现象，这对于光纤中的多模光纤是完全适用的。为此，采用几何光学的方法来分析。

斯乃尔定理是当光由光密物质（折射率大）入射至光疏物质时发生折射，其折射角大于入射角，即 $n_1 > n_2$时，$\theta_2 > \theta_i$，如图 5-27（a）所示。

n_1、n_2、θ_2、θ_i之间的关系为

$$n_1 \sin\theta_i = n_2 \sin\theta_2 \tag{5-13}$$

可见，入射角 θ_i增大时，折射角 θ_2也随之增大，且始终 $\theta_2 > \theta_i$。

当 $\theta_2 = 90°$时，$\theta_i < 90°$，此时，出射光线沿界面传播，如图 5-27（b）所示，称为临界状态。这时有

$$\sin\theta_2 = \sin 90° = 1 \tag{5-14}$$

$$\sin\theta_{i0} = \frac{n_2}{n_1} \tag{5-15}$$

$$\theta_{i0} = \arcsin\left(\frac{n_2}{n_1}\right) \tag{5-16}$$

式中，θ_{i0}为临界角。

当 $\theta_i > \theta_{i0}$并继续增大时，$\theta_2 > 90°$，这时便发生全反射现象，如图 5-27（c）所示，其出射光不再折射而全部反射回来。

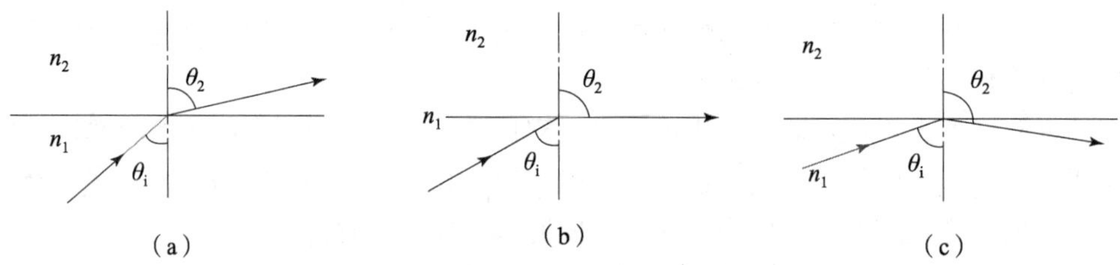

图 5-27　光的传输原理

（a）光的折射示意图；（b）临界状态示意图；（c）光全反射示意图

【交流思考】

查阅资料，看看光源有哪些主要类型，按照光纤在传感器中的作用可以把光纤传感器分为哪几类？

5.2.3　光纤传感器的应用

1. 遮光式光纤温度计

当温度升高时，如图 5-28 所示的双金属片的变形量增大，带动遮光板在垂直方向产生位移从而使输出光强发生变化。

2. 膜片反射式光纤压力传感器

Y 形光纤束的膜片反射式光纤压力传感器如图 5-29 所示。在 Y 形光纤束前端放置一感压膜片，当膜片受压变形时，使光纤束与膜片间的距离发生变化，从而使输出光强受到调制。

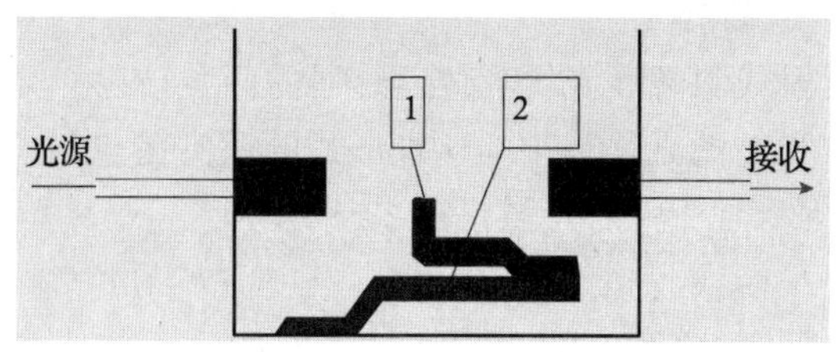

图 5－28　热双金属式光纤温度开关

1—遮光板；2—双金属片

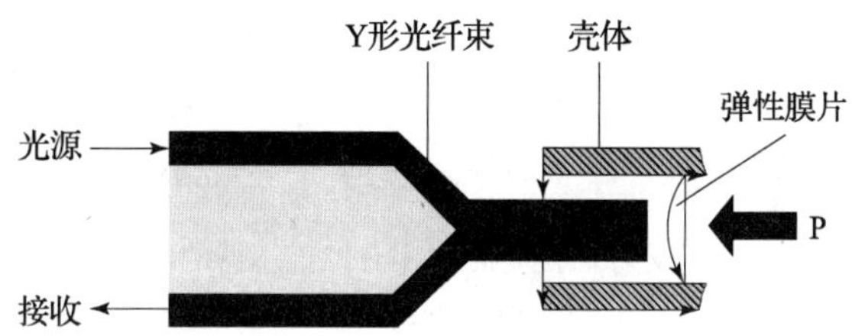

图 5－29　Y 形光纤束的膜片反射式光纤压力传感器

3. 光纤液位的检测

(1) 球面光纤液位传感器

光由光纤的一端导入，在球状对折端部一部分光透射出去，而另一部分光反射回来，由光纤的另一端导向探测器，探头结构如图 5－30 所示。

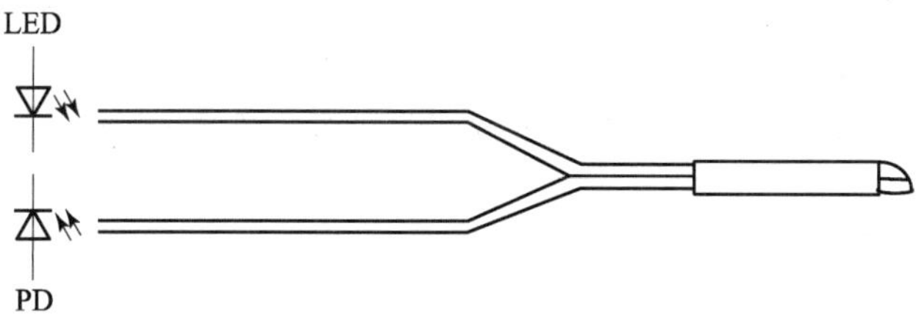

图 5－30　探头结构

反射光强的大小取决于被测介质的折射率。被测介质的折射率与光纤折射率越接近，反射光强越小。显然，传感器处于空气中时比处于液体中时的反射光强要大。因此，该传感器可用于液位报警。若以探头在空气中时的反射光强为基准，则当接触水时反射光强变化 －6～－7 dB，接触油时变化 －25～－30 dB，检测原理如图 5－31 所示。

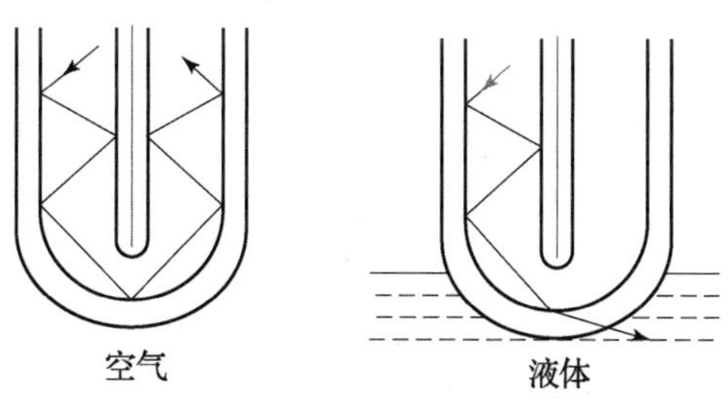

图 5－31　检测原理

（2）斜端面光纤液位传感器

如图 5－32 所示为反射式斜端面光纤液位传感器的两种结构。同样，当传感器接触液面时，将引起反射回另一根光纤的光强减小。这种形式的探头在空气中如图 5－32（a）所示，在水中如图 5－32（b）所示时，反射光强差在 20 dB 以上。

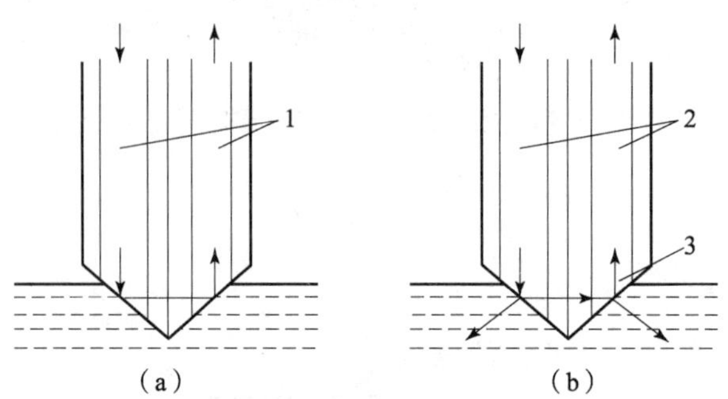

图 5－32　反射式斜端面光纤液位传感器的两种结构

1，2—光纤；3 棱镜

【拓展阅读】

烽火戏诸侯

利用光进行信息传输的方式可以说历史悠久。远古时代的“烽火戏诸侯”就已让人们体验了通过光来传递信息的便捷。然而，这种原始的光通信方式比较落后，可靠性不强。社会信息传递的发展需要促进了现代光通信的诞生。随着科技的快速发展，目前进入 5G 新时代，光的传输速度越来越快，而光纤传输也越来越被广泛应用，我们知道光纤传输利用光的全反射进行传输，在学习过程中也应该保有全身心投入的态度和意识。

【任务实施】

1. 光纤传感器测位移原理

光纤传感器是利用光纤的特性研制而成的传感器。光纤传感器主要分为两类：功能型光纤传感器和非功能型光纤传感器（也称为物性型和结构型）。功能型光纤传感器利用对外界信息具有敏感能力和检测功能的光纤，构成“传”和“感”合为一体的传感器，这里光纤不仅起传输作用，而且还起敏感作用，工作时利用检测量去改变描述光束的一些基本参数，如光的强度、相位、偏振、频率等，它们的改变反映了被测量的变化，由于对光信号的检测通常使用光电二极管等光电元件，所以光参数的变化最终都要被光接收器接收并被转换成光强度及相位的变化。这些变化经信号处理后，就可得到被测的物理量。应用光纤传感器的这种特性可以实现压力、温度等物理参数的测量。非功能型光纤传感器主要是利用光纤对光的传输作用，由其他敏感元件与光纤信息传输回路组成测试系统，光纤在此仅起传输作用。

本实验采用的是传光型光纤位移传感器，它由两束光纤混合后，组成 Y 形光纤，半圆分布即双 D 分布，一束光纤端部与光源相接发射光束，另一束端部与光电转换器相接接收光束。两光束混合后的端部是工作端，亦称探头，它与被测体相距 d，由光源发出的光纤传

到端部出射后再经被测体反射回来，另一束光纤接收光信号，由光电转换器转换成电量，如图 5－33 所示。

传光型光纤传感器位移测量是根据传送光纤的光场与受讯光纤交叉地方视景做决定。当光纤探头与被测物接触或零间隙时（$d=0$），则全部传输光量直接被反射至传输光纤。没有提供光给接收端的光纤，输出信号便为“零”。当探头与被测物之间距离增加时，接收端的光纤接收的光量也越多，输出信号便增大，当探头与被测物之间距离增加到一定值时，接收端光纤全部被接收为止，此时也被称为“光峰值”。达到光峰值之后，探针与被测物之间距离继续增加时，将造成反射光扩散或超过接收端接收视野，使得输出信号与量测距离成反比例关系。

如图 5－34 所示，一般选用线性范围较好的前坡为测试区域。

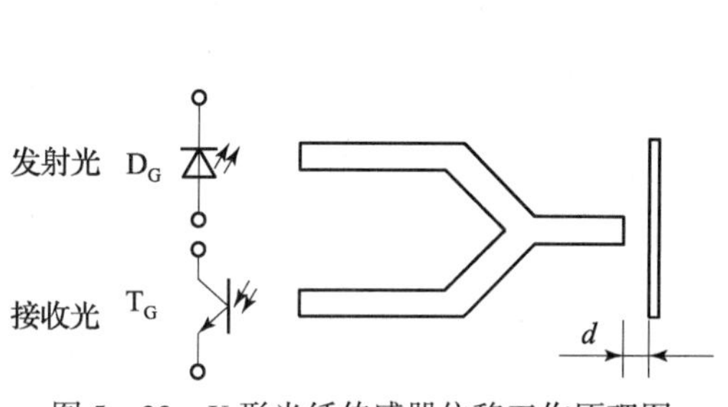

图 5－33　Y 形光纤传感器位移工作原理图

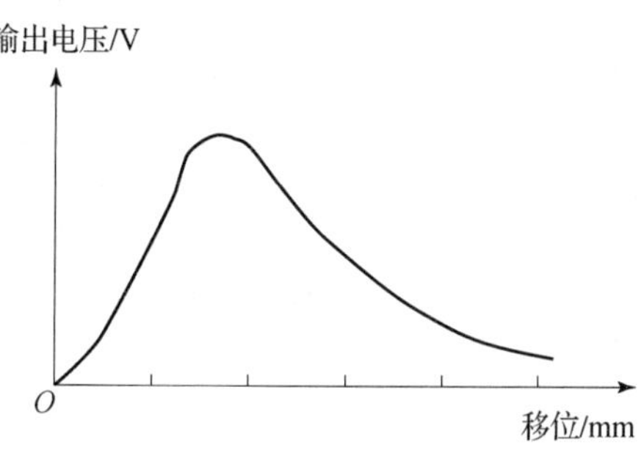

图 5－34　光纤位移特性曲线

2. 电路设计

光纤传感器位移实验测量电路原理如图 5－35 所示。

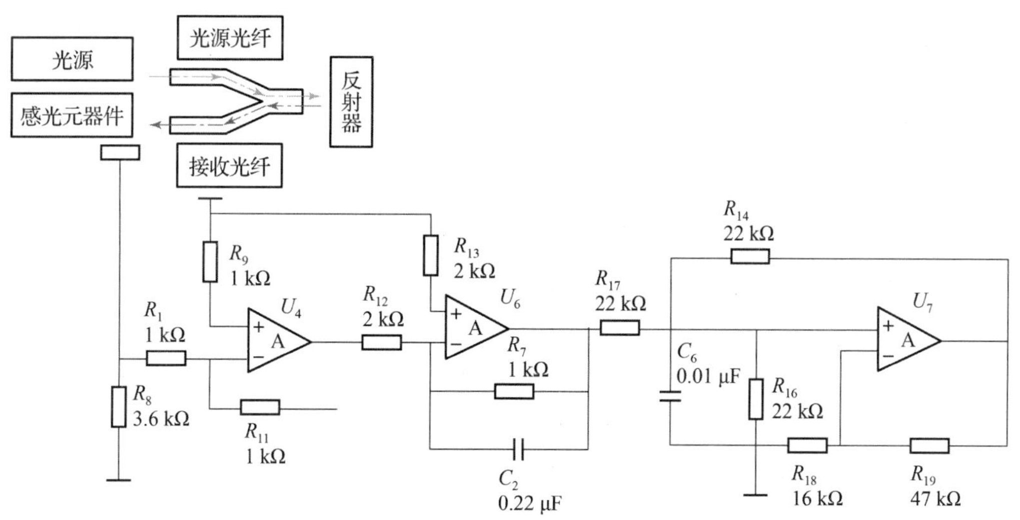

图 5－35　光纤传感器位移实验测量电路原理

由于光敏三极管输出的电流信号非常微弱，所以采用三端虚拟放大器将电流信号转换成电压信号并进行一级放大，高准确度运算放大器进行二级放大，从而输出电压 U，电压 U 的范围为 0～5 V。图中电阻器 R_8 起补偿作用，能根据不同的入射光调整电流大小，从而使光敏三极管的灵敏度保持不变。调整二级放大中的反馈电阻器 R_{18} 和 R_{19} 的值可得到所需要的电压输出，电容器 C_6 用来滤波。

3. 制作与调试

①焊接制作时注意集成芯片的引脚。

②调节光纤位移传感器上的滑动按钮，然后选择合适的 20 组数据读出电压值，填入表 5 – 2 中。

表 5 – 2　光纤位移传感器输出电压与位移数据

x/mm	0	0.05	0.1	0.16	0.22	0.34	0.46	0.63	0.74	0.86
U/V										
x/mm	1.05	1.22	1.62	2.2	2.78	3.93	5.09	6.25	7.99	10
U/V										

③根据表 5 – 2 中的数据，画出 $U-x$ 曲线，根据曲线找出线性区域及进行正、负位移测量时的最佳工作点（即曲线线性段的中点），试计算测量范围为 1 mm 与 3 mm 时的灵敏度和线性度。

4. 任务注意事项

①本实验每隔 0.05 mm 是相对位置，起始值看作 0.05 mm 即可，每滑动 0.05 mm，输出电压的增量应该大致相等。

②如果只看本实验的线性情况，可选取 10 组较好的数据，若要看到光纤传感器的整体变化趋势，则至少应该记录 20 组数据。

光纤传感器实训

【技能训练工单】

姓名		班级		组号	
名称	任务 5.2　光纤式传感器应用实训				
任务提出	本次实验目的是应用反射式光纤传感器进行位移的测量，掌握测量方法，能进行参数修正。				
问题导入	1）光纤技术的应用领域都有哪些？ 2）光纤作为传感器的优势有哪些？ 3）光纤传感器一般可分为几类？				
技能要求	1）了解光纤、光纤传感器的基本概念。 2）了解反射式光纤位移传感器的基本原理。 3）测量并绘出输出电压与位移特性曲线。 4）了解利用反射式光纤位移传感器测量转盘转速和振动频率的工作原理。				

续表

<table>
<tr><td>姓名</td><td></td><td>班级</td><td></td><td>组号</td><td></td></tr>
<tr><td>名称</td><td colspan="5">任务 5.2　光纤式传感器应用实训</td></tr>
<tr><td>反射式测量原理</td><td colspan="5">反射式光纤位移传感器是一种传输型光纤传感器。光纤采用 Y 形结构，两束多模光纤，一端合并组成光纤探头，另一端分为两支，分别作为光源光纤和接收光纤。光从光源耦合到光源光纤，通过光纤传输，射向反射片，再被反射到接收光纤，最后由光电转换器接收，转换器接收到的光源与反射体表面性质、反射体到光纤探头距离有关。当反射表面位置确定后，接收到的反射光光强随光纤探头到反射体的距离的变化而变化。显然，当光纤探头紧贴反射片时，接收器接收到的光强为零。随着光纤探头离反射面距离的增加，接收到的光强逐渐增加，到达最大值后又随两者的距离增加而减小。如图 5－34 所示就是反射式光纤位移传感器的输出特性曲线，利用这条特性曲线可以通过对光强的检测得到位移量。反射式光纤位移传感器是一种非接触式测量，具有探头小、响应速度快、测量线性化（在小位移范围内）等优点，可在小位移范围内进行高速位移检测。光纤位移传感器安装位置示意图如图 5－36 所示。
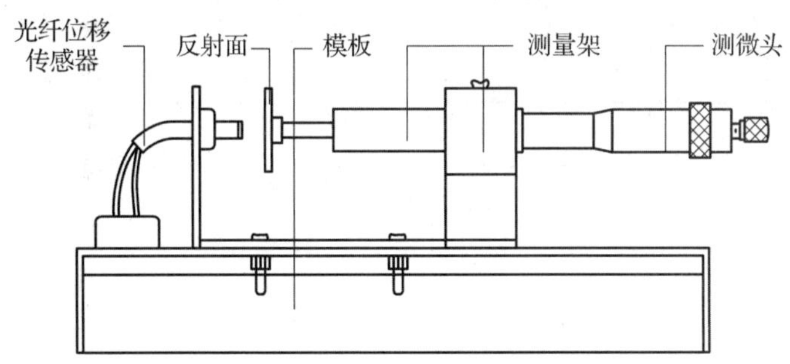

图 5－36　光纤位移传感器安装位置示意图</td></tr>
<tr><td>任务制作</td><td colspan="5">实训步骤：
1）搭建电路图，用 Protel 软件绘制，如图 5－37 所示。
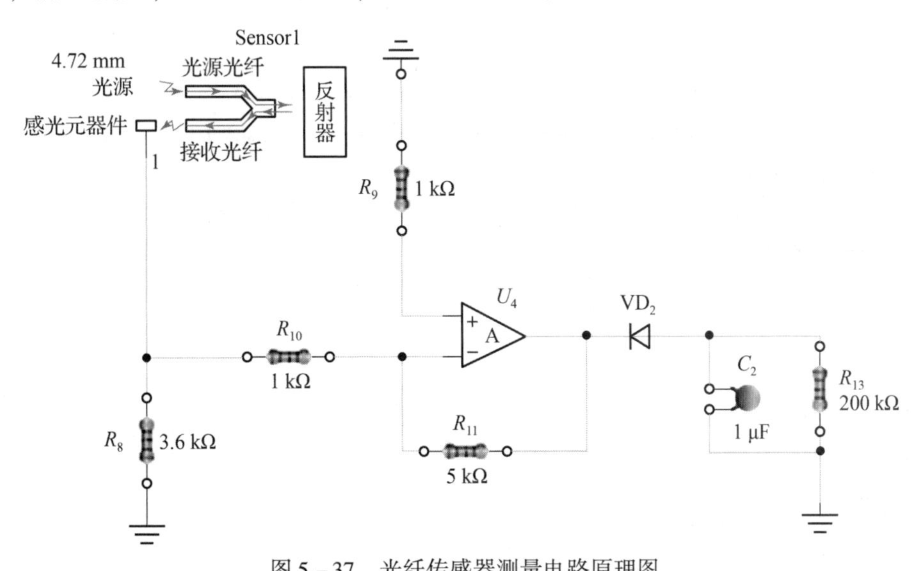

图 5－37　光纤传感器测量电路原理图</td></tr>
</table>

续表

<table>
<tr><td>姓名</td><td></td><td>班级</td><td></td><td>组号</td><td></td></tr>
<tr><td>名称</td><td colspan="5">任务 5.2　光纤式传感器应用实训</td></tr>
<tr><td>任务制作</td><td colspan="5">说明：由于光敏三极管输出的电流信号非常微弱，所以采用具有放大功能的三端虚拟放大器将电流信号转换成电压信号并进行负反馈放大，从而输出电压 U，电压 U 的范围为 0 ~ 5 V。图中光敏电阻器 R_8 起补偿作用，能根据不同的入射光调整电流大小，从而使光敏三极管的灵敏度保持不变。调整二级放大中的反馈电阻器 R_{10} 和 R_{11} 的值可得到所需要的电压输出，电容器 C_2 用来滤波。
2）调节光纤位移传感器上的滑动按钮，然后每隔 0.05 mm 读出电压值，填入表 5 – 3 中。

表 5 – 3　光纤传感器输出电压与位移数据

<table>
<tr><td>x/mm</td><td>0</td><td>0.04</td><td>0.09</td><td>0.15</td><td>0.21</td><td>0.33</td><td>0.45</td><td>0.50</td><td>0.62</td><td>0.94</td></tr>
<tr><td>U/V</td><td></td><td></td><td></td><td></td><td></td><td></td><td></td><td></td><td></td><td></td></tr>
<tr><td>x/mm</td><td>1.00</td><td>1.30</td><td>1.53</td><td>2.11</td><td>3.87</td><td>4.46</td><td>5.63</td><td>6.80</td><td>9.14</td><td>10</td></tr>
<tr><td>U/V</td><td></td><td></td><td></td><td></td><td></td><td></td><td></td><td></td><td></td><td></td></tr>
</table>

3）根据表 5 – 3 中的数据，绘制光纤传感器位移 – 输出电压曲线图。

4）根据表 5 – 3 中的数据，画出 $U-x$ 曲线，根据曲线找出线性区域及进行正、负位移测量时的最佳工作点（即曲线线性段的中点），试计算测量范围为 1 mm 与 3 mm 时的灵敏度和线性度。

5）实验注意事项。
（1）本实验每隔 0.05 mm 是相对位置，起始值看作 0.05 mm 即可，每滑动 0.05 mm，输出的电压的增量应该大致相等。
（2）如果只看本实验的线性情况，可选取 10 组较好的数据，若要看到光纤传感器的整体变化趋势，则至少应该记录 25 组数据。</td></tr>
<tr><td>自我总结</td><td colspan="5"></td></tr>
</table>

【考核评价】

项目	配分	考核要求	评分细则	得分	扣分
正确连接电路	20分	能使用实训箱正确连接电路图	1）线路连接正确，但布线不整齐，扣5分 2）未能正确连接电路，每处扣2分		
转速测量	40分	能正确进行转速测量，并准确读出实验数据	1）连接方法不正确，每处扣5分 2）读数不准确，每次扣5分		
绘制曲线	20分	能正确进行 $U-x$ 曲线的绘制	1）不能进行曲线绘制，扣10分 2）不能理解霍尔式传感器测量原理，扣5分		
自查自纠	10分	能针对问题自行排查和完善	1）不能进行故障的分析，扣10分 2）不能正确修正故障，每次扣5分		
安全文明操作	10分	1）安全用电，无人为损坏仪器、元件和设备； 2）保持环境整洁，秩序井然，操作习惯良好； 3）小组成员协作和谐，态度正确； 4）不迟到、早退、旷课	1）违反操作规程，每次扣5分 2）工作场地不整洁，扣5分		
总分					

【拓展知识】

光纤传感器流速测量

1. 光纤涡街流量计

当一个非流线体置于流体中时，在某些条件下会在非流体的下游产生有规律的旋涡。这种旋涡将会在该非流线体的两边交替地离开。当每个旋涡产生并泻下时，会在物体壁上产生一侧向力。这样周期产生的旋涡将使物体受到一个周期的压力。若物体具有弹性，它便会产生振动，振动频率近似地与流速成正比。即

$$f=\frac{sv}{d} \tag{5-17}$$

式中，v 为流体的流速；d 为物体相对于液流方向的横向尺寸；s 为与流体有关的常数，量纲为 1。

因此，通过检测物体的振动频率便可测出流体的流速。光纤涡街流量计便是根据这个原理制成的，其结构如图 5－38 所示。

在横贯流体管道的中间装有一根绷紧的多模光纤，当流体流动时，光纤就发生振动，其振动频率近似与流速成正比。由于使用的是多模光纤，故当光源采用相干光源（如激光器）时，其输出光斑是模式间干涉的结果。当光纤固定时，输出光斑花纹稳定。当光纤振动时，输出光斑亦发生移动。对于处于光斑中某个固定位置的小型探测器，光斑花纹的移动反映为探测器接收到的输出光强的变化。利用频谱分析，即可测出光纤的振动频率。根据上式或实验标定得到流速值，在管径尺寸已知的情况下，即可计算出流量。

光纤涡街流量计的特点：可靠性好，无任何可动部分和连接环节，对被测体流阻小，基本不影响流速。但在流速很小时，光纤振动会消失，因此存在一定的测量下限。

2. 光纤多普勒流量计

如图 5－39 所示为光纤多普勒流量计结构。当待测流体为气体时，散射光将非常微弱，此时可采用大功率的 Ar 激光器（出射光功率为 2ω，$\lambda=514.5\ \text{nm}$）以提高信噪比。特点是非接触测量，不影响待测物体的流动状态。

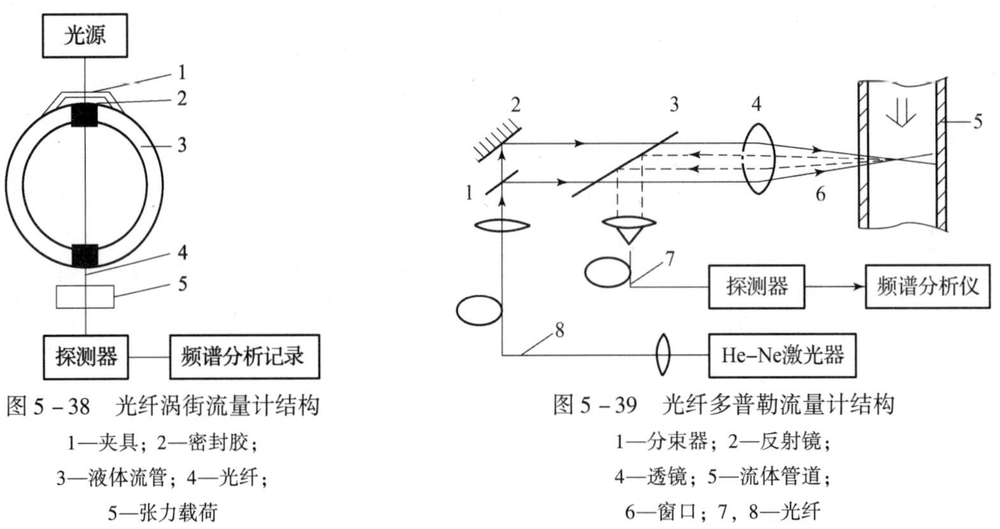

图 5－38　光纤涡街流量计结构

1—夹具；2—密封胶；
3—液体流管；4—光纤；
5—张力载荷

图 5－39　光纤多普勒流量计结构

1—分束器；2—反射镜；
4—透镜；5—流体管道；
6—窗口；7，8—光纤

【任务习题云】

1. 试述光纤传感器有哪几种分类方法，各有哪些优缺点？
2. 试述光纤传感器如何进行流量的检测？
3. 在光纤强度传感器中，非功能型使用的调制类型有哪些？
4. 按照光受被测量调制形式的不同，光纤传感器可以分为哪些类型？
5. 光纤技术的应用领域都有哪些？
6. 什么是光纤的损耗？损耗的机理是什么？

任务5.3　超声波检测系统倒车雷达的设计

【任务描述】

倒车雷达只需要在汽车倒车时工作，为驾驶员提供汽车后方的信息。设计要求当驾驶员将手柄转到倒车挡后，系统自动启动，当与障碍物距离小于1 m、0.5 m、0.25 m时，发出不同的报警声，提醒驾驶员停车，同时触发语音电路，同时发出同步语音提示。

【知识链接】

5.3.1　超声波传感器的特性原理

超声波传感器是利用超声波的特性研制而成的传感器。超声波是一种振动频率高于声波的机械波，由换能晶片在电压的激励下发生振动产生，它具有频率高、波长短、绕射现象小，特别是方向性好、能够成为射线而定向传播等特点。超声波对液体、固体的穿透本领很强，尤其是在阳光不透明的固体中，它可穿透几十米的深度。超声波碰到杂质或分界面会产生显著反射形成回波，碰到活动物体能产生多普勒效应。因此，超声波检测广泛应用在工业、国防、生物医学等方面。

以超声波作为检测手段，必须产生超声波和接收超声波。完成这种功能的装置就是超声波传感器，习惯上称为超声波换能器，或者称为超声探头。

1. 超声波的基本特性

超声波是高于听觉频率阈值的机械振动，其频率为$10^4 \sim 10^{12}$ Hz，其中常用的频率为$10^4 \sim 3\times10^6$ Hz。超声波在声场（被超声所充满的空间）传播时，如果超声波的波长与声场的尺度相比，远小于声场的尺度，超声波就像处在一种无限介质中，自由地向外扩散；反之，如果超声波的波长与相邻介质的尺寸相近，则它受到界面限制不能自由地向外扩散。

（1）超声波的传播速度

超声波在介质中可产生三种形式的波，声波的频率界限图如图5-40所示。

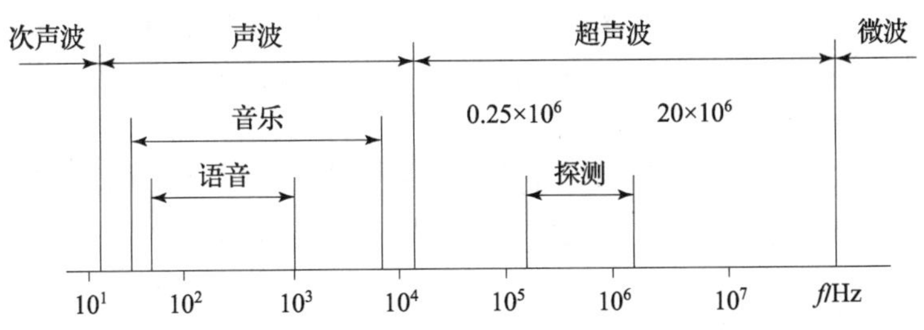

图5-40　声波的频率界限图

横波——质点振动的方向垂直于波的传播方向；

纵波——质点振动的方向与波的传播方向一致；

表面波——质点振动介于纵波与横波之间，沿物体表面传播。

横波只能在固体中传播；纵波能在固体、液体和气体中传播；表面波能在固体、液体中传播，随深度的增加其衰减很快。为了测量各种状态下的物理量多采用纵波。超声波的频率越高，与光波的某些性质越相似。超声波与其他声波一样，波速与介质密度和弹性特性有关。

（2）超声波在气体和液体中（纵波）的传播速度 v_g

$$v_g = \left(\frac{1}{\rho B_a}\right)^{\frac{1}{2}} = \left(\frac{B}{\rho}\right)^{\frac{1}{2}} \tag{5-18}$$

式中，ρ 为介质的密度；B_a 为绝对压缩系数；B 为容变模量。

（3）超声波在固体中的传播速度

超声波在固体中的传播速度分为两种情况：横波在固体介质中的传播声速；纵波在固体介质中的传播声速。固体中纵波的传播速度与介质形状有关。

在细棒中传播：

$$v_q = \left(\frac{E}{\rho}\right)^{\frac{1}{2}} \tag{5-19}$$

在薄板中传播：

$$v_q = \left(\frac{E}{\rho(1-\mu^2)}\right)^{\frac{1}{2}} \tag{5-20}$$

在无限介质中传播：

$$v_q = \left(\frac{E(1-\mu)}{\rho(1-\mu)(1+\mu)}\right)^{\frac{1}{2}} = \left(\frac{K+\frac{4}{3G}}{\rho}\right)^{\frac{1}{2}} \tag{5-21}$$

式中，E 为杨氏模量；μ 为泊松比；K 为体积弹性模量；G 为剪切弹性模量。

横波声速公式为（无限介质）

$$v_q = \left(\frac{E}{2\rho(1+\mu)}\right)^{\frac{1}{2}} = \left(\frac{G}{\rho}\right)^{\frac{1}{2}} \tag{5-22}$$

固体中，μ 介于 0～0.5 之间，因此一般可视为横波声速为纵波的一半。

2. 超声波传感器的工作原理

超声波传感器的检测原理

超声波传感器主要材料有压电晶体（电致伸缩）及镍铁铝合金（磁致伸缩）两类。电致伸缩的材料有锆钛酸铅（PZT）等。超声波探头按其工作原理可分为压电式、磁致伸缩式、电磁式等，其中以压电式最为常用。压电式超声波探头常用的材料是压电晶体和压电陶瓷，这种传感器统称为压电式超声波探头。它是利用压电材料的压电效应来工作的：逆压电效应将高频电振动转换成高频机械振动，从而产生超声波，可作为发射探头；而正压电效应是将超声振动波转换成电信号，可作为接收探头，也可以称为发送器和接收器。

压电式超声波传感器主要由压电晶片、吸收块（阻尼块）、保护膜、引线等结构组成，如图 5-41 所示。压电晶片多为圆板形，若厚度为 δ，则超声波频率 f 与其厚度 δ 成反比。压电晶片的两面镀有银层，作为导电的极板。阻尼块的作用是降低晶片的机械品质，吸收声能量。如果没有阻尼块，当激励的电脉冲信号停止时，晶片将会继续振荡，加长超声波的脉冲宽度，使分辨率变差。

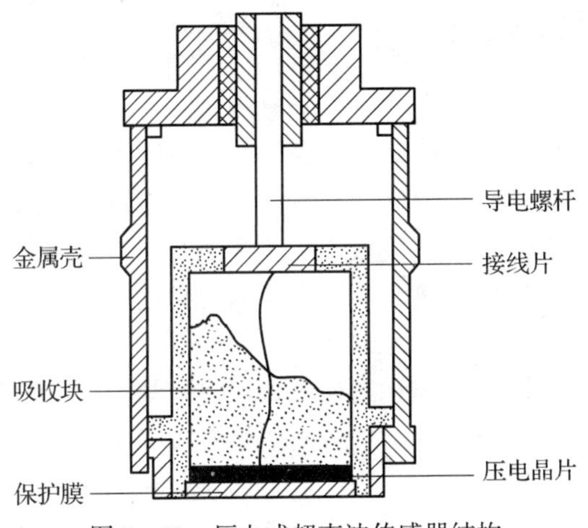

图 5-41　压电式超声波传感器结构

5.3.2　磁致伸缩超声波发生器

利用铁磁材料的磁致伸缩效应原理来工作的磁致伸缩超声波发生器是把铁磁材料置于交变磁场中，使它产生机械尺寸的交替变化即机械振动，从而产生超声波。

磁致伸缩超声波发生器的原理是：当超声波作用在磁致伸缩材料上时，引起材料伸缩，从而导致它的内部磁场（即导磁特性）发生改变。根据电磁感应，磁致伸缩材料上所绕的线圈里便获得感应电动势。此电势送到测量电路，最后记录或显示出来。

磁致伸缩超声波发生器是用厚度为 0.1 ~ 0.4 mm 的镍片叠加而成的，片间绝缘以减少涡流电流损失。其结构形状有矩形、窗形等，如图 5-42 所示。

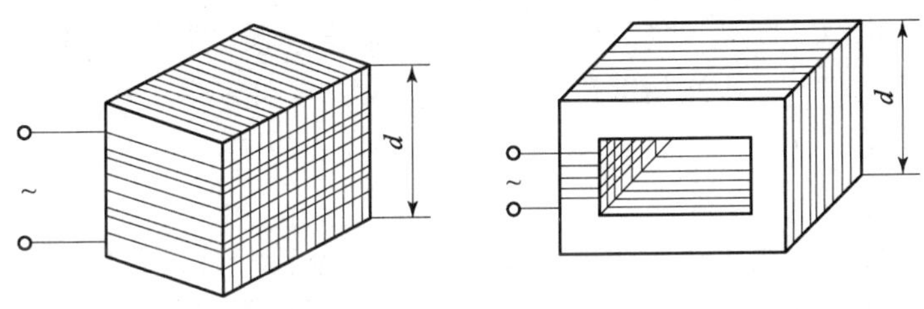

图 5-42　磁致伸缩超声波发生器结构

磁致伸缩超声波发生器的机械振动固有频率的表达式与压电式的相同，即

$$f=\frac{n}{2d}\sqrt{\frac{E}{\rho}} \tag{5-23}$$

如果振动器是自由的，则 $n=1, 2, \cdots$；如果振动器的中间部分固定，则 $n=1, 3, \cdots$。

磁致伸缩超声波发生器的材料，除镍外，还有铁钴钒合金（铁 49%，钴 49%，钒 2%）和含锌、镍的铁氧体。

磁致伸缩超声波发生器只能用在几万赫兹的频率范围以内，但功率可达十万瓦，声强可达每平方厘米几千瓦，能耐较高的温度。

5.3.3 超声波探头的结构材料

按工作原理分类：压电式、磁致伸缩式、电磁式。

按结构不同分类：直探头、斜探头、双探头、表面波探头、聚焦探头等。常见的超声波探头中的压电陶瓷芯片如图 5－43 所示，它能将数百伏的超声电脉冲加到压电晶片上，利用逆压电效应，使晶片发射出持续时间很短的超声振动波。当超声波经被测物反射回到压电晶片时，利用压电效应，将机械振动波转换成同频率的交变电荷和电压。

1. 单晶直探头

用于固体介质的单晶直探头（简称直探头），压电晶片采用 PZT 压电陶瓷材料制作，外壳用金属制作，保护膜用于防止压电晶片磨损。接触式直探头结构如图 5－44 所示。

图 5－43 超声波探头中的压电陶瓷芯片

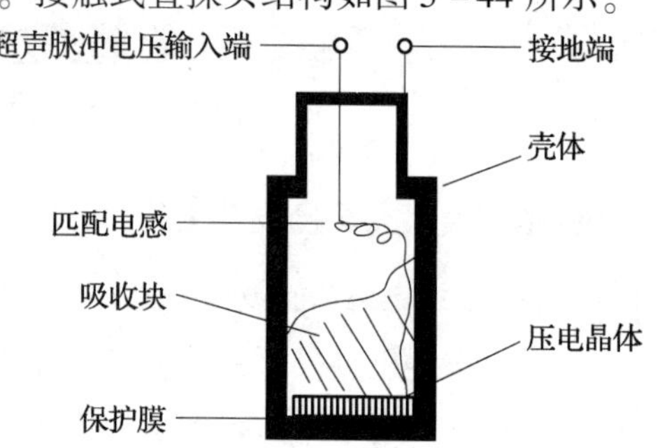

图 5－44 接触式直探头结构

2. 双晶直探头

双晶直探头由两个单晶探头组合而成，装配在同一壳体内。其中一片晶片发射超声波，另一片晶片接收超声波。两晶片之间用一片吸声性能强、绝缘性能好的薄片加以隔离。双晶探头的结构虽然复杂些，但检测精度比单晶直探头高，且超声波信号的反射和接收的控制电路较单晶直探头简单。

3. 斜探头

压电晶片粘贴在与底面成一定角度（如 30°、45°等）的有机玻璃斜楔块上，压电晶片的上方用吸声性强的阻尼吸收块覆盖。当斜楔块与不同材料的被测介质（试件）接触时，超声波产生一定角度的折射，倾斜入射到试件中去，折射角可通过计算求得。

4. 空气传导型探头

超声探头的发射换能器和接收换能器一般是分开设置的，两者结构也略有不同，发射换能器的压电片上粘贴了一只锥形共振盘，以提高发射效率和方向性。接收换能器在共振盘上还增加了一只阻抗匹配器，以滤除噪声，提高接收效率。空气传导的超声发生器和接收器的有效工作范围可达几米至几十米。空气传导型超声波探头示意图如图 5－45 所示。

5.3.4 超声波传感器的应用

超声波测距的仿真

1. 超声波测厚

超声波测厚常用脉冲回波法，如图 5－46 所示。超声波探头与被测物体表面接触。主控制器产生一定频率的脉冲信号，送往发射电路，经电流放大

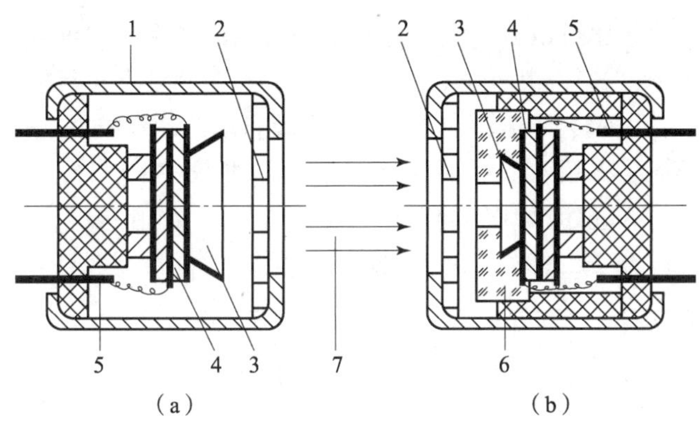

图 5－45　空气传导型超声波探头示意图

（a）超声发生器；（b）超声接收器

1—外壳；2—金属丝网罩；3—锥形共振盘；4—压电晶体片；5—引脚；6—阻抗匹配器；7—超声波束

后激励压电式探头，以产生重复的超声波脉冲。脉冲波传到被测工件另一面被反射回来，被同一探头接收。如果超声波在工件中的声速 v 是已知的，设工件厚度为 δ，脉冲波从发射到接收的时间间隔 t 可以测量，因此可求工件厚度为

$$\delta = \frac{vt}{2} \tag{5-24}$$

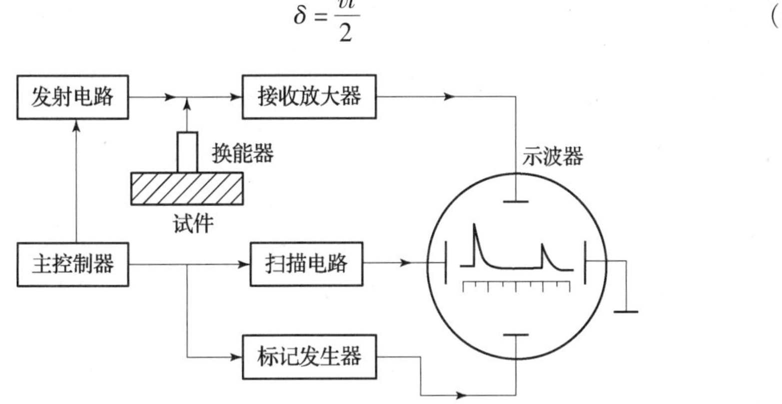

图 5－46　脉冲回波法测厚

从显示器上直接观察发射和回波反射脉冲，并求出时间间隔 t。当然也可用稳频晶振产生的时间标准信号来测量时间间隔 t，从而做成厚度数字显示仪表。

2. 超声波物位传感器

超声波物位传感器是利用超声波在两种介质的分界面上的反射特性而制成的。只要测得超声波脉冲从发射到接收的间隔时间，便可以求得待测的物位，超声波物位传感器具有精度高和使用寿命长的特点，但若液体中有气泡或液面发生波动，便会有较大的误差。在一般使用条件下，它的测量误差为 ±0.1%，检测物位的范围为 $10^2 \sim 10^4$ m。

【任务实施】

1. 超声波检测的倒车雷达系统工作原理

倒车雷达只需要在汽车倒车时工作，为驾驶员提供汽车后方的信息。由于倒车时汽车的

行驶速度较慢，和声速相比可以认为汽车是静止的，因此在系统中可以忽略多普勒效应的影响。在许多测距方法中，脉冲测距法只需要测量超声波在测量点与目标间的往返时间。如图5－47所示，驾驶员将手柄转到倒车挡后，系统自动启动，超声波发送模块向后发射40 kHz的超声波信号，经障碍物反射，由超声波接收模块收集，进行放大和比较，单片机AT89C2051将此信号送入显示模块，同时触发语音电路，发出同步语音提示，当与障碍物距离小于1 m、0.5 m、0.25 m时，发出不同的报警声，提醒驾驶员停车。

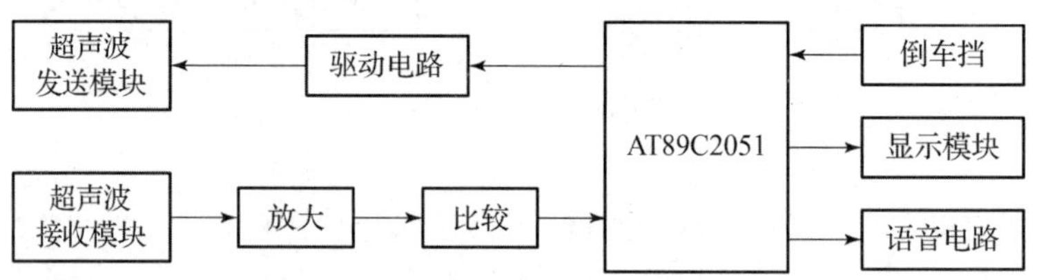

图5－47　倒车雷达设计原理

2. *超声波发送模块设计*

超声波发送器包括超声波产生电路和超声波发射控制电路两部分，超声波探头（又称超声波换能器）选用CSB40T，可采用软件发生法和硬件发生法产生超声波。前者利用软件产生40 kHz的超声波信号，通过输出引脚输入至驱动器，经驱动器驱动后推动探头产生超声波。这种方法的特点是充分利用软件，灵活性好，但需要设计一个驱动电流在100 mA以上的驱动电路。第二种方法是利用超声波专用发生电路或通用发生电路产生超声波信号，并直接驱动换能器产生超声波。这种方法的优点是无须驱动电路，但缺乏灵活性。

超声波发送模块电路如图5－48所示。40 kHz的超声波是利用555时基电路振荡产生的。其振荡频率计算式为$f=1.43/[(R_9+2R_{10})C_5]$。将$R_{10}$设计为可调电阻的目的是调节信号频率，使之与换能器的40 kHz固有频率一致。为保证555时基具有足够的驱动能力，宜采用+12 V电源。CNT为超声波发射控制信号，由单片机进行控制。

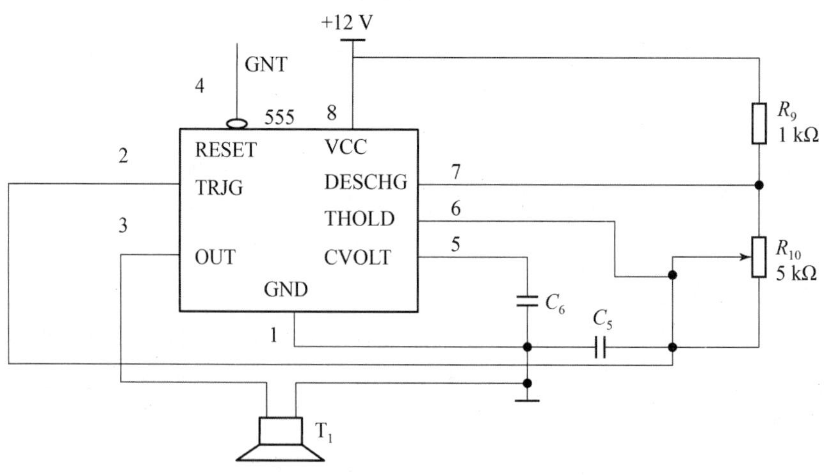

图5－48　超声波发送模块电路

3. 超声波接收模块设计

超声波接收器包括超声波接收探头、信号放大电路及波形变换电路三部分。超声波接收探头必须采用与发射探头对应的型号，关键是频率要一致，采用 CSB40R，否则将因无法产生共振而影响接收效果，甚至无法接收。由于经探头变换后的正弦波电信号非常弱，因此必须经放大电路放大。正弦波信号不能直接被单片机接收，必须进行波形变换。按照上面所讨论的原理，单片机需要的只是第一个回波的时刻。接收电路的设计可采用专用接收电路，也可采用通用电路来实现，如图 5－49 所示。

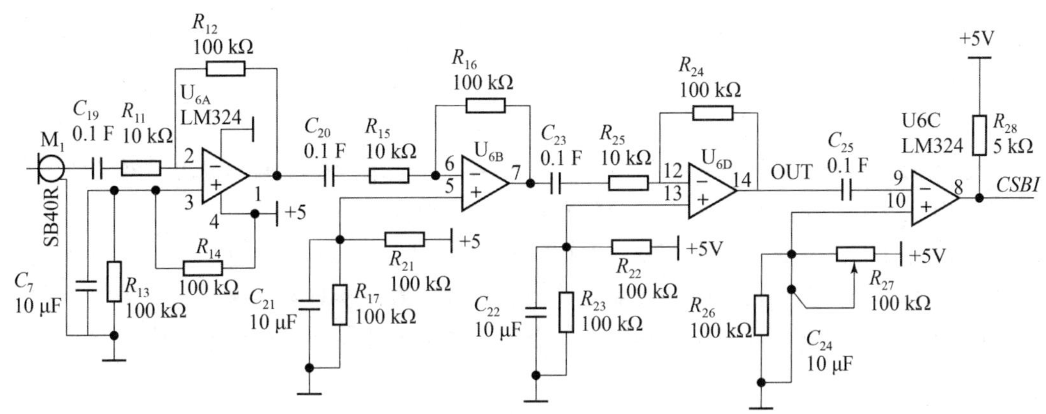

图 5－49　超声波接收模块电路

超声波在空气中传播时，其能量的衰减与距离成正比，即距离越近信号越强，距离越远信号越弱，通常在 1 mV～1 V。当然不同接收探头的输出信号强度存在差异。由于输入信号的范围较大，对放大电路的增益提出了两个要求：一是放大增益要大，以适应小信号时的需要；二是放大增益要能变化，以适应信号变化范围大的需要。另外由于输入信号为正弦波，因此必须将放大电路设计成交流放大电路。为减少负电源的使用，放大电路采用单电源供电，信号放大和变换采用了一片 LM324 通用运算放大器，前三级为放大器设计，后一级为比较器设计。LM324 既可以双电源工作，也可以单电源工作，因此能满足使用要求。为满足交流信号的需要，每一级的放大器均采用阻容电路进行电平偏移，图中的 C_7、C_{21}、C_{22} 和 C_{24}，容量均为 10 μF，实现单电源条件下交流信号的放大。对于交流信号而言，电容为短路，因此前三级放大电路的增益均为 10。距离较近时，两级放大的增益已能够输出足够强度的信号了，第三级有可能出现信号饱和，但距离较远时，必须采用三级放大。合理调节电位器 R_{27}，选择比较基准电压，可使测量更加准确和稳定。

4. 语音电路设计

语音报警是指当倒车雷达探测到的距离小于所设定的安全值时，发出声音提醒驾驶员，语音电路设计如图 5－50 所示。M3720 是单声一闪灯报警音效集成电路，芯片内存储一种报警音效，可直接驱动蜂鸣器发声或经外接功放三极管推动扬声器放音，同时还能驱动一只 LED 闪烁。该芯片各引脚功能为：5 脚 VDD、1 脚 VSS 分别为电源输入端与负端，VDD 电压 3.0～3.5 V；8 脚 X 和 7 脚 Y 分别为芯片外接振荡电阻器；6 脚 TG 为触发控制端，低电平触发有效；3 脚 BZ 和 2 脚 BB 分别为报警音效输出端，可直接外接压电陶瓷蜂鸣器，如果驱动扬声器则由 3 脚 BZ 端引出；4 脚 L1 为闪灯输出端，可直接驱动 LED 发光。

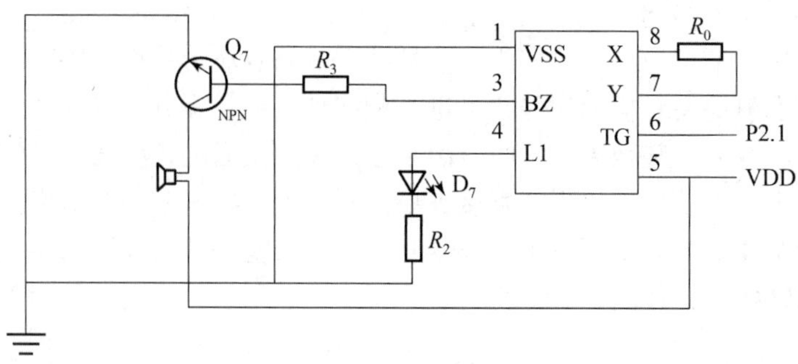

图 5－50 语音电路设计

5. 制作与调试注意事项

①电路制作时需注意对超声波检测模块进行测试，记录测试数据与输出信号特性。

②超声波发射模块注意调节滑动变阻器观察其灵敏度。

③焊接时注意集成芯片的引脚顺序使用正确。

④通电前，先检查本箱的电气性能，并注意是否有短路或漏电现象。

⑤通电后根据原理依次测试各输出点的电压，调试传感器记录输出电压值。

【技能训练工单】

姓名		班级		组号	
名称	任务 5.3 超声波传感器应用实训				
任务提出	采用 555 集成电路设计一个简易超声波驱虫器，它在工作时能产生 40 kHz 的超声波，用于驱赶周围活动的蚊子、苍蝇、蟑螂和老鼠等动物。				
问题导入	1）理解超声波传感器的原理。 2）理解超声波换能器的结构与分类。 3）掌握压电材料的分类及特性。 4）掌握声波的速度、波长和指向性，熟悉压电材料的分类及特性。 5）掌握超声波测距仪的硬件结构电路和软件的设计方法。				
技能要求	1）了解超声波传感器的测量原理。 2）能够应用超声波传感器进行电路设计。 3）能够分析超声波传感器构建的电路原理。				
元器件说明	电路中扬声器选用 0.25 W、8 Ω，电解电容选择耐压值为 25 V，二极管选用 IN4007 硅整流二极管，电阻选用碳膜电阻，C_2 选用高频瓷介电容，其余电容选用独石电容。				

续表

<table>
<tr><td>姓名</td><td></td><td>班级</td><td></td><td>组号</td><td></td></tr>
<tr><td>名称</td><td colspan="5">任务 5.3　超声波传感器应用实训</td></tr>
<tr><td>任务制作</td><td colspan="5">1）电路设计。根据任务要求设计超声波驱蚊器，设计原理如图 5－51 所示。 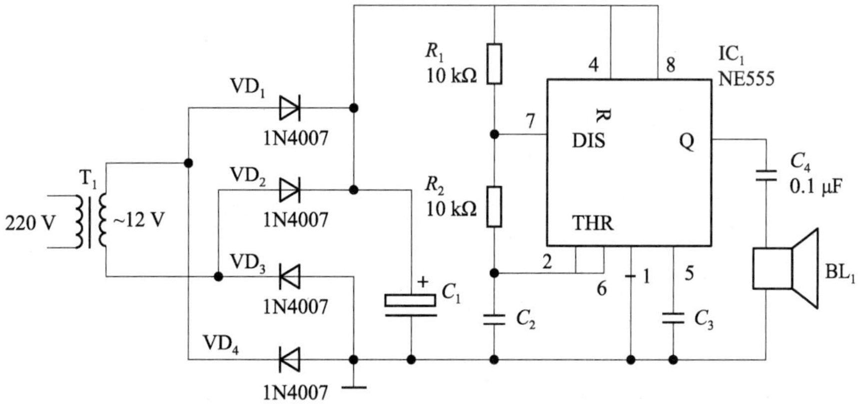
[电路图：VD1–VD4 1N4007，T1 220 V ~12 V，R1 10 kΩ，R2 10 kΩ，C1，C2，C3，C4 0.1 μF，IC1 NE555，BL1]
图 5－51　超声波驱蚊器电路原理
2）分析图 5－51 的电路原理。
3）电路调试。调试时需在 555 的输出通过示波器，观察是否产生 40 kHz 的矩形波，通过调整 R_1、R_2的阻值或 C_2 的容量，改变多谐振荡器的工作频率，直到符合要求。</td></tr>
<tr><td>自我总结</td><td colspan="5"></td></tr>
</table>

【考核评价】

项目	配分	考核要求	评分细则	得分	扣分
正确连接电路	20 分	能正确连接电路图	1）线路连接正确，但布线不整齐，扣 5 分； 2）未能正确连接电路，每处扣 2 分		
波形输出正确，能够实现功能	40 分	能正确进行超声波测量，并准确观察波形，能够实现功能	1）示波器波形不正确，每处扣 10 分； 2）功能不能实现，每次扣 10 分		
原理分析正确	20 分	能正确分析原理	1）不能分析电路原理，扣 10 分； 2）不能理解超声波测量原理，扣 5 分		

续表

项目	配分	考核要求	评分细则	得分	扣分
自查自纠	10分	能针对问题自行排查和完善	1）不能进行故障的分析，扣10分； 2）不能正确修正故障，每次扣5分		
安全文明操作	10分	1）安全用电，无人为损坏仪器、元件和设备； 2）保持环境整洁，秩序井然，操作习惯良好； 3）小组成员协作和谐，态度正确； 4）不迟到、早退、旷课	1）违反操作规程，每次扣5分； 2）工作场地不整洁，扣5分		
总分					

【拓展知识】

激光传感器

激光是媒质的粒子（原子或分子）受激辐射产生的，但它必须具备下述条件才能得到。激光技术是近代科学技术发展的重要成果之一，目前已被成功应用于精密计量、军事、宇航、医学、生物、气象等各领域。

激光传感器虽然具有各种不同的类型，但它们都是将外来的能量（电能、热能、光能等）转化为一定波长的光，并以光的形式发射出来。激光传感器是由激光发生器、激光接收器及其相应的电路所组成的。

1. 激光的特点

（1）高方向性

高方向性就是高平行度，即光束的发散角小。激光束的发散角已达到几分甚至可小到1″，所以通常称激光是平行光。

（2）高亮度

激光在单位面积上集中的能量很高。一台较高水平的红宝石脉冲激光器亮度达10^{15} W/(cm^2 · sr)，比太阳的发光亮度高出很多倍。把这种高亮度的激光束会聚后能产生几百万摄氏度的高温，在这种高温下，就是最难熔的金属，在一瞬间也会熔化。

（3）单色性好

单色光是指谱线宽度很窄的一段光波，用λ表示波长，$\Delta\lambda$表示谱线宽度，则$\Delta\lambda$越小，单色性越好。在普通光源中最好的单色光源是氪（Kr86）灯。氪（Kr86）灯的波长为

$$\lambda = 605.7\ \text{nm},\ \Delta\lambda = 0.000\ 47\ \text{nm} \tag{5-25}$$

而普通的氦氖激光器所产生的激光$\lambda = 638.8$ nm，$\Delta\lambda < 10^{-8}$ nm，从上面数字可以看出，激光光谱单纯，波长变化范围小于10^{-8} nm，与普通光源相比缩小了几万倍。

（4）高相干性

相干性包括时间相干性和空间相干性。时间相干性是指光源在不同时刻发出的光束间的相干性，它与单色性密切相关，单色性好，相干性就好；空间相干性是指光源处于不同空间位置发出的光波间的相干性，一个激光器设计得好，则有无限的空间相干性。

2. 激光的本质

原子在正常分布状态下，多处于稳定的低能级状态。如果没有外界的作用，原子可以长期保持这个状态。原子在得到外界能量后，由低能级向高能级跃迁的过程，叫做原子的激发。原子处于激发的时间是非常短的，处于激发状态的原子能够很快地跃迁到低能级上去，同时辐射出光子。这种处于激发状态的原子自发地从高能级跃迁到低能级上去而发光，叫做原子的自发辐射，如图 5－52 所示。

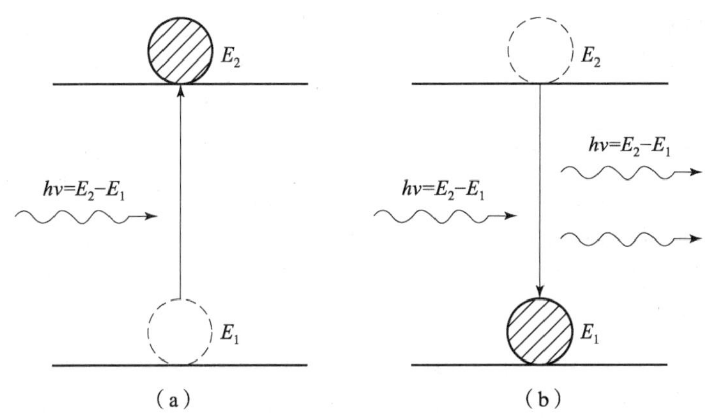

图 5－52　激发与受激辐射过程

进行自发辐射时，各个原子的发光过程互不相关。它们辐射光子的传播方向，以及发光时原子由高能级向哪一个能级跃迁（即发光的频率等都具有偶然性）。因此，原子自发辐射的光是一系列不同频率的光子混合。对于光源的大量原子来说，这些光子的频率只服从于一定的统计规律。

如果处于高能级的原子在外界作用影响下，发射光子而跃迁到低能级上去，这种发光叫做原子的受激辐射。设原子有能量为 E_1 和 E_2 的两个能级，而且 $E_2>E_1$。当原子处于 E_2 能级上时，在能量为 $h\nu=E_2-E_1$ 的入射光子影响下（h 为普朗克常数，$h=6.625\,6\times10^{-34}$ J·s，ν 为光子的频率），这个原子可发生受激辐射而跃迁到 E_1 能级上去，并发射出一个能量为 $h\nu=E_2-E_1$ 的光子，如图 5－52（b）所示。

在受激辐射过程中，发射光子不仅在能量上（或频率上）和入射光子相同，它们在相位、振动方向和发射方向上也完全一样。如果这些光子再引起其他原子发生受激辐射，这些原子所发射的光子在相位、发射方向、振动方向和频率上也都和最初引起受激辐射的入射光子相同，如图 5－53（a）所示。这样，在一个入射光子影响下，会引起大量原子的受激辐射，它们所发射的光子在相位、发射方向、振动方向和频率上都完全一样，这一过程也称为光放大，所以在受激发射时原子的发光过程不再是互不相关的，而是相互联系的。

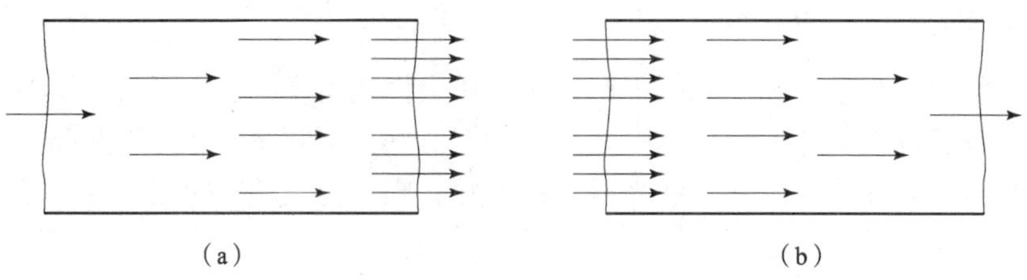

（a）　　　　　　（b）

图 5-53　激光的放大与吸收示意图

（a）原子的受激辐射；（b）原子的吸收

另一方面，能量为 $h\nu = E_2 - E_1$ 的光子在媒质中传播时，也可以被处于 E_1 能级上的粒子所吸收；而使这些粒子跃迁到 E_2 能级上去。在此情况下，入射光子被吸收而减少，如图 5-53（b）所示，这个过程叫做光的吸收。

光的放大和吸收过程往往是同时进行的，总的结果可以是加强或减弱，这取决于这一对矛盾中哪一方处于支配地位。

3. 激光输出

激光光束在激光器的共振腔内往返振荡放大，共振腔内的反射镜起着反射光束并使其往返振荡的作用，从光放大角度看，反射率越高，光损失越小，放大效果越好。在实际设计中，将一侧反射镜设计得尽量使它对激光波长的反射率接近 100%，而另一侧反射镜则稍低一些，如 98% 以上。这样这一端的透镜将有激光穿透，这一端即激光的输出端。

对于输出端透镜的反射率要适当选择，如果反射率太低，虽然透光能力强了，但对腔内光束损失太大，就会影响振荡器放大倍数，这样输出必然减弱。目前最佳反射率一般在给定激光条件下由实验来确定。

4. 激光器的分类

激光器的种类很多，按其工作物质可以分为气体、液体、固体、半导体激光器。

（1）气体激光器

气体激光器的工作物质是气体，其中有各种惰性气体原子、金属蒸气、各种双原子和多原子气体、气体离子等。

气体激光器通常是利用激光管中的气体放电过程来进行激励的。光学共振腔一般由一个平面镜和一个球面镜构成，球面的半径要比腔长大一些。

氦氖激光器是应用最广泛的气体激光器。它的结构形式有内腔式、外腔式两种。在放电管内充有定气压和一定氦氖混合比的气体。氦氖激光器的转换效率较低，输出功率一般为毫瓦级。

（2）固体激光器

固体激光器的工作物质主要是掺杂晶体和掺杂玻璃，最常用的是红宝石（掺铬）、钕玻璃（掺钕）、钇铝石榴石（掺钕）。

固体激光器的常用激励方式是光激励（简称光泵），也就是用强光去照射工作物质（一般为棒状，在光学共振腔中，它的轴线与两个反光镜相垂直），使之激发起来，从而发出激光。为了有效地利用泵灯（用脉冲氙灯、氪弧灯、汞弧灯、碘钨灯等各种灯作为光泵源的简称）的光能，常采用各种聚光腔。如果工作物质和泵灯一起放在共振腔内，则腔内壁应镀上高反射率的金属薄层，使泵灯发出的光能集中照射在工作物质上。红宝石激光器如图 5-54 所示。

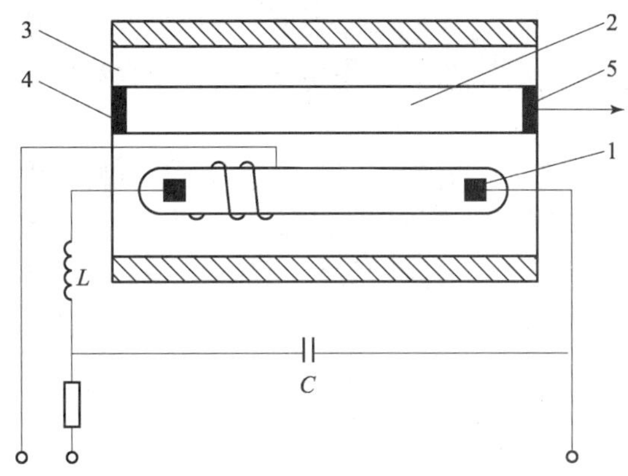

图 5－54　红宝石激光器

1—脉冲氙灯；2—红宝石棒；3—椭圆柱形聚光器；4—全反射镜；5—部分反射镜

（3）半导体激光器

半导体激光器最明显的特点是体积小、质量轻、结构紧凑。一般气体和固体激光器的长度至少几厘米，长的达几米以上。但半导体激光器本身却只有针孔那么大，它的长度还不到 1 mm，将它装在一个晶体管模样的外壳内或在它的两面安装上电极，其质量不超过 2 g，因此使用起来十分方便。它可以做成小型激光通信机，或做成装在飞机上的激光测距仪，或装在人造卫星和宇宙飞船上作为精密跟踪和导航用激光雷达。

半导体激光器的工作物质是某些性能合适的半导体材料，如砷化镓（GaAs）、砷磷化镓（GaAsP）、磷化铟（InP）等。其中砷化镓应用最广，将它做成二极管形式，其主要部分是一个 PN 结，在 PN 结中存在导带和价带，如果把能量加在“价带”中的电子上，此电子就被激发到能量较高的导带上。若注入的能量很大（通常以电流激励来获得），就可以在导带与价带之间形成粒子数的反转分布，于是在注入的大电流作用下，电子与空穴重新复合，这时能量就以光子的形式释放出，最后通过谐振腔的作用，输出一定频率的激光。

半导体激光器的效率较高，可达 60%～70%，甚至更高一些。但它也有一些缺点，如激光的方向性比较差，输出功率比较小，受温度影响比较大等。

5. 激光的应用

测量车速：车速测量仪采用小型半导体砷化镓（GaAs）激光器，其发散角在15°～20°，发光波长为 0.9 μm。其光路系统如图 5－55 所示。

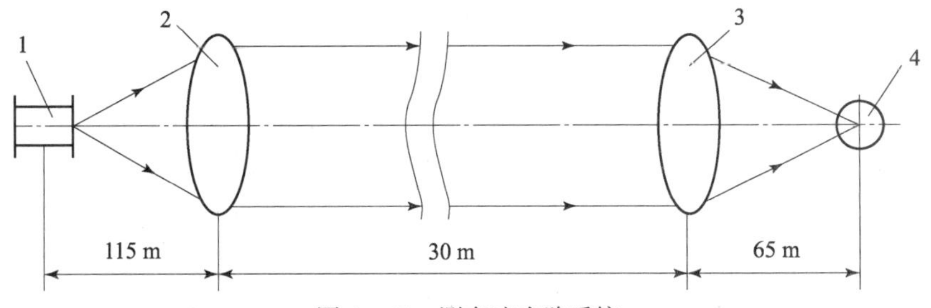

图 5－55　测车速光路系统

1—激光源；2—发射透镜；3—接收透镜；4—光敏元件

为了适应较远距离的激光发射和接收，发射透镜采用 437 mm，焦距 115 mm，接收透镜采用 37 mm，焦距 65 mm。砷化镓激光器及光敏元件 3DU33 分别置于透镜的焦点上，砷化镓激光经发射透镜 2 呈平行光射出，再经接收透镜 3 会聚于 4。

为了保证测量精度，在发射镜前放一个宽为 2 mm 的狭缝光阑，其测速的基本原理如下：

当汽车行走的速度为 v，行走的时间为 t 时，则其行走的距离 $s=vt$，选取 $s=1$ m。使车行走时先后切割相距 1 m 的两束激光，测得时间间隔，即可算出速度。采用计数显示，在主振荡器振荡频率为 100 kHz 情况下，计数器的计数值为 N 时，车速的表达式可写成（v 以 km/h 为单位）。

$$v=\frac{f}{N}\times\frac{3\ 600}{1\times10^{3}}=\frac{36\times10^{4}}{N} \tag{5-26}$$

上式就是测速仪的换算式。

【任务习题云】

1. 超声波传感器中最主要的部分是________和________。

2. 按照工作原理不同，超声波传感器可分为________、________、________、________等。

3. 压电式超声波发生器是利用压电晶体的________现象制成的。

4. 汽车的倒车雷达就是一种由________传感器组成的测距系统。

5. 由于超声波在空气中的衰减比较厉害，因此当液位变化较大时，必须 ________。

6. 超声波传感器是利用超声波在（　　）介质中的传播特性来工作的。

A. 固体　　B. 液体　　C. 气体　　D. 以上三项均包括

7. 在实际使用中，（　　）超声波传感器最为常见。

A. 压电式　　B. 磁致伸缩式　　C. 电磁式　　D. 电阻式

8. 超声波在液体中的衰减比在空气中的衰减（　　）。

A. 大　　B. 小　　C. 一样　　D. 无法确定

9. 什么是超声波？

10. 简述超声波测距的基本工作过程。

11. 简述超声波传感器的传播特性。

12. 简述超声波测距原理。

13. 根据你学过的知识设计一个超声波探伤实用装置，并简要说明它探伤的工作过程。

【模块小结】

霍尔式传感器是根据霍尔效应制作的一种磁场传感器，常见的霍尔元件的测量电路根据加入控制电流信号的不同分为直流输入和交流输入。霍尔传感器具有体积小、灵敏度高、响应速度快、精确度高等特点，在生产、日常生活中以及现代军事领域获得了广泛的应用。

光纤传感器是以光学量转换为基础，以光信号为变换和传输的载体，利用光纤输送光信号的一种传感器。光纤传感器主要由光源、光纤、光检测器和附加装置组成。

超声波传感器是利用超声波的特性研制而成的传感器。超声波是一种振动频率高于声波的机械波，由换能晶片在电压的激励下发生振动产生的，它具有频率高、波长短、绕射现象小，特别是方向性好、能够成为射线而定向传播等特点。

【收获与反思】

收获与反思空间（将你学到的知识技能要点构建思维导图并进行自我目标达成度的评价）

模块六　其他量的检测

模块导入

电感式和磁电式传感器都是利用电磁感应的原理制成的，电感式传感器能对位移、压力、振动、应变、流量等参数进行测量。它具有结构简单、灵敏度高、输出功率大、输出阻抗小、抗干扰能力强、测量精度高等一系列优点，因此在机电控制系统中得到广泛的应用。它的主要缺点是响应较慢，不宜于快速动态测量，而且传感器的分辨率与测量范围有关，测量范围大，分辨率低，反之则高。磁电式将输入的运动速度转换成线圈中的感应电动势输出。它直接将被测物体的机械能量转换成电信号输出，工作不需要外加电源，是一种典型的无源传感器。由于这种传感器输出功率较大，因而大大简化了配用的二次仪表电路。

<table>
<tr><td colspan="2">模块目标</td></tr>
<tr><td>素质目标</td><td>1. 培养学生团队协作意识；
2. 培养学生电路设计的创新意识；
3. 培养解决电路问题的能力。</td></tr>
<tr><td>知识目标</td><td>1. 了解电感式、磁电式传感器的测量原理；
2. 掌握电感式、磁电式传感器的测量电路；
3. 掌握电感式、磁电式传感器的检测方法。</td></tr>
<tr><td>能力目标</td><td>1. 能够利用电感式、磁电式传感器进行测量；
2. 能够进行电感式、磁电式传感器的电子线路设计；
3. 能够解决电感式、磁电式传感器电路实际问题。</td></tr>
<tr><td colspan="2">教学重难点</td></tr>
<tr><td>模块重点</td><td>模块难点</td></tr>
<tr><td>电感式、磁电式传感器的测量原理及测量电路</td><td>电感式、磁电式传感器的应用</td></tr>
</table>

任务 6.1　电感式接近开关的制作

【任务描述】

制作电感式接近开关，要求当某物体与接近开关接近并达到一定距离时，能发出电信号

报警。电感式接近开关不需要施加外力，是一种无触点式的开关，它的用途已远远超出行程开关所具备的行程控制及限位保护。制作的接近开关可实现高速计数、检测金属体的存在、测速、液位控制、检测零件尺寸以及用作无触点式按钮等。

【知识链接】

根据法拉第电磁定律，当穿过闭合电路的磁通量发生变化时，就会产生感应电动势，这种现象叫电磁感应。电磁感应现象是电磁学中最重大的发现之一，它显示了电、磁现象之间的相互联系和转化，对其本质的深入研究所揭示的电、磁场之间的联系，对麦克斯韦电磁场理论的建立具有重大意义。电磁感应现象在电工技术、电子技术以及电磁测量等方面都有广泛的应用。

6.1.1　电感式传感器的工作原理

自感式传感器的测量原理

电感式传感器是利用电磁感应原理，将被测的非电量的变化转换成线圈电感量（或互感量）的变化。电感式传感器具有结构简单、工作可靠、测量精度高、零点核定、无须外电源和输出功率较大等一系列优点。其主要缺点是灵敏度、线性度和测量范围相互制约，传感器自身频率响应低，不适用于快速动态测量。

电感式传感器按转换原理的不同可分为自感式（电感式）和互感式（差动变压器式）两大类。按原理还可以分为自感式、差动变压器式、电涡流式。

自感式（变磁阻式）传感器由线圈、铁芯和衔铁三部分组成。铁芯和衔铁由导磁性材料制成，其结构如图 6－1 所示。在铁芯和衔铁之间有气隙，气隙厚度为 δ，传感器的运动部分与衔铁相连。当衔铁移动时，气隙厚度 δ 发生改变，引起磁路中的磁阻变化，从而导致电感线圈的电感值变化，因此只要能测出这种电感量的变化，就能确定衔铁位移量的大小和方向。

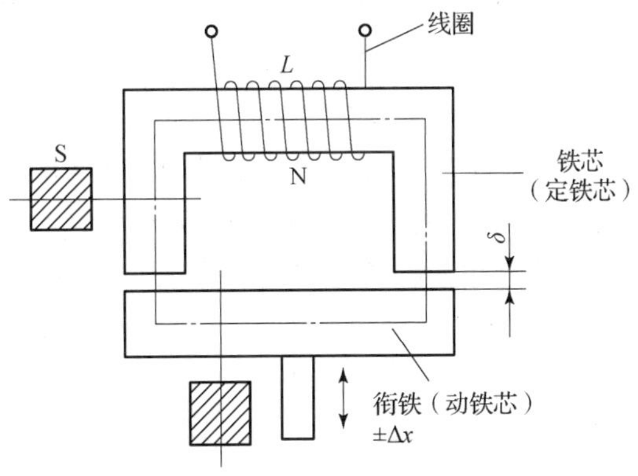

图 6－1　自感式传感器的结构

线圈中电感量 L 的定义为

$$L=\frac{\psi}{I}=\frac{N\phi}{I} \tag{6-1}$$

式中，Ψ 为线圈总磁链，I 为通过线圈的电流，N 为线圈的匝数，ϕ 为穿过线圈的磁通。

根据磁路欧姆定律：

$$\phi = \frac{IN}{R_m} \tag{6-2}$$

式中，R_m为磁路总磁阻。因为气隙很小，可以认为气隙中的磁场是均匀的。若忽略磁路磁损，则磁路总磁阻为

$$R_m = \frac{L_1}{\mu_1 A_1} + \frac{L_2}{\mu_2 A_2} + \frac{2\delta}{\mu_0 A_0} \tag{6-3}$$

式中，μ_0、μ_1、μ_2 分别为空气、铁芯、衔铁的磁导率；L_1、L_2分别为磁通通过铁芯和衔铁中心线的长度；A_1、A_2、A_3分别为气隙、铁芯、衔铁的截面积。

通常气隙磁阻远大于铁芯和衔铁的磁阻，即

$$\begin{aligned} \frac{2\delta}{\mu_0 A_0} >> \frac{L_1}{\mu_1 A_1} \\ \frac{2\delta}{\mu_0 A_0} >> \frac{L_2}{\mu_2 A_2} \end{aligned} \tag{6-4}$$

则式（6-4）可写为

$$R_m = \frac{2\delta}{\mu_0 A_0} \tag{6-5}$$

联立式（6-1）、式（6-2）及式（6-5），可得

$$L = \frac{N^2}{R_m} = \frac{N^2 \mu_0 A_0}{2\delta} \tag{6-6}$$

上式表明，当线圈匝数为常数时，电感 L 仅仅是磁路中磁阻 R_m的函数，改变 δ 或 A_0均可导致电感量变化，因此自感式传感器又可分为变气隙厚度式、变截面积式和螺线管式三种，其中使用最广泛的是变气隙厚度式电感传感器。

（1）变气隙厚度式电感传感器

变气隙厚度式电感传感器如图 6-2（a）所示，由式（6-6）可知，在线圈匝数 N 确定后，保持气隙截面积 A_0不变，则电感 L 与气隙厚度 δ 成反比，输入输出为非线性。为了保证一定的线性度，变气隙厚度式电感传感器只能工作在一段很小的区域，因而只能用于微小位移的测量。

（2）变截面积式电感传感器

变截面积式电感传感器如图 6-2（b）所示，由式（6-6）可知，在线圈匝数 N 确定后，保持气隙厚度 δ 不变，则电感量 L 与气隙截面积 A_0 成正比，输入输出呈线性关系。但是，由于漏感等因素，变截面积式电感传感器在 A_0 为 0 时，仍有较大的电感，所以其线性区较小，且灵敏度较低。

（3）螺线管式电感传感器

螺线管式电感传感器如图 6-2（c）所示，主要元件是一个螺线管和一根衔铁，传感器工作时，衔铁在线圈中深入长度的变化将引起螺线管电感量的变化。对于长螺线管（$l >> r$），当衔铁工作在螺线管的中部时，可以认为线圈内磁场强度是均匀的，此时，线圈电感量

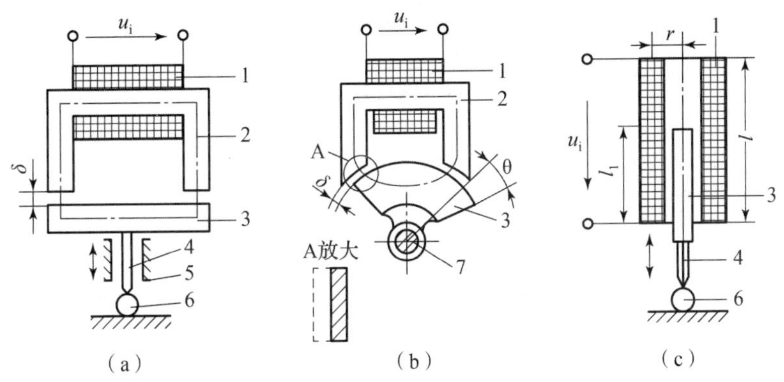

图 6－2　自感式传感器的种类

(a) 变气隙厚度式；(b) 变截面积式；(c) 螺线管式

1—线圈；2—铁芯；3—衔铁；4—测杆；5—导轨；6—工件；7—转轴

L 与衔铁插入深度 h 大致成正比。这种传感器结构简单，但灵敏度稍低，适用于测量稍微大一点的位移。

(4) 差动式电感传感器

在实际使用中，为了减小非线性误差，提高传感器的灵敏度，采用差动形式，其结构如图 6－3 所示，两个完全相同的、单个线圈的电感传感器共用一根活动衔铁就构成了差动式电感传感器，它要求两个导磁体的几何尺寸完全相同，材料性能也完全相同，两个线圈的电气参数和几何尺寸也完全相同。

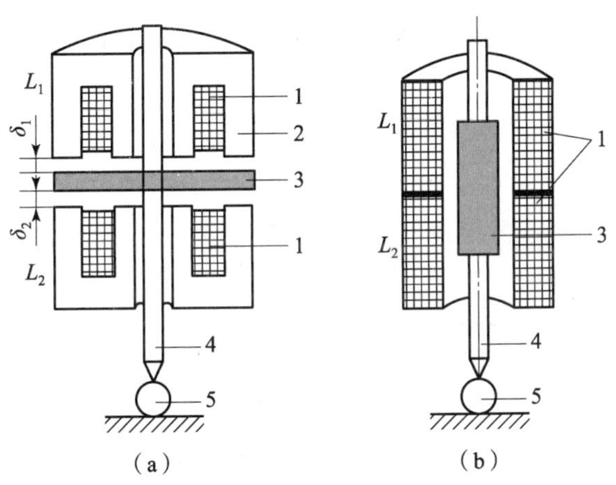

图 6－3　差动式电感传感器

1—线圈；2—铁芯；3—衔铁；4—测杆；5—工件

在差动式电感传感器中，当衔铁随被测量移动而偏离中间位置时，两个线圈的电感量一个增加，一个减小，形成差动形式。差动电感式传感器的特性曲线如图 6－4 所示，从图中可以看出，差动式电感传感器的线性较好，且输出曲线较陡，灵敏度约为非差动式电感传感器的两倍。

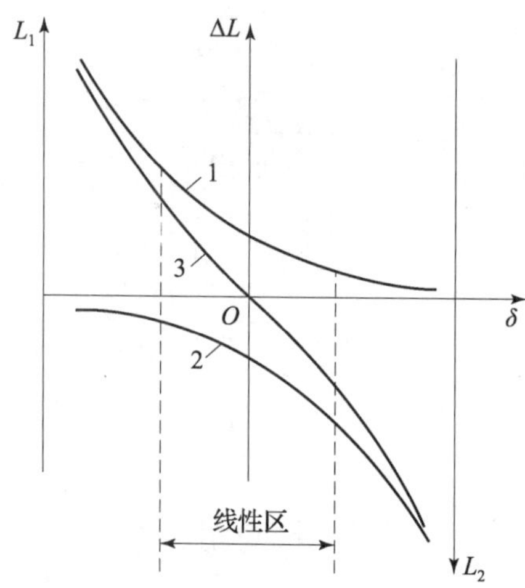

图 6－4　差动电感式传感器的特性曲线

1—上线圈特性；2—下线圈特性；3—差动式的特性

6.1.2　电感式传感器测量电路

电感式传感器的测量转换电路的作用是将电感量的变化转换成电压或电流的变化，以便用仪表指示出来，常用的测量电路有交流电桥式、变压器式交流电桥以及谐振式等。

1. 交流电桥式测量电路

交流电桥式测量电路如图 6－5 所示，传感器的两个线圈作为电桥的两个桥臂 Z_1 和 Z_2，另外两个桥臂用纯电阻代替，当衔铁处于初始平衡位置时，两线圈电感相等，感抗也相等，当衔铁上移时，设有

$$Z_1 = Z + \Delta Z_1 \tag{6-7}$$

$$Z_2 = Z - \Delta Z_2 \tag{6-8}$$

$$\Delta Z_1 \approx \mathrm{j}w\Delta L_1 \tag{6-9}$$

$$\Delta Z_2 \approx \mathrm{j}w\Delta L_2 \tag{6-10}$$

此时，电桥输出电压为

$$\dot{U}_{\mathrm{o}} = \dot{U} \cdot \left[\frac{Z_2}{Z_1 + Z_2} - \frac{R}{R+R}\right] = \dot{U} \cdot \frac{Z_2 - Z_1}{2(Z_1 + Z_2)} = -\dot{U} \cdot \frac{\Delta Z_1 + \Delta Z_2}{2(Z_1 + Z_2)} \tag{6-11}$$

对于差动结构，$\Delta L_1 = \Delta L_2$，$\Delta Z_1 = \Delta Z_2$，所以电桥输出电压与气隙厚度 $\Delta\delta$ 成正比。

$$\dot{U}_{\mathrm{o}} = -\dot{U} \cdot \frac{\Delta\delta}{\delta_0} \tag{6-12}$$

反之，当衔铁下移时，Z_1、Z_2的变化方向相反，可得

$$\dot{U}_{\mathrm{o}} = \dot{U} \cdot \frac{\Delta\delta}{\delta_0} \tag{6-13}$$

2. 变压器式交流电桥

变压器式交流电桥如图 6－6 所示，电桥两臂 Z_1、Z_2为传感器线圈阻抗，另外两桥臂为交流变压器次级线圈的 1/2 阻抗。

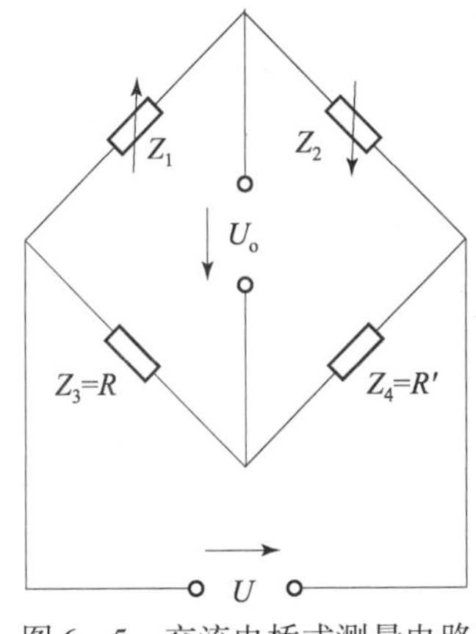

图 6－5　交流电桥式测量电路

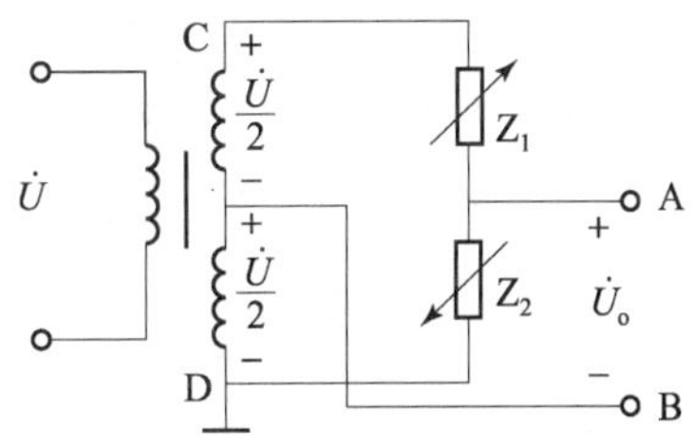

图 6－6　变压器式交流电桥

当负载阻抗为无穷大时，桥路输出电压为

$$\dot{U}_o = \frac{Z_2}{Z_1 + Z_2}\dot{U} - \frac{1}{2}\dot{U} = \frac{Z_2 - Z_1}{Z_1 + Z_2}\frac{\dot{U}}{2} \tag{6-14}$$

当传感器的衔铁处于中间位置，即 $Z_1 = Z_2 = Z$，此时有 $\dot{U}_o = 0$，电桥平衡。

当传感器衔铁上移，如 $Z_1 = Z + \Delta Z$，$Z_2 = Z - \Delta Z$，此时

$$\dot{U}_o = -\frac{\Delta Z}{Z}\frac{\dot{U}}{2} = -\frac{\Delta L}{L_0}\frac{\dot{U}}{2} \tag{6-15}$$

当传感器衔铁上移，如 $Z_1 = Z - \Delta Z$，$Z_2 = Z + \Delta Z$，此时

$$\dot{U}_o = \frac{\Delta Z}{Z}\frac{\dot{U}}{2} = \frac{\Delta L}{L_0}\frac{\dot{U}}{2} \tag{6-16}$$

衔铁上下移动相同距离时，输出电压相位相反，大小随衔铁的位移而变化。由于 $\dot{U}$ 是交流电压，输出指示无法判断位移方向，必须配合相敏检波电路来解决。

3. 带相敏检波的交流电桥

若仅采用电桥电路，则只能判别位移的大小，却无法判别输出的相位和位移的方向。如果在输出电压送到指示仪前，经过一个能判别相位的检波电路，则不但可以反映位移的大小（幅值），还可以反映位移的方向（相位）。这种检波电路称为相敏检波电路。

带相敏检波的交流电桥如图 6－7 所示。Z_1、Z_2 为传感器两线圈的阻抗，另两个桥臂为阻值相等的两个电阻 R，U_i 为供桥电压，U_o 为输出。当衔铁处于中间位置时，$Z_1 = Z_2 = Z$，电桥平衡，$U_o = 0$。若衔铁上移，Z_1 增大，Z_2 减小，如 U_i 电压为正半周，即 A 点电位高于 D 点，二极管 VD_1、VD_4 导通，VD_2、VD_3 截止，B 点电位由于 Z_1 增大而降低，C 点电位由于 Z_2 减小而增高。因此 B 点电位高于 C 点，输出信号为正；如 U_i 电压为负半周，即 D 点电位高于 A 点，二极管 VD_2、VD_3 导通，VD_1、VD_4 截止，C 点电位由于 Z_1 增大而降低，B 点电位由于 Z_2 减小而增高。因此 B 点电位高于 C 点，输出信号为正。同理可以证明，衔铁下移时输出信号总为负。于是，输出信号的正负代表了衔铁位移的方向。

测量电桥引入相敏整流后，其输出特性曲线如图 6－8 所示，输出特性曲线通过零点，输出电压的极性随位移方向而发生变化，同时消除了零点残余电压，增加了线性度。

4. 谐振式

谐振式测量电路有谐振式调幅电路和谐振式调频电路两种。

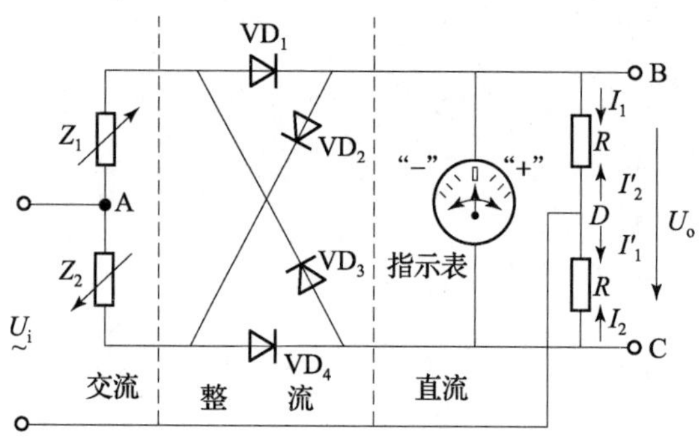

图 6-7　带相敏检波的交流电桥

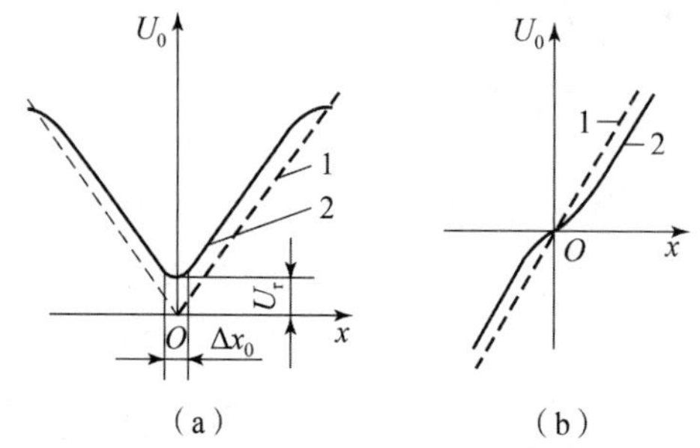

图 6-8　带相敏检波的输出特性曲线

(a) 非相敏检波；(b) 相敏检波；

1—理想特性曲线；2—实际特性曲线

谐振式调幅电路如图 6-9（a）所示，其中 L 表示电感式传感器的电感，它与电容 C 和变压器一次绕组串联在一起，接入交流电源，其输出电压与电感 L 的关系如图 6-9（b）所示，此电路灵敏度很高，但线性差，适用于线性度要求不高的场合。

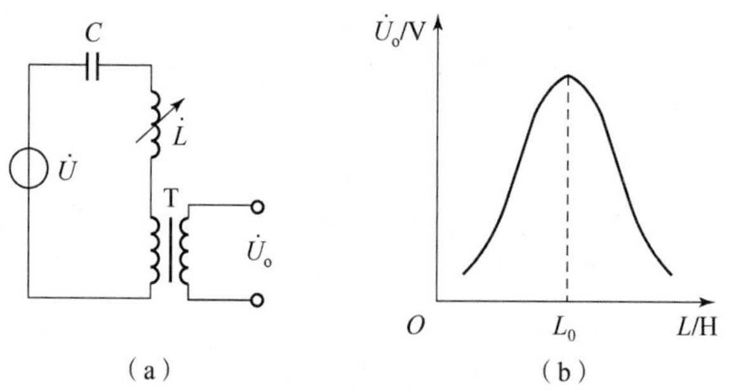

图 6-9　谐振式调幅电路及输出特性

(a) 谐振式调幅电路；(b) 输出特性

谐振式调频电路如图 6-10（a）所示，传感器的电感 L 的变化将引起输出电压的频率发生变化，其特性曲线如图 6-10（b）所示，f 与 L 是非线性关系

$$f = 1/(2\pi\sqrt{LC}) \tag{6-17}$$

当 L 改变时，频率随之改变，根据频率的大小可以确定被测量的值。

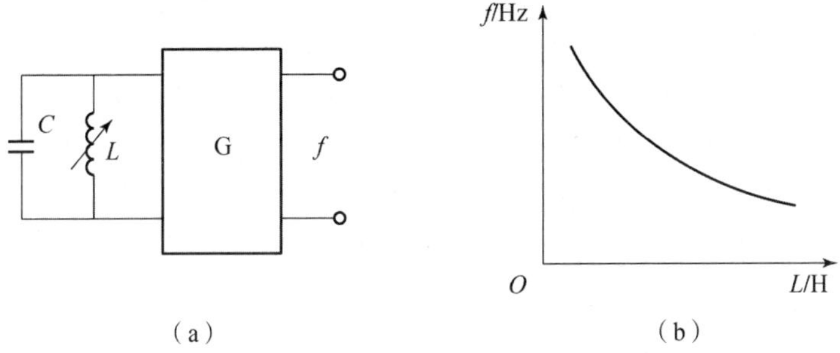

图 6－10　谐振式调频电路及输出特性

(a) 谐振式调频电路；(b) 输出特性

6.1.3　电感式传感器的应用

电感式传感器可以用于测量位移和尺寸，也可以用于测量能够转换为位移量的其他参数，如力、张力、压力、压差、应变、速度、加速度等。如图 6－11 所示为变气隙式电感压力传感器，它的工作原理是当压力进入膜盒时，膜盒的顶端在压力 P 的作用下产生与压力 P 大小成正比的位移，于是衔铁也发生移动，从而使气隙发生变化，流过线圈的电流也发生相应的变化，电流表 A 的指示值就反映了被测压力的大小。

如图 6－12 所示为电感测厚仪，它采用差动结构，其测量电路为带相敏整流的交流电桥。当被测物体的厚度发生变化时，引起测杆上下移动，带动可动铁芯产生位移，从而改变了气隙的厚度，使线圈的电感量发生相应的变化。此电感变化量经过带相敏整流的交流电桥测量后，送测量仪表显示，其大小与被测物的厚度成正比。

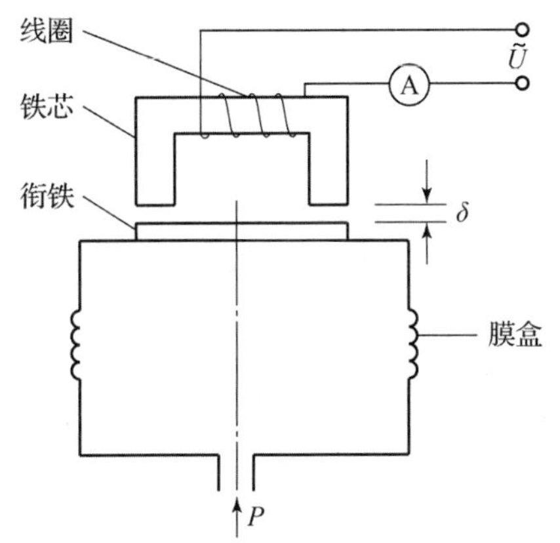

图 6－11　变气隙式电感压力传感器

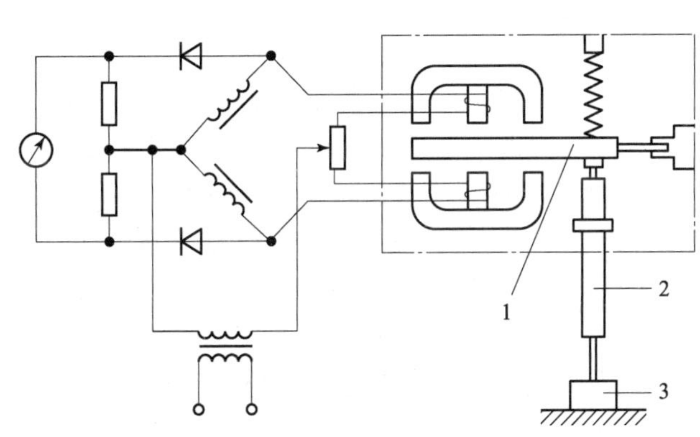

图 6－12　电感测厚仪

1—可动铁芯；2—测杆；3—被测物体

6.1.4　互感式传感器测量原理

互感式传感器的测量原理

电源中用到的单相变压器有一个一次线圈（又称为初级线圈），有若干个二次线圈（又称次级线圈）。当一次线圈加上交流激磁电压 $\dot{U}_i$ 后，将在二次线圈中产生感应电压 $\dot{U}_o$。在全波整流电路中，两个二次线圈串联，总电压等于两个二次线圈的电压之和。但是若将其中一个二次线圈的同名端对调后再串联，就会发现总电压互相抵消，这种接法称为差动接法。如果将变压器的铁芯做成活动的，并对结构加以改造，就可以制成用于检测非电量的差动变压器式传感器，简称差动变压器。

差动变压器就是把被测的非电量变化转换为线圈互感变化的传感器，差动变压器结构形式：变气隙式、变面积式和螺线管式等。在非电量测量中，应用最多的是螺线管式差动变压器，它可以测量 1 ~ 100 mm 机械位移，并具有测量精度高、灵敏度高、结构简单、性能可靠等优点。

1. 差动变压器式电感传感器的工作原理

螺线管式差动变压器的结构示意图如图 6 – 13 所示。它主要由绕组、活动衔铁和导磁外壳组成，在线框上绕有一组输入线圈（称一次线圈）；在同一线框的上端和下端再绕制两组完全对称的线圈（称二次线圈），它们反向串联，组成差动输出形式。螺线管式差动变压器的原理如图 6 – 14所示，标有黑点的一端称为同名端，通俗说法是指线圈的“头”。

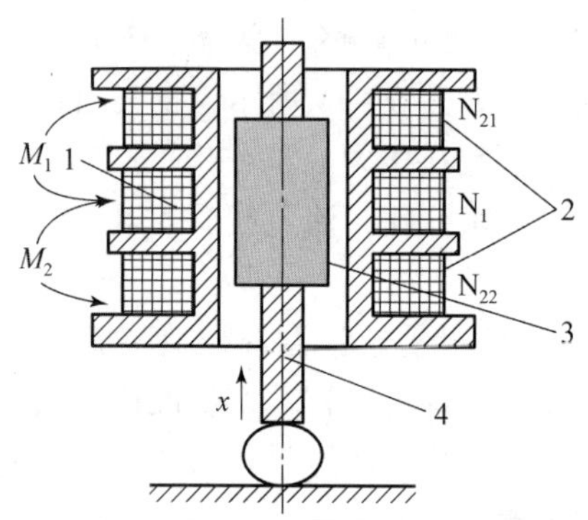

图 6 – 13　螺线管式差动变压器的结构示意图

1——一次绕组；2—二次绕组；3—衔铁；4—测杆

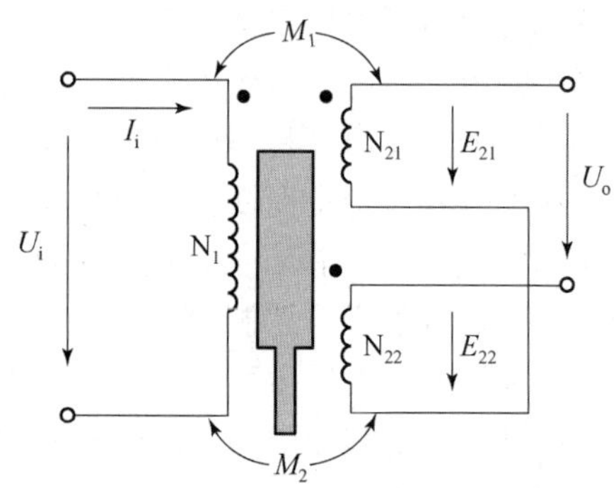

图 6 – 14　螺线管式差动变压器的原理

当一次绕组加入交流励磁电源后，由于存在互感量 M_1 和 M_2，其二次绕组 N_{21} 和 N_{22} 产生感应电动势 E_{21} 和 E_{22}，其大小与互感量成正比，由于 N_{21} 和 N_{22} 反向串联，所以二次绕组空载时的输出电压 U_o 为 E_{21} 和 E_{22} 之差。当衔铁处在中间位置时，由于 $M_1 = M_2$，所以 $E_{21} = E_{22}$，输出 U_o 为 0，当衔铁向上移动时，$M_1 > M_2$，所以 $E_{21} > E_{22}$，输出 U_o 不再为 0，同理当衔铁向下移动时，差动变压器的输出也不再为 0。

差动变压器的输出特性如图 6 – 15 所示，由于在一定的范围内，互感的变化 ΔM 与位移 x 成正比，所以输出电压的变化与位移的变化成正比。实际上，当衔铁位于中心位置时，差动变压器的输出电压并不等于零，通常把差动变压器在零位移时的输出电压称为零点残余电压，如图 6 – 15 所示 Δe。它的存在使传感器的输出特性曲线不过零点，造成实际特性与理论特性不完全一致。

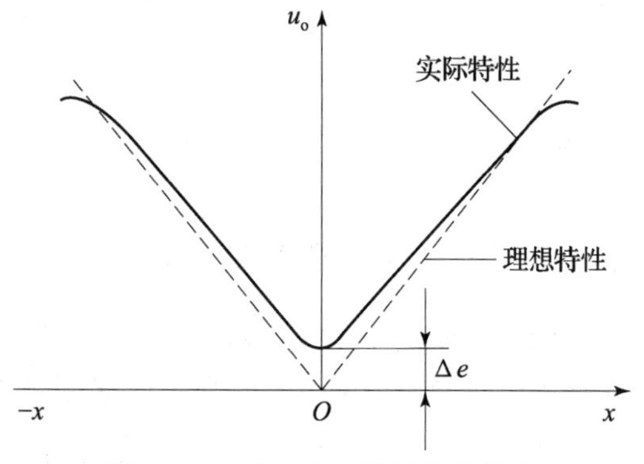

图 6 – 15　差动变压器的输出特性

2. 减小零点残余的方法

①尽可能保证传感器几何尺寸、线圈电气参数和磁路的对称。磁性材料要经过处理，

消除内部的残余应力，使其性能均匀稳定。

②选用合适的测量电路，如采用相敏整流电路。既可判别衔铁移动方向又可改善输出特性，减小零点残余电动势。

③采用补偿线路减小零点残余电动势。在差动变压器二次侧串、并联适当数值的电阻电容元件，当调整这些元件时，可使零点残余电动势减小。

6.1.5　互感式传感器测量电路

差动变压器输出的是交流电压，若用交流电压表测量，只能反映衔铁位移的大小，而不能反映移动方向。另外，其测量值中将包含零点残余电压。为了达到能辨别移动方向及消除零点残余电动势的目的，实际测量时，常常采用差动整流电路和相敏检波电路。下面主要介绍差动整流电路。

差动整流是把差动变压器的两个次级输出电压分别整流，然后将整流的电压或电流的差值作为输出，这样二次电压的相位和零点残余电压都不必考虑。差动整流电路同样具有相敏检波作用，如图 6－16 所示。图中的两组（或两个）整流二极管分别将二次线圈中的交流电压转换为直流电，然后相加，以图 6－16（c）为例，无论两个二次绕组输出的瞬时极性如何，流经电容 C_1 的电流方向总是从 2 端指向 4 端，流经电容 C_2 的电流方向总是从 6 端指向 8 端，所以整流电路的输出电压 U_o 总是为 $U_{24}-U_{68}$，当衔铁处于中间时，$U_{24}=U_{68}$，$U_o=0$，当衔铁上移时，$U_{24}>U_{68}$，$U_o>0$，当衔铁下移时，$U_{24}<U_{68}$，$U_o<0$，根据 U_o 的大小可以判断铁芯移动的大小和方向。

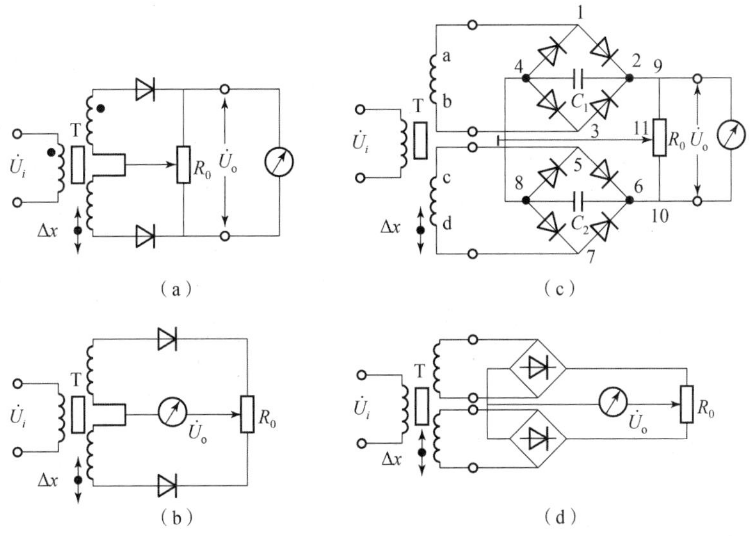

图 6－16　差动整流电路

（a）半波电压输出；（b）半波电流输出；（c）全波电压输出；（d）全波电流输出

由于这种测量电路结构简单，不需要考虑相位调整和零点残余电压的影响，且具有分布电容小和便于远距离传输等优点，因而获得广泛的应用。但是，二极管的非线性影响比较严重，而且二极管的正向饱和压降和反向漏电流对性能也会产生不利影响，只能在要求不高的场合下使用。

6.1.6 互感式传感器应用

差动变压器不仅可以直接用于位移测量，还可以测量与位移有关的任何机械量，如振动、加速度、应变、压力、张力、相对密度和厚度等。

如图 6－17 所示为振动传感器结构及测量电路，衔铁受振动和加速度的作用，使弹簧受力变形，与弹簧连接的衔铁的位移大小反映了振动的幅度和频率以及加速度的大小。

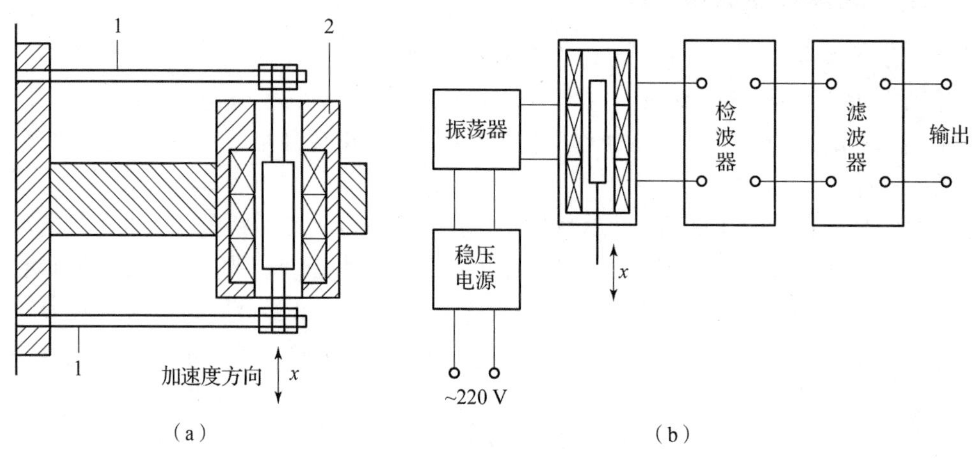

图 6－17 振动传感器结构及测量电路

(a) 振动传感器结构示意图；(b) 测量电路

1—弹性支撑；2—差动变压器

如图 6－18 所示为差动变压器式加速度传感器，由悬臂梁和差动变压器构成。测量时，将悬臂梁底座及差动变压器的线圈骨架固定，而将衔铁的 A 端与被测振动体相连，此时传感器作为加速度测量中的惯性元件，它的位移与被测加速度成正比，使加速度测量转变为位移的测量。当被测体带动衔铁以 $\Delta x(t)$ 振动时，导致差动变压器的输出电压也按相同规律变化。

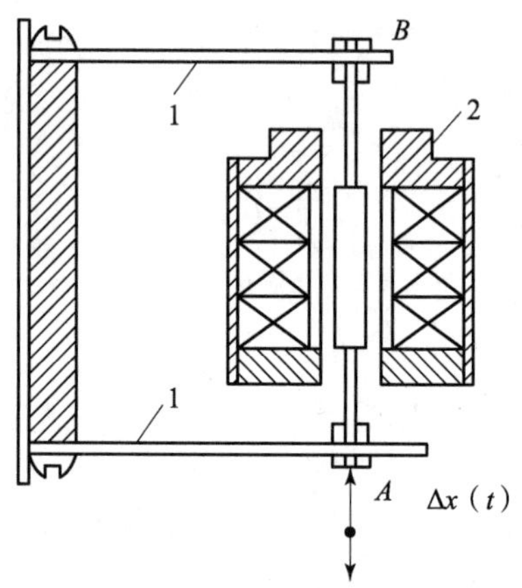

图 6－18 差动变压器式加速度传感器

1—悬臂梁；2—差动变压器

【交流思考】

如何改善电感式传感器的非线性和提高灵敏度?

6.1.7 电涡流式传感器测量原理

根据法拉第电磁感应原理，块状金属导体置于变化的磁场中或在磁场中作切割磁力线运动时，导体内将产生感应电动势，该电动势在导体表面形成电流并自行闭合，似水中的旋涡，此电流叫电涡流，这种现象称为电涡流效应。

根据电涡流效应制成的传感器称为电涡流式传感器。电涡流式传感器最大的特点是能对位移、厚度、表面温度、速度、应力、材料损伤等进行非接触式连续测量，另外还具有体积小、灵敏度高、频率响应宽等特点，

电涡流式传感器的测量原理

应用极其广泛。

1. 电涡流式传感器的工作原理

电涡流式传感器的原理如图 6－19 所示，有一通以交变电流的传感器线圈，由于电流的存在，线圈周围就产生一个交变磁场 H_1。若被测导体置于该磁场范围内，导体内便产生电涡流，也将产生一个新磁场 H_2，H_2 与 H_1 方向相反，力图削弱原磁场 H_1，从而导致线圈的电感、阻抗和品质因数发生变化。这些参数变化与导体的几何形状、电导率、磁导率、线圈的几何参数、电流的频率以及线圈到被测导体间的距离有关。如果控制上述参数中一个参数改变，余者皆不变，就能构成测量该参数的传感器。

为分析方便，将被测导体上形成的电涡流等效为一个短路环中的电流，这样线圈与被测导体便等效为相互耦合的两个线圈，如图 6－20 所示。

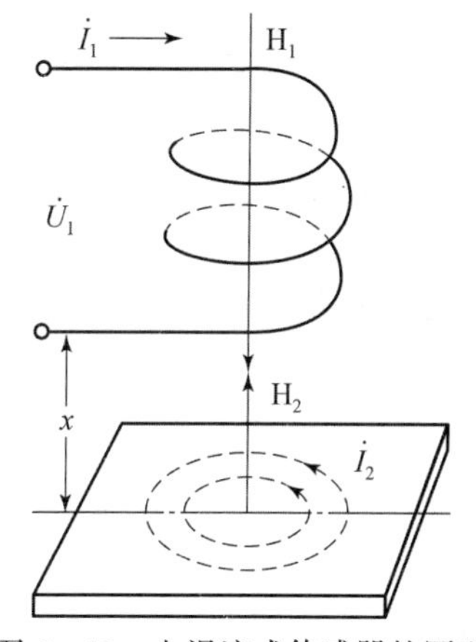

图 6－19　电涡流式传感器的原理

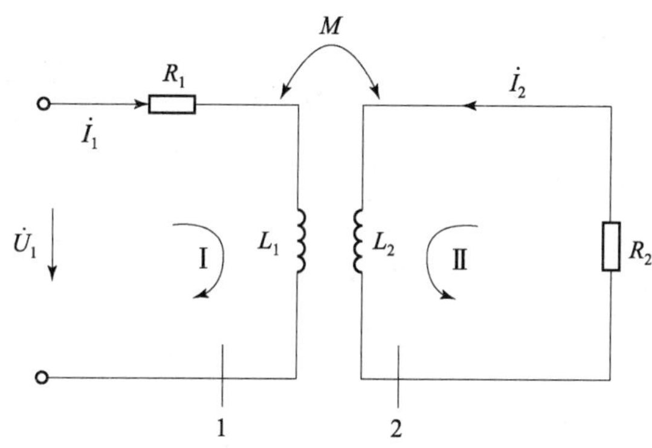

图 6－20　电涡流式传感器的等效电路
Ⅰ—传感器线圈；Ⅱ—电涡流短路环

2. 电涡流式传感器的类型

电涡流在金属导体内的渗透深度与传感器线圈的激励信号频率有关，故电涡流式传感器可分为高频反射式和低频透射式两类。目前高频反射式电涡流传感器应用较广泛。

（1）高频反射式

当高频（>100 kHz）电压施加电感线圈时，将产生高频磁场。如被测金属导体置于该交变磁场范围之内，被测导体就产生电涡流，电涡流在金属导体的纵深方向并不是均匀分布的，而只集中在金属导体的表面，这称为集肤效应（也称趋肤效应）。频率越高，电涡流的渗透深度就越浅，集肤效应越严重。

高频激励电流产生的高频磁场作用于金属板的表面，由于集肤效应，在金属板表面将形成电涡流。与此同时，该涡流产生的交变磁场又反作用于线圈，引起线圈自感 L 或阻抗 Z_L 的变化。线圈自感 L 或阻抗 Z_L 的变化与金属板距离 h、金属板的电阻率 ρ、磁导率 μ、激励电流 i 及角频率 ω 等有关，若只改变距离 h 而保持其他参数不变，则可将位移的变化转换为线圈自感的变化，通过测量电路转换为电压输出。高频反射式电涡流传感器如图 6－21 所示，多用于位移测量。

（2）低频透射式

低频透射式电涡流传感器如图 6－22 所示，这种传感器采用低频激励，因而有较大的贯穿深度，适合于测量金属材料的厚度。在被测金属的上方设有激励线圈 L_1，在被测金属的下方设有接收线圈 L_2。当在 L_1 上施加低频电压 U_1 时，则 L_1 产生交变磁通，若两线圈之间没有金属板，则交变磁通直接耦合到 L_2 中，L_2 中产生感生电压 U_2（U_2 的幅值与耦合系数有关）。如果在两线圈之间插入被测金属板，则 L_1 产生的磁通将在金属板中产生电涡流，此时磁通能量受到损耗，到达 L_2 的磁通将衰减，而使 L_2 产生的感应电压 U_2 的幅值下降。金属板越厚，涡流损耗就越大，U_2 的幅值就越小。因此，可以根据 U_2 的幅值大小得知金属板的厚度。

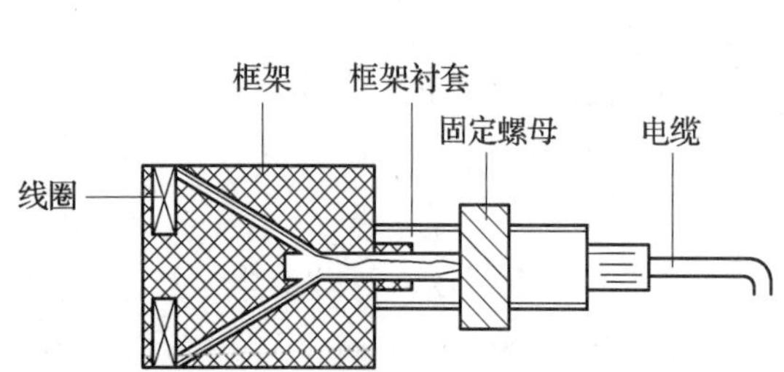

图 6-21　高频反射式电涡流传感器

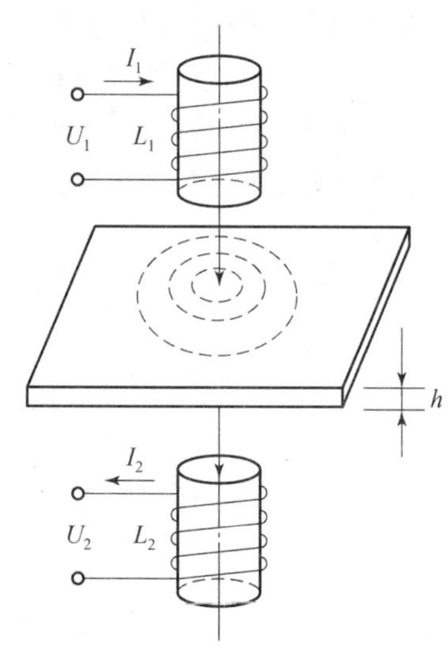

图 6-22　低频透射式电涡流传感器

利用测厚原理同样可以进行金属表面镀层测量。通过先测量被镀前金属体的电涡流透射电压值，再测量被镀后的金属体电涡流透射电压幅值，即可测出镀层的厚度。如果金属体表面或内部存在如砂眼、裂痕、杂质、疲劳等缺陷，则同样影响耦合后接收探头产生的感应电压幅值。

6.1.8　电涡流式传感器测量电路

电涡流式传感器的测量电路主要有调频式、调幅式两种。

1. 调频式电路

调频式电路结构如图 6-23 所示，传感器线圈接入 LC 振荡回路，当传感器与被测导体距离 x 改变时，在涡流影响下，传感器的电感变化，将导致振荡频率的变化，该变化的频率是距离 x 的函数，即 $f=L(x)$，该频率可由数字频率计直接测量，或者通过 $f-U$ 变换，用数字电压表测量对应的电压。振荡器的频率为

$$f=\frac{1}{2\pi\sqrt{L(x)C}} \tag{6-18}$$

为了避免输出电缆的分布电容的影响，通常将 L、C 装在传感器内。此时电缆分布电容并联在大电容 C_2、C_3 上，因而对振荡频率 f 的影响将大大减小。

2. 调幅式电路

调幅式电路结构如图 6-24 所示，由传感器线圈 L、电容器 C 和石英晶体组成。石英晶体振荡器起恒流源的作用，给谐振回路提供一个频率（f_0）稳定的激励电流 i_0。

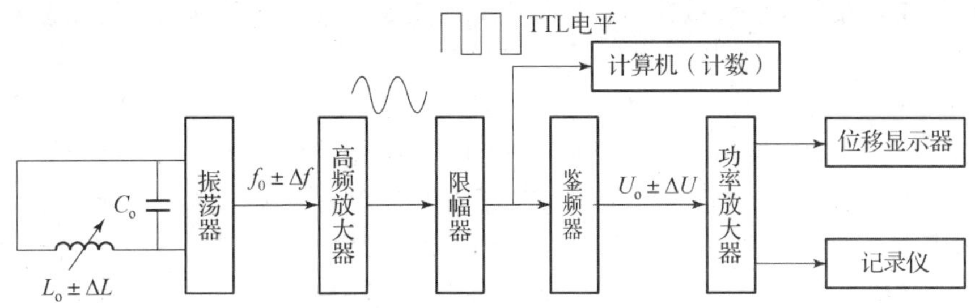

图 6－23　调频式电路结构

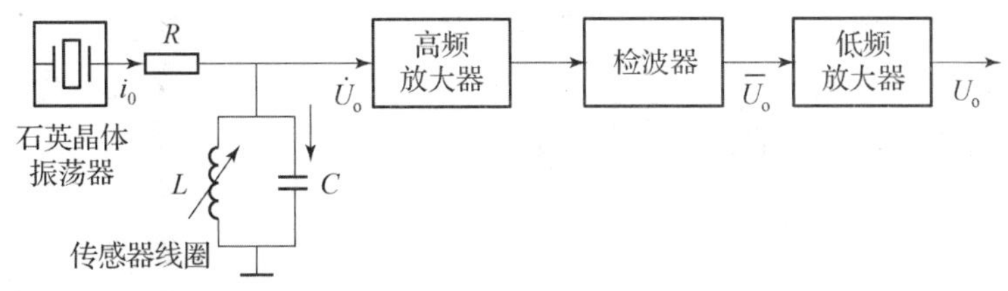

图 6－24　调幅式电路结构

LC 回路的阻抗为

$$Z = jwL \parallel \frac{1}{jwC} = \frac{jwL}{1 - w^2LC} \tag{6-19}$$

$$U_o = i_0 \cdot Z = i_0 \cdot \frac{jwL}{1 - w^2LC} \tag{6-20}$$

式中，ω 为石英振荡频率，Z 为 LC 回路的阻抗。

当 $1 - \omega^2LC = 0$ 时，即

$$\omega = \frac{1}{\sqrt{LC}} \tag{6-21}$$

由于 $\omega = 2\pi f_0$，所以有

$$f_0 = \frac{1}{2\pi\sqrt{LC}} \tag{6-22}$$

此时谐振回路的阻抗最大，此频率为 LC 振荡回路的谐振频率。此外，无论 L 增加还是减小，都将使振荡回路的阻抗 Z 减小。

当金属导体与传感器的相对位置为某一确定的值时，LC 回路的谐振频率恰好为激励频率 f_0，此时回路呈现最大阻抗，谐振回路上的输出电压也最大；当金属导体靠近或远离传感器线圈时，线圈的等效电感 L 发生变化，导致回路失谐，从而使输出电压降低，L 的数值随距离 x 的变化而变化。因此，输出电压也随 x 而变化。输出电压经放大、检波后，由指示仪表直接显示出 x 的大小。振荡回路阻抗与频率关系如图 6－25 所示。

6.1.9　电涡流式传感器的应用

电涡流式传感器的特点是结构简单，易于进行非接触的连续测量，灵敏度较高，适用性强，因此得到了广泛的应用。电涡流式传感器可以测量位移、厚度、振幅、振摆、转速等物

理量，可以制成接近开关、计数器等，还可以做成测量温度、材质判别等的传感器，下面举例介绍。

1. 位移测量

电涡流式传感器的主要用途之一是可用来测量金属件的静态或动态位移，最大量程达数百毫米，分辨率为0.1%。目前电涡流位移传感器的分辨力最高已做到0.05 μm（量程0～15 μm）。凡是可转换为位移量的参数，都可用电涡流式传感器测量，如机器转轴的轴向窜动、金属材料的热膨胀系数、钢水液位、纱线张力、流体压力等。

如图6－26所示为主轴轴向位移测量原理，接通电源后，在电涡流探头的有效面（感应工作面）将产生一个交变磁场。当金属物体接近此感应面时，金属表面将吸取电涡流探头中的高频振荡能量，使振荡器的输出幅度线性地衰减，根据衰减量的变化，可计算出与被检物体的距离、振动等参数。这种位移传感器属于非接触测量，工作时不受灰尘等非金属因素的影响，寿命较长，可在各种恶劣条件下使用。

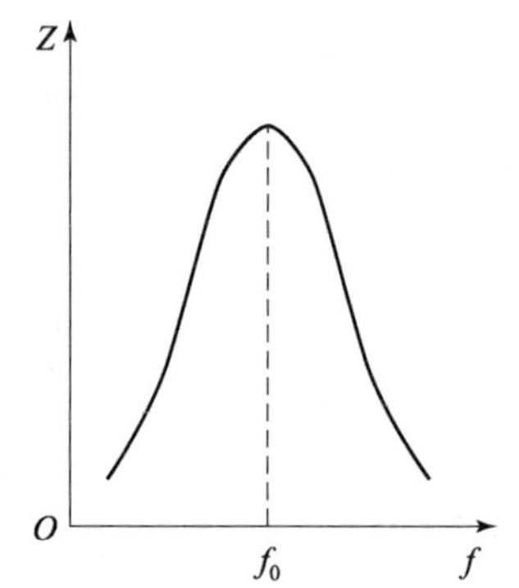

图6－25　振荡回路阻抗与频率关系

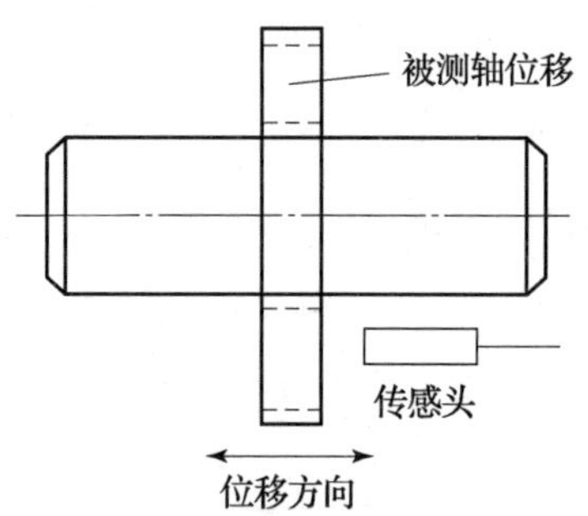

图6－26　主轴轴向位移测量原理

2. 转速测量

如图6－27所示为转速测量原理，在软磁材料制成的输入轴上加工一个键槽（或装上一个齿轮状的零件），在距输入表面 d_0 处设置电涡流式传感器，输入轴与被测旋转轴相连。当旋转体转动时，输出轴的距离发生 $d_0+\Delta d$ 的变化。由于电涡流效应，这种变化将导致振荡谐振回路的品质因数变化，使传感器线圈电感量随 Δd 的变化也发生变化，它们将直接影响振荡器的电压幅值和振荡频率。因此，随着输入轴的旋转，从振荡器输出的信号中包含与转数成正比的脉冲频率信号。该信号由检波器检出电压幅值的变化量，然后经整形电路输出脉冲频率信号 f，该信号经电路处理便可得到被测转速。

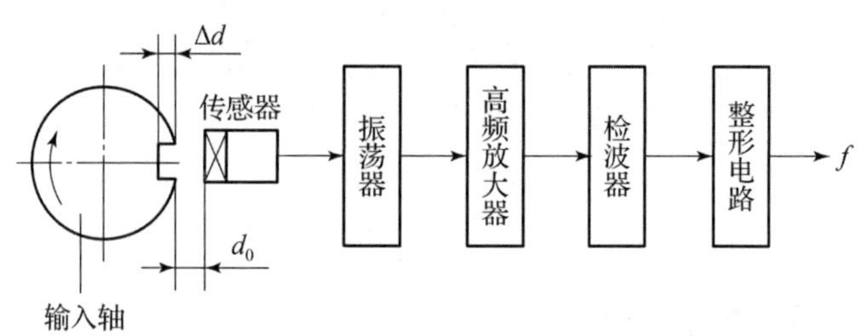

图6－27　转速测量原理

3. 接近开关

接近开关又称无触点行程开关。常用的接近开关有电涡流式开关（俗称电感接近开关）、电容式开关、磁性干簧开关、霍尔式开关、光电式开关、微波式开关、超声波式开关等，它能在一定的距离（几毫米至几十毫米）内检测有无物体靠近。当物体与其接近到设定距离时，就可以发出“动作”信号。接近开关的核心部分是“感辨头”，它对正在接近的物体有很高的感辨能力。

电涡流式接近开关属于一种开关量输出的位置传感器，原理如图 6-28 所示，它由 LC 高频振荡器和放大处理电路组成，利用金属物体在接近这个能产生交变电磁场的振荡感辨头时，使物体内部产生涡流，这个涡流反作用于接近开关，使接近开关振荡能力衰减，内部电路的参数发生变化，由此识别出有无金属物体接近，进而控制开关的通或断。这种接近开关所能检测的物体必须是导电性能良好的金属物体。

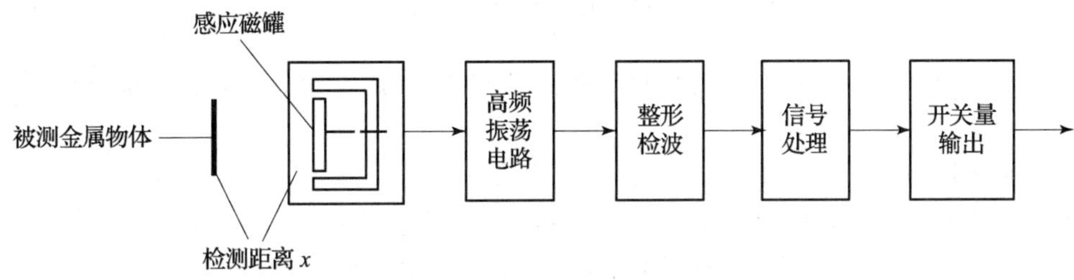

图 6-28　接近开关原理

4. 无损探伤

电涡流式传感器还可以制成无损探伤仪，用于非破坏性探测金属材料的表面裂纹、热处理裂纹以及焊缝裂纹等。探测时，使涡流传感器与被测体的距离不变，保持平行相对移动，遇有裂纹时，金属的电导率、磁导率发生变化，裂缝处的位移量也将变化，结果引起传感器的等效阻抗发生变化，通过测量电路达到探伤的目的。

【拓展阅读】

工匠精神

工匠精神：“知之者不如好之者，好之者不如乐之者”“绳锯木断，水滴石穿”“咬定青山不放松，立根原在破岩中”等古训名句诠释的就是工匠精神。新型传感器、人工智能、虚拟现实技术等迅速崛起，为工匠精神插上了创新“翅膀”，高水平的传感器研制，离不开新理念、新姿态、新一代的能工巧匠。在校大学生，应传承工匠精神，融合前沿学科知识，加强研发设计，通过对质量、规则、标准、流程的执着追求，不断提升传感器的品质。

【任务实施】

1. 电路设计

电感式接近开关电路如图 6-29 所示。

2. 工作原理

金属不靠近探头时，高频振荡器工作，振荡信号经 DV_1、DV_2 倍压整流，得到一直流电压使 BG_2 导通，BG_3 截止，后续电路不工作。当有金属靠近探头时，由于涡流损耗，高频振

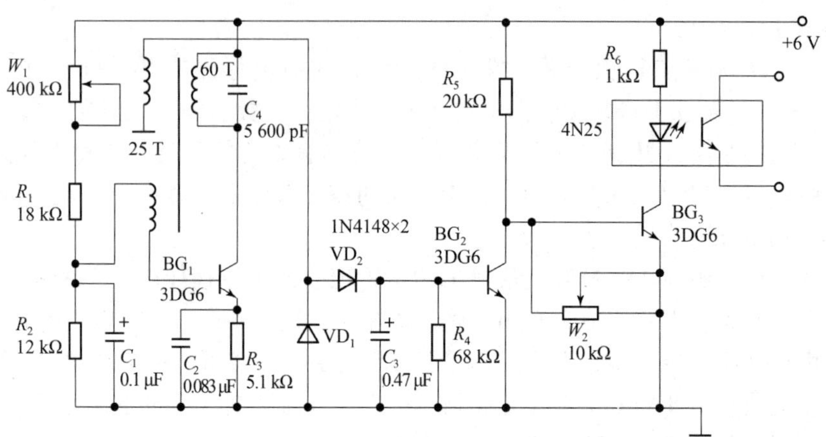

图 6－29　电感式接近开关电路

荡器停振，BG_2截止，BG_3得电导通，光电耦合器 4N25 内藏发光管发光，光敏三极管导通，控制后级电路工作。

3. 元件选择

磁芯电感（探头）需自制，在 5 mm×4 mm 磁芯上，用 0.12 mm 的漆包线绕制，绕制的匝数由磁芯长度决定，其他元件按照图 6－29 电路图中的元件取值。一般只要元件好，焊接无误，即可正常工作。

4. 制作与调试

①焊接制作时，需注意电容的极性。

②接通电源，调节 W_1，用万用表监测 BG_2，使 c、e 两极之间刚好完全导通。这时高频振荡器处于弱振状态。然后用一金属物靠近探头，BG_2应马上截止。再细调 W_2使 BG_3刚好完全导通，此时灵敏度高，范围大（感应距离在几毫米到数十毫米），再根据自己的使用情况，细心调整 W_1和 W_2，使感应距离适合自己使用即可。

电涡流传感器特性实训

【技能训练工单】

姓名		班级		组号	
名称	任务 6.1　电涡流式传感器测量实验				
任务提出	利用电涡流式传感器进行位移测量。				
问题导入	1）电感式传感器的常用测量电路不包括（　　）。 A. 交流电桥　B. 变压器式交流电桥　C. 脉冲宽度调制电路　D. 谐振式测量电路 2）电感式传感器采用变压器式交流电桥测量电路时，下列说法不正确的是（　　）。 A. 衔铁上下移动时，输出电压相位相反 B. 衔铁上下移动时，输出电压随衔铁的位移而变化 C. 根据输出的指示可以判断位移的方向 D. 当衔铁位于中间位置时，电桥处于平衡状态				

续表

姓名		班级		组号	
名称	任务 6.1　电涡流式传感器测量实验				
技能要求	1）掌握电感式传感器测量位移的方法； 2）掌握电感式传感器检测方法。				
电涡流应用说明	电涡流式传感器由平面线圈和金属片组成。当线圈中通以高频交变电流后，与其平行的金属片上受感应而产生涡旋状电流，这种现象称为涡流效应。产生的感应电流，又称为电涡流。电涡流式传感器正是基于这种涡流效应而工作的。				
任务制作	实训步骤： 1）搭建如图 6－30 所示的实验电路，进行电涡流式传感器位移实验。 图 6－30　电涡流传感器位移实验电路图 采用交互式仿真分析，最大时间步长设置为：0.000 000 1 s，初始时间步长设置为：0.000 000 1 s，如图 6－31 所示。 图 6－31　交互式仿真条件设置				

续表

姓名		班级		组号	
名称	任务 6.1　电涡流式传感器测量实验				
任务制作	2）调节电涡流式传感器上的滑动按钮，然后每隔 0.2 mm 读一个数，记下实验结果，填入表 6-1 中。 **表 6-1　电涡流式传感器输出电压与位移数据** （x/mm；U_o/V） 3）根据表 6-1 中的数据，画出 U_o-x 曲线，根据曲线找出线性区域及进行正、负位移测量时的最佳工作点（即曲线线性段的中点），试计算测量范围为 1 mm 与 3 mm 时的灵敏度和线性度。				
自我总结					

表 6-1　电涡流式传感器输出电压与位移数据

x/mm									
U_o/V									

【考核评价】

项目	配分	考核要求	评分细则	得分	扣分
正确连接电路	20 分	能使用实训箱正确连接电路图	1）线路连接正确，但布线不整齐，扣 5 分； 2）未能正确连接电路，每处扣 2 分		
位移测量	40 分	能正确进行仿真，并准确读出实验数据	1）连接方法不正确，每处扣 5 分； 2）读数不准确，每次扣 5 分		
特性曲线	30 分	能正确绘制特性曲线	1）不能进行曲线绘制，扣 10 分； 2）不能修正参数，扣 5 分		
安全文明操作	10 分	1）安全用电，无人为损坏仪器、元件和设备； 2）保持环境整洁，秩序井然，操作习惯良好； 3）小组成员协作和谐，态度正确； 4）不迟到、早退、旷课	1）违反操作规程，每次扣 5 分； 2）工作场地不整洁，扣 5 分		
总分					

【拓展知识】

电磁式传感器和磁电式传感器的区别

1. 结构不同

磁电式传感器具有一块永久磁铁和一个可动线圈，可动线圈置于永久磁铁的气隙磁场中。电磁式传感器没有永久磁铁，有一个固定线圈、一片固定铁片和一片可动铁片。

2. 原理不同

磁电式传感器的可动线圈通过被测电流，在永久磁铁的气隙磁场中受力并产生扭转力矩驱动指针，指针的偏转角与电流成正比。电磁式传感器的固定线圈通过被测电流，该电流同时磁化固定铁片和可动铁片，两铁片的极性互相排斥产生转动力矩驱动指针，指针的偏转角与电流的平方成正比。

3. 适用范围不同

磁电式传感器具有较强的稳定磁场，因此灵敏度高，适用于测量电流小、变化大的电流。电磁式传感器磁场强弱受被测电流的影响，因此灵敏度不高，适用于测量电流大、变化不大的电流。

4. 作用不同

磁电式传感器直接安装在振动体上进行测量，因而在地面振动测量及机载振动监视系统中获得了广泛的应用。电磁式传感器主要是针对测速齿轮而设计的发电型传感器，将被测量在导体中感生的磁通量变化转换成输出信号变化。

【任务习题云】

1. 简述电感式传感器的工作原理。

2. 根据电感式传感器的转换原则，可分为________、________和________传感器。

3. 自感式传感器主要有________、________和________三种类型。

4. 改善变气隙式电感传感器的非线性方法主要有________和________。

5. 磁电式传感器是利用________将被测量转换成电信号的一种传感器，不需要辅助电源，是一种________传感器。

6. 什么叫电涡流效应？根据电涡流效应可以测量哪些量？

7. 什么是零点残余电压？如何消除零点残余电压？

8. 试画出差动变压器式传感器的连接方式，并简述其测量位移的原理。

9. 与变气隙式相比螺线管式电感传感器一般用于测量（　　）。

A. 微小线位移　　B. 较大线位移　　C. 角位移量　　D. 转速

10. 差动变压器传感器配用的测量电路主要有（　　）。

A. 相敏检波电路　　B. 差动整流电路　　C. 直流电桥　　D. 差动电桥

11. 利用电涡流式传感器测量位移时，为了得到较好的线性度和灵敏度，其激磁线圈与被测物体间的距离 x 应该满足（　　）。

A. $r_a \approx x$　　B. $r_a >> x$　　C. $r_a < x$　　D. $r_a > x$

任务 6.2　门控自动照明灯电路的设计与制作

【任务描述】

制作门控自动照明灯电路，要求夜间回家打开房门时能启动照明灯，关上房门后，照明灯能持续点亮一段时间再熄灭，白天回家打开房门照明灯不亮。

【知识链接】

磁敏传感器，顾名思义就是能感知磁性物体的存在，或在有效范围内能感知物体的磁场强度变化的传感器，从本质上来说它是基于磁电转换原理的传感器。磁敏传感器包括磁敏电阻、磁敏二极管和磁敏三极管，它们的灵敏度高于霍尔式传感器，主要用于微弱磁场的测量。干簧管磁敏传感器又称干簧管继电器，作为一种磁接近开关也得到广泛应用。

6.2.1　磁敏电阻传感器测量原理

磁敏二极管和磁敏三极管

1. 磁敏电阻

半导体材料的电阻率随磁场强度的增强而变大，这种现象称为磁阻效应，利用磁阻效应制成的元件称为磁敏电阻。磁场引起磁敏电阻的阻值增大有两个原因：一是材料的电阻率随着磁场的强度增强而变大；二是磁场使电流在器件内部的几何分布发生变化，从而使物体的等效电阻增大。目前使用的磁敏电阻元件主要是利用后者的原理制作的。磁敏电阻的应用范围比较广，可以利用它制成磁场探测仪、位移和角度检测器、安培计以及磁敏交流放大器等。

磁敏电阻与霍尔元件的主要区别是：前者电阻的变化反映磁场的大小，但无法反映磁场的方向；后者是以电动势的变化来反映磁场的大小和方向的。

常见的磁敏电阻由锑化铟薄片组成，在没有外加磁场时，磁阻元件的电流密度矢量如图 6－32（a）所示。当磁场垂直作用在磁阻元件表面上时，由于霍尔效应，电流密度矢量偏移电场方向某个霍尔角 θ，如图 6－32（b）所示。这样就使电流所流通的途径变长，元件两端金属电极间的电阻值也就增大了。元件为长方形时，电极间的距离越长，电阻的增长比例就越大，这就是形状效应。

正因为这种形状效应，所以在磁阻元件的结构中，大多数把 InSb 切成薄片，然后用光刻的方法插入金属电极和金属边界。相当于多形元件的串联，如图 6－33 所示。

实际上根据用途的不同，磁阻元件可以加工成各种形状和结构。例如用于角度测量的磁阻元件是一个衬底上设置两个元件的结构，元件的形状是圆弧状的，未加磁场时，电流呈辐射状，此时电阻最小，当磁场 B 垂直施加到圆盘形磁敏电阻上时，电流沿着 S 形路径从中心电极流向圆环外电极，两电极间的电阻 R_B 比未加磁场时的电阻 R_0 大。

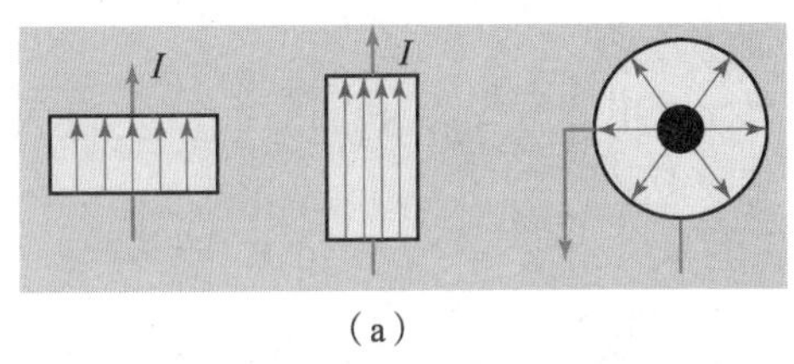

（a）

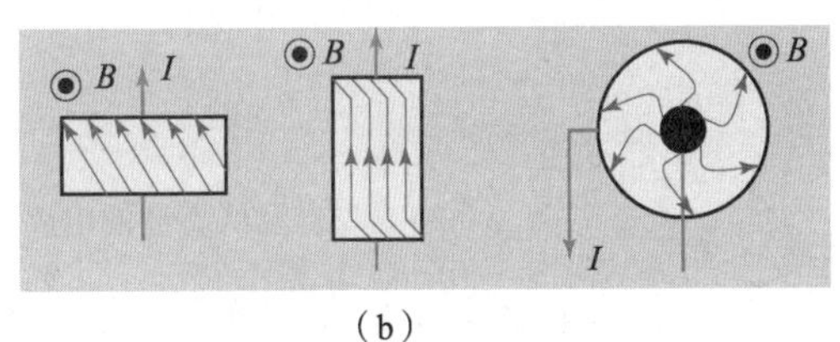

（b）

图 6－32　磁阻元件工作原理

（a）在无磁场时；（b）有磁场作用时

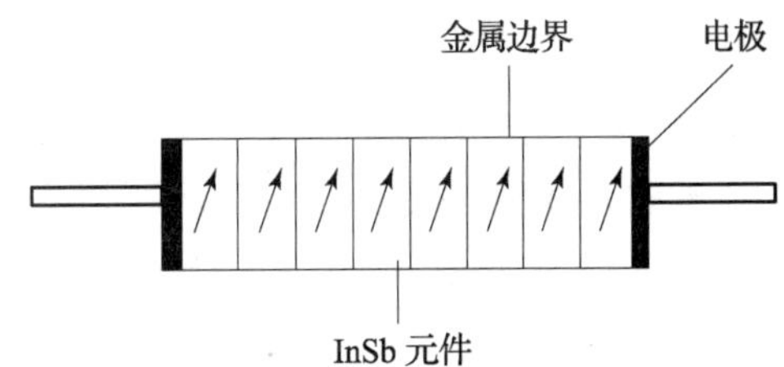

图 6－33　磁阻元件的基本结构

2. 磁敏电阻的参数和特性

（1）磁阻特性

磁敏电阻的电阻比值（R_B/R_0）与磁感应强度 B 之间的关系曲线称为磁敏电阻的磁阻特性曲线，又称 $B-R$ 特性，由无磁场时的电阻 R_0 和磁感应强度为 B 时的电阻 R_B 来表示。R_0 随元件的形状不同而异，为数十欧至数千欧。R_B 随磁感应强度的变化而变化。如图 6－34 和图 6－35 分别为 InSb 磁阻元件和 InSb－NiSb 磁阻元件的 $B-R$ 特性曲线。

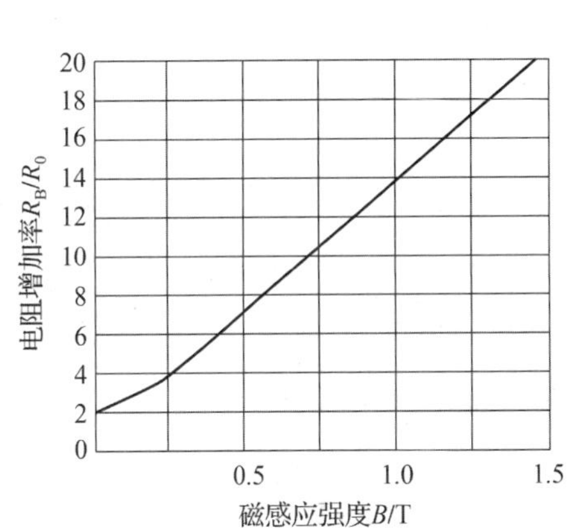

图 6－34　InSb 磁阻元件的 $B-R$ 特性曲线

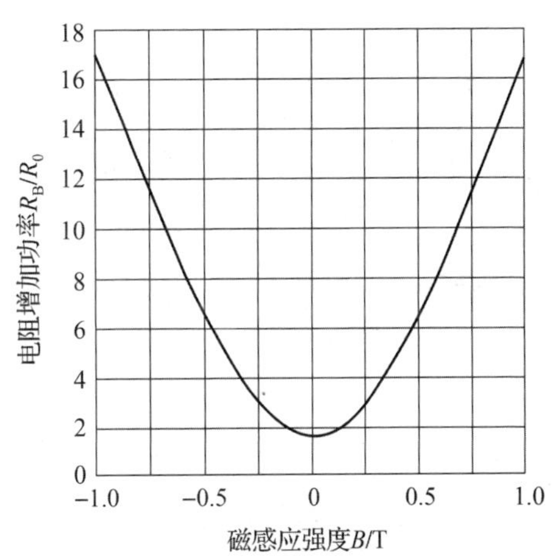

图 6－35　InSb－NiSb 磁阻元件的 $B-R$ 特性曲线

（2）灵敏度 K

磁阻元件的灵敏度 K，可由下式表示，即

$$K=\frac{R_3}{R_0} \tag{6-23}$$

式中，R_3 为当磁感应强度为 0.3 T 时的 R_B 值；R_0 为无磁场时的电阻。一般来说，磁阻元件的灵敏度 $K\geqslant 2.7$。

(3) 温度特性

磁阻元件的温度系数约为 -2%/℃，是比较大的。为了补偿磁敏电阻的温度特性，可以将两个元件串联成对使用，用差动方式工作，电压从中间输出，这样可以大大改善元件的温度特性，如图 6-36 所示。

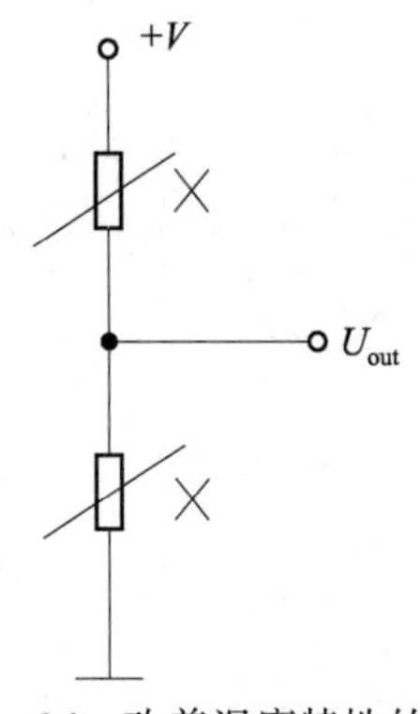

图 6-36 改善温度特性的电路

6.2.2 磁敏电阻的应用

磁敏电阻的应用非常广泛，除了可以用来做成探头，配上简单线路以探测各种磁场外，还可以在位移检测器、角度检测器、交流变换器、频率变换器、功率电压变换器、磁通密度电压变换器等电路中作控制元件，或是作为开关电路用在接近开关、磁卡文字识别和磁电编码器等方面。

半导体 InSb 磁敏无接触电位器是半导体 InSb 磁阻效应的典型应用之一。与传统电位器相比，它具有无可比拟的优点：无接触电刷、无电接触噪声、旋转力矩小、分辨率高、高频特性好、可靠性高、寿命长。半导体 InSb 磁敏无接触电位器是基于半导体 InSb 磁阻效应原理，由半导体 InSb 磁敏电阻元件和偏置磁钢组成的，其结构与普通电位器相似。由于无电刷接触，故称无接触电位器。

该电位器的核心是差分型结构的两个半圆形磁敏电阻；它们被安装在同一旋转轴上的半圆形永磁钢上，其面积恰好覆盖其中一个磁敏电阻；随着旋转轴的转动，磁钢覆盖于磁阻元件的面积发生变化，引起磁敏电阻值发生变化，旋转转轴，即能调节其阻值。其工作原理和输出电压随旋转角度变化的关系曲线如图 6-37 所示。

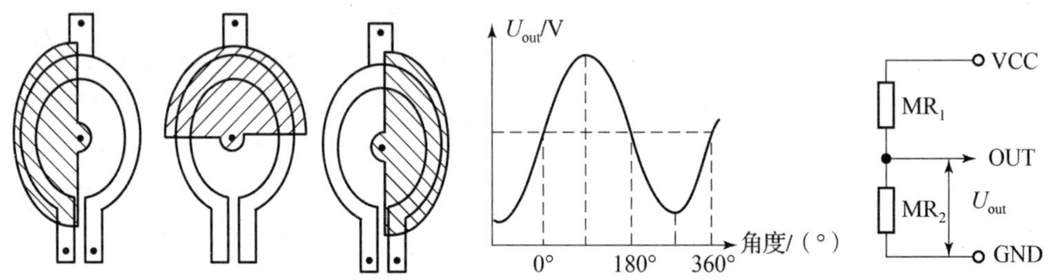

图 6-37 磁敏无接触电位器工作原理和输出电压随旋转角度变化的关系曲线

6.2.3 磁敏二极管测量原理及应用

磁敏二极管是一种磁电转换元件，它可以将磁信息转换成电信号，具有体积小、灵敏度高、响应快、无触点、输出功率大及性能稳定等特点，可广泛应用于磁场的检测、磁力探伤、转速测量、位移测量、电流测量、无触点开关、无刷直流电机等技术领域。

1. 磁敏二极管的基本结构及工作原理

磁敏二极管的结构如图 6-38 所示。它是平面 P^+IN^+ 型结构的二极管。在高纯度半导体锗的两端用合金法做成高掺杂 P 型区和 N 型区。I 区是高纯度空间电荷区，I 区的长度远远大于载流子扩散的长度。在 I 区的一个侧面上，用扩散、研磨或扩散杂质等方法制成高复

合区 r，在 r 区载流子的复合速率较大。

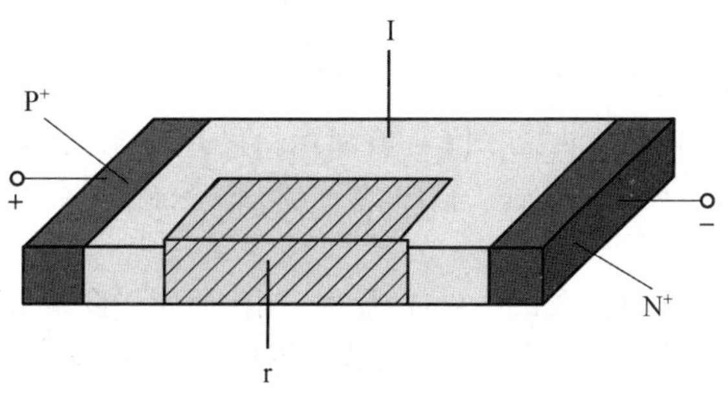

图 6－38　磁敏二极管的结构

在电路中，P^+ 区接正电压，N^+ 区接负电压，即给磁敏二极管加上正电压时，P^+ 区向 I 区注入空穴，N^+ 区注入电子。在没有外加磁场时，大部分的空穴和电子分别流入 N^+ 区和 P^+ 区而产生电流，只有很少部分载流子在 I 区或 r 区复合，如图 6－39（a）所示。此时 I 区有固定的阻值，器件呈稳定状态。当给磁敏二极管外加一个磁场 B_+ 时，在正向磁场的作用下，空穴和电子在洛伦兹力的作用下偏向 r 区，如图 6－39（b）所示。由于空穴和电子在 r 区的复合速率大，因此载流子复合掉的比没有磁场时大得多，从而使 I 区中的载流子数目减少，I 区电阻增大，I 区的电压降也增加，又使 P^+ 与 N^+ 结的结压降减小，导致注入到 I 区的载流子的数目减少，其结果使 I 区的电阻继续增大，其压降也继续增大，形成正反馈过程，直到进入某一动平衡状态为止。当在磁敏二极管上加一个反向磁场 B_- 时，载流子在洛伦兹力的作用下，均偏离复合区 r，如图 6－39（c）所示。其偏离 r 区的结果与加正向磁场时的情况恰好相反，此时磁敏二极管的正向电流增大，电阻减小。

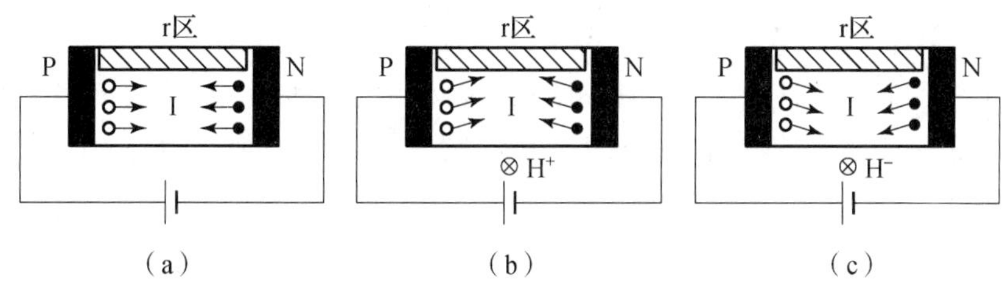

图 6－39　磁敏二极管工作原理

（a）无磁场；（b）加正向磁场；（c）加反向磁场

从以上的工作过程可以看出，磁敏二极管是采用电子与空穴双重注入效应及复合效应原理工作的。在磁场作用下，两效应是相乘的，再加上正反馈的作用，磁敏二极管有着很高的灵敏度。由于磁敏二极管在正负磁场作用下，其输出信号增量方向不同，因此利用它可以判别磁场方向。

2. 磁敏二极管的主要技术特性及参数

（1）灵敏度

当外加磁感应强度 B 为 ±0.1 T 时，输出端电压增量与电流增量之比为灵敏度，国产 2ACM 磁敏二极管的灵敏度为 800 mV/mA。

（2）工作电压 U_0 和工作电流 I_0

工作电压和工作电流是指磁敏二极管在零磁场时的电压、电流值。国产 2ACM 磁敏二极管的工作电压 U_0 为 5～7 V，工作电流 I_0 为 1.5～2.5 mA。

（3）电压输出特性

磁敏二极管电压输出特性曲线如图 6－40 所示。在弱磁场下，输出电压与磁感应强度成正比，为线性关系。随着磁场的增强，输出电压与磁感应强度呈非线性关系。

（4）伏安特性

磁敏二极管的伏安特性曲线如图 6－41 所示。当磁感应强度 B 不同时，有着不同的伏安特性曲线，AB 线为负载线。通过磁敏二极管的电流越大，则在同一磁场作用下，输出电压越高，灵敏度也越高。在负向磁场作用下，磁敏二极管的电阻小，电流大。在正向磁场作用下，磁敏二极管的电阻大，电流小。

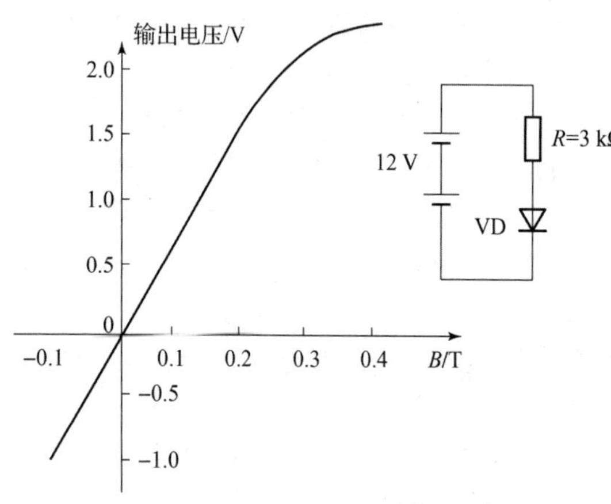

图 6－40　磁敏二极管电压输出特性曲线

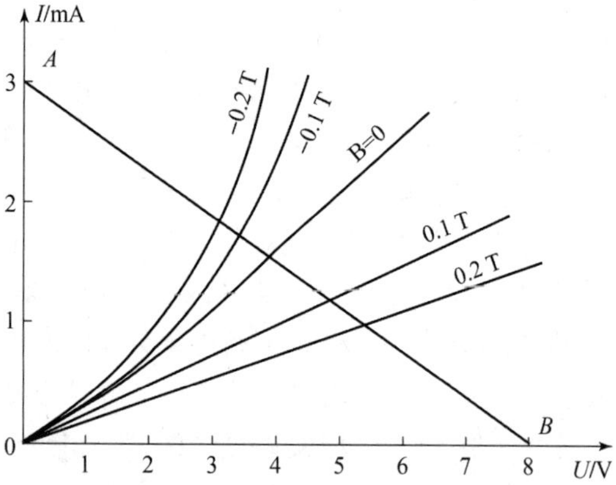

图 6－41　磁敏二极管的伏安特性曲线

（5）温度特性

磁敏二极管的温度特性曲线如图 6－42 所示，磁敏二极管受温度影响较大，即在一定的测试条件下，磁敏二极管的输出电压变化量随温度变化较大。因此，在实际使用时，必须对其进行温度补偿。

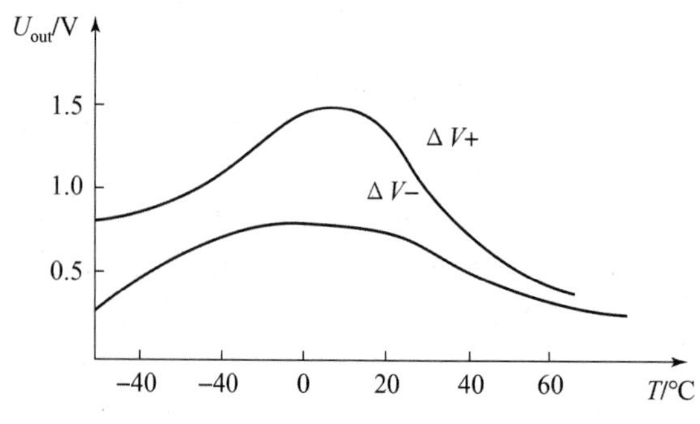

图 6－42　磁敏二极管的温度特性曲线

3. *磁敏二极管的应用*

磁敏二极管漏磁探伤仪是利用磁敏二极管可以检测弱磁场变化的特性而设计的，原理如图 6－43 所示。漏磁探伤仪由激励线圈 2、铁芯 3、放大器 4、磁敏二极管探头 5 等部分构成。将待测物 1（如钢棒）置于铁芯之下，并使之不断转动，在铁芯、线圈激磁后，钢棒被磁化。若待测钢棒没有损伤的部分在铁芯之下时，铁芯和钢棒被磁化部分构成闭合磁路，激励线圈感应的磁通为 ϕ，此时无泄漏磁通，磁场二极管探头没有信号输出。若钢棒上的裂纹旋至铁芯下，裂纹处的泄漏磁通作用于探头，探头将泄漏磁通量转换成电压信号，经放大器放大输出，根据指示仪表的示值可以得知待测铁棒中的缺陷。

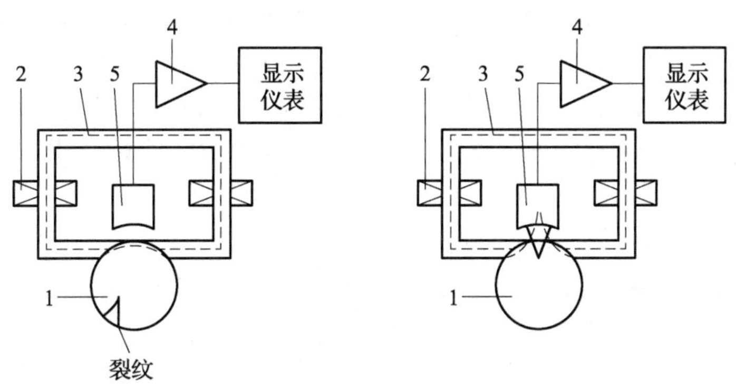

图 6－43　漏磁探伤仪的工作原理

1—待测物；2—激励线圈；3—铁芯；4—放大器；5—磁敏二极管探头

6.2.4　磁敏三极管工作原理

磁敏三极管是一种新型的磁电转换器件，这种器件的灵敏度比霍尔元件的灵敏度高得多，仍具有无触点、输出功率大、响应快、体积小、成本低的优点。磁敏三极管在磁力探测、无损探伤、位移测量、转速测量及自动化控制设备上得到广泛的应用。

1. *磁敏三极管的基本结构及工作原理*

磁敏三极管由褚材料制成。如图 6－44 所示是磁敏三极管结构。它是在高阻半导体材料 I 上制成 N^-－I－N^+结构，在发射区的一侧用喷砂等方法破坏一层晶格，形成载流子高复合区 r，元件采用平板结构，发射区和集电区设置在它的上下表面。

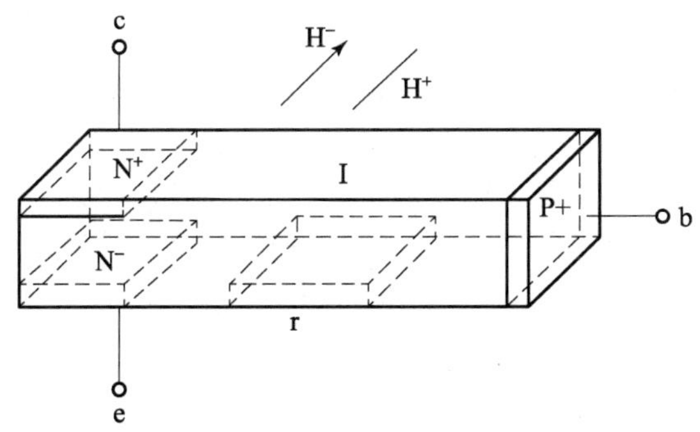

图 6－44　磁敏三极管结构

如图 6－45 所示是磁敏三极管工作原理示意图。如图 6－45（a）所示是无外磁场作用情况。从发射极 e 注入到 I 区的电子，由于 I 区较长，在横向电压 U_{be} 的作用下，大部分与 I 区中的空穴复合形成基极电流，少部分电子到集电极形成集电极电流。显然这时基极电流大于集电极电流。如图 6－45（b）所示是有外部磁场 B_{+} 作用的情况，从发射极注入到 I 区的电子，除受横向电场 U_{be} 作用外，还受磁场洛伦兹力的作用，使其向复合区 r 方向偏转。结果使注入集电极的电子数和流入基区的电子数的比例发生变化，原来进入集电极的部分电子改为进入基区，使基极电流增加，而集电极电流减少。根据磁敏二极管的工作原理，由于流入基区的电子要经过高复合区 r，载流子大量地复合，使 I 区载流子浓度大大减小而成为高阻区，高阻区的存在又使发射结上的电压减小，从而使注入到 I 区的电子数大量减少，使集电极电流进一步减少。流入基区的电子数，开始由于洛伦兹力的作用增加，后又因发射结电压下降而减少，总的结果是基极电流基本不变。如图 6－45（c）所示是有外部反向磁场 B 作用的情况。其工作过程正好和加上正向电场 B_{+} 的情况相反，集电极电流增加，而基极电流基本上保持不变。

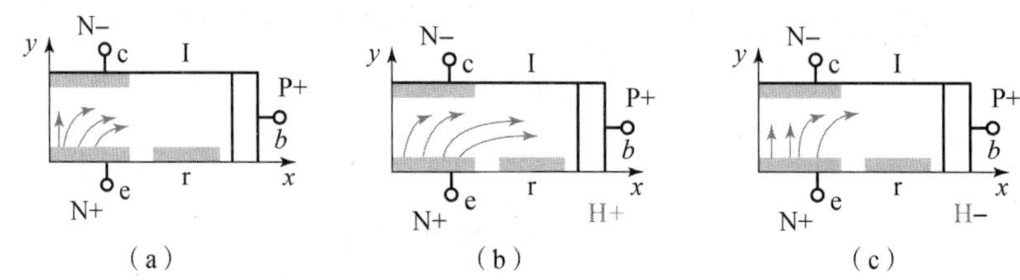

图 6－45　磁敏三极管工作原理示意图

由上面磁敏三极管的工作过程可以看出，其工作原理与磁敏二极管完全相反，无外界磁场作用时，由于 I 区较长，在横向电场作用下，发射极电路大部分形成基极电流，小部分形成集电极电流。在正向或反向磁场作用下，会引起集电极电流的减少或增加。因此可以用磁场方向和强弱控制集电极电流的增加或减少。

2. *磁敏三极管的主要技术特性*

（1）磁灵敏度 h_x

磁敏三极管的磁灵敏度是指当基极电流恒定，外加磁感应强度 $B=0$ 时的集电极电流 I 与外加磁场感应强度 $B=\pm0.1$ T 时的集电极电流 I_{c1} 的相对变化值，国产 3BCM 磁敏三极管的磁灵敏度 $h_x=(16\%\sim20\%)/0.1$ T。

（2）输出特性

如图 6－46 所示是硅磁敏三极管在基极电流恒定时，集电极电流与外加磁场的关系曲线。

（3）温度特性

磁敏三极管的基区宽度比载流子扩散长度大，基区输送的电流主要是漂移电流，所以集电极电流的温度特性具有负的温度系数，即随着温度的升高，集电极电流下降。在基电极电流恒定的条件下，在 －40～100 ℃ 温度范围内，平均的温度系数为（－0.1%～－0.3%）/℃。

6.2.5　干簧管

干簧管的全称叫做干式舌簧开关管，是一种具有干式接点的密封式开关，也是一种磁控

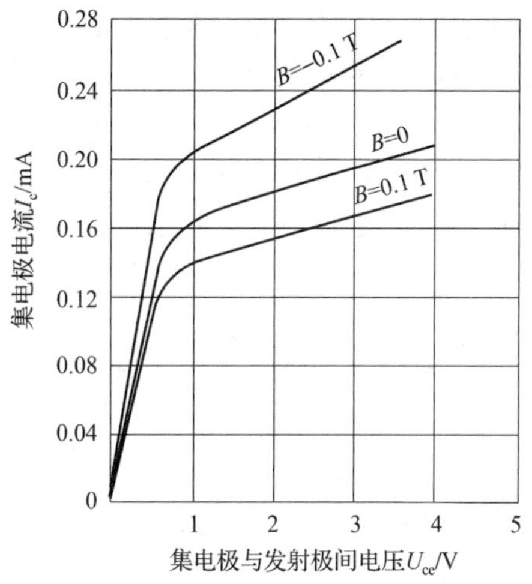

图 6－46　硅磁敏三极管电极电流特性

元件。干簧管具有结构简单、体积小、寿命长、防腐、防尘以及便于控制等优点，可广泛用于接近开关、防盗报警等控制电路中。

1. 干簧管的结构

干簧管是用既导磁又导电的材料做成簧片，将两个簧片平行地封入充有惰性气体（如氮气、氦气等）的玻璃管中，组成的一个开关元件。两个簧片的端部有部分重叠并留有一定间隙以构成接点。当外加的永久磁铁靠近干簧管使簧片磁化时，簧片的接点部分就感应出极性相反的磁极，当磁极之间的吸引力超过簧片的弹力时，两个簧片的端部接点就会吸合；当磁极之间的磁力减小到一定值时，两个簧片的端部接点又会被簧片的弹力所打开，其结构如图 6－47 所示。

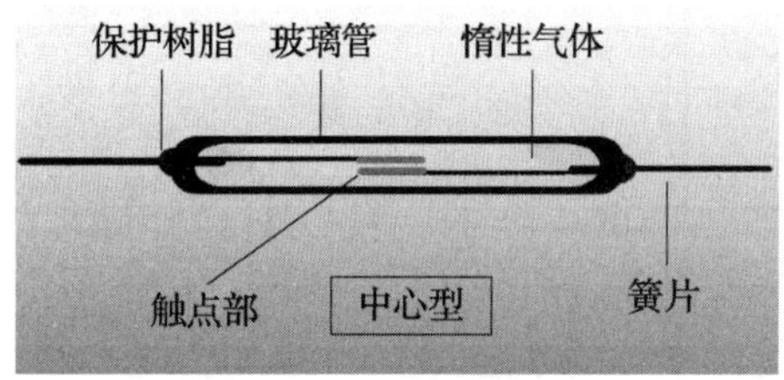

图 6－47　干簧管的结构

干簧管比一般机械开关结构简单、体积小、速度高、工作寿命长；而与电子开关相比，它又有抗负载冲击能力强等特点，工作可靠性很高，外形如图 6－48 所示。

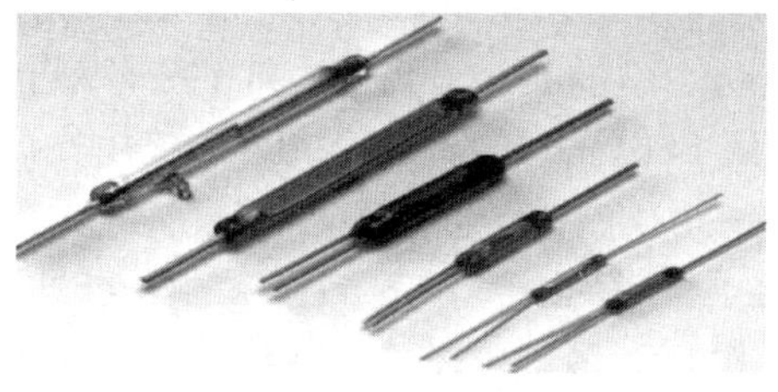

图 6－48　干簧管外形

干簧管按接点形式可分为常开接点（H 型）与转换接点（Z 型）两种。常开式干簧管的接点只有两个，当簧片被磁化时，接点就闭合；转换式干簧管的接点有三个，一个簧片用导电但不导磁的材料做成，另外两个簧片用既导电又导磁的材料制成。平时，依靠弹性使簧片之间有一对闭合而另一对断开。当永久磁铁靠近干簧管时，簧片之间的闭合与断开便相互转换，这样就构成了一个转换开关。干簧管的簧片接点间隙一般为 1 ~2 mm，两簧片的吸合时间非常短，通常小于 0. 15 ms。

2. 干簧管的应用

干簧管和永久磁铁配合可以用在许多方面，例如，利用永久磁铁靠近干簧管时可使干簧管动作的原理，可以制成各种控制开关及产生控制信号，可以做成磁控开关，在需要电气保护控制的回路中串入干簧管外的线圈，当回路发生故障时，线圈中流过电流，可使干簧管接点闭合，使控制继电器动作，继电器的常闭触点断开，达到保护的目的。

（1）干簧管式自动水位控制装置

干簧管式自动水位控制装置的水位传感器由干簧管、浮球、滑轮及永久磁铁等组成，如图 6 –49 所示。当浮球由于液面的升降而上下移动时，通过滑轮与绳索将带动永久磁铁上下移动，当永久磁铁移动到干簧管的设定位置时，干簧管内的常开接点在永久磁铁磁场的作用下接通，当永久磁铁移开时，接点则被释放。根据干簧管接点的接通与断开情况即可得知水位信号。

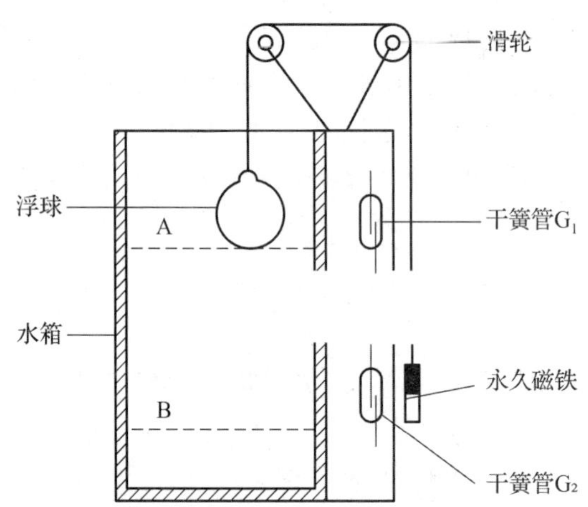

图 6 –49　干簧管式自动水位控制器结构

如图 6 –50 所示是干簧管式自动水位控制装置电路原理图。平时，水箱内的水位在图示的 A、B 之间时，干簧管 G_1、G_2 不受永久磁铁磁场的作用，G_1 和 G_2 内部的常开接点均处于断开状态，使 IC_1 复位，IC_1 的③脚输出低电平，继电器 K 不工作，其触点 K 断开，水泵电机不工作。与此同时，由于 C_1、C_2 的断开，使 VT_1 和 VT_2 均处于截止状态，IC_2 八音响集成电路的选声端均处于高电平而不工作，扬声器不发出报警声响。

当液位下降低于 B 点时，永久磁铁同干簧管 G_2 接近，在永久磁铁磁场的作用下，G_2 内部的常开接点接通。在 G_2 接点接通的瞬间 IC_1 的②脚得到负脉冲信号而被触发翻转，其③脚输出高电平，使继电器 K 工作，K_1 触点接通，交流接触器 KM 得电工作，其常开触点 KM_1 闭合，使水泵电机旋转工作并向水箱注水。同时 VT_2 导通，使 IC_2 的一个选声端为低电平而

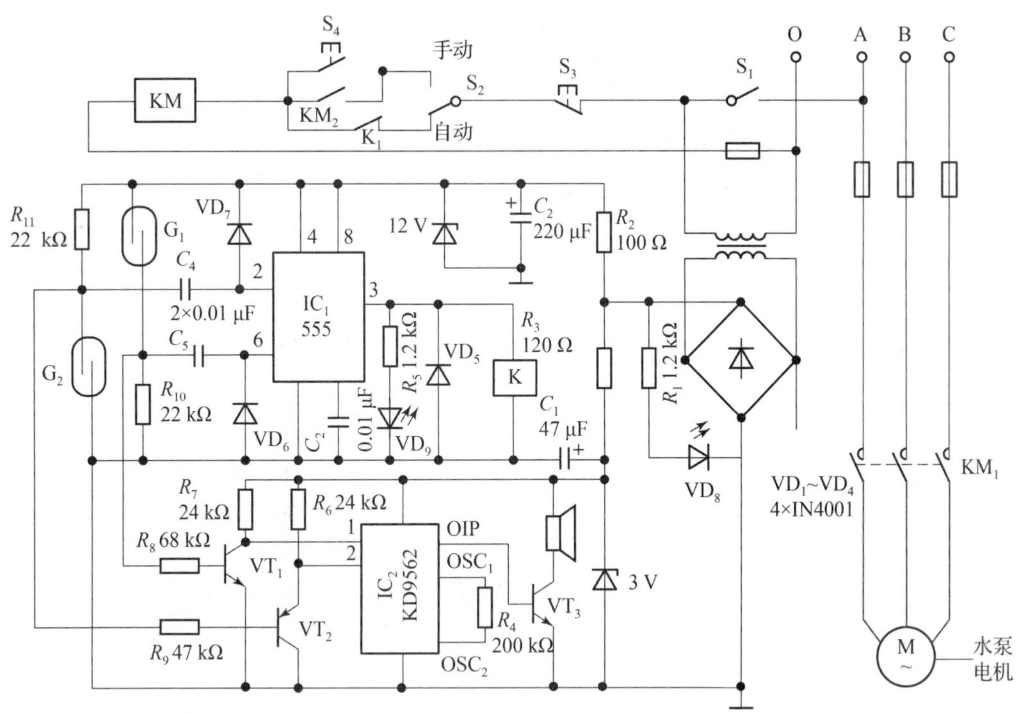

图 6－50　干簧管式自动水位控制装置电路原理图

工作，IC_2产生的警笛信号由 VT_3 放大，驱动扬声器发出声响。随着水位的提高，G_2渐渐失去磁性控制，警笛声自动消除，水泵仍继续工作。

当水位到达 A 点时，永久磁铁同干簧管 G_1接近，在永久磁铁磁场的作用下，G_1内部的常开接点闭合。在 G_1接点闭合的瞬间，IC_1的⑥脚得到正脉冲信号的触发而翻转，其③脚的电平转为低电平，继电器 K 停止工作，其触点 K_1断开，交流接触器 KM 因失电而断开其触点 KM_1，水泵电机停止工作。与此同时，VT_2导通，使 IC_2的另一边声端为低电平而工作，从而使扬声器发出另一种声响，告知注水已到上限停止注水。随着用水水位的下降，干簧管 G_1内部接点断开，音响则自动停止。

需要手动操作时，只要把转换开关 S_2置于“手动”位置，按下启动按钮 S_4就可使水泵工作。按下止动按钮 S_3，水泵便停止工作。发光二极管 VD_8 为电源指示灯，VD_9 为电机工作指示灯。

（2）门窗防撬报警电路

如图 6－51 所示是一个简易的门窗防撬报警电路，图中使用了三个干簧管，其中两个用于窗 1 和窗 2 的防撬，另一个用于门的防撬。干簧管安置在门框和窗框中，永久磁铁安装在门及窗上，它们之间的距离在 5 mm 左右。当门窗关闭时，三个干簧管的接点在永久磁铁的作用下吸合，半导体管 VT 的基极与发射极被干簧管的接点短接，VT 截止，蜂鸣器不发声。当门窗被撬开时，干簧管由吸合变为释放状态，VT 由 *R* 提供基极电流而导通，蜂鸣器发出报警声响。

由于三个干簧管是串接的，所以任一门窗被撬开时都能发出报警声响。也可以用电磁继电器代替蜂鸣器，由继电器的触点来控制多样的报警方式。

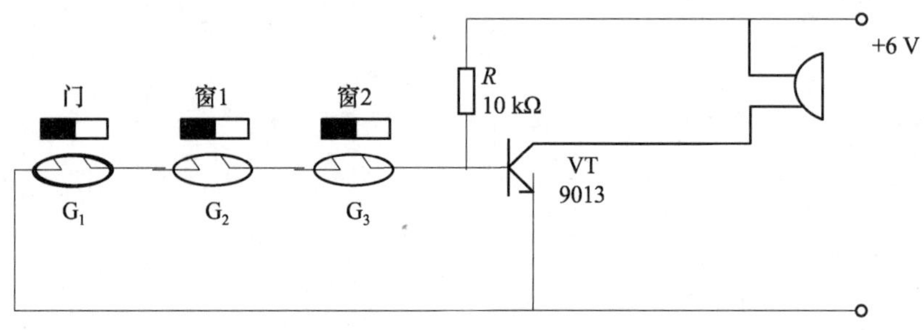

图 6－51　门窗防撬报警电路

【任务实施】

1. 电路组成

门控自动照明灯电路如图 6－52 所示，电路由门控开关、延迟电路、光控电路和电源电路等几部分组成。门控开关主要由干簧管 K、小磁铁 ZT 等组成，ZT 安装在门上，干簧管 K 安装在门框上。VT_3、R_G 和 R_P 构成光控电路，电源部分由 C_2、C_3、VD_1、VD_2 等组成。

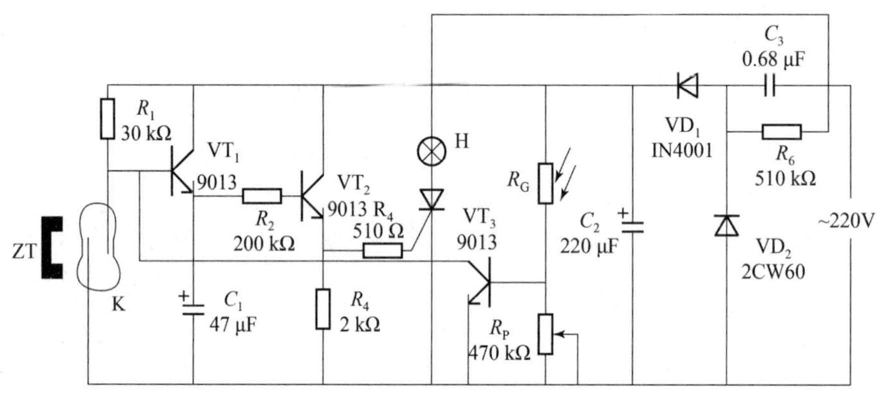

图 6－52　门控自动照明灯电路

2. 工作原理

当门关上时，ZT 对准干簧管 K，所以干簧管内两接点被磁化吸合，这时电子开关管 VT_1 因基极为低电平而处于截止状态，VT_2 也截止，故可控硅 VS 门极无触发电压而处于关断状态，灯 H 不亮。若夜间回家开门，门打开时，ZT 远离干簧管，干簧管内两接点因自身弹性复位跳开，VT_1 因 R_1 获得基极偏流而导通，正电源就通过 VT_1 向电容 C_1 迅速充电，并经 R_2 向 VT_2 注入基流使 VT_2 也因此而导通，VS 获得触发电流就由原来的关断态转为导通态，灯 H 就通电发光。主人回家开门后又随手关好房门，虽然 VT_1 又恢复了截止状态，由于 C_1 储存的电荷可通过 R_2 向 VT_2 的基极放电，从而维持 VT_2 继续保持导通态，所以电灯 H 仍点亮而不会熄灭。直至 C_1 电荷基本放完，不足以维持 VT_2 导通时，VS 因失去触发电流，当交流电过零时即关断，灯 H 熄灭。白天光敏电阻器 R_G 因受室内自然光线照射而呈低电阻，VT_3 处于导通状态，使 VT_1 的基极电位受到 VT_3 集电极控制，即使打开房门，K 接点跳开，VT_1 的基极仍处于低电位，始终保持截止状态不变，所以电灯 H 不会被点亮。只有

夜幕降临时，因 R_G 无光照射呈高电阻，VT_3 截止，从而解除对 VT_1 的封锁，电路才受门控开关控制。

220 V 交流电经 C_3 降压限流、VD_1 半波整流、VD_2 稳压和 C_2 滤波输出约 12 V 的直流电压供整机用电。

3. 元器件选择

VT_1 ~ VT_3 均采用 9013 型等硅 NPN 三极管，$\beta \geqslant 100$。VS 可用 MCR100－8 型等小型塑封单向可控硅，VD_1 为 1N4001 型硅整流二极管，VD_2 可用 12 V、1/2 W 稳压二极管，如 2CW60 型等。H 可用 40 W 以下白炽灯泡。

R_G 为 MG45 型光敏电阻器，要求亮阻与暗阻相差越大越好。R_P 为 WSW 型有机实芯微调可变电阻器，其余电阻均用 RTX－1/8 W 型碳膜电阻器。C_1、C_2 可用 CD11－25 V 型电解电容器，C_3 要求采用耐压 400 V 以上的优质聚丙烯电容器。K 可用任何型号的小型干簧管，ZT 采用小体积高磁力的小磁体，也可采用塑料文具盒的封口磁铁。

4. 制作与调试注意事项

①注意传感器的检测方法。

②制作前检测光敏电阻的灵敏度。

③调试时注意观测晶闸管的门极电位。

【技能训练工单】

姓名		班级		组号	
名称	任务 6.2　磁电式传感器应用				
任务提出	设计制作一个使用磁阻元件 HMC1021 构成的简易测量地理方向（罗盘）电路，它在工作时能准确地指示南方，既可以代替传统的机械式指南针，也可以通过适当的电路改进（如使用三轴传感器），进行精确的方位测量，应用于精确导航等领域。				
问题导入	1）磁敏电阻通常做成________状。 2）磁敏二极管的结构形式与二极管相似，但两个管脚有________之分。 3）磁敏二极管较长的管脚连接其内部的________端，接电源的________极；较短的管脚连接其内部的________端，接电源的________极。 4）按采用的半导体材料不同，磁敏三极管可分为________和________。				
技能要求	1）掌握磁敏传感器的测量方法； 2）掌握磁敏传感器的应用。				

续表

姓名		班级		组号	
名称	任务 6.2　磁电式传感器应用				
任务制作	1）电子指南针电路原理图如图 6－53 所示。 图 6－53　电子指南针电路原理图 2）电路调试。 ①指示灯（LED）单排直线安装（5 绿＋3 红），传感器的易磁化轴与 LED 的安装轴线平行，且易磁化轴的方向应有红色 LED 指向绿色 LED。按钮开关安装在便于操作的位置。				

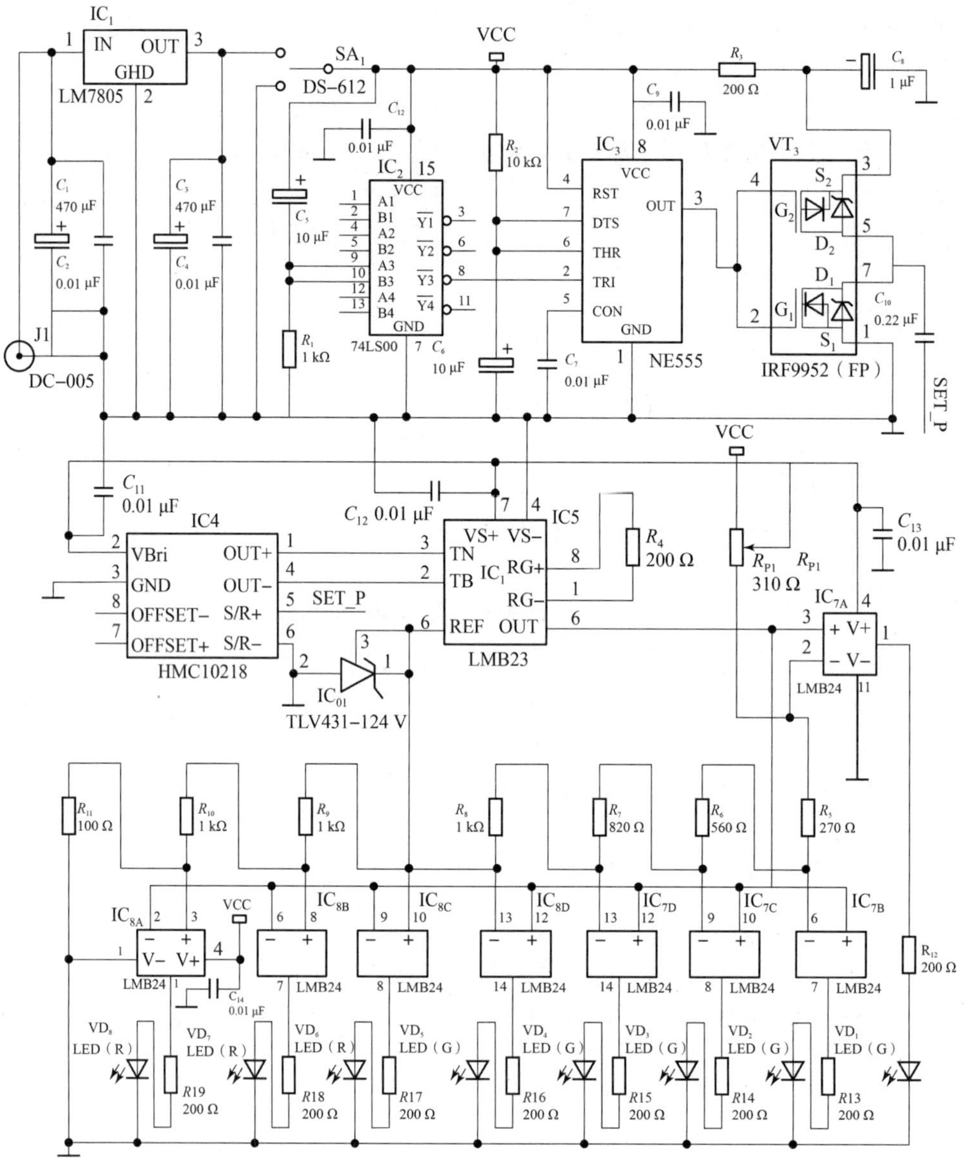

续表

姓名		班级		组号	
名称	任务 6.2　磁电式传感器应用				
任务制作	②各点工作电压符合设计要求，特别是参考电源的输出电压，需要保证其输出为 1.24 V（1±2%）。 ③方向指示的校正。将测试设备的指示灯（红色→绿色）对准北方（非南方），调节 R_{P1}，尽量使更多的绿色 LED 点亮即可。 3）自行查阅资料，当使用双轴（相互垂直）的磁阻传感器进行地磁测试时，如何确定地理极向，如何修正地理极性与地磁极性的偏差，从而得到精准的地理极性的方向。				
自我总结					

【考核评价】

项目	配分	考核要求	评分细则	得分	扣分
正确连接电路	20 分	能使用仿真软件连接电路图	1）线路连接正确，但布线不整齐，扣 5 分 2）未能正确连接电路，每处扣 2 分		
功能实现	40 分	能正确进行仿真，并实现功能	1）仿真功能未实现，每处扣 5 分 2）读数不准确，每次扣 5 分		
原理分析	30 分	能正确进行原理分析和调试	1）不能分析原理，扣 10 分 2）不能调试参数，扣 5 分		

续表

项目	配分	考核要求	评分细则	得分	扣分
安全文明操作	10分	1）安全用电，无人为损坏仪器、元件和设备； 2）保持环境整洁，秩序井然，操作习惯良好； 3）小组成员协作和谐，态度正确； 4）不迟到、早退、旷课	1）违反操作规程，每次扣5分 2）工作场地不整洁，扣5分		
总分					

【拓展知识】

G－MRCO－016 磁传感器的应用案例

1. 在电流检测中的应用

在冶金、化工、超导体应用和高能物理（如可控核聚变）试验装置中有很多超大电流电气设备。G－MRCO－016 磁传感器可以测量和控制大电流，可以在不引入插入损耗的情况下满足精确测量的要求，也省去了使用 Rogocansky 线圈等昂贵的测试设备。使用该传感器，可以检测高达 300 kA 的电流。

2. G－MRCO－016 磁传感器三相电力变送器

利用 G－MRCO－016 磁传感器的乘法器功能，还可以组成三相电力变送器，检测三相平衡或不平衡负载电路的三相有功功率和无功功率。G－MRCO－016 磁传感器电压经滤波、放大输出后，将三相电源转换为直流电压和电流。可为遥控装置、检查装置等提供直流电压，可为近距离测量和仪器提供直流电流。三相电力变送器是实现电网自动化不可或缺的环节。

3. 构成电能表

上述电能表加上 V/f 转换和分频计数可以组成电式电能表，加上磁卡读卡器可以组成磁卡式电能表。G－MRCO－016 磁传感器磁卡电能表功能框图使用 G－MRCO－016 磁传感器作为电量指示灯，还可以组成多种功能的电表。在这些电表上加入一些功能电路，就可以组成一个具有绝缘缺陷检测、电篡改检测电表等功能的电能表。基于霍尔器件的基本功能，还可以集成多功能家用电表，可同时显示电流、电压、用电量、电费、功率因数、谐波电压等。

4. G－MRCO－016 磁传感器隔离放大器

G－MRCO－016 磁传感器隔离放大器是一款以转角元件为中心的自平衡弱电流比较器，用于替代变压器耦合隔离放大器中的调制解调系统，简化电路。仔细调整电流比较器的电路，大大拓宽放大器的频带，使其可以达到 DC～2 MHz，同时保持磁耦合隔离放大器的增

益精度和光耦合隔离放大器的线性度，即高精度宽带隔离放大器。隔离放大器在空间技术、计算机技术、医学和仪器仪表中有着非常重要的应用。

5. 用作电磁隔离耦合器

利用 G－MRCO－016 磁传感器的工作原理，可制成电磁隔离耦合器。传感器的输出由初级线圈的电流控制，输出信号用于控制其他电路，既能收到隔离的效果，又能达到耦合的目的。该电路可用于制作继电器、过载保护器、通信线路保护开关等。

【任务习题云】

1. 磁敏传感器的工作原理是什么？常用的磁敏传感器有哪几种？
2. 什么叫做磁阻效应？磁场为什么会引起磁敏电阻的阻值发生变化？
3. 磁敏二极管是基于什么原理工作的？
4. 干簧管的结构包括哪几部分？

【模块小结】

电感式传感器是利用电磁感应原理，将被测的非电量变化转换成线圈电感（或互感）的变化。电感式传感器具有结构简单、工作可靠、测量精度高、零点核定、无须外电源和输出功率较大等一系列优点。电感式传感器按转换原理的不同可分为自感式（电感式）和互感式（差动变压器式）两大类。按原理，还可以分为自感式、差动变压器式、电涡流式。常用的测量电路有交流电桥式、变压器式交流电桥以及谐振式等。

差动变压器就是把被测的非电量变化转换为线圈互感变化的传感器，差动变压器结构形式有：变气隙式、变面积式和螺线管式等。在非电量测量中，应用最多的是螺线管式差动变压器，它可以测量 1～100 mm 机械位移，并具有测量精度高、灵敏度高、结构简单、性能可靠等优点。

电涡流式传感器是利用电涡流效应进行工作的。电涡流式传感器最大的特点是能对位移、厚度、表面温度、速度、应力、材料损伤等进行非接触式连续测量，另外还具有体积小、灵敏度高、频率响应宽等特点。电涡流式传感器的测量电路主要有调频式、调幅式电路两种。

利用磁阻效应制成的元件称为磁敏电阻，磁敏电阻的应用范围比较广，可以利用它制成磁场探测仪、位移和角度检测器、安培计以及磁敏交流放大器等。

磁敏二极管是一种磁电转换元件，它可以将磁信息转换成电信号，具有体积小、灵敏度高、响应快、无触点、输出功率大及性能稳定等特点，可广泛应用于磁场的检测、磁力探伤、转速测量、位移测量、电流测量、无触点开关、无刷直流电机等技术领域。

磁敏三极管是一种新型的磁电转换器件，这种器件的灵敏度比霍尔元件的灵敏度高得多，仍具有无触点、输出功率大、响应快、体积小、成本低的优点。磁敏三极管在磁力探测、无损探伤、位移测量、转速测量及自动化控制设备上得到了广泛的应用。

干簧管的全称叫做干式舌簧开关管，是一种具有干式接点的密封式开关，是一种磁控元件。干簧管具有结构简单、体积小、寿命长、防腐、防尘以及便于控制等优点，可广泛用于接近开关、防盗报警等控制电路中。

【收获与反思】

收获与反思空间（将你学到的知识技能要点构建思维导图并进行自我目标达成度的评价）

模块七　传感器信号处理

模块导入

大多数传感器输出的信号是极其微弱的，通常是电压信号，也有电流或者电荷信号，所以使用这些信号需要经过放大。不同的传感器输出信号，所用的放大电路也不同。这里需要考虑的是由于本身信号很小，所以采用的放大电路的噪声也要很小，需要适当做好屏蔽和隔离，缩短线路长度。由于电子元器件的特性，电路性能会受到温度影响产生漂移，这就需要选择温漂小的器件，同时减小电流，做好散热。输入输出阻抗匹配，输入阻抗越高，噪声越大；输入阻抗太小，接入电路以后会影响前级传感器工作。大多数系统采用的是线性定标，这时就需要考虑输出的线性度好，尽量减少回程误差。

<table>
<tr><td colspan="2">模块目标</td></tr>
<tr><td>素质目标</td><td>1. 培养学生总结归纳解决问题的能力；
2. 培养学生认真严谨的学习态度；
3. 培养学生的创新意识。</td></tr>
<tr><td>知识目标</td><td>1. 掌握输出信号的干扰及控制技术；
2. 掌握传感器输出信号处理电路；
3. 了解传感器输出信号的特点。</td></tr>
<tr><td>能力目标</td><td>1. 能够解决电路中的干扰问题；
2. 能够进行输出信号的处理；
3. 能够解决电路实际问题。</td></tr>
<tr><td colspan="2">教学重难点</td></tr>
<tr><td>模块重点</td><td>模块难点</td></tr>
<tr><td>电路中常见的干扰处理方法</td><td>实际电路中输出信号的处理</td></tr>
</table>

任务 7.1　传感器信号处理技术

【任务描述】

用 K 型热电偶进行温度测量时，需要将被测温度转换成电压信号进行输出，要求能够对传感器输出的电信号进行处理，并利用一定的技术进行信号的优化处理。

【知识链接】

7.1.1　传感器信号输出的特点

一般检测系统通常由传感器、测量电路（信号转换与信号处理电路）以及显示记录部分组成。对于被测非电量变换为电路参数的无源型传感器（如电阻式、电感式、电容式等），需要先进行激励，通过不同的转换电路把电路参数转换成电流或电压信号，然后再经过放大输出；对于直接把非电量变换为电学量（电流或电动热）的有源型传感器（如磁电式、热电式等），需要进行放大处理。因此，一个非电量检测装置（或系统）中，必须具有对电信号进行转换和处理的电路，即具有对微弱信号放大、滤波、零点校正、线性化处理、温度补偿、误差修正、量程切换等信号处理功能。信号处理电路的重点为微弱信号放大及线性化处理。

7.1.2　传感器输出信号处理电路

传感器信号处理

各种信息由传感器采集后，变换成电量信号，必须先经过一系列的变换，以适合数据采集系统的采集。常见信号处理电路有阻抗变换、信号的放大或衰减、滤波、线性化处理、数值运算、电气隔离等。

例如当传感器输出信号十分微弱时，必须采用前置放大器，提高对信号的分辨率；当传感器输出信号输出阻抗很高时，必须采用阻抗变换器、电荷放大器等以变换阻抗和放大信号：当信号中有较多的噪声成分时，必须进行滤波处理，等等。

1. 信号放大器

信号放大器是检测系统中广泛采用的信号处理电路，起放大作用，同时还可起跟随器、隔离器的作用。

信号放大器主要有：同相放大器——输入阻抗极高，常用作信号变换电路的前置输入部分，电路如图 7－1（a）所示，反相放大器——有很小的输出阻抗电路，如图 7－1（b）所示。

2. 集成运算放大器

集成运算放大器是内部具有差分放大电路的集成电路，国家标准规定的符号如图 7－2（a）所示，习惯的表示符号如图 7－2（b）所示。运放有两个信号输入端和一个输出端。两个输入端中，标“＋”的为同相输入端；标“－”的反相输入端。所谓同相或反相，表示输出信号与输入信号的相位相同或相反。$u_{id}=u_{i1}-u_{i2}$ 称为差模或差分输入信号，$u_{ic}=(u_{i1}+u_{i2})/2$ 则称为共模输入信号，输出信号为 u_o，其参考点为信号地。理想的运算放大器（简称运放）具有以下特征：

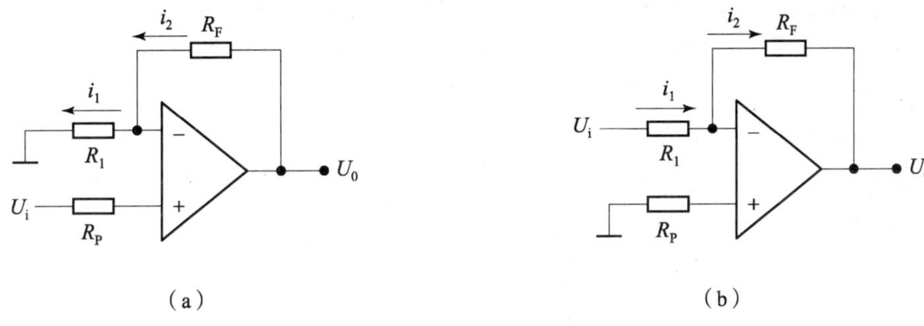

图 7－1　比例放大电路

(a) 同相放大器；(b) 反相放大器

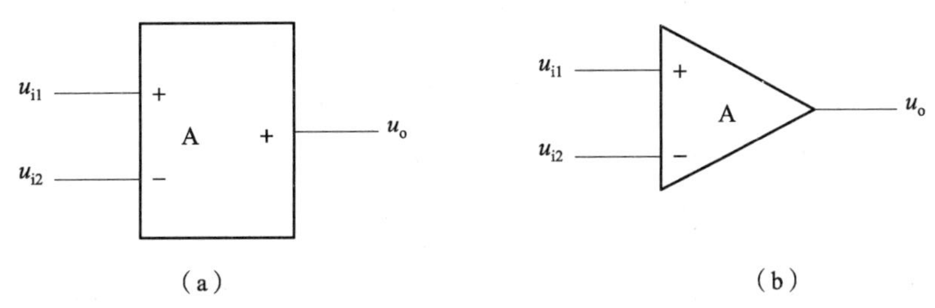

图 7－2　集成运算放大器表示符号

(a) 集成运算放大器国标符号；(b) 集成运算放大器习惯标识符号

①对差模信号的开环放大倍数为无穷大。

②共模抑制比无穷大。

③输入阻抗无穷大。

如果集成运放工作在线性放大状态，那么它具有以下两个特点：

①两输入端的电压非常接近，即 $u_{i1} \approx u_{i2}$，但不是短路，故称为“虚短”。在工程中分析电路时，可以认为 $u_{i1} = u_{i2}$。

②流入两个输入端的电流通常可视为零，即 $i_- \approx 0$，$i_+ \approx 0$，但不是断开，故称为“虚断”。在工程中分析电路时，可以认为 $i_- = i_+ = 0$。

3. 运放阻抗匹配器

传感器输出阻抗比较高，为防止信号的衰减，常采用高输入阻抗、低输出阻抗的阻抗匹配器作为传感器输入到测量系统的前置电路，常见的阻抗匹配器有半导体阻抗匹配器、场效应晶体管阻抗匹配器及运算放大器阻抗匹配器。

4. 电桥电路

由传感器电桥和运算放大器组成的放大电路或由传感器和运算放大器构成的电桥都称为电桥放大电路。应用于电参量式传感器，如电感式、电阻应变式、电容式传感器等，经常通过电桥转换电路输出电压或电流信号，并用运算放大器作进一步放大，或由传感器和运算放大器直接构成电桥放大电路，输出放大了的电压信号。

7.1.3　噪声源及耦合方式

在检测装置中，测量的信息往往是以电压或电流形式传送的，由于检测装置内部和外部因素的影响，使信号在传输过程的各个环节中，不可避免地要受到各种噪声的干扰，从而使信号产生不同程度的畸变，即失真，可以说噪声是限制检测系统性能的决定因素。

噪声一般可分为外部噪声和内部噪声两大类。外部噪声有自然界噪声源（如电离层的电磁现象产生的噪声）和人为噪声源（如电气设备、电台干扰等）；内部噪声又名固有噪声，它是由检测装置的各种元件内部产生的，如热噪声、散粒噪声等。噪声与一般的电信号不同，一般的电信号可以用预先确定的时间函数来描述（如正弦信号、脉冲信号），而噪声是不能用预先确定的时间函数来描述的。

表征一个系统干扰的主要指标是“信噪比”。信噪比 S/N 指的是在信号通道中，有用信号成分与噪声信号成分之比。设有用信号功率为 P_s，有用信号电压为 U_s，噪声功率为 P_N，噪声电压为 U_N，则用分贝（dB）单位表示的信噪比为

$$S/N = 10\lg \frac{P_S}{P_N} = 20\lg \frac{U_S}{U_N} \tag{7-1}$$

由上式可知，信噪比越大，表示噪声的影响越小。

1. 噪声源

(1) 放电噪声

各种电子设备的噪声干扰，其产生原因多数属于放电现象。在放电过程中会向周围空间辐射出从低频到高频的电磁波，而且会传播得很远。例如在一个大气压的空气中，对曲率半径较小的两电极间施加电压，电压慢慢升高时，最初几乎无电流流过，当电压升高到一定数值时，如果电极中介质完全被电离（称为电晕），电极尖端引起局部破坏，电流急剧增加，形成电晕放电；如果继续升高电压，将会经过火花放电过渡到弧光放电，此时空气击穿，同时向周围辐射出各种频率的电磁波。这种干扰电磁波几乎对各种电子设备都有影响。

①电晕放电噪声主要来源高压输电线，它具有间隙性，并产生脉冲电流，从而成为一种干扰噪声。伴随电晕放电过程产生的高频振荡也是一种干扰。这种噪声主要对电力线载波电话、低频航空无线电台及调幅广播等产生影响，对电视和调频广播则影响不大。

②放电管（如日光灯、霓虹灯）放电噪声属于辉光放电和弧光放电。通常放电管具有负阻抗特性，所以与外电路连接时容易引起高频振荡，有时可达很高的频段，对电视也有影响。

③火花放电噪声。例如雷电、电气设备中电刷和整流子间周期性放电、火花式高频焊机、继电器触点的通断（电流很大时则会产生弧光放电）、汽车发动机的点火装置等，只要在哪里电流是断续的，则此时在触点间引起的火花放电都将成为噪声源。

(2) 电气干扰源

电气噪声干扰包括工频干扰、射频干扰和电子开关等。

①工频干扰。大功率输电线是典型的工频噪声源。低电平的信号线只要一段距离与输电线相平行，就会受到明显的干扰。即使是一般室内的交流电源线，对于输入阻抗和灵敏度很高的检测仪器来说也是威力很大的干扰源。另外，在电子装置的内部，由于工频感应也会产生交流噪声。如果工频的波形失真较大（如供电系统接有大容量的晶闸管设备），由于高次

谐波分量的增多，产生的干扰更大。

②射频干扰。高频感应加热、高频焊接等工业电子设备以及广播机、雷达等通过辐射或通过电源线会给附近的电子测量仪器带来干扰。

③电子开关。电子开关虽然在通断时并不产生火花，但由于通断的速度极快，使电路中的电压和电流发生急剧的变化，形成冲击脉冲，成为噪声干扰源。在一定电路参数条件下，电子开关的通断还会带来相应的阻尼振荡，从而构成高频干扰源。使用可控硅的调压整流电路对其他电子装置的干扰就是电子开关造成干扰的典型例子。这种电路在晶闸管的控制下，周期性地通断，形成前沿陡峭的电压和电流，并且使供电电源波形畸变，从而干扰由该电源系统供电的其他电子设备。

（3）固有噪声源

由于检测装置内部元件的物理性的无规则波动所形成的固有噪声源有三种：热噪声、散粒噪声和接触噪声。

①热噪声。热噪声（又称电阻噪声）是由于电阻中电子的热运动所形成的。因为电子的热运动是无规则的，因此电阻两端的噪声电压也是无规则的，它所包含的频率成分是十分复杂的。电阻两端的热噪声电压有效值可表示为

$$U_t = \sqrt{4kTR\Delta f} \tag{7-2}$$

式中，k 为玻尔兹曼常数（1.38×10^{-23} J/K）；T 为绝对温度（K）；R 为电阻值（Ω）；Δf 为噪声带宽（Hz）。

上式表明，热噪声电压的有效值与电阻值的平方根成正比，因此减小电阻、带宽和降低温度有利于降低热噪声。

为了加深对热噪声的认识，现以运算放大器输入电阻引起的热噪声为例进行说明。设放大器输入回路电阻 $R_i = 500$ kΩ，带宽 $\Delta f = 10^6$ Hz，环境温度 $T = 27$ ℃，则其热噪声电压为

$$\begin{aligned} U_t &= \sqrt{4kTR\Delta f} \\ &= \sqrt{4\times1.38\times10^{-23}\times300\times5\times10^5\times10^6} \\ &= 91\ (\mu\text{V}) \end{aligned} \tag{7-3}$$

可见，如果输入信号不大于 91 μV，将被噪声所淹没。因此，对要求很高的放大器来说，它的输入电阻及带宽不能取得太大。

②接触噪声。接触噪声是由于两种材料之间不完全接触，从而形成电导率的起伏而产生的。它发生在两个导体连接的地方，如继电器的接点、电位器的滑动接点等。接触噪声正比于直流电流的大小，其功率密度正比于频率的倒数，其大小服从正态分布。每平方根带宽的噪声电流可近似地表示为

$$\frac{I_f}{\sqrt{B}} = \frac{KI_{dc}}{\sqrt{f}} \tag{7-4}$$

式中，I_{dc}为平均直流电流（A）；K 为由材料和几何形状确定的常数；f 为频率（Hz）；B 为带宽（Hz）。

由于接触噪声功率密度正比于频率的倒数，因此在低频时接触噪声可能是很大的。接触噪声通常是低频电路中最重要的噪声源。

2. 噪声耦合方式

检测装置受到噪声源干扰的途径叫做噪声的耦合方式。通常把噪声耦合方式归纳为下列几种：

（1）静电耦合

静电耦合是由于两个电路之间存在着寄生电容，使一个电路的电荷影响到另一个电路。在一般情况下，静电耦合的等效电路如图7－3所示。图中，E_n是噪声源产生的噪声电动势；C_m表示造成静电耦合的寄生电容；Z_i是被干扰电路的等效输入阻抗。

根据图7－3所示电路，可以写出在Z_i上的干扰电压U_N表达式：

$$U_N=\frac{j\omega C_m Z_i}{1+j\omega C_m Z_i}E_n \tag{7-5}$$

式中，ω为噪声源E_n的角频率。

考虑到一般情况下$|j\omega C_m Z_i|\leqslant 1$，故上式可简化为

$$U_N=j\omega C_m Z_i E_n \tag{7-6}$$

由此可以看出，接收电路Z_i上的干扰电压正比于噪声源频率ω、噪声源的噪声电动势E_n、寄生电容C_m和接收电路的输入阻抗Z_i。

当有几个噪声源同时经静电耦合干扰同一个接收电路时，只要是线性电路，就可以用叠加原理分别对各干扰源进行考虑。

（2）电磁耦合

电磁耦合又称互感耦合，它是由于两个电路之间存在互感，使一个电路的电流变化，通过磁交链影响另一个电路。

在一般情况下，电磁耦合可用图7－4表示其等效电路。图中，I_n表示噪声干扰的噪声电流源，M表示两个电路之间的互感系数，U_N表示通过电磁耦合在被干扰电路中感应出的噪声电压。

根据交流电路理论，按图7－4可将U_N写成下式：

$$U_N=j\omega M I_n \tag{7-7}$$

式中，ω为噪声源电流I_n的角频率。

分析上式可以得出，干扰电压U_N正比于噪声源电流角频率ω、互感系数M和噪声电流I_n。

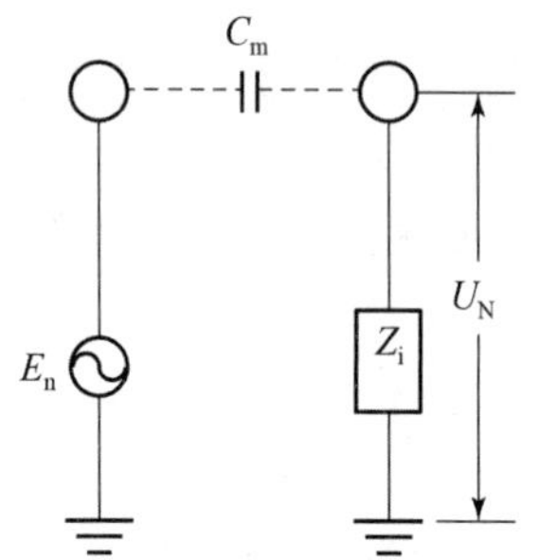

图7－3 静电耦合等效电路

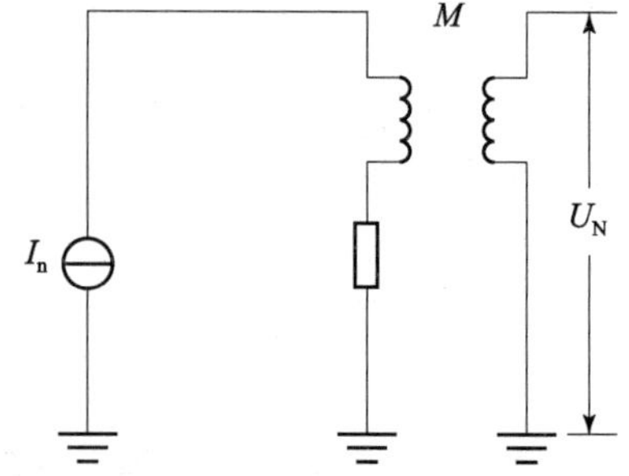

图7－4 电磁耦合等效电路

（3）共阻抗耦合

共阻抗耦合是由于两个电路共有阻抗，使一个电路的电流在另一个电路上产生干扰电

压。例如，有几个电路由同一个电源供电时，会通过电源内阻互相干扰，在放大器中各放大级通过接地线电阻互相干扰。

共阻抗耦合等效电路可用图 7－5 表示。图中 Z_c 表示两个电路之间的共有阻抗，I_n 表示噪声源的噪声电流，U_N 表示被干扰电路的干扰电压。

根据图 7－5 所示的共阻抗耦合等效电路，很容易写出被干扰电路的干扰电压 U_N 的表达式：

$$U_N = I_n Z_c \tag{7-8}$$

可见共阻抗耦合干扰电压 U_N 正比于共阻抗 Z_i 值和噪声源电流 I_n。显然，若要消除共阻抗耦合干扰，首先要消除两个或几个电路之间的共阻抗。

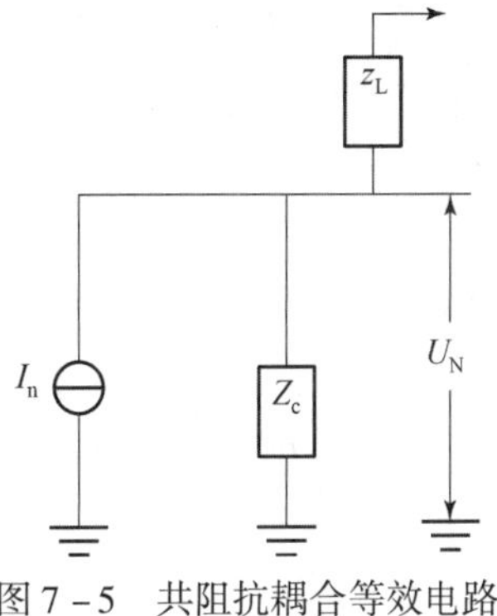

图 7－5　共阻抗耦合等效电路

【拓展阅读】

跨学科融合

传感器技术作为一种与现代科学密切相关的学科正得到迅速发展，并且在许多领域被越来越广泛地利用。它融合了人工智能原理及技术，人工神经网络技术、专家系统、模糊控制理论等，使检测系统不但能自校正、自补偿、自诊断，还具有了特征提取、自动识别、冲突消解和决断等能力。因此，要想学好这一技术，一定要具备知识的积累能力和跨学科的融合能力，以及知识的综合运用能力。

7.1.4　输出信号的干扰及控制技术

在检测装置中，测量的信息往往是以电压或电流形式传送的，由于检测装置内部和外部因素的影响，使信号在传输过程的各个环节中，不可避免地要受到各种噪声干扰，而使信号产生不同程度的畸变。

在检测装置中常用的干扰抑制技术，根据具体情况，对干扰加以认真分析后，有针对性地正确使用，往往可以得到满意的效果。在对具体问题进行分析时，一定要注意信号与干扰之间的辩证关系。也就是说，干扰对测量结果的影响程度是相对信号而言的。如高电平信号允许有较大的干扰；而信号电平越低，对干扰的限制也越严。通常，干扰的频率范围也是很宽的，但是对于一台具体的测量仪器，并非一切频率的干扰所造成的效果都相同。例如对直流测量仪表，一般具有较大的惯性，即仪表本身具有低通滤波特性，因此它对频率较高的交流干扰不敏感；对于低频测量仪表，若输入端装有滤波器，则可将通带频率以外的干扰大大衰减。但是，若对工频干扰采用滤波器，会将 50 Hz 的有用信号滤掉。因此，工频干扰是低频检测装置最严重的问题，是不易除去的干扰，对于宽频带的检测装置，在工作频带内的各种干扰都将起作用。在非电量的检测技术中，动态惯量应用日趋广泛，所用的放大器、显示器、记录仪等的频带越来越宽，因此，这些装置的抗干扰问题也日趋重要。目前常用的抗干扰措施有如下几种。

(1) 屏蔽技术

利用铜或铝等低阻材料制成的容器将需要防护的部分包起来，或者是用导磁性良好的铁磁性材料制成的容器将要防护的部分包起来，此种方法主要是防止静电或电磁干扰，称为屏蔽。

①静电屏蔽。在静电场作用下，导体内部无电力线，即各点等电位。静电屏蔽就是利用了与大地相连接的导电性良好的金属容器，使其内部的电力线不外传，同时也不使外部的电力线影响其内部。

静电屏蔽能防止静电场的影响，用它可以消除或削弱两电路之间由于寄生分布电容耦合而产生的干扰。

在电源变压器的一次、二次侧绕组之间插入一个梳齿形薄铜皮并将它接地，以此来防止两绕组间的静电耦合，就是静电屏蔽的范例。

②电磁屏蔽。电磁屏蔽是采用导电良好的金属材料做成屏蔽层，利用高频干扰电磁场，在屏蔽体内产生涡流，再利用涡流消耗高频干扰磁场的能量，从而削弱高频电磁场的影响。

若将电磁屏蔽层接地，则同时兼有静电屏蔽的作用。也就是说，用导电良好的金属材料做成的接地电磁屏蔽层，同时起到电磁屏蔽和静电屏蔽两种作用。

③低频磁屏蔽。在低频磁场干扰下，采用高导磁材料作屏蔽层以便将干扰磁力线限制在磁阻很小的磁屏蔽体内部，防止其干扰作用。

通常采用坡莫合金之类的对低频磁通有高导磁系数的材料。同时要有一定的厚度，以减少磁阻。

（2）接地技术

①保护接地线，出于安全防护的目的，将检测装置的外壳屏蔽层接地用的地线。

②信号地线，它只是检测装置的输入与输出的零信号电位公共线，除特别情况之外，一般与真正大地是隔绝的。信号地线分为两种：模拟信号地线及数字信号地线，因前者信号较弱，故对地线要求较高，而后者则要求可低些。

③信号源地线，它是传感器本身的信号电位基准公共线。

④交流电源地线。

在检测装置中，上列四种地线一般应分别设置，以消除各地线之间的相互干扰。通常在检测装置中至少要有三种分开的地线。若设备使用交流电源时，则交流电源地线应和保护地线相连。使用这种接地方式可以避免公共地线各点电位不均匀所产生的干扰。

为了使屏蔽在防护检测装置不受外界电场的电容性或电阻性漏电影响时充分发挥作用，应将屏蔽线接到大地上。但是大地各处电位很不一致，如果一个测量系统在两点接地，因两接地点不易获得同一电位，从而对两点（多点）接地电路造成干扰。这时地电位是装置输入端共模干扰电压的主要来源。因此，对一个测量电路只能一点接地。

（3）信号的滤波

滤波器是一种选频装置，可以使信号中特定频率成分通过，而极大地衰减其他频率成分。因传感器的输出信号大多是缓慢变化的，因而对传感器输出信号的滤波常采用有源低通滤波器，即只允许低频信号通过而不能通过高频信号。常采用的方法是在运算放大器的同相端接入一阶或二阶 RC 有源低通滤波器，使干扰的高频信号滤除，而有用的低频信号顺利通过；反之，在输入端接高通滤波器，将低频干扰滤除，使高频有用信号顺利通过。除了上述滤波器外，有时还使用带通滤波器和带阻滤波器。

（4）退耦滤波器

当一个直流电源对几个电路同时供电时，为了避免通过电源内阻造成几个电路之间互相

干扰，应在每个电路的直流电源进线与地线之间加装退耦滤波器。电源退耦滤波器如图 7-6 所示。

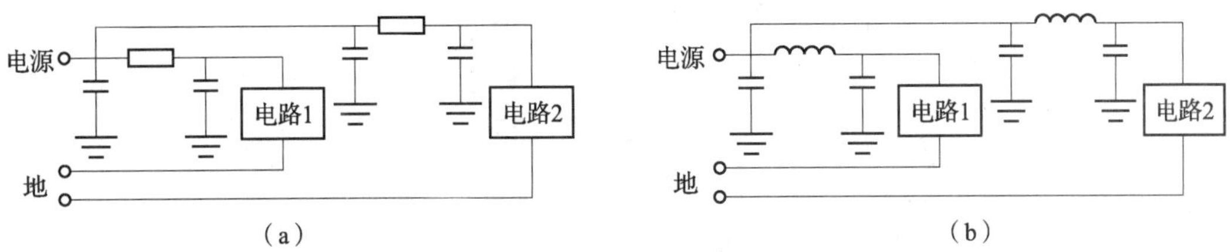

图 7-6　电源退耦滤波器

(a) RC 退耦滤波器；(b) LC 退耦滤波器

应注意，LC 滤波器有一个谐振频率，其值为

$$f_r = \frac{1}{2\pi\sqrt{LC}} \tag{7-9}$$

在这个谐振频率 f_r 上，经滤波器传输过去的信号，比没有滤波器时还要大。因此，必须将这个谐振频率取在电路的通频带之外。在谐振频率 f_r 下，滤波器的增益与阻尼系数 ξ 成反比。LC 滤波器的阻尼系数为

$$\xi = \frac{R}{2}\sqrt{\frac{C}{L}} \tag{7-10}$$

式中，R 是电感线圈的等效电阻。

为了把谐振时的增益限制在 2 dB 以下，应取 $\xi > 0.5$。

对于一台多级放大器，各放大级之间会通过电源的内阻抗产生耦合干扰。因此，多级放大器的级间及供电必须进行退耦滤波，可采用 RC 退耦滤波器。由于电解电容在频率较高时呈现电感特性，所以退耦电容常由两个电容并联组成，一个为电解电容，起低频退耦作用；另一个为小容量的非电解电容，起高频退耦作用。

【任务实施】

1. 电路分析

K 型热电偶，将 0～500 ℃的温度转换为 0～5 V 电压信号。已知 1 ℃对应热电偶输出电压 40 μV，500 ℃对应满量程电压 20.64 mV，电路如图 7-7 所示。R_3 为什么不能太大？断线检测功能为什么要求运放的输入偏置电流小？

2. 信号的处理

R_3、C 为低通滤波器，为消除噪声，LM35D 及其周围电路补偿冷端温度，R_6 完成断线检测。因为运放有输入偏置电流，所以 R_3 不能太大，运放输入偏置电流在 R_6 上产生很大的压降，因此要求运放的输入偏置电流小。

3. 传感器输出信号处理注意事项

对于高输入阻抗电路常应用于传感器的输出阻抗很高的测量放大电路中，如电容式、压电式传感器的测量放大电路，又如同相放大器广泛用于前置放大级等。

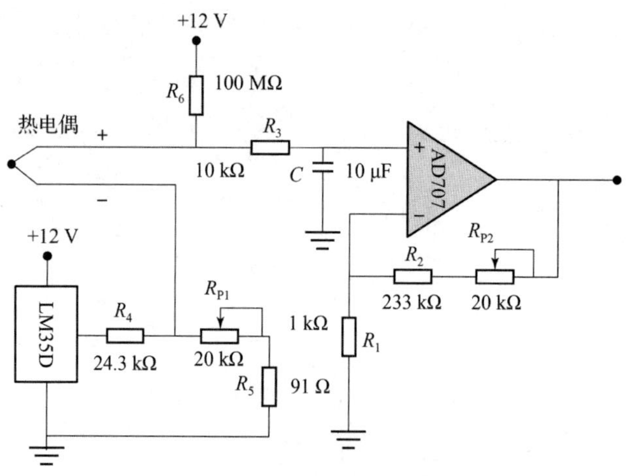

图 7－7　热电偶电路图

【技能训练工单】

姓名		班级		组号	
名称	任务 7.1　信号处理电路分析				
任务提出	利用传感器信号处理技术对传感器电路进行分析处理。				
问题导入	1）屏蔽有几种形式？各起什么作用？ 2）检测装置中常见的干扰有几种？采取何种措施予以防止？ 3）对传感器输出的微弱电压信号进行放大时，为什么要采用测量放大器？				
技能要求	1）掌握常见的信号处理电路； 2）掌握信号干扰的处理方法； 3）能够分析电路中的干扰和处理方式。				
任务分析	实训步骤： 1）压力传感器的信号处理电路设计如图 7－8 所示。 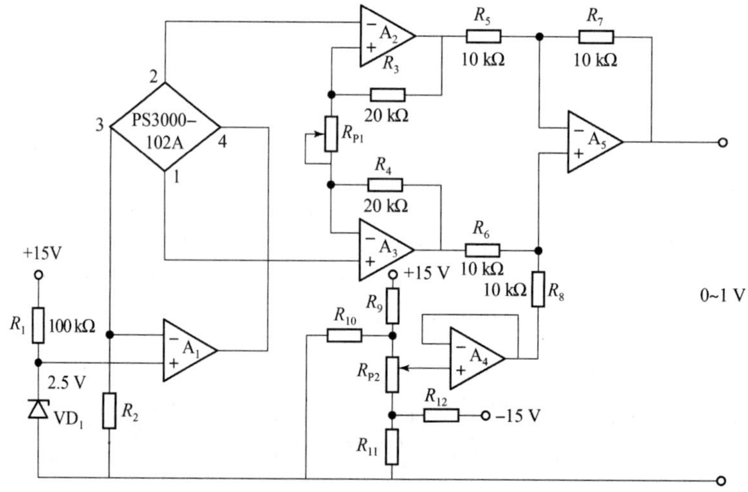 图 7－8　压力传感器的信号处理电路				

续表

<table>
<tr><td>姓名</td><td></td><td>班级</td><td></td><td>组号</td><td></td></tr>
<tr><td>名称</td><td colspan="5">任务 7.1　信号处理电路分析</td></tr>
<tr><td>任务分析</td><td colspan="5">2）传感器信号处理。如果当压力为 0 时，由于桥路本身的不平衡，传感器桥路 1、2 两端有的电压，试对照图说明如何进行零点补偿消除其对输出的影响？
3）电路调试。
①如果信号调理电路的输出范围为 0～1 V，如何调节可调电阻的取值？
②为了保证压力传感器恒流驱动工作，试计算电阻 R_2的值。</td></tr>
<tr><td>自我总结</td><td colspan="5"></td></tr>
</table>

【考核评价】

项目	配分	考核要求	评分细则	得分	扣分
正确处理信号	30 分	能正确分析电路并进行信号处理	1）不能正确分析电路，扣 5 分； 2）未能正确对信号进行处理，每处扣 2 分		
正确调节	30 分	能正确调节信号参数	1）不能正确调节参数，每处扣 5 分； 2）读数不准确，每次扣 5 分		
正确的阻值计算	20 分	能正确进行电路阻值计算	1）不能进行电路参数计算，扣 10 分； 2）不能实现平衡，5 分		
功能实现	10 分	能够实现电路的功能	1）不能进行功能实现，扣 10 分； 2）不能进行调节，每次扣 5 分		
安全文明操作	10 分	安全用电，无人为损坏仪器、元件和设备	1）违反操作规程，每次扣 5 分； 2）工作场地不整洁，扣 5 分		
总分					

【拓展知识】

传感器电流输出信号的处理

对于电流输出的传感器，在终端要把它变换成电压信号才能使用，如图 7 - 9 所示。

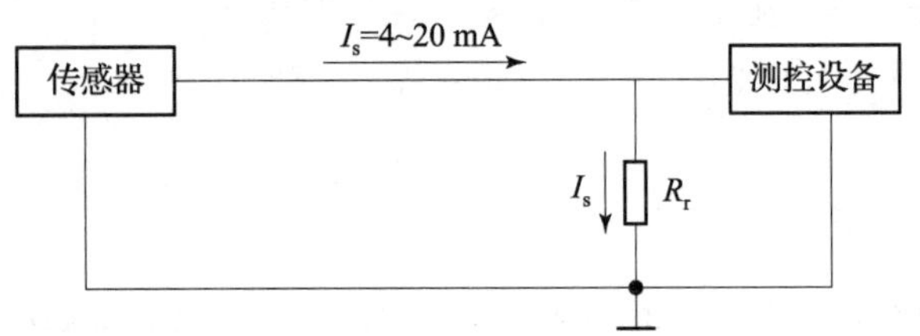

图 7 - 9　传感器的终端连接

在图 7 - 9 中，R_r为负载电阻，它的大小决定转换成电压的大小，通常取值 250 Ω，把传感器输出的 4 ~ 20 mA 电流转换成对应的 1 ~ 5 V 电压。在实际使用中，测控设备也有内阻，多少会产生一些分流。因此，I_s不是完全流经 R_r。一般情况下，测控设备的内阻都很大，几乎不产生分流，R_r可按常规取值。在个别测控设备内阻较小的情况下，可适当提高 R_r的取值，以达到转换相应电压的要求。

有些终端模块有电流输入接口（转换电阻 R_r在模块内部），使用时，可把电流信号直接接入模块，如图 7 - 10 所示。由上所述，在电流传输的终端接法中，有外置电阻和内置电阻两种接法。在以后讲解中，如无特殊说明，均以外置电阻为例。

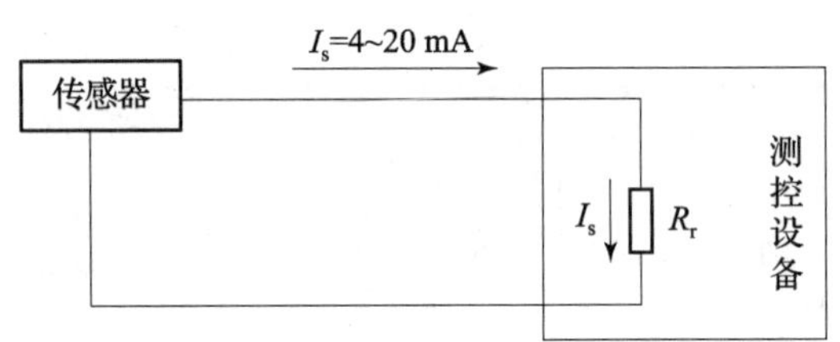

图 7 - 10　传感器的内置电阻法

与电压输出传感器的比较，如图 7 - 11 和图 7 - 12 是电流输出传感器和电压输出传感器的原理。图中的传感头和变送器合称为传感器。由两图相比可以看出，电流输出的传感器在变送器内部多一个电压 - 电流转换器，在接收终端多了一个电流 - 电压转换器。这么做主要是为了把电压传输变为电流传输，因为电流传输相比电压传输有很多优点。电压输出的传感器和三线制电流输出的传感器可以共同建立如图 7 - 13 所示的传输电路模型。

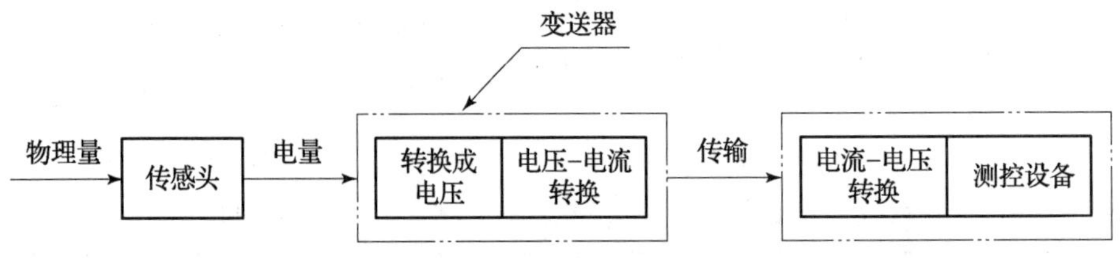

图 7 - 11　电流输出传感器的原理

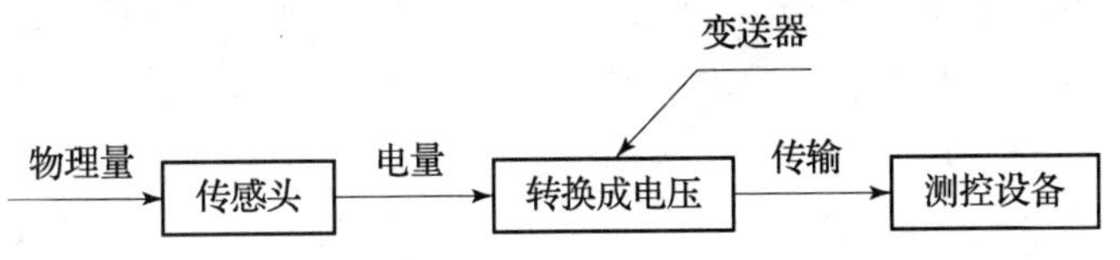

图 7－12　电压输出传感器的原理

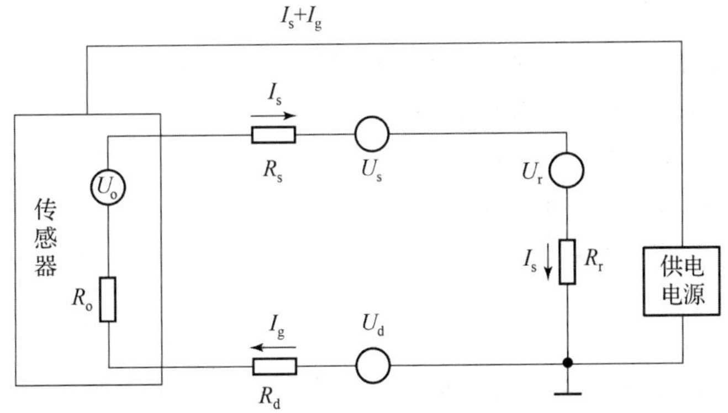

图 7－13　传感器的传输电路模型

R_o——传感器输出内阻；R_s——输出导线电阻；R_r——负载电阻；R_d——地线电阻；U_o——传感器输出电压；U_s——R_s上的压降；U_r——R_r上的压降；U_d——R_d上的压降；I_g——传感器的工作电流；I_s——传感器的输出电流，可以看出 U_r就是检测设备获取的电压。

根据回路原理可以建立式（7－11）。根据图 7－13 和式（7－11）分析电压和电流的传输特性。

$$U_r = U_o - U_s + U_d \tag{7-11}$$

对于电压输出的传感器，内阻 U_r为零，这时把 U_o看作一个恒压源。式（7－11）中的 U_s项对输出电压产生衰减，这种衰减与电压信号成正比，是一种灵敏度干扰，如图 7－14 所示。

式（7－11）中的 U_d项与传感器的工作电流 I_g有关，在传感器的全量程内 I_g几乎不变，而且当传感器内部有振荡电路时，I_g还含有交流分量。因此，U_d对输出电压产生的是一种具有交流分量的零点干扰，如图 7－15 所示。由此可见，电压输出的传感器在传输中有灵敏度干扰和零点干扰。

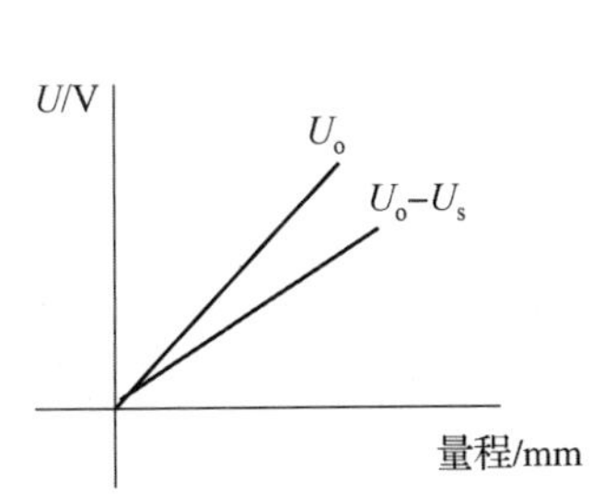

图 7－14　传感器电压输出过程的灵敏度干扰

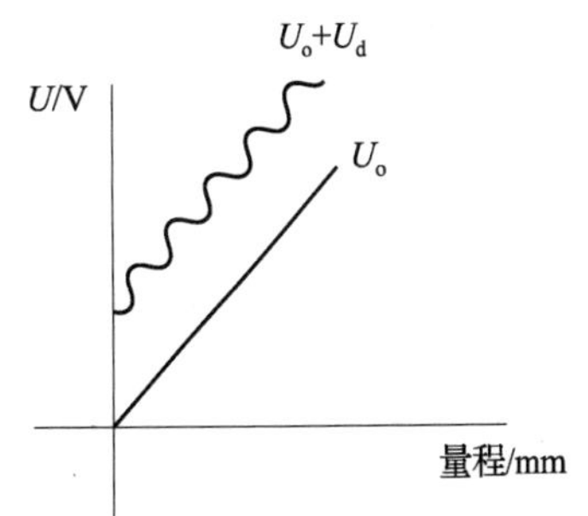

图 7－15　传感器电压传输过程的零点干扰

对于电流输出的传感器，内阻 R_0 为无穷大，把 U_0 看作一个恒流源。这时 U_r 等于 $I_s \times R_r$。也就是说，U_r 只与传感器的输出电流和负载电阻有关，而与其他因素无关。对于恒流源来说，U_0 是随着外界的变动而变化的。对于式（7－11）中的 U_s 产生衰减时，U_0 会提高一个同样的随 U_s 值进展抵消而保持式（7－11）成立。同理对 U_d 项也是如此。由此可见，电流输出的传感器在传输中没有灵敏度和零点干扰，具有很高的稳定性。

【任务习题云】

1. 对传感器输出的微弱信号采用何种电路进行处理？
2. 屏蔽有几种形式？各起什么作用？
3. 接地有几种形式？各起什么作用？
4. 造成耦合的方式有哪几种？各有什么特点？
5. 噪声源有哪几种？各有什么特点？

【模块小结】

一般检测系统通常由传感器、测量电路（信号转换与信号处理电路）以及显示记录部分组成。对于被测非电量变换为电路参数的无源型传感器（如电阻式、电感式、电容式等），需要先进行激励，通过不同的转换电路把电路参数转换成电流或电压信号，然后再经过放大输出；对于直接把非电量变换为电学量（电流或电动热）的有源型传感器（如磁电式、热电式等），需要进行放大处理。

常见信号处理电路有阻抗变换、信号的放大或衰减、滤波、线性化处理、数值运算、电气隔离等。

噪声一般可分为外部噪声和内部噪声两大类。外部噪声有自然界噪声源（如电离层的电磁现象产生的噪声）和人为噪声源（如电气设备、电台干扰等）；内部噪声又名固有噪声，它是由检测装置的各种元件内部产生的，如热噪声、散粒噪声等。

在检测装置中常用的干扰抑制技术有屏蔽技术、接地技术、信号滤波、退耦滤波器等。

【收获与反思】

收获与反思空间（将你学到的知识技能要点构建思维导图并进行自我目标达成度的评价）

附录 A　热电偶分度表

铂铑 10－铂热电偶分度表（分度号：S）　　（参考端温度为 0 ℃）

温度/℃	0	10	20	30	40	50	60	70	80	90
	热电动势/mV									
0	0	0. 055	0. 113	0. 173	0. 235	0. 299	0. 365	0. 432	0. 502	0. 573
100	0. 645	0. 719	0. 795	0. 872	0. 95	1. 029	1. 109	1. 19	1. 273	1. 356
200	1. 44	1. 525	1. 611	1. 698	1. 785	1. 873	1. 962	2. 051	2. 141	2. 232
300	2. 323	2. 414	2. 506	2. 599	2. 692	2. 786	2. 88	2. 974	3. 069	3. 146
400	3. 26	3. 356	3. 452	3. 549	3. 645	3. 743	3. 84	3. 938	4. 036	4. 135
500	4. 234	4. 33	4. 432	4. 532	4. 632	4. 732	4. 832	4. 933	5. 034	5. 136
600	5. 237	5. 339	5. 442	5. 544	5. 648	5. 751	5. 855	5. 96	6. 064	6. 169
700	6. 274	6. 38	6. 486	6. 592	6. 699	6. 805	6. 913	7. 02	1. 128	7. 236
800	7. 345	7. 545	7. 563	7. 672	7. 782	7. 892	8. 003	8. 114	8. 225	8. 336
900	8. 448	8. 56	8. 673	8. 786	8. 899	9. 012	9. 126	9. 24	9. 355	9. 47
1 000	9. 585	9. 7	9. 816	9. 932	10. 048	10. 165	10. 282	10. 4	10. 517	10. 635
1 100	10. 754	10. 872	10. 991	11. 11	11. 229	11. 348	11. 467	11. 587	11. 707	11. 827
1 200	11. 947	12. 067	12. 188	12. 308	12. 429	12. 55	12. 671	12. 792	12. 913	13. 034
1 300	13. 155	13. 276	13. 397	13. 519	13. 64	13. 761	13. 883	14. 004	14. 125	14. 247
1 400	14. 368	14. 489	14. 61	14. 731	14. 852	14. 973	15. 094	15. 215	15. 336	15. 456
1 500	15. 576	15. 697	15. 817	15. 937	16. 057	16. 176	16. 296	16. 415	16. 534	16. 653
1 600	16. 771	16. 89	17. 008	17. 125	17. 243	17. 36	17. 477	17. 594	17. 771	17. 826
1 700	17. 942	18. 056	18. 17	18. 282	18. 394	18. 504	18. 612	—	—	—

镍铬－镍硅（镍铬－镍铝）热电偶分度表（分度号：K）

（参考端温度：0 ℃）

温度/℃	0	10	20	30	40	50	60	70	80	90
	热电动势/mV									
0	0	0. 397	0. 798	1. 203	1. 611	2. 022	2. 436	2. 85	3. 266	3. 681
100	4. 059	4. 508	4. 919	5. 327	5. 733	6. 137	6. 539	6. 939	7. 388	7. 737
200	8. 137	8. 537	8. 938	9. 341	9. 745	10. 151	10. 56	10. 969	11. 381	11. 739
300	12. 207	12. 623	13. 039	13. 456	13. 874	14. 292	14. 712	15. 132	15. 552	15. 974
400	16. 395	16. 828	17. 241	17. 664	18. 088	18. 513	18. 938	19. 363	19. 788	20. 244
500	20. 64	21. 066	21. 493	21. 919	22. 346	22. 772	23. 198	23. 624	24. 05	24. 476
600	24. 902	25. 327	25. 751	26. 176	26. 599	27. 022	27. 445	27. 867	28. 288	29. 709
700	29. 128	29. 547	29. 965	30. 383	30. 799	31. 214	31. 629	32. 042	32. 455	32. 866
800	33. 277	33. 686	34. 095	34. 502	34. 909	35. 314	35. 718	36. 121	36. 524	36. 925
900	37. 325	37. 724	38. 122	38. 519	38. 915	39. 31	39. 703	40. 096	40. 488	40. 789
1 000	41. 269	41. 657	42. 045	42. 432	42. 817	43. 202	43. 585	43. 968	44. 349	44. 729
1 100	45. 108	45. 486	45. 863	46. 238	46. 612	46. 985	47. 356	47. 726	48. 095	48. 462
1 200	48. 828	49. 192	49. 555	49. 916	50. 276	50. 633	50. 99	51. 344	51. 697	52. 049
1 300	52. 398	52. 747	53. 093	53. 439	53. 782	54. 466	54. 466	54. 807	—	—

镍铬一铜镍（康铜）热电偶分度表（分度号：E）（参考端温度为 0 ℃）

温度/℃	0	10	20	30	40	50	60	70	80	90
	热电动势/mV									
0	0	0. 591	1. 192	1. 801	2. 419	3. 047	3. 683	4. 329	4. 983	5. 646
100	6. 317	6. 996	7. 683	8. 377	9. 078	9. 787	10. 501	11. 222	11. 949	12. 681
200	13. 419	14. 161	14. 909	15. 661	16. 417	17. 178	17. 942	18. 71	19. 481	20. 256
300	21. 033	21. 814	22. 597	23. 383	24. 171	24. 961	25. 754	28. 549	27. 345	28. 143
400	28. 943	29. 744	30. 546	31. 35	32. 155	32. 96	33. 767	34. 574	35. 382	36. 19
500	36. 999	37. 808	38. 617	39. 426	40. 236	41. 045	41. 853	42. 662	43. 47	44. 278
600	45. 085	45. 819	46. 697	47. 502.	48. 306	49. 109	49. 911	50. 713	51. 513	52. 312
700	53. 11	53. 907	54. 703	55. 498	56. 291	57. 083	57. 873	58. 663	59. 451	60. 237
800	61. 022	61. 806	62. 588	63. 368	64. 147	64. 294	65. 7	66. 473	67. 245	68. 015
900	68. 783	69. 549	70. 313	71. 075	71. 835	72. 593	73. 35	74. 104	74. 857	75. 608
1 000	76. 358	—	—	—	—	—	—	—	—	—

铂铑30－铂铑6热电偶分度表（分度号：B）　　（参考端温度：0 ℃）

温度/℃	0	10	20	30	40	50	60	70	80	90
	热电动势/mV									
0	0	－0. 002	－0. 003	－0. 002	0	0. 002	0. 006	0. 011	0. 017	0. 025
100	0. 033	0. 043	0. 0053	0. 065	0. 078	0. 092	0. 107	0. 123	0. 14	0. 159
200	0. 178	0. 199	0. 22	0. 243	0. 266	0. 291	0. 317	0. 344	0. 372	0. 401
300	0. 431	0. 462	0. 494	0. 527	0. 561	0. 596	0. 632	0. 669	0. 707	0. 746
400	0. 786	0. 827	0. 87	0. 913	0. 975	1. 002	1. 348	1. 095	1. 543	1. 192
500	1. 241	1. 292	1. 344	1. 397	1. 45	1. 505	1. 56	1. 617	1. 674	1. 732
600	1. 791	1. 851	1. 912	1. 974	2. 036	2. 1	2. 164	2. 23	2. 296	2. 363
700	2. 43	2. 499	2. 569	2. 639	2. 71	2. 782	2. 855	2. 928	3. 003	3. 078
800	3. 154	3. 231	3. 308	3. 387	3. 466	3. 546	3. 626	3. 708	3. 79	3. 873
900	3. 957	4. 041	4. 126	4. 212	4. 298	4. 386	4. 474	4. 562	4. 652	4. 742
1 000	4. 833	4. 924	5. 016	5. 109	5. 202	5. 297	5. 391	5. 487	5. 583	5. 68
1 100	5. 777	5. 875	5. 973	6. 073	6. 172	6. 273	6. 374	6. 475	6. 577	6. 68
1 200	6. 783	6. 887	6. 991	7. 096	7. 202	7. 308	7. 414	7. 521	7. 628	7. 736
1 300	7. 845	7. 953	8. 063	8. 192	8. 283	8. 393	8. 504	8. 616	8. 727	8. 839
1 400	8. 952	9. 065	9. 178	9. 291	9. 405	9. 519	9. 634	9. 748	9. 863	9. 979
1 500	10. 094	10. 21	10. 325	10. 441	10. 558	10. 674	10. 79	10. 907	11. 024	11. 141
1 600	11. 257	11. 374	11. 491	11. 608	11. 725	11. 842	11. 959	12. 076	12. 193	12. 31
1 700	12. 426	12. 543	12. 659	12. 776	12. 892	13. 008	13. 124	13. 239	13. 354	13. 47
1 800	13. 585	13. 699	13. 814	—	—	—	—	—	—	—

附录 B　热电阻简易分度表

温度/℃	铂热电阻 Rt/Ω				铜热电阻 Rt/Ω	
	新分度号		老分度号		新分度号	
	PT10	PT100	BA1	BA2	Cu50	Cu100
-200	1.849	18.49	7.95	17.28	—	—
-150	3.971	39.71	17.85	38.80	—	—
-100	6.025	60.25	27.44	59.65	—	—
-50	8.031	80.31	36.80	80.00	39.24	78.49
-40	8.427	84.27	38.65	84.03	41.40	82.80
-30	8.822	88.22	40.50	88.04	43.55	87.10
-20	9.216	92.16	42.34	92.04	45.70	91.40
-10	9.609	96.09	44.17	96.03	47.85	95.70
0	10.000	100.00	46.00	100.00	50.00	100.00
10	10.390	103.90	47.82	103.96	52.14	104.28
20	10.779	107.79	49.64	107.91	54.28	108.56
30	11.167	111.67	51.45	111.85	56.42	112.84
40	11.554	115.54	53.26	115.78	58.56	117.12
50	11.940	119.40	55.06	119.70	60.70	121.40
100	13.850	138.50	63.99	139.10	71.40	142.80
150	15.731	157.31	72.78	158.21	82.13	164.27
200	17.584	175.84	81.43	177.03	—	—
250	19.407	194.07	89.96	195.56	—	—
300	21.202	212.02	98.34	213.79	—	—
350	22.997	229.97	106.60	231.73	—	—
400	24.704	247.04	114.72	249.38	—	—
450	26.411	264.11	122.70	266.74	—	—

续表

温度/℃	铂热电阻 Rt/Q				铜热电阻 Rt/Q	
	新分度号		老分度号		新分度号	
	PT10	PT100	BA1	BA2	Cu50	Cu100
500	28.090	280.90	130.55	283.80	—	—
550	29.739	297.39	138.21	300.58	—	—
600	31.359	313.59	145.85	317.06	—	—
650	32.951	329.51	153.30	333.25	—	—
700	34.513	345.13	—	—	—	—
750	36.047	360.47	—	—	—	—
800	37.551	375.51	—	—	—	—
850	39.026	390.26	—	—	—	—

工业铜热电阻分度表（分度号：Cu50）　$R_0=50\ \Omega$　$a=0.004\ 280$

温度/℃	0	10	20	30	40	50	60	70	80	90
	电阻值/Ω									
-0	50.00	47.85	45.70	43.55	41.40	39.24	—	—	—	—
0	50.00	52.14	54.28	56.42	58.56	60.70	62.84	64.98	67.12	69.26
100	71.40	73.54	75.68	77.83	79.98	82.13	—	—	—	—

工业铜热电阻分度表（分度号：Cu100）　$R_0=50\ \Omega$　$a=0.004\ 280$

温度/℃	0	10	20	30	40	50	60	70	80	90
	电阻值/Ω									
-0	100.00	95.70	91.40	87.10	82.80	78.49	—	—	—	—
0	100.00	104.28	108.56	112.84	117.12	121.40	129.96	129.96	134.24	138.52
100	142.80	147.08	151.36	155.66	159.96	164.27	—	—	—	—

工业铂热电阻分度表（分度号：Pt100）　$R_0=100\ \Omega$　$a=0.003\ 850$

温度/℃	0	10	20	30	40	50	60	70	80	90
	电阻值/Ω									
-200	18.49	—	—	—	—	—	—	—	—	—
-100	60.25	56.19	52.11	48.00	43.87	39.71	35.53	31.32	27.08	22.80

续表

温度/℃	0	10	20	30	40	50	60	70	80	90
	电阻值/Ω									
-0	100.0	96.09	92.16	88.22	84.27	80.31	76.33	72.33	68.33	64.30
0	100.00	103.90	107.79	111.67	115.54	119.40	123.24	127.07	130.89	134.70
100	138.50	142.29	146.06	149.82	153.58	157.31	161.04	164.76	168.46	172.16
200	157.84	179.51	183.17	186.82	190.45	194.07	197.69	201.29	204.88	208.45
300	212.02	215.57	219.12	222.65	226.17	229.67	233.17	236.65	240.13	243.59
400	247.04	250.48	253.90	257.32	260.72	264.11	267.49	270.86	274.22	277.56
500	280.90	284.22	287.53	290.83	294.11	297.39	300.65	303.91	307.15	310.38
600	313.59	316.8	319.99	323.18	326.35	329.51	332.66	355.79	338.92	342.03
700	345.13	348.22	351.30	354.37	357.42	360.47	363.50	366.52	369.53	372.52
800	375.51	378.48	381.45	384.40	387.34	390.26	—	—	—	—

参考文献

[1] 秦洪浪，郭俊杰. 传感器与智能检测技术 [M]. 北京：机械工业出版社，2020.

[2] 胡向东. 传感器与检测技术 [M]. 4 版. 北京：机械工业出版社，2021.

[3] 唐锦源，尹明锂，陈锐. 传感器原理与应用 [M]. 上海：上海交通大学出版社，2023.

[4] 牛百齐，董铭. 传感器与检测技术 [M]. 2 版. 北京：机械工业出版社，2020.

[5] 孙宝法. 传感器原理与应用 [M]. 北京：清华大学出版社，2021.

[6] 董春利. 传感器与检测技术 [M]. 2 版. 北京：机械工业出版社，2016.

[7] 盛奋华. 传感器技术及应用项目化教程 [M]. 北京：中国铁道出版社，2017.

[8] 陈文涛. 传感器技术及应用 [M]. 北京：机械工业出版社，2013.